Power
Query

實戰技巧精粹
與M語言

第二版

Excel 或 Power BI 中隱藏的黑科技

近年在資料科學領域，大數據分析運用與資料探勘的各種演算法不斷地改進。一方面在需求端，像工業製造與零售消費市場行銷等各種領域的進步，另一方面也在軟體技術供給端，不斷在使用者介面與精簡語法的效率提升中改善。然而基於整個 CRISP-DM（Cross-Industry Standard Process for Data Mining）方法論，在確定解決實務問題後，最重要的是在資料收集後的資料清理工作，而資料分析人員光在執行資料清理工作時，幾乎就耗掉所有 60% 的專案工作時間，致力於尋求做到正確，精準的資料清理工作。因此，在大數據分析時代，大量的資料如何進行資料清洗與整理，找出正確有意義的資料進行分析便更為重要。

綜觀目前在大數據分析書籍大多著重於資料視覺化與人工智慧應用與分析，較鮮少論及資料清洗，很感謝仲麒老師補足清洗資料在數據分析裡缺失的一塊。仲麒老師這幾年在國內多所大專院校致力於商業智慧分析與資料視覺化等資料科學相關課程核心技能的深耕，並導入 Power Query 的相關概念，確實提升本校師生在資料清洗的觀念、Power Query 工具的應用能力，也顯示 Power Query 對數據分析的重要性。

Power Query 是目前微軟 Excel 或 Power BI 中隱藏的黑科技，使用者不需要具備程式撰寫能力，只需要透過滑鼠就可以達到快速的資料清洗，簡單易上手，但 Power Query 最大的問題是台灣缺乏相關較詳實的工具書，有鑑於此，得知仲麒老師有此著作，書中更提供了多種跨領域的應用實例，非常契合現代大專生跨領域學習與解決實務問題導向的方式。

謹此

廖世義 博士

國立屏東科技大學 企業管理系 教授

很高興可以為本書撰寫推薦序，我和仲麒老師相識於 10 年前的 Microsoft MVP 聚會，曾經一起合作訓練國手參加 OFFICE 世界大賽，培育多位世界冠軍。

在數據分析領域，王老師深耕近 30 年，是國內數據分析領域的領頭羊，且等身的著作量，每本書總是讓人驚豔。

Power Query 是微軟開發的 ETL 工具，第一次出現是在 EXCEL 2013 中的 Power Query 增益集。然而目前微軟主推的 Power BI Desktop 視覺化儀表板也看得到 Power Query 的身影。因此，熟讀本書即可輕鬆駕馭這兩套軟體。

然而如此好用的工具，在此之前國內都未有詳細的參考用書。如此幸運的這本 Power Query 與 M 語言的專門著作，是我見過國內最詳細介紹 Power Query 技巧的書籍。內容以各種技巧為主線，實用且涵蓋廣大的範圍。更重要的是輔以職場上的真實案例進行演練與說明，完全貼近工作需要。本書也是國內第一本解說 Power Query 中 M 語言的書籍，對 M 語言有興趣的朋友千萬不要錯過。

陳智揚

威智創育資訊有限公司 執行長

淡江資訊工程博士

也算不清這是第幾本著作了，卻是最傷神、費時的一本，光是撰寫的動機、籌畫、資料的蒐集且面臨版本的更新，跌跌撞撞就花了快一年。而準備這幾年來在資料與數據分析領域的教學經驗及業界教育訓練的實務體驗，也納為此著作的實作範例與素材，所以，此書真是近幾年來，筆者最想與讀者分享的議題。

大數據時代面臨的資料來源非常多元，資料格式也千奇百怪，如何彙整資料、整理資料、清洗資料、…讓這些資料變成可以處理、統計、重整、彙算，乃至轉換成多維度分析的結構化資料，就變成是資訊瞬息萬變的今天，不得不注重的課題。昔日總是透過資訊部門具備專業領域的同仁，根據使用者的需求而協助完成資料的取得與轉換，但是，彼此供需的認知差異與溝通障礙，常常造成事倍功半的困擾，普羅大眾的終端使用者，也往往對於資訊技術的欠缺與畏懼，而得不到最即時、最理想的需求。但是，現在的生態不一樣了，業界最為仰賴的 Excel 應用程式已經內建了功能完備、介面操作容易的 ETL 工具，也就是 Excel Power BI 四大工具之一的 Power Query，讓資訊背景薄弱的使用者也能夠輕鬆駕馭資料匯入、整理、清洗、轉換、匯出等工作，練就一身高階的資料整理術，成為資料分析、數據分析的佼佼者！

簡單的說，只要學會了 Power Query，您可以：

- 匯入外部的 HR、財務、業務等系統資料、文字檔案，不需要使用 LEFT、RIGHT、MID…等函數，也能拆分、組合所要的資料。
- 來自 ERP 的報表檔案，也很容易掐頭去尾的移除報表表頭、頁尾，組合成可以進行資料處理與統計分析的資料表格。
- 針對資料庫資料表的資料正規化等專業問題，透過 Power Query 也是小菜一碟、蛋糕一塊，迅速將非結構化資料轉換成結構化的 RAW Data。
- 即便是上百個 csv 檔案、xlsx 檔案等外部資料來源，並不需要撰寫 VBA，也能夠在須臾之間彙整成單一資料表。
- 透過資料型別的設定、新增計算欄位，讓資料結構更精準，資料內容更完備，也提升了大量資料的處理效能。

本書目的在引領讀者熟悉 Power Query 的操作環境，從 Power Query 的外掛（增益集）、取得、內建，到完整介紹 Power Query 查詢編輯器的使用，並以實例說明與演練，陪同您體驗各功能層面的操作情境。全書 11 個章節超過 16 萬字、近 1000 多幅插圖與截圖。前 3 章介紹了 Power Query 的功能與用途，並從做中學，瞭解並熟悉查詢編輯器的操作介面，實作各種不同外部資料來源的查詢及資料模型的建立；第 4 章介紹資料欄列的處理情境；第 5 章則針對文字資料的處理與轉換，提供更深入與細部的介紹；第 6 章探討的是日期與時間資料的處理與轉換；第 7 章的重點就在非結構化資料轉換成結構化資料的技巧，以及查詢結果的合併和附加。而 8、9 兩章節則是為您解析 Power Query 的核心 M 語言，瞭解其撰寫規範、從看得懂語法再學習編輯 M 函數，並實作 M 語言的重要容器。筆者並不強調使用者一定要從無到有的撰寫查詢函數，但強烈建議一定要學習看得懂 M 語言函數、養成編輯 M 語言的能力、具備精簡 M 語言程式碼的本領，如此才能讓 Power Query 的查詢過程更有效率也更自動化。而第 10 章「Power Query 實例應用」的篇幅幾近全書三分之一，是最長的一個章節，整理了許多職場上常見的實務範例，將前面各章節所學習的基礎與基本功，適切的展現、逐步解析，與您分享使用 Power Query 解決問題的樂趣。第 11 章是參數查詢面面觀，將查詢技巧與彈性發揮得淋漓盡致，絕對值得您一看再看。

對於本書能夠順利完成，非常感謝碁峰資訊的鼎力支持，也感恩工作夥伴亦是連任多年微軟全球最有價值專家的陳智揚博士與劉文琇老師的指教和協助，才得以順利出版與讀者分享，除了感謝還是感謝，撰寫的心情與誠意皆在於期望能給讀者帶來些許資訊領域上的助益，書中或有疏遺之處，也誠祈各位讀者、先進不吝賜教指正，筆者必虛心求教，力求精進。

王仲麒

Microsoft MVP

台北 May 2024

目錄

1 Power Query 簡介

1.1 先說說什麼是 ETL..1-2

1.2 什麼是 Power Query 1-3

1.3 Power Query 查詢編輯器 1-6

2 Power Query 做中學

2.1 匯入第一個實作範例 2-2

2.2 Power Query 核心工具：查詢編輯器 2-6

    2.2.1 Power Query 查詢編輯器的功能區（Ribbon）.........2-8

    2.2.2 編輯查詢名稱 2-11

    2.2.3 查詢的步驟 2-11

    2.2.4 分割資料行 2-14

    2.2.5 轉換為正值 2-17

    2.2.6 變更資料行名稱 2-18

    2.2.7 結束查詢並匯出資料 2-20

    2.2.8 編輯既有的查詢 2-22

    2.2.9 變更關閉並載入的方式 2-23

2.3 建立新的查詢 2-25

    2.3.1 建立過的查詢在哪裡 2-25

    2.3.2 在查詢編輯器的功能區建立新查詢 2-26

    2.3.3 在〔查詢導覽器窗格〕裡建立新查詢 2-31

    2.3.4 建立 Access 資料庫來源的查詢.......................2-33

    2.3.5 以活頁簿裡既有的內容建立新查詢 2-38

3 查詢的編輯與管理

3.1 查詢的編輯與管理 3-2

    3.1.1 檢視活頁簿裡所建立的查詢 3-2

    3.1.2 變更查詢名稱 3-6

    3.1.3 查詢的重複（複製）... 3-7

    3.1.4 查詢的參考 3 9

    3.1.5 查詢的編輯與刪除 3-10

    3.1.6 查詢的更新 3-12

    3.1.7 查詢結果工具選項 3-14

3.2 查詢步驟的管理 3-16

    3.2.1 查詢步驟的編輯與刪除 3-17

    3.3.2 檢視查詢步驟的程式編碼 3-18

    3.2.3 查詢步驟的管理工具 3-20

    3.2.4 查詢中插入新的查詢步驟 3-22

    3.2.5 關於 Power Query 的查詢結果 3-25

3.3 外部資料來源的類型 3-26

    3.3.1 匯入 CSV 檔案 3-28

    3.3.2 匯入 JSON 3-31

    3.3.3 匯入 XML 3-36

    3.3.4 匯入 Web 頁面資料 3-41

4 資料的基本處理技巧

4.1 資料的取得與匯入 4-2

4.2 關於資料行的相關操控 4-4

4.2.1　選取資料行 4-5

4.2.2　移動資料行 4-9

4.2.3　複製資料行 4-14

4.2.4　新增條件資料行 4-17

4.2.5　新增索引資料行 4-20

4.2.6　刪除資料行 4-22

4.2.7　重新命名資料行名稱 4-24

4.2.8　變更資料行的資料型態 4-26

4.2.9　來自範例的資料行 4-29

4.2.10　自訂資料行 4-33

4.3　關於資料列的相關操控 4-35

4.3.1　選取資料列 4-35

4.3.2　排序資料列 4-36

4.3.3　縮減（刪除）資料列 4-41

4.3.4　資料的取代 4-66

4.3.5　資料的填滿 4-68

5　文字的處理與轉換

5.1　分割資料行 5-2

5.2　文字資料的格式轉換 5-19

5.3　擷取資料 5-28

5.4　剖析 XML 和 JOSN 檔案 5-44

6　數值與日期時間的處理與轉換

6.1　數值資料的處理與轉換 6-2

6.2　日期與時間資料的處理 6-10

7 資料轉換與合併查詢

7.1 樞紐與取消樞紐 7-2

7.2 轉置查詢 7-8

7.3 合併查詢與附加查詢 7-12

   7.3.1 合併查詢 7-13

   7.3.2 附加查詢 7-18

8 認識 M 語言

8.1 M 語言簡介 8-2

   8.1.1 在哪裡撰寫 M 函數語言 8-2

   8.1.2 M 語言的程式撰寫規範 8-3

   8.1.3 三個基本且重要的陳述句 8-11

8.2 看懂 M 語言語法 8-19

   8.2.1 使用進階編輯器解析 M 語言程式碼 8-20

   8.2.2 查詢函數語法解析 8-29

   8.2.3 精簡 M 語言程式碼 8-36

9 實作 M 語言三大容器

9.1 實作 M 語言的三大容器 9-2

9.2 List（清單）.. 9-8

   9.2.1 List 的建立與編輯 9-8

   9.2.2 清單轉換為表格 9-11

   9.2.3 向下切入：深化（擷取）容器裡的內容 9-15

9.3 查詢群組資料夾的建立與管理 9-23

9.4 Record（記錄）.. 9-27

9.4.1　建立一筆資料記錄 9-27

9.4.2　一次建立多筆資料記錄 9-31

9.4.3　將 List 轉換成 Table 9-33

9.5　Table（表格）.. 9-37

9.5.1　使用 M 語法建立資料表 9-37

9.5.2　Table 裡包含 List 9-40

9.5.3　Table 裡包含 Record 與 Table 9-42

9.6　合併活頁簿裡所有的工作表 9-44

9.7　合併資料夾裡的所有活頁簿 9-47

10 Power Query 實例應用

10.1　產品清單標籤大量輸出 10-2

10.2　值班輪值記錄（一維轉二維）............................ 10-9

10.3　各單位各類票券採購統計（二維轉一維）................... 10-13

10.4　各城市年度業績報表 10-17

10.5　管線編號合併 10-23

10.6　施工門號拆分 10-28

10.7　離職與新進的查詢 10-33

10.8　機台檢測次數統計 10-44

10.8.1　計算每一個機台每一回的測試時間與測試結果 10-45

10.8.2　彙算每一個機台的總時間與總測試結果.............. 10-56

10.9　製作運動鞋品牌款式報表 10-59

10.10　小組分組名單 10-72

10.11　服飾日銷售記錄摘要分析 10-82

10.12　筆電商品規格清單 10-93

10.13　產品與產地銷售記錄 10-98

10.14　專案小組名單查詢 10-107

10.15 員工 KPI 評量查詢 10-113

10.16 MOS 證照成績統計 10-123

10.17 年度專案費用累計 10-158

10.18 ERP 報表拆解與分析 10-163

　　　10.18.1 分析報表的架構與邏輯 10-165

　　　10.18.2 匯入查詢編輯器進行報表轉換 10-166

11 參數查詢面面觀

11.1 參數查詢的使用時機（Power Query Parameter）.............. 11-2

11.2 選擇資料列的篩選條件 11-2

　　　11.2.1 建立查詢 11-2

　　　11.2.2 迷人的 ?? 運算子 11-10

　　　11.2.3 調整資料類型並建立篩選準則 11-12

11.3 建立參數查詢 11-17

　　　11.3.1 建立簡單的參數 11-17

　　　11.3.2 變更參數值 11-21

　　　11.3.3 建立固定項目的下拉式選單參數 11-24

　　　11.3.4 建立清單式的下拉式選單參數 11-29

11.4 以儲存格的內容作為查詢比對的依據 11-39

　　　11.4.1 Excel 工作表儲存格作為
　　　　　　 Power Query 查詢參數的觀念 11-40

　　　11.4.2 建立資料表作為篩選操作介面 11-43

　　　11.4.3 多準則的篩選 11-49

11.5 資料來源的變動 .... PDF 電子書，請線上下載

 A **Power Query 在何處** (PDF 電子書，請線上下載)

▶本書範例使用說明

請將本書的「實作範例 .zip」檔案解壓縮，產生名為〔PQ 實作〕的資料夾，各章節實作檔案、外部資料檔案盡在此資料夾內。

您可以將解壓縮後的〔PQ 實作〕資料夾複製至您的硬碟或其他儲存設備使用，但由於匯入外部資料來源的操作過程與檔案存放的路徑有關，因此，建議您將〔PQ 實作〕資料夾整個複製至您的硬碟 C 路徑之下，因為本書的實作範例演練操作環境以及書中的截圖畫面，即是以 C:\ PQ 實作路徑為例。

書中相關的實作檔案與外部資料檔案，依據章節資料夾分類存放：

▶範例下載

本書範例請至碁峰資訊網站 http://books.gotop.com.tw/download/ACI037300 下載。其內容僅供合法持有本書的讀者使用，未經授權不得抄襲、轉載、公開與任意散佈。

Power Query 簡介

光就 Query 這個單字，就可以揣測得到肯定是與資料「查詢」相關的工作，再加上 Power 這個字眼，翻譯成「超級查詢」應該也不為過！只要學會這個工具，對於大量資料、結構性資料、非結構化資料的整理、篩選、彙整，將會更加輕鬆、有效率，到時可就回不去囉！

1.1 先說說什麼是ETL

不管是企業還是個人，在資訊爆炸的時代所面臨的資料愈來愈多元，例如，舉凡 ERP、SAP、財務、人資、業務、工程等各類型系統的後端資料，經常是資料查詢的對象，而所下載、擷取的資料，也常常會作為前端報表工具或試算軟體的資料來源，以利於製作各種目的與需求的報表。然而，要處理這些多元、異質且又大量的資料，如何彙整、重塑、摘要、篩選出有用的資訊，實在是一門學問，也是一項技術，若有了適當的工具協助，當然是事半功倍。

ETL 是英文 Extract-Transform-Load 的縮寫，意為將資料從來源端經過萃取（extract）、轉置（transform）、載入（load）至目的端的過程。在企業運作中所面臨的各類型系統資訊，其資料格式與標準可能不盡相同。因此，要彙整各方資料來源並整合運用，並非易事，所以，ETL 工具便成為解決相關需求的重要工具。

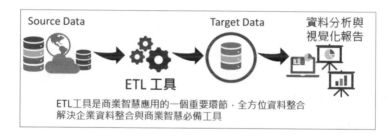

ETL工具是商業智慧應用的一個重要環節，全方位資料整合解決企業資料整合與商業智慧必備工具

簡單的說，ETL 是將企業的業務系統、ERP 系統等的資料經過擷取、清洗、轉換之後，再載入到資料倉儲的過程，其目的是將企業中原本分散、零亂、標準不統一的資料整合在一起，做為企業進行決策時分析資料的依據。當然，載入的目的地也並不限於資料倉儲。因此，ETL 算是商務智慧（BI, Business Intelligence）的一個重要環節。通常，在商務智慧的專案中，ETL 設計的好壞與運用，也將直接影響到商務智慧專案的成敗。

在 ETL 的實現上，有許多方法。例如：透過 SQL 查詢編碼的撰寫方式來體現，或者借助諸如 Oracle 的 OWB、SQL Server 的 DTS、SSIS 服務、Informatic 等 ETL 工具來實現。當然，選用優質的 ETL 工具搭配 SQL 相互結合運用也是不錯的選擇。使用 SQL 查詢撰寫編碼的方法其優點是靈活多變又彈性，可應付各種稀奇古怪的資料彙整工作與查詢需求，亦可提高 ETL 執行效率。但是並非人人都熟悉 SQL 查詢語句與語法，查

詢編碼複雜的情況下，技術要求就相對比較高（難怪就累死了勞苦功高的資訊人員）！而透過 ETL 工具的操作可以快速建立 ETL 的相關工作與需求，避免複雜、冗長或不熟悉的 SQL 查詢編碼，既降低了難度也提高了工作效率，即便缺少了靈活性也算是瑕不掩瑜了。

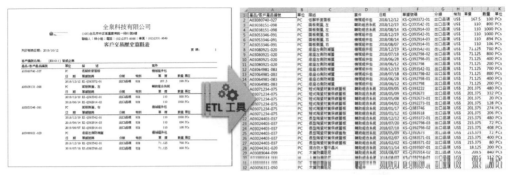

▲ ERP 或其他系統的報表檔案，透過 ETL 工具的協助，
即可萃取出報表裡可以進行分析與處理的資料表結構喔！

其實 ETL 工具也是百家爭鳴，典型代表有位居企業級雲端資料管理領導品牌 Informatica 的 PowerCenter、IBM 的 Data Stage、Amazon 的 AWS Gule、Oracle 的 Oracle Data Integrator、Microsoft 的 SQL Server Integrated Services(SSIS)、SAS 的 Data Integration Studio、SAP 的 BusinessObjects Data Integrator、Talend 的 Open Studio、Sybase ETL tool、Tableau，以及開源的 Stitch、Apache Nifi 等，真是族繁不及備載。若要細談、研究 ETL 工具的架構、功能與運用，也會是很深很廣的技術與議題，並不在我們此次的討論範圍裡，但是，經過這一番解釋，您應該知道什麼是 ETL 以及它的重要性了吧！

1.2 什麼是Power Query

在職場上的實際運作中，所面臨的資料種類既多樣化且常常需要基於不同的目的與需求而加以篩選、轉換與重整。因此，ETL（Extract、Transform、Load）這個領域的應用程式，自然就變成是最理想的工具了！而這類型的工具軟體，也幾乎是資訊工作者勢必面臨，也應該儘快學會的一種資料處理與資料分析的熱門工具與技術。

在 Office 家族系列軟體中，Excel 絕對是資料處理、運算、分析最佳典範，殊不知在 Excel 的操作環境中，也擁有 ETL 類型的增益集工具程式可供使用喔！那就是鼎鼎大名的 Excel BI（Excel 商務智能）四大工具中的「Power Query」是也！

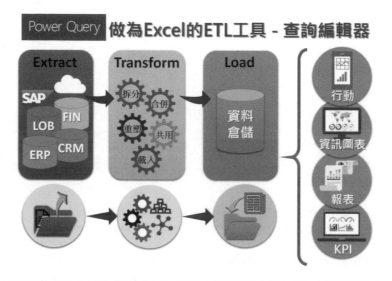

關於查詢

所謂的查詢，指的是將來自單一或多個資料來源的資料內容，藉由篩選或聚合資料，再將結果載入 Excel 裡的作業。查詢的建立與儲存皆在 Excel 活頁簿，而且，一個活頁簿檔案可以建立並儲存多個查詢。查詢本身也可以是另一個查詢的資料來源。

Microsoft Power Query for Excel 簡稱 Power Query 是 Excel 的一項 COM 增益集，也是一種資料連線技術，可讓您連接、轉換、合併、調整資料來源，以符合您的分析需求，簡化資料探索、存取及共同作業。也就是說，Power Query 是 Excel 所提供的自助式商業智慧工具，讓您從許多不同的來源導入資料，然後再根據需求進行資料的清理、轉換、合併與重塑。只要透過一次的查詢設計，便可以重複使用，也就是來源資料有所異動時，只要經由重新整理操作，便會自動再次導入而更新查詢結果。

只要啟動 Excel，便可以藉由 Power Query 連線匯入外部資料，或者取得工作表上既有的資料表格，在導覽器的協助下選擇資料並預覽內容，除了可以載入查詢結果至新工作表上，也可以透過 Power Query 查詢編輯器的操作，進行更多元、更多面向的資料轉換與查詢，而最終的查詢結果也可以成為樞紐分析表或樞紐分析圖的資料來源。

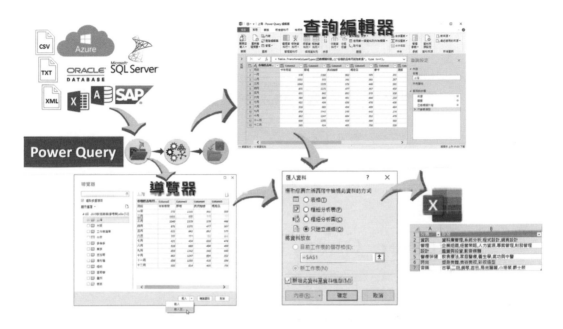

藉由 Power Query 的使用，可以將數百萬、上千萬筆的資料記錄導入至資料模型（Data Model）中，以進行分析與重複使用。最重要的是，您不必學 VBA，更不需要懂得其他的程式設計技能，只要透過熟悉且直觀的 Office 應用程式操作介面，便可以輕鬆上手。甚至，藉由 Power Query 功能強大的查詢編輯器，逐步記錄每一個查詢步驟的特性，可以轉換成 M 語言代碼，讓查詢的工作也能透過函數代碼與參數的編輯和撰寫而快速批次完成。

此外，數據的資料型態主要可以區分為結構化資料和非結構化資料。在微軟的 BI 解決方案中，Power Query 是用來存取結構化資料與非結構化資料的一項整合工具，也是微軟利用 Excel 進行資料整合與分析的一項大突破。其功能特色很類似 SQL Server Integration Services（簡稱 SSIS），使用者可透過 Power Query 在區域網路與雲端網路中搜尋內部或外部資料，同時支援多種異質性資料來源的匯入，達成資料篩選、合併、轉化與附加等需求，並且在不需要實際將資料匯入 Excel 工作表的情況下，只須建立查詢連結的作業，就可以處理大量且超過工作表上百萬筆容量限制的資料。

針對這些大量資料，在取得資料檢視之餘，還可以根據需求進行重建、清理，再傳送至資料模型以提供 Power Pivot、Power View、Power Map 等其他 Excel Power BI 工具軟體的運用。所以說，瞭解 Power Query 的使用，將是處理數據、分析資料不能不會的第一道關卡。

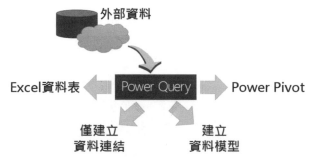

▲ PowerQuery 查詢結果的各種流向。

1.3 Power Query查詢編輯器

在 Excel 活頁簿的編輯環境下，您可以透過 Power Query 的操作，將選定的外部資料匯入，或者直接將工作表上既有的資料表格或儲存格範圍，載入至 Power Query 的核心程式，也就是 Power Query 查詢編輯器，進行所要執行的查詢工作。

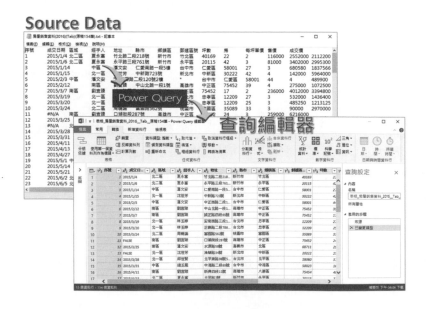

在此 Power Query 查詢編輯器的功能區裡包含了〔檔案〕後台管理，以及〔常用〕、〔轉換〕、〔新增資料行〕與〔檢視表〕等四個索引標籤。從 Excel 2010 時代的 Power Query 到 Excel 365 的 Power Query，操作介面幾乎是完全相同。

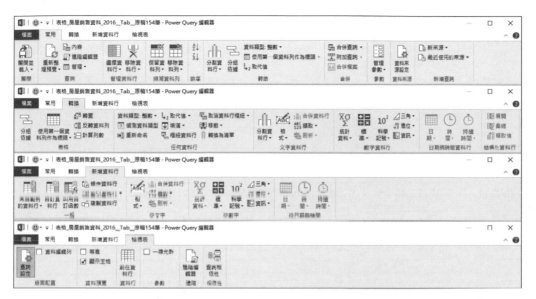

本書即以 Excel 365 為工作環境，與大家分享這一系列的學習。此外，既然本書的撰寫目的是期望以實作為主，帶領大家從實際操作的過程中來學習新的技術與技巧，那麼，下一章節我們就先從匯入一份房屋仲介銷售資料的純文字檔案開始，來熟悉一下 Power Query 的操作環境並實務的體驗其魅力囉！

Power Query 做中學

在學習 Power Query 的過程與內容,可以很簡單,也可以很進階。所謂的簡單,那就是只要學會操作 Power Query 查詢編輯器,透過功能選單的介面操作、查詢步驟的編輯,便可以輕鬆完成資料匯入、拆分、彙整、清理等工作。所謂的進階,那便是學習 M 語言,利用編撰 M 語言的查詢函數,來完成資料查詢的目的。即便是您對程式設計的觀念並不熟悉,也建議您至少嘗試學會看得懂或猜得透 M 語言查詢語句的意義,如此,在提升查詢效率與技巧的精進上,肯定會有莫大的助益。那麼,我們就先透過 Power Query 查詢編輯器的操控,來踏入 Power Query 的世界吧!

2.1 匯入第一個實作範例

例如：我們取得了一份外部資料檔案，這是一個檔案類型為 .csv 的純文字檔，裡面記錄了數百筆房屋銷售記錄，透過 Power Query 工具便可以輕鬆建立查詢檔案，擷取所需的資料以滿足爾後分析與摘要的需求。這份原始資料來源的欄位內容，包含了編號、成案日期、經手人、區域、縣市、鄉鎮區、地址、郵遞區號、坪數 /(房)/ 每坪單價、售價、成交價等資料。實作檔案名稱為〔房屋銷售資料 (2018_2019)(UniCode).csv〕

首先,我們以 Excel 2019/2021/365 的操作環境為例,可以在新增一個空白活頁簿後,進行以下程序:

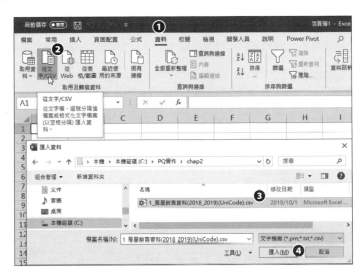

步驟01 點按〔資料〕索引標籤。

步驟02 點按〔取得及轉換資料〕群組裡的〔從文字/CSV〕命令按鈕。

步驟03 開啟〔匯入資料〕對話方塊,點選所要查詢的來源檔案。

步驟04 點按〔匯入〕按鈕。

不同版本 Excel 的 Power Query 資料匯入

如果您使用的是 Excel 2016,則匯入外部資料至 Power Query 的操作方式是點按〔資料〕索引標籤,點按〔新查詢〕命令按鈕,從展開的功能選單中點選外部資料來源的格式,例如:〔從檔案〕選項,再從副功能選單中點選〔從 CSV〕文字檔案選項。

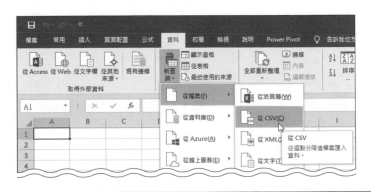

如果您使用的 Excel 版本是 2010/2013，Power Query 是屬於外掛的增益集，功能區裡有專屬的〔Power Query〕索引標籤，因此，匯入外部資料至 Power Query 的操作方式是點按〔Power Query〕索引標籤後，點按〔取得外部資料〕群組裡的外部資料來源的格式，例如：〔從檔案〕命令按鈕，再從展開的功能選單中點選〔從文字 CSV〕檔案格式選項。

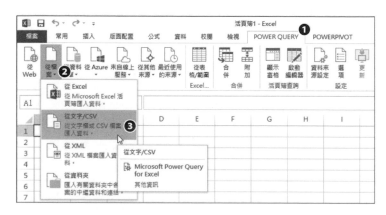

步驟01　點按啟動增益集後的〔POWER QUERY〕索引標籤。

步驟02　點按〔從檔案〕命令按鈕。

步驟03　點按〔從文字 /CSV〕功能選項。

在匯入純文字檔案後，會自動開啟導覽視窗，讓使用者檢視所匯入的資料內容，此時在導覽視窗底部提供有〔載入〕按鈕與〔轉換資料〕按鈕。

在點按〔載入〕按鈕右側的倒三角形按鈕時，可以展開功能選單，從展開的功能選單中，可以再區分為〔載入〕及〔載入至〕等功能選項，這些按鈕與功能選項的用途和功能略有不同。

直接以資料表格方式匯入
至 Excel 工作表

進入 Power Query
查詢編輯器

選擇查詢結果的匯入方式

其中，若是點按〔載入〕功能選項，則所選擇的純文字檔案將直接匯入至工作表中，並以資料表格（Data Table）的格式呈現在工作表上，此時，所建立的查詢亦顯示在畫面右側的〔查詢與連線〕工作窗格裡，查詢的結果是 208 筆資料記錄的輸出。

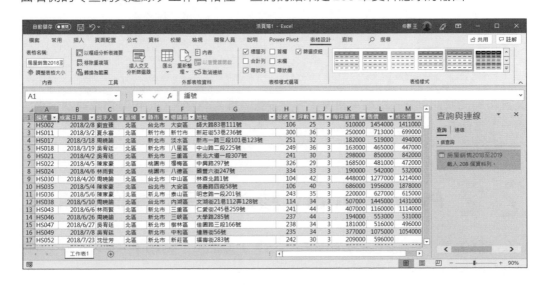

若是點按〔載入至〕功能選項,則將開啟〔匯入資料〕
對話方塊,讓使用者可以自行選擇匯入資料要呈現的方
式。甚至,在此對話方塊中,還可以決定是否要將查詢
結果存放在資料模型裡。

如果點按的是〔轉換資料〕按鈕,則將立即開啟 Power Query 查詢編輯器,進行更完
整的查詢工作,包括資料的轉換、拆分、合併、新運算欄位的建立、選擇查詢的輸出
等等作業。

此實作範例我們就直接點按〔轉換資料〕按鈕,進入 Power Query 查詢編輯器,來認
識一下這個 Excel 的 ETL 工具核心囉!

2.2 Power Query 核心工具:查詢編輯器

Hello 初次見面! Power Query 的核心工具:查詢編輯器。查詢編輯器的操作視窗可以
區分為以下幾個部分:

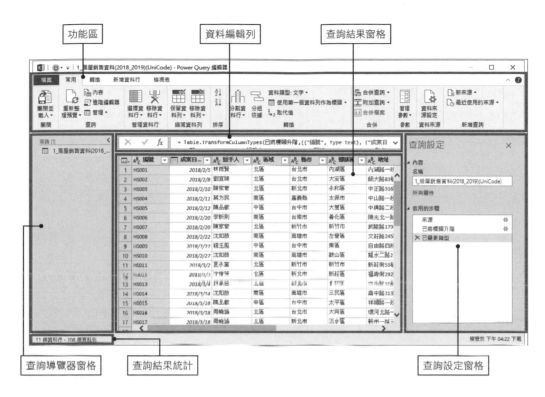

功能區　　　資料編輯列　　　查詢結果窗格

查詢導覽器窗格　　　查詢結果統計　　　查詢設定窗格

- 功能區（Ribbon）：位於視窗頂端，提供有〔檔案〕、〔常用〕、〔轉換〕、〔新增資料行〕及〔檢視表〕等索引標籤。這裡含括了建立新的查詢步驟時，每一個查詢選項與查詢作業的操作功能。

- 資料編輯列（Formula Bar）：又稱公式列。猶如 Excel 工作表的資料編輯列一般，查詢中的每一個步驟都是 M 語言的描述，您可以在此檢視、編輯所選取的查詢步驟之 M 語言描述。

- 查詢導覽器窗格（Navigator pane）：在此會顯示目前活頁簿檔裡所建立的每一個查詢檔，可以進行查詢檔案的複製、刪除、重新命名等作業。

- 查詢結果窗格（Results pane）：在此可以顯示目前所選取的查詢步驟之查詢結果。

- 查詢設定窗格（Query Settings pane）：在此窗格裡〔內容〕區段將顯示您正在編輯的查詢名稱。〔套用的步驟〕區段則顯示著此查詢裡每一個查詢步驟的名稱，而點選這裡的查詢步驟名稱時，便立即執行該查詢步驟，這時候，上方的資料編輯列即顯示著該步驟的 M 語法；左側的查詢結果窗格則顯示著該查詢步驟的執行結果。

- 狀態列（Status Bar）：在此顯示查詢結果的統計。

以下我們就來細細說明這些操作介面的特性與功能吧！

2.2.1 Power Query 查詢編輯器的功能區（Ribbon）

在 Power Query 的功能區裡，提供了幾個索引標籤，其中〔檔案〕索引標籤裡包含了
〔關閉並載入〕、〔關閉並載入至〕、〔捨棄並關閉〕以及〔選項及設定〕等功能選項，
在完成查詢編輯器的操作時，決定查詢結果的儲存與適當輸出或管理 Power Query 環
境的選項設定及資料來源設定。

〔常用〕索引標籤真是名符其實，最常用的功能選項盡在此處，提供了〔關閉並載
入〕命令按鈕，以及〔重新整理預覽〕、〔管理〕查詢、開啟 M 編碼編輯畫面的〔進階
編輯器〕等命令按鈕。此外，也能進行資料行（也就是資料欄位）的選取、刪除、排
序。在整理資料與匯整資料上，最常用的功能則是〔分割資料行〕、〔分組依據〕、〔使
用第一個資料列作為標頭〕等工具，以及〔合併查詢〕、〔附加查詢〕等多方位的查詢
功能。若有新的資料來源要進行查詢，也可以透過此索引標籤裡的〔新來源〕命令按
鈕來建立新的查詢。

不同版本的〔分割資料行〕

在 Excel 2010/2013 的查詢編輯器中，〔分割資料行〕命令按鈕，僅提供〔依分隔符號〕與
〔依字元數〕兩種分割資料行選項。Excel 2016 以後的 Power Query 查詢編輯器中，〔分割
資料行〕命令按鈕除了原本的〔依分隔符號〕與〔依字元數〕兩種分割資料行選項外，還
擴增了〔依位置〕、〔依小寫到大寫〕、〔依大寫到小寫〕、〔依數字到非數字〕與〔依非數字
到數字〕等等更多元且更具彈性的分割資料行選項。

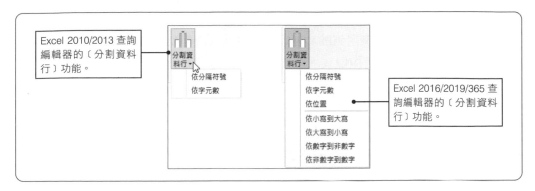

〔轉換〕索引標籤裡的功能可以說是 Power Query 的精髓，舉凡資料表格的〔轉置〕、〔反轉資料列〕，以及針對選取的資料行進行樞紐（〔樞紐資料行〕）或取消樞紐（〔取消資料行樞紐〕），還有資料的〔取代值〕、〔填滿〕、〔轉換為清單〕等功能操作，都在〔任何資料行〕群組裡。

至於〔文字資料行〕群組裡有〔分割資料行〕、〔格式〕大小寫等資訊、〔合併資料行〕、〔擷取〕局部字串、〔剖析〕字串資料等功能；在〔數字資料行〕群組裡則是包含了敘述性統計的〔統計資料〕、〔標準〕算術運算、〔科學記號〕、〔三角〕、四捨五入〔進位〕與擷取資料行之相關〔資訊〕等功能。而〔日期與時間資料行〕群組裡則提供了〔日期〕、〔時間〕、〔連續時間〕（也就是時間長度）等資料行的轉換。

最後的〔結構化資料行〕群組裡，〔展開〕命令按鈕可以展開 Table（資料表）、List（清單）、Record（記錄）等 M 語言的巢串式資料結構、〔彙總〕命令按鈕可以摘要列出巢串式資料結構中的值。藉由〔擷取值〕命令按鈕則可以使用指定的分隔符號，合併資料行裡每個 List（清單）值。

在〔新增資料行〕索引標籤裡所提供的〔自訂資料行〕命令按鈕可以讓使用者撰寫公式、函數，自訂資料行的處理。而〔條件資料行〕猶如 IF 函數般進行資料行的邏輯運算與判斷；〔索引資料行〕則是為選定的資料行添增索引編號；〔複製資料行〕則是建立選定資料行的分身。

另外，也可以從〔擷取〕的文字資料行或者〔剖析〕的文字資料行中，添增新的資料行。在此索引標籤中，最常用到的功能還有從日期或時間類型的資料行中，新增新的欄位。例如：從日期資料行中擷取「年」、「季」、「月」、「週」等新的資料行。

在〔檢視表〕索引標籤裡，可以勾選〔資料編輯列〕核取方塊，決定是否要在視窗功能區下方顯示公式編輯列，也可以點按〔進階編輯器〕命令按鈕，開啟 M 編碼編輯畫面的〔進階編輯器〕檢視與編輯該查詢的 M 語言敘述。活頁簿裡有兩個以上的查詢時，也可以透過〔查詢相依性〕命令按鈕檢視查詢之間的相依關係。

在進入 Power Query 的查詢編輯器畫面中，左側的導覽器窗格是可以摺疊的，點按左上方的按鈕，可以展開或折疊此導覽器窗格以顯示或隱藏活頁簿裡的所有查詢。畫面左下角則會顯示查詢結果的規模，例如若查詢結果是資料表形式，便會顯示共有幾個資料行、幾筆資料列的輸出。

2.2.2 編輯查詢名稱

除了查詢導覽器窗格外，畫面右側的〔查詢設定〕窗格裡也可以看到目前開啟的查詢之預設查詢名稱，在點按此名稱方塊後便可以進行查詢名稱的編輯，自訂更有意義與可解讀的查詢名稱。

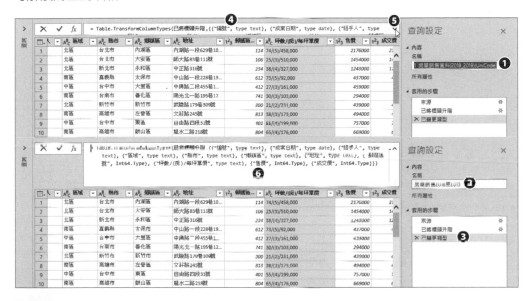

步驟01　點按名稱方塊，選取預設的查詢名稱。

步驟02　輸入自訂的查詢名稱。

步驟03　點選查詢步驟，可以看到執行至此查詢步驟後的查詢結果為何。

步驟04　在資料編輯列上可以看到所選取的查詢步驟之 M 言程式碼。

步驟05　查詢步驟的程式碼若頗為冗長，可以點按展開按鈕。

步驟06　隨即擴增資料編輯列的高度，便可以從中看到更完整的程式編碼。

2.2.3 查詢的步驟

在使用 Power Query 匯入外部資料進行查詢時，便會自動完成先期的資料匯入步驟，但是基於每一種資料來源的類型、格式、結構與複雜度有所不同，因此，這些查詢步驟的語句、步驟數目也會有所差異。以剛剛在 Power Query 環境下操作匯入外部的 CSV 文字檔案為例，所建立的查詢裡會自動完成三個查詢步驟。分別是〔來源〕、〔已

將標頭升階〕以及〔已變更類型〕。其中，最後一個步驟的結果也正是此查詢的最後輸出。這三個查詢步驟的工作如下：

查詢步驟名稱	作用
來源（Source）	載入 CSV 文字檔案。
已將標頭升階（FirstRowAsHeader）	將載入的文字檔案之首列設定為欄位名稱，也就是資料行標題名稱。
已變更類型（ChangedType）	Power Query 會針對每一個資料欄位自動套用合適的資料型態。

即便您可能暫時看不懂這些查詢步驟的程式碼，但仍可以從中看出這些查詢步驟的用途與執行領域的蛛絲馬跡。

例如：第 1 個查詢步驟的原始程式碼為：

來源 = Csv.Document(File.Contents("C:\PQ 實作 \chap2\1_ 房屋銷售資料 (2018_2019)(UniCode).csv"),[Delimiter=",", Columns=11, Encoding=1200, QuoteStyle=QuoteStyle.None])

看起來好長的程序敘述，裡面一堆的參數與符號設定，可是扣除掉冗長的檔案路徑與檔案名稱，整理一下大約可以檢視為：

來源 = Csv.Document(File.Contents(".csv 檔案 ",[Delimiter=",", Columns=11, Encoding=1200, QuoteStyle=QuoteStyle.None])

在一對小括弧之前的名詞便是所謂的 Power Query 的核心 M 語言函數，例如：Csv.Document() 以及 File.Contents()。若是再稍微解讀一下專有名詞，例如：Delimiter 是分隔符號，在此即意味著匯入的 .csv 文字檔案其分隔符號是逗點；匯入的資料欄位共有 11 個資料行（Columns=11）；此檔案採用的是 UniCode 的編碼（Encoding=1200）；而 QuoteStyle 指的是文字檔中對於如何編碼單引號和雙引號的使用規範。其實，有些參數是可以省略、有些參數是可以之後再慢慢學習與體會的。

第 2 個查詢步驟的原始程式碼為：

已將標頭升階 = Table.PromoteHeaders(來源 , [PromoteAllScalars=true])

使用的是 Table.PromoteHeaders() 函數，應該是要將第 1 個查詢步驟（來源）的查詢結果，進行標題方面的設定。Headers 是表頭的意思，在資料庫的資料表中，就是資料欄位名稱的意思了。

至於第 3 個查詢步驟的原始程式碼為：

已變更類型 = Table.TransformColumnTypes(已將標頭升階 ,{{" 編號 ", type text}, {" 成案日期 ", type date}, {" 經手人 ", type text}, {" 區域 ", type text}, {" 縣市 ", type text}, {" 鄉鎮區 ", type text}, {" 地址 ", type text}, {" 郵遞區號 ", Int64.Type}, {" 坪數 /(房)/ 每坪單價 ", type text}, {" 售價 ", Int64.Type}, {" 成交價 ", Int64.Type}})

是這個查詢範例中最為冗長的程式碼，但應該是最容易理解的，使用的是 Table. TransformColumnTypes()，就字面上來說，肯定是變更資料表的欄位型態，也就是各個資料欄位要採用的資料型態是屬於文字型態、數值型態、還是日期型態等等。看看 type text、type date 等字眼也就不難揣測得出來了。只是裡面一堆 {} 的符號尚一時無法確認其語法與用意。放心，這也正是本書的撰寫目的，稍後的章節您就會恍然大悟的。

不過，要特別注意的是，雖說查詢裡的各項查詢步驟可以根據使用者的需求而變更查詢步驟名稱、調整查詢步驟的語句，甚至移除或刪除部分或全部的查詢步驟。但是，這些查詢步驟有承先啟後的連貫與相依性，若是隨意移動或刪除查詢步驟，極有可能會導致查詢中其他地方出現錯誤。例如，如果您變更了某個查詢步驟的名稱，卻忘了其他查詢步驟是該查詢步驟的後續作業，因此，必須也要更改其他查詢步驟裡的敘述，不能讓查詢步驟之間無以為繼。或者，您在查詢裡曾經建立了添增新運算欄位的查詢步驟，順利產生的運算欄可以提供其他各步驟引用及運算，但一旦您刪除了該查詢步驟，造成新運算欄位不復存在，那麼有引用了該欄位的其他查詢步驟，勢必也會發生錯誤。加上在 Power Query 的操作環境裡，並沒有提供復原前次操作（Ctrl + Z）的機制，正所謂牽一髮而動全軍，不可不小心。

Power Query 資料檔案的限制

如果您會使用非常大的資料集，Power Query 在資源存取的技術上，使用大量磁碟空間來保存在查詢編輯器中的查詢結果，這些查詢結果的快取預設存放位置是在以下路徑：

C：\Users\username\AppData\Local\Microsoft\PowerQuery

在某些網路文件裡曾提及到此高速緩存的大小有 4GB 的軟限制（soft limits），也就是使用者可以在一定時間範圍內（例如一週），超過軟限制的額度，在硬限制（hard limits）的範圍內繼續申請儲存資源。

2.2.4 分割資料行

剛剛匯入的 CSV 文字檔案中，有一名為「坪數/(房)/每坪單價」資料欄位，這是一個結合了三個資料欄位的訊息，分別代表著每一棟房屋的「坪數」、「房」及「每坪單價」等資訊，若藉由〔分割資料行〕的操作，將可以拆解此資料欄位，分解成為三個各自獨立的資料行。

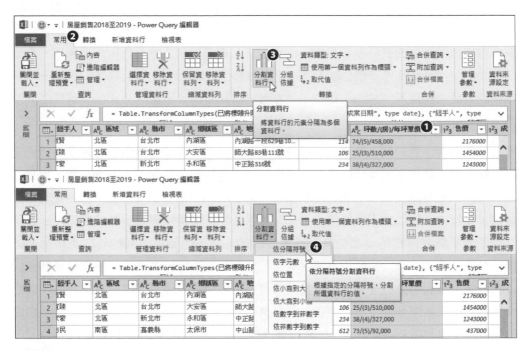

步驟01 點選「坪數/(房)/每坪單價」資料行。

步驟02 點按〔常用〕索引標籤。

步驟03 點按〔轉換〕群組裡的〔分割資料行〕命令按鈕。

步驟04 從展開下拉式功能選單中點選〔依分隔符號〕功能選項。

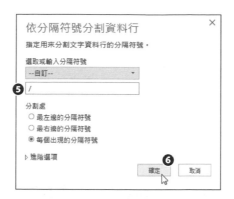

步驟05 開啟〔依分隔符號分割資料行〕對話選項，Power Query 會自動識別此範例以自訂的「/」為分隔符號。

步驟06 點按〔確定〕按鈕。

並不是每一個功能區裡的命令按鈕其操作過程都只會被解譯成一個查詢步驟而已，像剛剛執行的〔分割資料行〕命令，就一口氣新增了兩個查詢步驟喔！

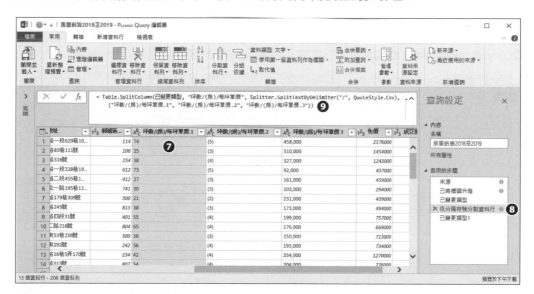

步驟07 順利將「坪數 /(房)/ 每坪單價」資料行拆分為三個資料行，欄位標籤預設為「坪數 /(房)/ 每坪單價 .1」、「坪數 /(房)/ 每坪單價 .2」與「坪數 /(房)/ 每坪單價 .3」。

步驟08 從〔查詢設定〕窗格裡的〔套用的步驟〕區塊可以看到剛剛操作的〔分割資料行〕命令，新增了兩個查詢步驟。

步驟09 從公式編列裡面也可以看到查詢步驟的 M 語言程式碼。原來根據分隔符號分割資料行的 M 語言程式為「Table.SplitColumn」，而此函數裡的參數也包含了「Splitter.SplitTextByDelimiter」。

這次的分割資料行操作，自動完成了兩個查詢步驟。分別是〔依分隔符號分割資料行〕以及〔已變更類型1〕。其中，〔依分隔符號分割資料行〕的操作步驟是源自前一個查詢步驟的結果，作為此步驟的源頭，而最後一個查詢步驟〔已變更類型1〕，其結果便成為此查詢的最後輸出。這兩個查詢步驟的工作如下：

查詢步驟名稱	作用
依分隔符號分割資料行（SplitColumn）	根據選定或自訂的分隔符號，分割選定的資料行，產生新的資料欄位。
已變更類型1（ChangedType）	針對剛剛添增的新資料行（資料欄位）自動套用合適的資料型態。

原本名為「坪數/(房)/每坪單價」資料行拆分為三個新的資料行，而同一個資料表裡並不允許有同名的資料行名稱，因此，三個新的資料行名稱將預設為「坪數/(房)/每坪單價.1」、「坪數/(房)/每坪單價.2」及「坪數/(房)/每坪單價.3」。而 Power Query 查詢編輯器也會自動嘗試設定這三個新資料行的資料型態。

步驟10 點選〔套用的步驟〕區塊裡的最後一個查詢步驟。

步驟11 從公式編列裡面也可以看到此查詢步驟的 M 語言程式碼。自動進行資料行的資料型態之設定。

2.2.5 轉換為正值

在這個實作範例中可以發覺，匯入的「坪數 /(房)/ 每坪單價」資料行裡的第二個資料是房間數量，原始的資料有一對小括號，但是，在財務報表的使用習慣與試算表軟體的作業環境裡，加上小括號的數值經常會被解讀成是負值，因此，此次的資料拆分後，查詢編輯器也將此拆分的欄位識別為負值，所以，我們必須將此資料行糾正為正數值的資料。而最簡單的方式，就是將此資料行「坪數 /(房)/ 每坪單價 .2」乘以負 1囉！

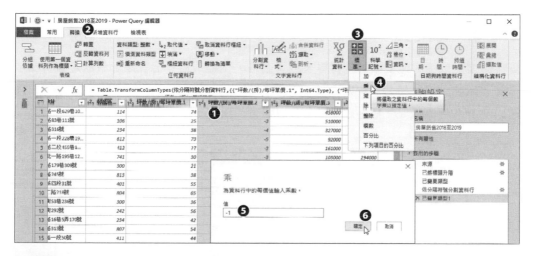

步驟01 點選「坪數 /(房)/ 每坪單價 .2」資料行。

步驟02 點按〔轉換〕索引標籤。

步驟03 點按〔數字資料行〕群組裡的〔標準〕命令按鈕。

步驟04 從展開的下拉式功能選單中點選〔乘〕功能選項。

步驟05 開啟〔乘〕對話選項，在〔值〕文字方塊裡輸入「-1」。

步驟06 點按〔確定〕按鈕。

這個新的查詢操作，是由最新的查詢步驟〔相乘的資料行〕所完成的。

2.2.6 變更資料行名稱

資料轉換完成後,也要顧慮到資料表的可讀性,例如:資料行標題,也就是資料欄位名稱,如此例仍維持是「坪數/(房)/每坪單價.1」、「坪數/(房)/每坪單價.2」、「坪數/(房)/每坪單價.3」實在是冗長又難以閱讀,我們就動手來改改吧!

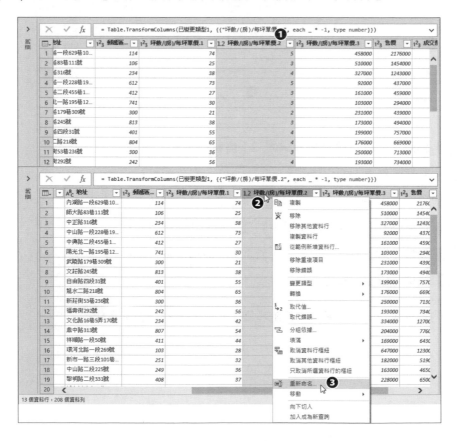

步驟01 拆解後的資料行標題並不口語化。

步驟02 以滑鼠右鍵點選「坪數 /(房)/ 每坪單價 .2」資料行標題。

步驟03 從展開的快顯功能表中點選〔重新命名〕功能選項。

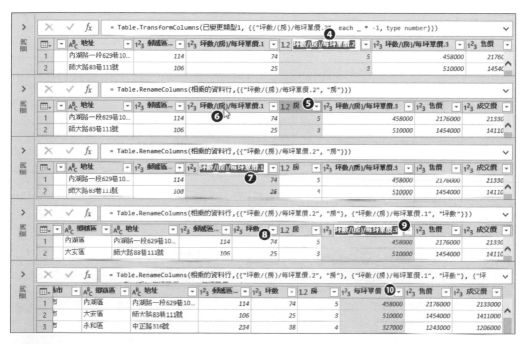

步驟04 自動反白選取了原先的資料行標題文字。

步驟05 輸入自訂的新資料行標題「房」。

步驟06 以滑鼠左鍵快速點按兩下資料行標題，也可以進行資料行標題文字的編輯。

步驟07 編輯「坪數 /(房)/ 每坪單價 .1」資料行標題。

步驟08 輸入自訂的新資料行標題「坪數」。

步驟09 以滑鼠左鍵快速點按兩下「坪數 /(房)/ 每坪單價 .3」資料行標題。

步驟10 輸入自訂的新資料行標題「每坪單價」。

一口氣進行了三個資料行的名稱修訂之操作,但是,並不會因此而產生三行程式碼,由於這三個操作都是屬於同一種操作屬性,所以,只要一行程式碼便可以完成。此變更資料行的 M 語言程式碼為:

Table.RenameColumns(來源 ,{ {" 舊資料行名稱 1"," 新資料行名稱 1"},{" 舊資料行名稱 2"," 新資料行名稱 2"},....})

1. 點按此按鈕,可以展開原本僅為一列高度的公式列。

2. 顯示完整的冗長程式碼

2.2.7 結束查詢並匯出資料

完成查詢的建立與編輯後,就可以選擇查詢結果的匯出方式,例如:將查詢結果以資料表的格式載入至 Excel 工作表上。

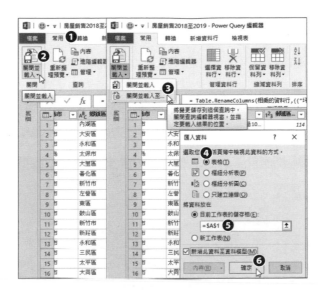

步驟01　點按〔常用〕索引標籤。

步驟02　點按〔關閉〕群組裡的〔關閉並載入〕命令按鈕的下半部按鈕。

步驟03　從展開的下拉式功能選單中點選〔關閉並載入至〕功能選項。

步驟04　開啟〔匯入資料〕對話選項，點選〔表格〕選項。

步驟05　選擇將資料放在〔目前工作表的儲存格〕，並設定儲存格位址為 A1。

步驟06　點按〔確定〕按鈕。

結束查詢編輯器的操作並回到 Excel 操作環境，查詢結果已經呈現在工作表上。畫面右側也開啟著〔查詢與連線〕工作窗格，顯示著剛剛建立、編輯完成的查詢。

2.2.8 編輯既有的查詢

若有再度開啟查詢編輯器的需求，則點按兩下〔查詢與連線〕工作窗格裡的查詢名稱即可。或者，將滑鼠游標移至查詢名稱上，此時畫面會自動彈跳出此查詢的導覽畫面，除了可以預覽資料外，點按底部的〔編輯〕可以立即開啟查詢編輯器編輯此查詢；若是點按〔...〕則可以展開功能選單，選擇此查詢結果的各種後續處理方式。

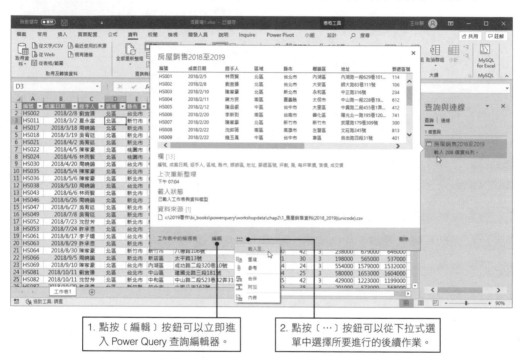

1. 點按〔編輯〕按鈕可以立即進入 Power Query 查詢編輯器。

2. 點按〔…〕按鈕可以從下拉式選單中選擇所要進行的後續作業。

點按底部的〔編輯〕可以立即開啟查詢編輯器編輯此查詢；但若是點按〔...〕則可以展開更多選項的功能選單，這些功能都將在後續的章節中一一介紹：

- 〔載入至 ...〕
- 〔重複〕
- 〔參考〕

- 〔合併〕
- 〔附加〕
- 〔內容〕

完成第一個實作練習後，請儲存這個活頁簿檔案，例如：檔案名稱命名為〔房屋仲介資料 .xlsx〕。經過實作，相信您對於 Power Query 匯入外部資料，並進行簡單的資料拆分、資料型態設定、欄位名稱變更、匯出至 Excel 工作表等基本操作有了初步的認識，後面的章節將有更多的實際案例等著您。好了，喘口氣，休息一會，稍後就繼續下一個階段的學習旅程囉！

2.2.9 變更關閉並載入的方式

在前一小節的實作演練中，結束查詢並匯出資料的議題裡曾提及，查詢後的結果可以點按〔常用〕索引標籤裡的〔關閉並載入〕命令按鈕，決定是要點選〔關閉並載入〕功能選項，直接將查詢結果匯入到工作表上，或是，藉由〔關閉並載入至 ...〕功能選項的選擇，開啟〔匯入資料〕對話方塊，在此決定查詢結果的檢視方式。例如：以查詢結果進行樞紐分析表或樞紐分析圖的製作，抑或僅是建立查詢連線，或者將查詢結果備份至資料模型裡。

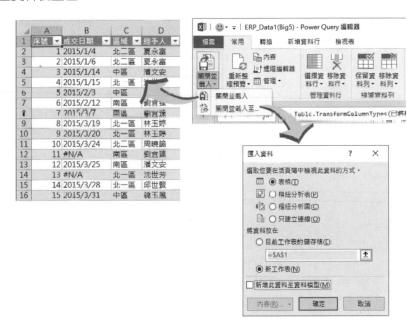

不過，不管您選擇了哪一種關閉並載入的方式來結束查詢的操作，當您下回再度開啟查詢編輯器時可以發現，此時查詢編輯器〔常用〕索引標籤裡的〔關閉並載入〕命令按鈕的下拉式功能選單中，〔關閉並載入至 ...〕功能選項已經無法選用，這也就代表著再次編輯的查詢已經無法變更關閉並載入的方式了！

因此，再度進入 Power Query 查詢編輯器的操作，修改既有的查詢後，若想要變更關閉並載入的方式，則可以在 Excel 操作環境下，於畫面右側〔查詢與連線〕工作窗格裡完成，也就是前面曾經提及過，將滑鼠游標移至查詢名稱上，待畫面自動彈跳出該查詢的導覽畫面後，點按預覽資料畫面底部的〔…〕則可以展開功能選單，選擇〔載入至…〕功能選項，便可以再度開啟〔匯入資料〕對話方塊，重新決定此查詢結果的各種後續處理方式。

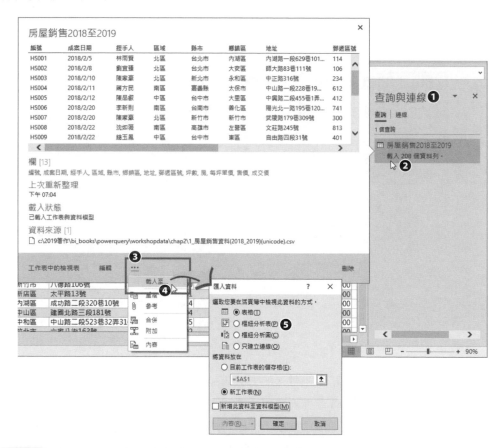

步驟01　在 Excel 環境下開啟〔查詢與連線〕工作窗格。

步驟02　滑鼠游標停在查詢名稱上，待彈跳出該查詢的導覽視窗。

步驟03　點按底部的〔…〕按鈕。

步驟04　從展開的下拉式功能選單中點選〔載入至…〕功能選項。

步驟05　開啟〔匯入資料〕對話選項，便可以在此選擇所要執行的查詢載入之後續作業。

2.3　建立新的查詢

如果想要在活頁簿裡編輯既有的查詢，或者繼續建立另一個新的查詢，要如何著手呢？我們就開啟前一小節的實作範例活頁簿：〔房屋仲介資料 .xlsx〕，繼續學習幾種建立新查詢的方式以及相關的實作學習。

2.3.1　建立過的查詢在哪裡

首先，重新開啟活頁簿檔案後，您很可能會看到活頁簿功能區與工作表之間會顯示一條淺黃色的狀態列，提示著外部資料連線已停用的安全性警告。這是 Office 應用程式的一種安全保護機制，在使用開啟的檔案中若可能包含不安全的主動式內容（例如巨集、ActiveX 控制項、資料連線等），便會出現這項安全性警告，提醒使用者開啟的檔案可能會有潛在的問題。不過，您若知道此檔案內容是來自可靠的來源，則可以直接點按黃色訊息列上的〔啟用內容〕按鈕來啟用此檔案，使其成為信任的文件。

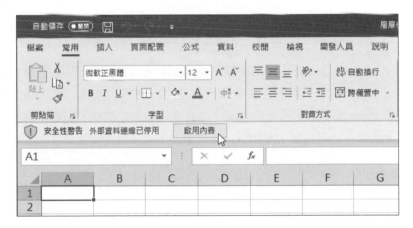

此外，在開啟一個活頁簿檔案後，使用者要如何知道此活頁簿裡，是否曾經使用過 Power Query 建立過任何查詢呢？很簡單，只要開啟〔查詢與連線〕工作窗格即可。可是，如果您開啟含有查詢的活頁簿檔案，準備啟動 Power Query 進行查詢的執行與編輯時，卻看不到原本位於畫面右側的〔查詢與連線〕工作窗格時，那要如何是好呢？別擔心，請點按〔資料〕索引標籤底下〔查詢與連線〕群組裡的〔查詢與連線〕命令按鈕即可，這是一個開啟或關閉〔查詢與連線〕工作窗格的功能按鈕。在〔查詢與連線〕工作窗格便可以看到此活頁簿檔案裡既有的查詢。

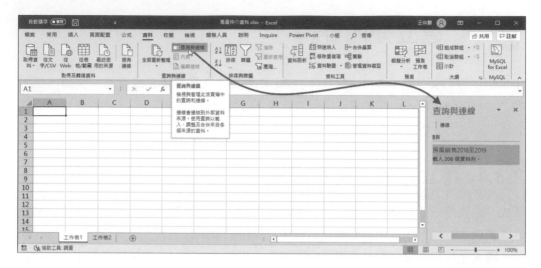

在〔查詢與連線〕工作窗格裡點按兩下想要編輯的查詢，便可再次進入 Power Query 查詢編輯器，顯示查詢結果以及各個查詢步驟。而在操作 Power Query 查詢編輯器的過程中，若想要再建立另一個新的查詢，也有幾個途徑可以達成。

2.3.2　在查詢編輯器的功能區建立新查詢

開啟這個實作範例活頁簿後，查詢編輯器裡僅有一個前一小節所建立的〔房屋銷售 2018 至 2019〕查詢，以下我們想要帶領大家建立一個新的查詢，而查詢的對象是名為〔員工資料 (Unicode).txt〕的資料來源，這也是一個文字檔案，記載了房屋仲介公司各個經手人的姓名、所屬區域、到職日、去年業績、去年獎金與去年成交次數等資訊。

進入 Power Query 查詢編輯器的操作環境後，在功能區裡透過〔常用〕索引標籤右側〔新增查詢〕裡的〔新來源〕命令按鈕，便可以展開各種不同查詢來源的選擇。

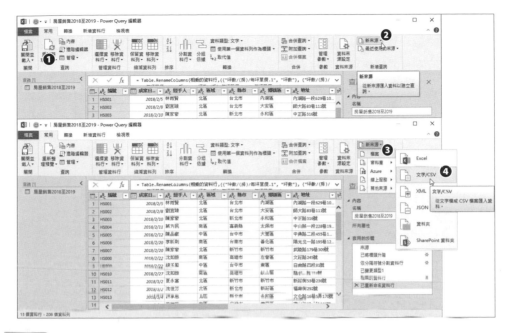

步驟01 點按〔常用〕索引標籤。

步驟02 點選〔新增查詢〕群組裡的〔新來源〕命令按鈕。

步驟03 從展開的功能選單中點選〔檔案〕功能選項。

步驟04 再從展開的副功能選單中點選〔文字/CSV〕。

選擇查詢的新來源

Power Query 可以匯入並進行查詢的資料來源非常多樣化，可以來自〔檔案〕、來自〔資料庫〕、來自〔Azure〕雲端、來自〔線上服務〕，或者來自其他諸如：SharePoint 清單、Open Data、Active Directory、ODBC 等〔其他來源〕。

步驟05 開啟〔匯入資料〕，點選所要查詢的來源檔案。點按〔匯入〕按鈕。

在匯入 .txt 格式的純文字檔案後，Power Query 會嘗試識別文字檔案裡是否有分隔符號，並自動開啟導覽視窗，讓使用者檢視所匯入的資料內容，也可以在此調整編碼與分隔符號。若沒有問題便可以直接結束導覽視窗。

步驟06 點按〔確定〕按鈕。

1. [2] 代表此活頁簿裡目前一共建立了兩個查詢　　　2. 目前點選的是〔員工資料 (Unicode)〕查詢

步驟07 這裡是預設的查詢名稱，可在此進行查詢名稱的變更。

步驟08 此〔員工資料 (Unicode)〕查詢共有三個查詢步驟。

1. 查詢步驟的程式碼若頗為冗長，可以點按展開按鈕。

2. 擴增資料編輯列的高度後，便可以從中看到所選取的查詢步驟其更完整的 M 語言程式編碼。

步驟09 點選第 1 個查詢步驟〔來源〕。

步驟10 畫面上立即看到此查詢步驟的執行結果。

步驟11 點選第 2 個查詢步驟〔已將標頭升階〕。

步驟12 畫面上立即看到此查詢步驟的執行結果。

步驟13 點選第 3 個查詢步驟〔已變更類型〕。

步驟14 畫面上立即看到此查詢步驟的執行結果。

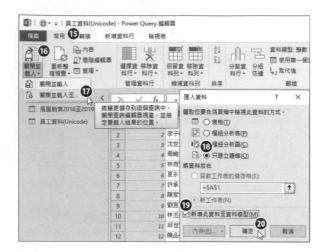

步驟15 點按〔常用〕索引標籤。

步驟16 點按〔關閉〕群組裡的〔關閉並載入〕命令按鈕的下半部按鈕。

步驟17 從展開的下拉式功能選單中點選〔關閉並載入至〕功能選項。

步驟18 開啟〔匯入資料〕對話選項，點選〔只建立連線〕選項。

步驟19 勾選〔新增此資料至資料模型〕核取方塊。

步驟20 點按〔確定〕按鈕。

結束查詢編輯器的操作並回到 Excel 操作環境，畫面右側也開啟著〔查詢與連線〕工作窗格，顯示著剛剛建立、編輯完成的查詢。

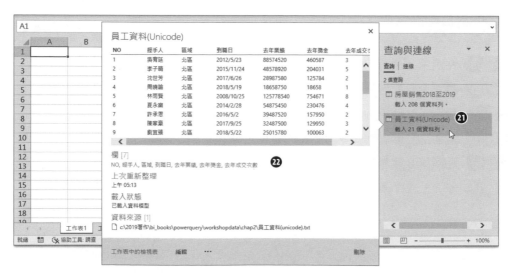

滑鼠游標停在查詢名稱上。

立即彈跳出查詢結果預覽視窗與功能選單。

2.3.3 在〔查詢導覽器窗格〕裡建立新查詢

在 Power Query 查詢編輯器中展開〔查詢導覽器窗格〕後,以滑鼠右鍵點按此窗格的空白處,再從展開的快顯功能表中點選〔新增查詢〕功能選項,也可以立即進行資料來源的選擇與新查詢的建立。

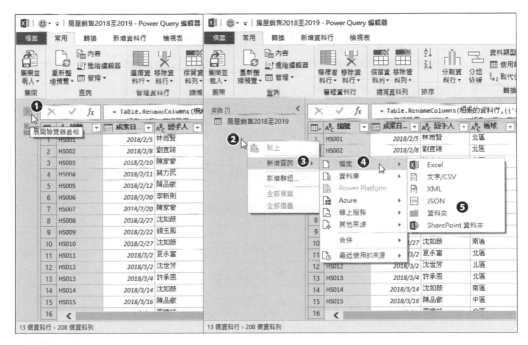

步驟01 開啟 Power Query 查詢編輯器,在畫面左側展開查詢導覽器窗格。

步驟02 以滑鼠右鍵點按查詢導覽器窗格裡的空白處。

步驟03 從展開的快顯功能表點選〔新增查詢〕功能選項。

步驟04 若將滑鼠游標移至展開的副選單,停在〔檔案〕選項。

步驟05 可再從下一層級的副選單中選擇所要匯入的檔案格式。

步驟06 若將滑鼠游標移至展開的副選單，停在〔資料庫〕選項。

步驟07 可再從下一層級的副選單中選擇要匯入哪一種資料庫系統。

步驟08 若將滑鼠游標移至展開的副選單，停在〔Azure〕選項。

步驟09 可再從下一層級的副選單中選擇所要匯入的 Azure 雲端資料來源。

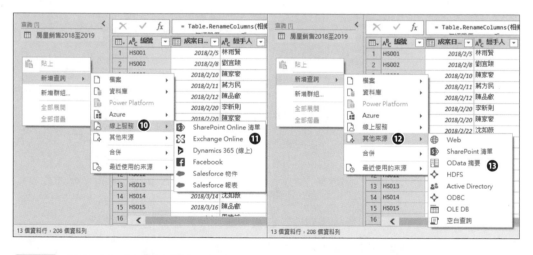

步驟10 若將滑鼠游標移至展開的副選單，停在〔線上服務〕選項。

步驟11 可再從下一層級的副選單中選擇所要匯入的線上資料來源。

步驟12 若將滑鼠游標移至展開的副選單，停在〔其他來源〕選項。

步驟13 可再從下一層級的副選單中選擇所要匯入的其他類型資料來源，諸如：Active Directory、OData 摘要、ODBC、OLE DB 等等，或者選擇建立新的空白查詢。

步驟14 若將滑鼠游標移至展開的副選單,停在〔合併〕選項。

步驟15 可再從下一層級的副選單中選擇要進行合併查詢還是附加查詢。

2.3.4 建立 Access 資料庫來源的查詢

微軟的 Access 資料庫是教育界或職場上經常使用的資料庫系統,使用 Power Query 查詢、整理 Access 資料庫的內容也是十分容易的事。以下的查詢實作演練,所使用的資料來源便是名為〔房屋仲介歷史交易 .accdb〕資料庫,裡面存放著 965953 筆的歷史訂單交易,記錄著訂單編號、客戶編號、訂單日期、假日、商店代碼、承辦、付款方式、送貨縣市、送貨鄉鎮、區域代碼、隨機號以及稽核序號等資料欄位。

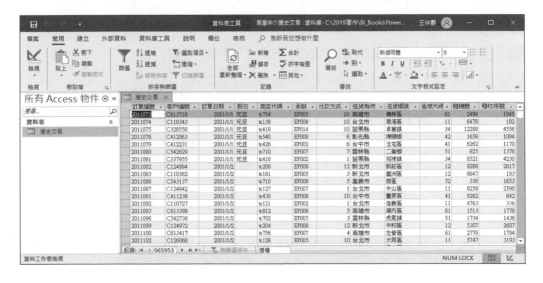

目前實作的範例檔案〔房屋仲介資料 .xlsx〕裡僅有一個名為〔房屋銷售 2018 至 2019〕的查詢，點按兩下此查詢即可進入 Power Query 查詢編輯器的操作。

步驟01 點按兩下既有的查詢。

步驟02 進入 Power Query 查詢編輯器，開啟查詢導覽器窗格。

步驟03 以滑鼠右鍵點按查詢導覽器窗格裡的空白處。

步驟04 從展開的快顯功能表點選〔新增查詢〕功能選項。

步驟05 將滑鼠游標移至展開的副選單，點選〔資料庫〕選項。

步驟06 再從下一層級的副選單中點選〔Access〕檔案格式。

步驟07　開啟〔匯入資料〕對話方塊，點選所要查詢的 Access 資料庫檔案。

步驟08　點按〔匯入〕按鈕。

開啟導覽器視窗，可在此檢視所匯入的 Access 資料庫內容，並點選所要查詢的資料
來源。

1. Access 資料庫檔案名稱後中括號裡
  的數字表示此資料庫檔案裡的資料表
  （Table）與查詢（Query）之數量。

2. 在此僅能預覽資料的局部，
  並非所有的資料記錄。

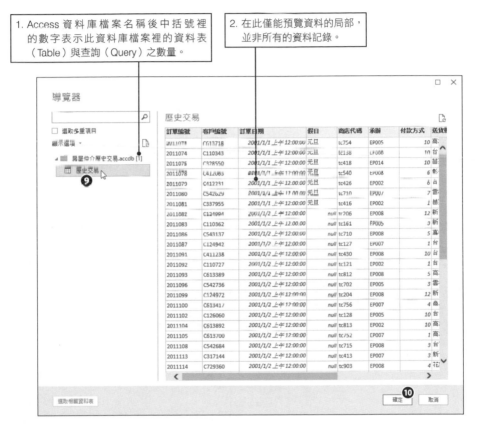

步驟09　此 Access 資料庫範例裡僅有一張〔歷史交易〕的資料表，點選此資料表。

步驟10　點按〔確定〕按鈕。

步驟11 返回 Power Query 查詢編輯器視窗，看到了第二個查詢的形成。

步驟12 此次的匯入 Access 資料庫檔案操作，一共預設執行了兩個查詢步驟。

> 1. 查詢步驟的程式碼若頗為冗長，可以點按展開按鈕。

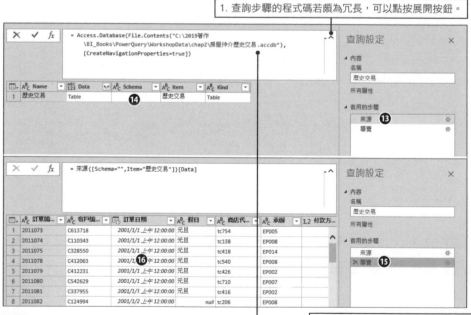

> 2. 擴增資料編輯列的高度後，便可以從中看到所選取的查詢步驟其更完整的 M 語言程式編碼。

步驟13 點選第 1 個查詢步驟〔來源〕。

步驟14 畫面上立即看到此查詢步驟的執行結果。

步驟15 點選第 2 個查詢步驟〔導覽〕。

步驟16 畫面上立即看到此查詢步驟的執行結果。

步驟17 點按〔常用〕索引標籤。

步驟18 點按〔關閉〕群組裡的〔關閉並載入〕命令按鈕的下半部按鈕。

步驟19 從展開的下拉式功能選單中點選〔關閉並載入至〕功能選項。

步驟20 開啟〔匯入資料〕對話選項,點選〔只建立連線〕選項。

步驟21 勾選〔新增此資料至資料模型〕核取方塊。

步驟22 點按〔確定〕按鈕。

結束查詢編輯器的操作並回到 Excel 操作環境,畫面右側也開啟著〔查詢與連線〕工作窗格,顯示著剛剛建立、編輯完成的查詢。

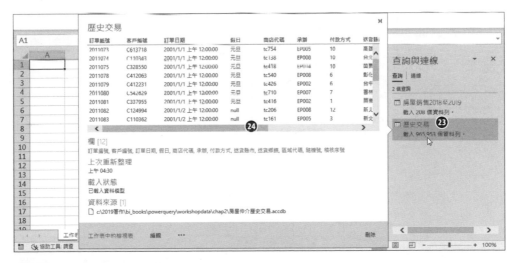

步驟23 滑鼠游標停在查詢名稱上,這個查詢總共有 965953 筆資料列。

步驟24 立即彈跳出查詢結果預覽視窗與功能選單。

記得,完成此次的實作演練,要儲存活頁簿檔案喔!

2.3.5 以活頁簿裡既有的內容建立新查詢

在 Excel 活頁簿裡要建立一個新的查詢，資料來源不見得都是來自外部資料，想要查詢的資料來源也有可能是來自活頁簿裡的既有內容。不過，值得注意的是，活頁簿裡的傳統儲存格範圍並無法直接作為 Power Query 的資料來源，必須先轉換成資料表格（Data Table）的格式後，才能在查詢編輯器裡進行運作。所以，在活頁簿裡針對既有的資料建立查詢時，選擇資料表格形式的資料來源，可以立即進入查詢編輯器畫面，可是，若是選擇傳統的資料範圍，Power Query 便會自動顯示將傳統範圍轉換為資料表格的服務對話。以下的實作範例所使用的是名為〔2019 資料處理 .xlsx〕的活頁簿檔案。此範例名為〔交易資料〕的工作表上，有一個預設名稱為〔表格 1〕的資料表，可以輕鬆的匯入 Power Query 進行資料的查詢。

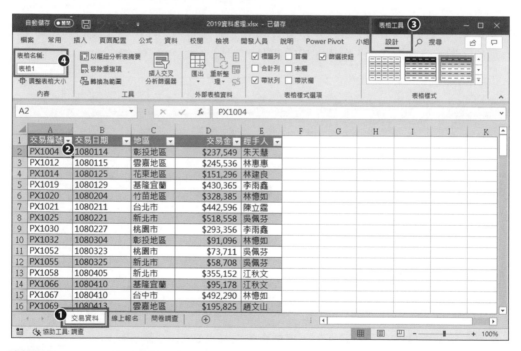

步驟01 切換到實作範例的〔交易資料〕工作表。

步驟02 點選工作表裡資料表的任一儲存格，例如 A2。

步驟03 點按〔表格工具〕底下的〔設計〕索引標籤。

步驟04 在〔內容〕群組裡可以看到預設名為〔表格 1〕的表格名稱。您可以在此編輯表格名稱，修改成更有意義也更易解讀的表格名稱。

步驟05 點按〔資料〕索引標籤。

步驟06 點選〔取得及轉換資料〕群組裡的〔從表格 / 範圍〕命令按鈕。

隨即進入 Power Query 查詢編輯器視窗，新查詢的建立其預設查詢名稱則引用活頁簿裡的資料表格名稱：〔表格 1〕。所以，在 Excel 裡能夠事先針對資料表格名稱重新命名，取一個較有意義、好記也容易解讀的表格名稱是很重要的。剛剛的匯入操作也已經自動進行了兩個查詢步驟，第 1 個查詢步驟為〔來源〕，描述了匯入來自 Excel 資料表格的內容。第 2 個查詢步驟為〔已變更類型〕，則是自動針對各資料欄位進行資料型態的訂定。

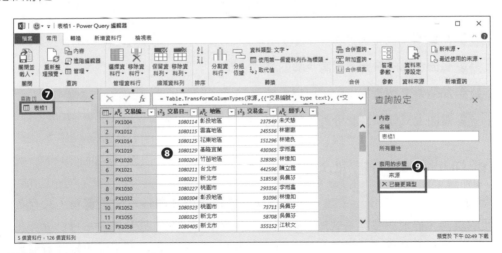

步驟07 立即開啟 Power Query 查詢編輯器視窗，新查詢的名稱預設為 Excel 資料表格名稱。

步驟08 查詢結果顯示著匯入來自活頁簿〔表格 1〕裡的 5 個資料欄。

步驟09 匯入既有的 Excel 資料表格，自動建立了兩個查詢步驟。

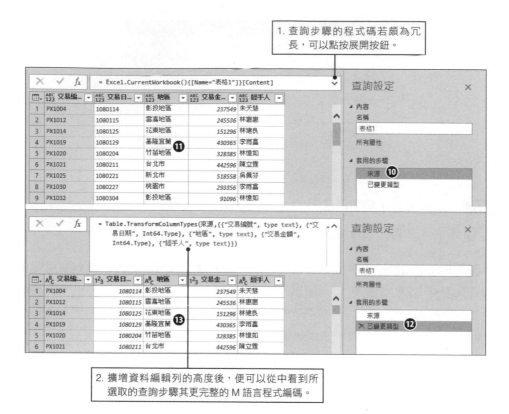

1. 查詢步驟的程式碼若頗為冗長，可以點按展開按鈕。

2. 擴增資料編輯列的高度後，便可以從中看到所選取的查詢步驟其更完整的 M 語言程式編碼。

步驟10 點選第 1 個查詢步驟〔來源〕。

步驟11 畫面上立即看到此查詢步驟的執行結果。

步驟12 點選第 2 個查詢步驟〔已變更類型〕。

步驟13 畫面上立即看到此查詢步驟的執行結果。

擷取日期文字的局部內容

從查詢結果裡可以看出，名為「交易日期」的資料行其內容是文字資料，共有 7 個字元的編碼，描述民國年格式的日期資料。若要根據日期，甚至年度、月份等資訊進行後續的資料匯整作業，僅憑此資料行的內容並不容易表現，若是能根據此資料行的內容，擷取出年、月、日的元素，應該就有利於爾後的資料處理與分析了。這也正是 Power Query 的強項喔！

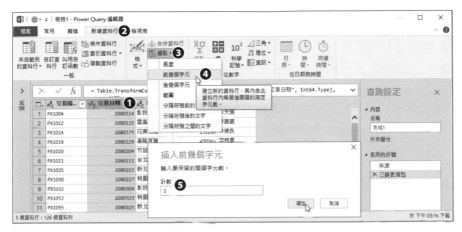

步驟01 點選「交易日期」資料行。

步驟02 點按〔新增資料行〕索引標籤。

步驟03 點按〔從文字〕群組裡的〔擷取〕命令按鈕。

步驟04 從展開的功能選單中點按〔前幾個字元〕功能選項。

步驟05 開啟〔插入前幾個字元〕對話方塊，在〔計數〕文字方塊裡輸入「3」並按下〔確定〕按鈕。

此新增的查詢步驟之程式碼為：

=Table.AddColumn(已變更類型 , " 前幾個字元 ", each Text.Start(Text.From([交易日期], "zh TW"), 3), type text)

您若懂得 Excel 函數，這個擷取〔前幾個字元〕的查詢步驟，是不是很類似 Excel 的 LEFT() 函數呢？

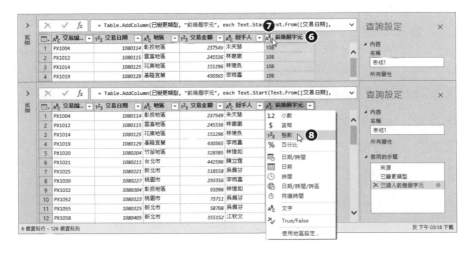

步驟06 立即產生一個新的資料行，預設資料行名稱為「前幾個字元」。

步驟07 這是一個預設為文字型態的資料行，點按一下欄名左側的〔ABC〕按鈕。

步驟08 從展開的資料型態選單中點選〔123 整數〕選項。

不過，這個新增的資料行雖然已經改成可以運算的整數型態資料欄位，卻是民國年的表現，是否可以改成西曆年呢？當然沒問題，讓我們繼續查詢下去。

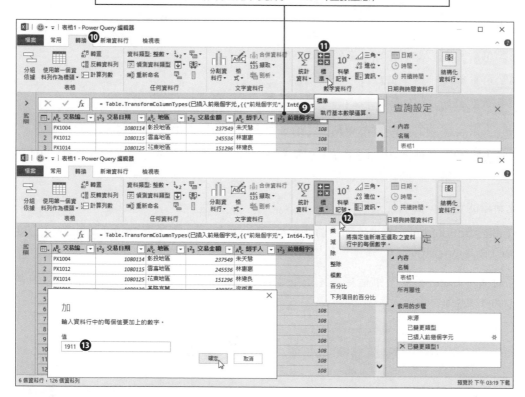

完成資料型態變更的資料行已經是整數型態的資料了，在資料名稱左側的圖示符號，已經從〔ABC〕（文字型態）變成了〔123〕（整數型態）。

步驟09 點選新增的「前幾個字元」資料行。

步驟10 點按〔轉換〕索引標籤。

步驟11 點按〔數字資料行〕群組裡的〔標準〕命令按鈕。

步驟12 從展開的功能選單中點按〔加〕法運算。

步驟13 開啟〔加〕對話方塊後，在〔值〕文字方塊裡輸入「1911」並按下〔確定〕按鈕。

不過，細心的您也可以發現一個小細節，就是數字資料的加法運算步驟，竟讓原本已經調整〔123〕（整數型態）的西曆年欄位，變成了〔1.2〕（可進行小數運算的數值型態）。不過，這個問題可以在稍後處理其他資料時再一併解決。

步驟14 原本「前幾個字元」資料行的內容已經變成西曆年。

步驟15 點按兩下「前幾個字元」資料行名稱，可直接在此修改資料行名稱。

步驟16 資料行名稱改成「年」更貼切。

同樣的操作模式，我們再針對原本是文字型態的交易日期，擷取後四碼並新增為數值型態的「月」與「日」欄位。首先，我們想擷取中間屬於月份的兩個字元。

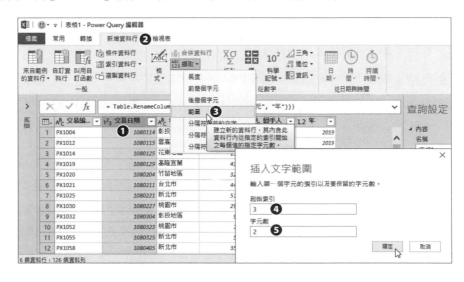

步驟01 點選「交易日期」資料行。

步驟02 點按〔新增資料行〕索引標籤。

步驟03 點按〔擷取〕命令按鈕,再於選單中點按〔範圍〕功能選項。

步驟04 開啟〔插入文字範圍〕對話方塊,在〔起始索引〕文字方塊裡輸入「3」。

步驟05 在〔字元數〕文字方塊裡輸入「2」,然後按下〔確定〕按鈕。

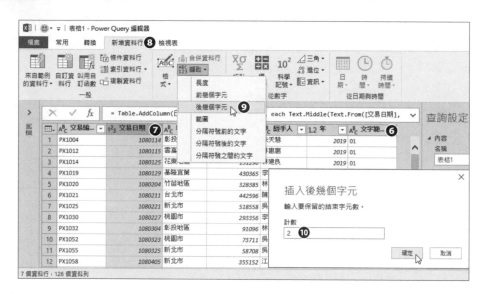

步驟06 立即產生一個新的資料行,雖然仍是預設為文字型態的資料,資料行名稱預設為「文字範圍」也不盡人意,我們都可以留在稍後逕行修改。

步驟07 再次點選「交易日期」資料行。

步驟08 點按〔新增資料行〕索引標籤。

步驟09 點按〔擷取〕命令按鈕,從展開的功能選單中點按〔後幾個字元〕功能選項。

步驟10 開啟〔插入後幾個字元〕對話方塊,在〔計數〕文字方塊裡輸入「2」並按下〔確定〕按鈕。

若要對應到 Excel 函數,這個擷取〔範圍〕的查詢步驟,幾乎就是 Excel 的 MID() 函數,而〔後幾個字元〕的查詢步驟,也應該就等同於 Excel 的 RIGHT() 函數了!但不太一樣的是 M 語言的 Text.Middle 在取得範圍文字時,起始位置的算法是以 0 為開始算起的索引值,不若 Excel 的 MID 函數,起始位置是從 1 開始。因此,此例擷取交易日期的第 4 碼與第 5 碼時,起始索引值需要輸入 3,而不是 4。

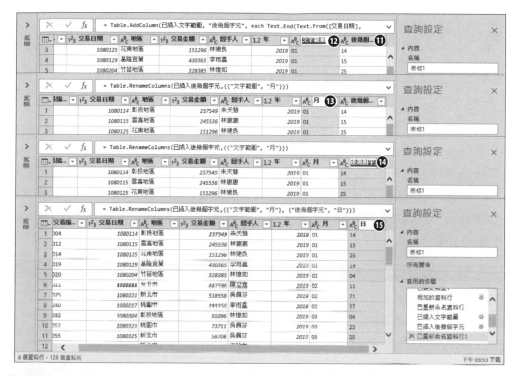

步驟11 立即產生一個新的資料行，也是預設為文字型態的資料，資料行名稱預設為「後幾個字元」。

步驟12 點按兩下「文字範圍」資料行名稱，可直接在此修改資料行名稱。

步驟13 資料行名稱改成「月」。

步驟14 點按兩下「後幾個字元」資料行名稱，可直接在此修改資料行名稱。

步驟15 資料行名稱改成「日」。

步驟16 最後分別點按這三個新增資料行的資料型態圖示按鈕。

步驟17 皆改成〔123〕整數型態。

步驟18 點按〔常用〕索引標籤。

步驟19 點按〔關閉〕群組裡的〔關閉並載入〕命令按鈕的下半部按鈕。

步驟20 從展開的下拉式功能選單中點選〔關閉並載入〕功能選項。

結束查詢編輯器的操作並回到 Excel 操作環境，由於是直接點選〔關閉並載入〕功能選項，因此，查詢的結果是以資料表的格式，呈現在活頁簿裡的新工作表上。畫面右側也開啟著〔查詢與連線〕工作窗格，顯示著剛剛建立、編輯完成的查詢以及查詢結果的資料筆數。

從剛剛這一連貫的匯入資料、新增與變更資料行的資料型態、轉換加法運算，以及資料行名稱的變更，您會發現使用者並不需要撰寫任何程式碼，也沒有輸入過任何函數，就可以完成資料匯入、轉換、運算等工作。然而， Excel 工作表儲存格內容並沒有所謂的資料型態，有的僅僅是儲存格格式設定，在相關的資料處理與查詢技術上自然無法與資料庫系統相比，但有了 Power Query 的協助，就算不懂函數與程式碼，也能夠執行相當程度的資料整理、資料匯整、資料篩選、資料處理等工作，若原本就懂 Excel 函數、具備簡單的程式設計概念，有了 Power Query 的協助更會是如魚得水。

查詢的編輯與管理

查詢的資料來源可以是活頁簿裡的資料表，也可以是來自外部
的各種資料來源，透過 Power Query 查詢編輯的運作，可以
在活頁簿裡建立各種不同目的與需求的查詢，因此，使用者一定要
熟悉如何在查詢編輯器裡建立、編輯、複製、刪除與管理查詢。
由於每個查詢是由多個查詢步驟所組成的，面臨這些查詢步驟的
組合與操作過程，也必須擁有新增、編輯、刪除與管理查詢步驟的
能力。

3.1 查詢的編輯與管理

日積月累下來為了不同的目的與需求，您一定會建立不少的查詢，面對這些既有的查詢，變更查詢的命名、複製查詢、編輯查詢裡的步驟、適時更新查詢結果，這些都是常有的事。此外，若有新查詢的需求，難道都一定要從無到有的逐步操作與建立每個查詢步驟嗎？如果昔日進行過的舊查詢，只要稍微修改一下，即可達到新查詢的需求，不必從頭再來一次繁複的查詢操作，不是比較有效率嗎？這個章節就來分享一下查詢的編輯與管理。

3.1.1 檢視活頁簿裡所建立的查詢

活頁簿裡是否曾經有資料查詢或連線的建立，只要點按〔資料〕索引標籤裡的〔查詢與連線〕命令按鈕便可一目了然：

您可以藉此命令按鈕的點按，開啟或關閉〔查詢與連線〕工作窗格，在此即可顯示出此活頁簿裡所建立的各個查詢與資料連線。

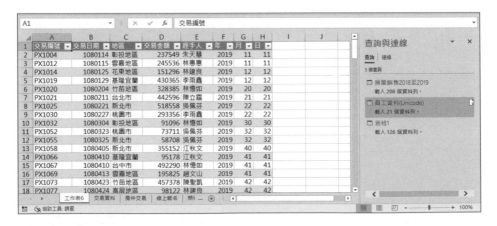

在管理查詢的操作上，可以透過以下兩個模式來達成：

在活頁簿的操作環境裡

在畫面右側的〔查詢與連線〕工作窗格裡，透過滑鼠右鍵點按某一個查詢，即可顯示快顯功能表，針對此查詢進行複製、編輯、刪除、重新命名等操作。

在 Power Query 查詢編輯器的操作環境裡

當您點按兩下某一個查詢後，除了可以立即開啟 Power Query 查詢編輯器而進行該查詢的編輯外，也可以進行其他查詢的複製、編輯、刪除、重新命名等操作。所以，我們先來回想一下先前所學習過的 Power Query 查詢編輯器操作介面：

2. 上方的公式列裡則顯示著〔套用的步驟〕裡選定的查詢步驟的 M 語言程式碼。

1. 編輯某查詢時，開啟的查詢編輯器右側是〔查詢設定〕工作窗格，在〔套用的步驟〕裡顯示著此查詢裡的每一個查詢步驟。

3. 點按〔展開導覽器窗格〕按鈕，可以展開〔導覽器窗格〕。

在畫面左側所開啟的〔導覽器窗格〕裡，顯示著此活頁簿裡所建立的每一個查詢。此時，若以滑鼠右鍵點按某一個查詢，即可顯示快顯功能表，針對該查詢進行複製、編輯、刪除、重新命名等操作。

在檢視查詢預覽畫面時選擇查詢的編輯與管理

除了上述兩種操作模式所展開的快顯功能表裡，可以針對選定的查詢進行編輯管理外，在 Excel 畫面右側的〔查詢與連線〕工作窗格裡，彈跳出選定查詢的預覽查詢結果畫面時，亦可進行該查詢的編輯、刪除、載入至、重複、參考、合併、附加、內容、重新整理等等查詢相關的編輯與管理作業。

2. 彈跳出此查詢結果的預覽畫面後，點按〔編輯〕可開啟查詢編輯器並進行此查詢的編輯。

1. 滑鼠游標停在〔查詢與連線〕工作窗格裡的某一查詢名稱上，點按〔重新整理〕按鈕，可立即進行重新整理查詢來源以取得新的資料進行查詢結果的產出。

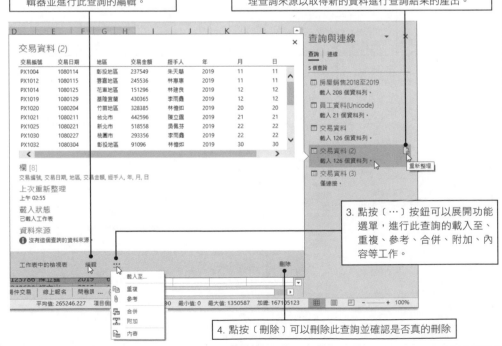

3. 點按〔…〕按鈕可以展開功能選單，進行此查詢的載入至、重複、參考、合併、附加、內容等工作。

4. 點按〔刪除〕可以刪除此查詢並確認是否真的刪除

綜觀各種針對 Power Query 查詢的操作模式下,所展開的快顯功能表與功能選項操作,其實幾乎都相同,整理如下表所列:

功能選項	說明
複製	複製選定的查詢
貼上	貼上複製的查詢,並以新的查詢名稱命名。
編輯	開啟查詢編輯器進行查詢編輯
刪除	刪除選定的查詢
重新命名	重新命名選定的查詢
重新整理	更新選定的查詢
載入至	開啟〔匯入資料〕對話方塊選擇查詢結果的檢視方式
重複	不需透過複製貼上的操作,直接以選定的查詢為複本(與原始的查詢有相同的查詢步驟),建立新的查詢並立即開啟查詢編輯器進行此查詢的編輯。
參考	引用選定的查詢結果為新查詢的資料來源,建立一個新查詢並立即開啟查詢編輯器進行此查詢的編輯。
合併	建立一個合併查詢
附加	建立一個附加查詢
匯出連線檔案	將選定的查詢匯出副檔案名為 .odc 的連線檔案
移至群組	建立查詢群組,或者將選定的查詢移動至指定的查詢群組。
往上移	在同一查詢群組裡的查詢,往上移動。
下移	在同一查詢群組裡的查詢,往下移動。
顯示預覽	顯示查詢結果的預覽視窗與功能選單。
內容	顯示〔查詢屬性〕對話方塊,進行查詢名稱的編輯與各項查詢屬性設定。
建立函數	根據選定的查詢,建立一個新的函數。
轉換為參數	將僅包含文字或數值的查詢,轉換為參數。
進階編輯器	開啟〔進階編輯器〕視窗,顯示 M 語言程式碼。

以下各小節就以〔查詢的編輯與管理 .xlsx〕活頁簿裡的查詢為例,實際演練一下管理查詢與查詢步驟的重點功能。這個活頁簿檔案已經包含了三個查詢,分別名為〔房屋銷售 2018 至 2019〕、〔員工資料 (Unicode)〕與〔表格 1〕。其中,〔表格 1〕裡包含了 9 個查詢步驟。

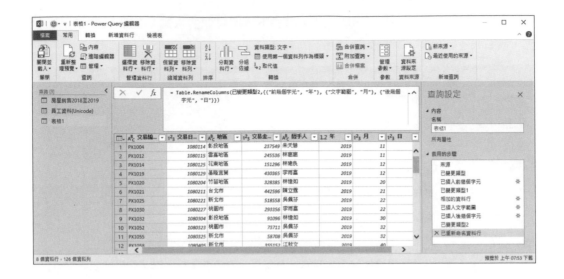

3.1.2 變更查詢名稱

以進入 Power Query 查詢編輯器為例，滑鼠右鍵點按查詢導覽器裡的查詢後，可以重新命名該查詢外，在畫面右側的〔查詢設定〕工作窗格裡，也可以直接在〔名稱〕文字方塊裡，進行查詢名稱的重新命名。例如：將原本名為「表格 1」的查詢，重新命名為較有意義的「交易資料」。

亦可直接在此〔名稱〕文字方塊裡，對此查詢重新命名。

步驟01 以滑鼠右鍵點按查詢導覽器裡原本名為「表格 1」的查詢，從展開的快顯功能表中點選〔重新命名〕功能選項。

在〔名稱〕文字方塊裡顯示著重新命名的查詢名稱

步驟02　對此查詢重新命名，例如：輸入「交易資料」。

3.1.3 查詢的重複（複製）

若有複製查詢的需求，除了傳統的〔複製〕、〔貼上〕操作，您也可以點選〔重複〕功能選項達到相同的目的。例如：我們想複製包含9個查詢步驟的〔交易資料〕查詢，可進行以下的操作程序。

此查詢包含了9個查詢步驟

步驟01　以滑鼠右鍵點按〔交易資料〕查詢。

步驟02　從展開的快顯功能表中點選〔複製〕功能選項。

複製成功的查詢也擁有 9 個一模一樣的查詢步驟

步驟03 再以滑鼠右鍵點按查詢導覽器窗格裡的空白處。

步驟04 從展開的快顯功能表中點選〔貼上〕功能選項。

步驟05 立刻產生一模一樣的新查詢，查詢名稱也來自原本的查詢名稱再加上一個流水號。例如：〔交易資料 (2)〕。

為了接下來另一種複製查詢的練習，我們先將剛剛複製的查詢刪去，避免過多相似的查詢。

步驟01 以滑鼠右鍵點按〔交易資料 (2)〕查詢。

步驟02 從展開的快顯功能表中點選〔刪除〕功能選項。

步驟03 顯示〔刪除查詢〕的確認對話，點按〔刪除〕按鈕。

其實，有〔複製〕就有〔貼上〕也才顯現出複製的用意，然而，在 Power Query 的查詢作業上，提供了更簡潔的〔重複〕功能，讓使用者不需透過複製貼上的傳統操作，也能直接以選定的查詢為複本（與原始的查詢有相同的查詢步驟），迅速建立新的查詢也隨即開啟查詢以進行此查詢的編輯。

複製成功的查詢同樣也擁有 9 個一模一樣的查詢步驟

步驟01 以滑鼠右鍵點按〔交易資料〕查詢。

步驟02 從展開的快顯功能表中點選〔重複〕功能選項。

步驟03 立刻新增同名並帶有流水號的新查詢：〔交易資料 2〕查詢。

3.1.4 查詢的參考

對於選取的查詢進行〔參考〕功能選項的操作，有點類似複製查詢，也是添增一個新查詢的意思，但不同的是前一小節所介紹的複製查詢或重複查詢，是新增一個一模一樣的查詢，原本的查詢有多少查詢步驟，新增的複製查詢猶如複本，也會有相同的查詢步驟。但〔參考〕就不一樣了，它是引用選定的查詢結果為新查詢的資料來源，再建立一個新的查詢。所以，利用〔參考〕功能選項所建立的新查詢，裡面只會有一個名為〔來源〕的查詢步驟。因此，我們若想從某一個查詢結果，作為新查詢的起源，這個〔參考〕查詢是很不錯的功能選項喔！

原本的〔交易資料〕查詢擁有 9 個查詢步驟

步驟01 以滑鼠右鍵點按〔交易資料〕查詢。

步驟02 從展開的快顯功能表中點選〔參考〕功能選項。

參考並引用成功的查詢僅有一個〔來源〕查詢步驟

步驟03 立刻新增同名並帶有流水號的新查詢：〔交易資料 3〕查詢。

3.1.5 查詢的編輯與刪除

在 Excel 的操作環境下，畫面右側開啟〔查詢與連線〕工作窗格後，即可看到此活頁簿裡所有的查詢與連線。除了點按兩下查詢名稱即可進入 Power Query 查詢編輯器進行該查詢的編輯外，滑鼠游標停在查詢名稱上，即可彈跳出該查詢結果的預覽以及常用功能選項，其中，右下方便提供有〔刪除〕查詢的選項。

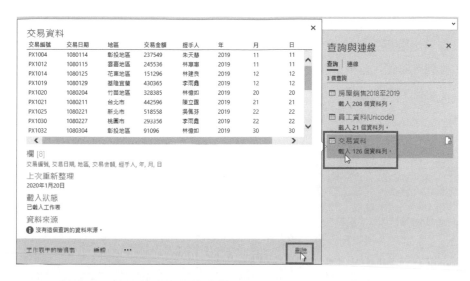

或者，亦可在此以滑鼠右鍵點按查詢名稱，透過快顯功能表的操作，進入查詢的編輯作業或者刪除該查詢。

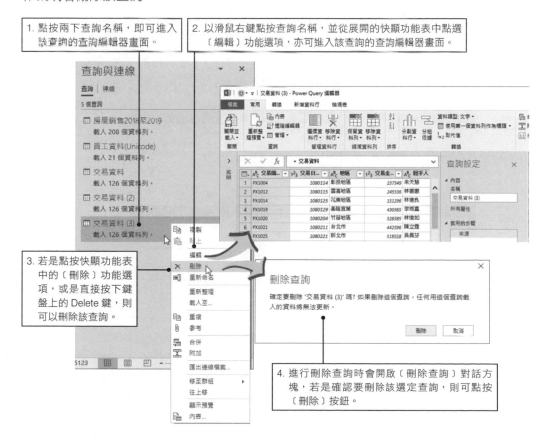

即便在進入 Power Query 查詢編輯器的操作環境後，亦可在畫面左側開啟查詢導覽器窗格，顯示出活頁簿裡的所有查詢。此時，亦可透過快顯功能表的操作，進行查詢的刪除、複製、貼上、重複、參考等操作。

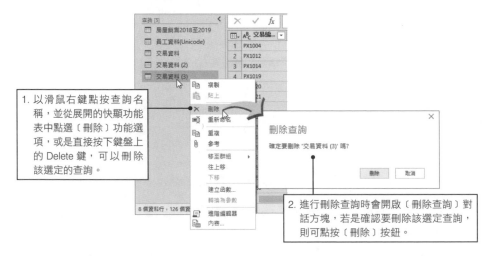

1. 以滑鼠右鍵點按查詢名稱，並從展開的快顯功能表中點選〔刪除〕功能選項，或是直接按下鍵盤上的 Delete 鍵，可以刪除該選定的查詢。

2. 進行刪除查詢時會開啟〔刪除查詢〕對話方塊，若是確認要刪除該選定查詢，則可點按〔刪除〕按鈕。

3.1.6 查詢的更新

當查詢的原始資料來源有所異動時，所建立的查詢或連線，就有更新資料來源的需求，在開啟活頁簿後〔功能區〕裡的命令按鈕即提供有更新查詢與連線的命令按鈕。

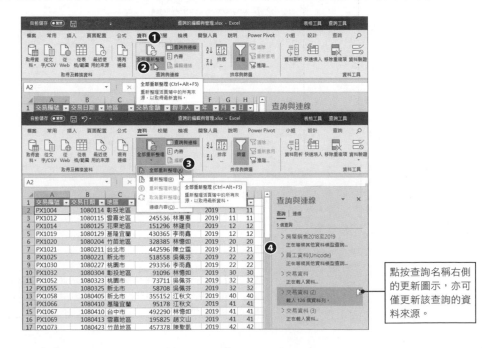

點按查詢名稱右側的更新圖示，亦可僅更新該查詢的資料來源。

步驟01 點按〔資料〕索引標籤。

步驟02 點按〔查詢與連線〕群組裡的〔全部重新整理〕命令按鈕下方的小三角形。

步驟03 展開的功能選單可以選擇〔全部重新整理〕功能選項，更新此活頁簿裡的所有查詢及連線。或者，選擇〔重新整理〕功能選項，僅更新所選取的查詢或連線。

步驟04 開啟〔查詢與連線〕工作窗格時，也可在此看到查詢更新的圖示在轉動。

此外，在進入 Power Query 查詢編輯器的操作環境，亦可透過〔常用〕索引標籤裡的〔重新整理預覽〕命令按鈕的點按，完成查詢更新的目的。

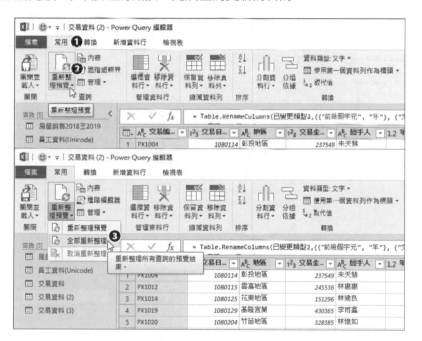

步驟01 在 Power Query 查詢編輯器裡點按〔常用〕索引標籤。

步驟02 點按〔查詢〕群組裡的〔重新整理預覽〕命令按鈕的下半部含有倒三角形的按鈕。

步驟03 從展開的功能選單可以選擇〔重新整理預覽〕，更新目前的查詢，或者點選〔全部重新整理〕功能選項，更新此活頁簿裡的所有查詢及連線。

3.1.7 查詢結果工具選項

在軟體的操作介面上我們經常會使用快顯功能表，或者快捷鍵來完成想要的操控。在 Power Query 的查詢結果畫面上，則有幾個特定目標的快顯功能表工具可供選用。

資料表的快顯功能表

如果查詢結果是一個資料表格的內容，結果畫面的左上角會有表格圖示，而點按此表格圖示，將會顯示與資料表相關的功能選項。例如：複製整個資料表、新增自訂的資料、保留重複項目、移除重複項目，甚至合併查詢與附加查詢等操作。在介紹 Power Query 實務基本功的相關章節，我們會一一說明這些領域的常用功能與操作。

1. 這個查詢結果的輸出是一個表格型態的結構，可以點按左上角的表格圖示。

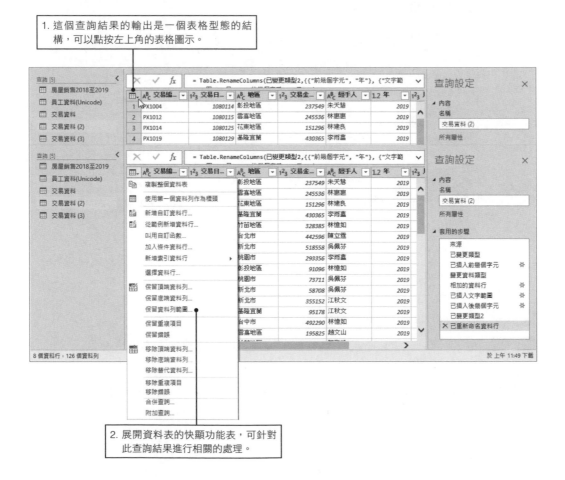

2. 展開資料表的快顯功能表，可針對此查詢結果進行相關的處理。

資料行標題的功能表

每一個查詢結果的資料行在其資料行名稱的右側都有一倒三角形的按鈕,點按此按鈕便可以展開功能選單,讓您針對此資料行進行諸如:複製、移除、變更資料類型、轉換、擷取、分割、群組、填滿等與整個資料行相關的處理作業。不過,不同資料欄位型態的功能表,其功能選項會略有差異。我們也會在介紹關於資料行的相關操控時,學習到這些資料行的基本處理技能。

查詢值的快顯功能表

查詢結果的行列交錯之處便是查詢結果值,若以滑鼠右鍵點按查詢值,便可以複製此查詢值,或者進行篩選、取代,甚至可以向下切入而繼續探索、深化該查詢值。

3.2 查詢步驟的管理

Power Query 所建立的查詢，記錄著一個個的查詢步驟，而每一個查詢步驟都是由 M 語言函數所達成的，這些查詢步驟也都記載在〔查詢設定〕工作窗格下方的〔套用的步驟〕裡。每個查詢步驟都有一個預設但也可以自訂的查詢步驟名稱，而有些查詢步驟名稱右側會顯示著一個齒輪圖示，代表此查詢步驟是透過相關查詢對話方塊的操作所完成的，只要點按一下該齒輪圖示，即可再度開啟該查詢步驟的對話操作。而功能區下方的資料編輯列上，顯示著查詢步驟的程式碼，也就是 M 語言函數，讓使用者也可以在此進行此步驟的編輯與修改。

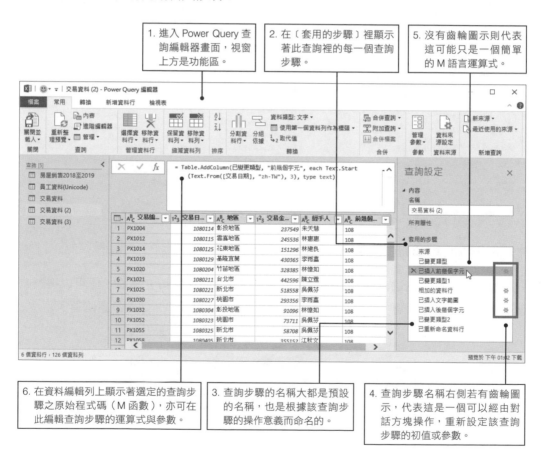

1. 進入 Power Query 查詢編輯器畫面，視窗上方是功能區。

2. 在〔套用的步驟〕裡顯示著此查詢裡的每一個查詢步驟。

5. 沒有齒輪圖示則代表這可能只是一個簡單的 M 語言運算式。

6. 在資料編輯列上顯示著選定的查詢步驟之原始程式碼（M 函數），亦可在此編輯查詢步驟的運算式與參數。

3. 查詢步驟的名稱大都是預設的名稱，也是根據該查詢步驟的操作意義而命名的。

4. 查詢步驟名稱右側若有齒輪圖示，代表這是一個可以經由對話方塊操作，重新設定該查詢步驟的初值或參數。

3.2.1 查詢步驟的編輯與刪除

查詢的操作過程會產生一個或一個以上的步驟,但並不像傳統的 Excel、Word、PowerPoint 等應用程式,在操作的過程中若後悔、不滿意,則可以藉由 Ctrl+Z(復原前次操作)的快速鍵,取消前一次的動作。因為,在 Power Query 查詢編輯器裡並沒有提供復原前次操作的功能。

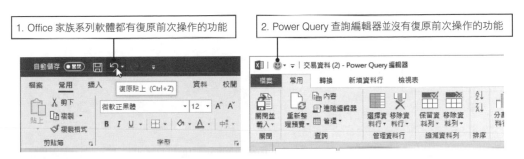

如果查詢步驟有誤,除了可以編輯其 M 語言程式編碼外,亦可逕行刪除然後重新操作新的查詢步驟。

點按查詢步驟名稱前的刪除按鈕,可以直接刪除該查詢步驟。

此外,也可以透過滑鼠右鍵點按查詢步驟,從展開的快顯功能表中點選〔刪除〕功能選項來刪除查詢步驟。通常一個查詢的建立,裡面會有好幾個查詢步驟,若僅是刪除最後一個查詢步驟應該不會有太大問題,但是,若是刪除當中的某一個查詢步驟時,就極有可能會造成其後續的查詢步驟無法順利進行,而導致整個查詢結果有誤的風險,因此,若是需要刪除查詢過程裡的查詢步驟時,就不得不小心謹慎。

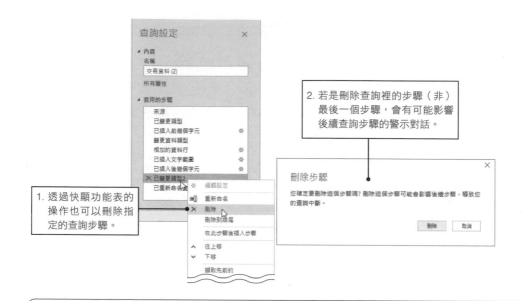

1. 透過快顯功能表的操作也可以刪除指定的查詢步驟。

2. 若是刪除查詢裡的步驟（非）最後一個步驟，會有可能影響後續查詢步驟的警示對話。

刪除查詢步驟要特別注意

由於查詢的前後步驟息息相關，前一個步驟的結果即是下一個步驟的資料來源，因此，若有刪除查詢步驟的操作，理應從最後一個步驟往前開始檢驗，研判是否需要重新進行查詢步驟，若是刪除中間的步驟，極有可能會讓後續的步驟失去資料來源而無法順利進行查詢，勢必對查詢的工作有著莫大的影響。

3.3.2　檢視查詢步驟的程式編碼

在以下的範例中可以看出，最後一個查詢步驟為〔已重新命名資料行〕，此查詢步驟的來源是依據前一步驟〔已變更類型 2〕的執行結果而來。

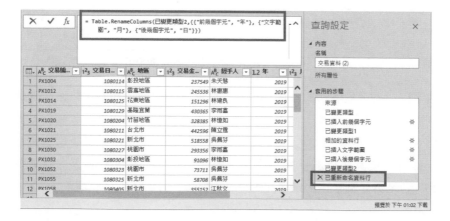

〔進階編輯器〕是 Power Query 查詢編輯器的 M 語言編輯視窗,若是切換到此畫面,整個查詢原始程式碼一覽無遺,也可以從中看出每個查詢步驟的命名、運算式、參數值,以及前後的來源相依關係。

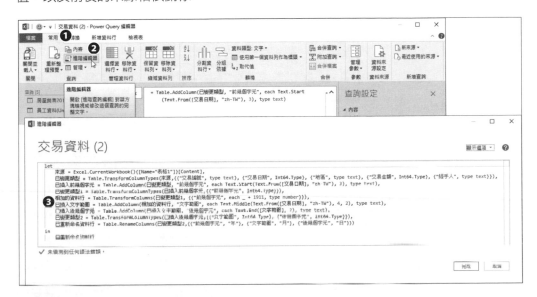

步驟01 點按〔常用〕索引標籤。

步驟02 點選〔查詢〕群組裡的〔進階編輯器〕命令按鈕。

步驟03 開啟〔進階編輯器〕對話,可以看到此查詢的完整 M 語言程式編碼,在此就可以看到每一個查詢步驟的前後關係。

預設狀態下,查詢步驟的命名都是與該查詢步驟的目的、意義有關,由於 Power Query 是經由使用者操作工具選單、命令按鈕而完成查詢步驟,所以這些預設的查詢步驟名稱都很直白,可能也很冗長,開啟〔進階編輯器〕看到完整的原始程式編碼,在此依據前後文將更容易理解各步驟的關係與執行順序,若有需要修改查詢步驟名稱或運算式的編碼,也比較不容易出錯。

3.2.3 查詢步驟的管理工具

針對單一查詢步驟，要進行刪除、重新命名、調整在查詢裡的執行順序等，都可以藉由查詢步驟的快顯功能表來完成。不過，在〔套用的查詢步驟〕底下，含有齒輪圖示的查詢步驟，其快顯功能表的選項裡，則多了一個可以啟動該查詢步驟之相關對話方塊的〔編輯設定〕功能選項。

例如：我們想要修改某一個查詢步驟的命名，只要以滑鼠右鍵點按該查詢步驟，從展開的快顯功能表中執行〔重新命名〕功能選項即可，進行這項操作時，Power Query 也會貼心的自動幫我們修改後續步驟的來源命名。

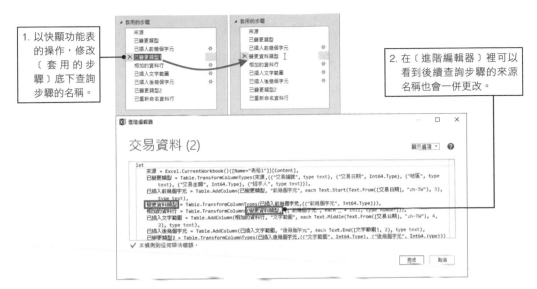

1. 以快顯功能表的操作，修改〔套用的步驟〕底下查詢步驟的名稱。

2. 在〔進階編輯器〕裡可以看到後續查詢步驟的來源名稱也會一併更改。

從快顯功能表的功能選項名稱上，並不難看出這些功能選項的意義與功用，例如：查詢步驟的〔重新命名〕、〔刪除〕、〔往上移〕、〔下移〕等等，在後續的章節實務範例中，都會提到也都會實作與演練這些功能選項。在此先整理查詢步驟的快顯功能表之各項功能選項說明如後：

功能	說明
編輯設定	重新設定此選取步驟，也可以點按兩下此步驟名稱或者點按步驟名稱右側的齒輪圖示。
重新命名	針對選取的步驟進行重新命名
刪除	刪除選取的步驟
刪除到結尾	刪除目前選取的步驟，暨此步驟以後至整個查詢結束的所有步驟。
在此步驟後插入步驟	在選取的查詢步驟之後，添增一個新的查詢步驟。其預設公式為上一個步驟的查詢結果。而下一個查詢步驟的資料來源，也會自動調整為這個新查詢步驟的結果。
往上移	將選取的步驟上移，以變更查詢的前後邏輯順序。
下移	將選取的步驟下移，以變更查詢的前後邏輯順序。
擷取先前的	擷取目前選取的步驟之前的所有步驟，建立成一個新的查詢。而此查詢僅保留第一個查詢步驟（即來源步驟），以及目前選取的步驟暨此後的每一個步驟。
檢視原生查詢	對於在 Power Query 中所建立的 Direct Query，您可以透過此〔檢視原生查詢〕功能選項，將選取的查詢步驟（含）之前的查詢轉譯成單一實際 SQL 查詢。
內容	開啟〔步驟屬性〕對話方塊，顯示或編輯步驟的名稱與描述。

3.2.4 查詢中插入新的查詢步驟

若需要在查詢中插入新的查詢步驟（不是在查詢的最後新增查詢步驟），您可以透過下列兩種方式達成。

直接操作

首先點選〔套用的步驟〕底下的某一查詢步驟，當下所進行的任何 Power Query 操作，所形成的查詢步驟便會自動添增於後。不過，添增新查詢步驟於查詢中，是否會影響後續的查詢步驟，是一件極為審慎的事，因為，Power Query 在當下會彈跳出相關的警示對話提示。如下圖所示，我們想要在查詢裡的第 4 個查詢步驟〔已變更類型 1〕之後，添增新的查詢步驟來擷取「交易編號」資料行的局部內容，以建立新的資料行。

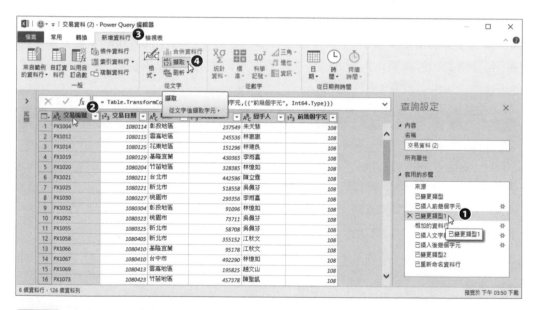

步驟01 點選查詢步驟〔已變更類型 1〕，欲在此步驟之後添增新的查詢步驟。

步驟02 點選「交易編號」資料行。

步驟03 點按〔新增資料行〕索引標籤。

步驟04 點選〔從文字〕群組裡的〔擷取〕命令按鈕。

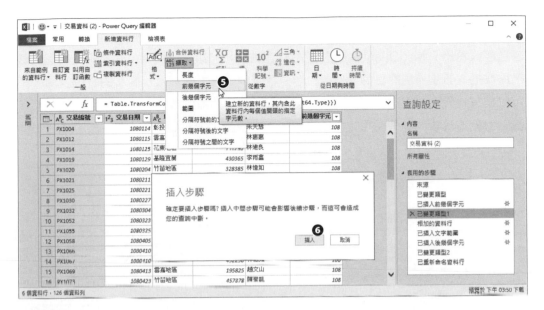

步驟05 從展開的功能選單中點選〔前幾個字元〕功能選項。

步驟06 由於目前的操作是屬於插入查詢步驟的行為,因此,顯示〔插入步驟〕的警示對話方塊,直接點按〔插入〕即可。

步驟07 至此才開啟此步驟的功能對話,也就是〔插入前幾個字元〕對話方塊,在此例的〔計數〕文字方塊裡輸入「2」,然後按下〔確定〕按鈕。

步驟08 順利插入新的查詢步驟於〔已變更類型1〕之後。

步驟09 插入的查詢步驟其執行後的查詢結果也立即呈現。

撰寫查詢函數與運算式

若已經很熟悉 Power Query 的核心程式 M 語言,也可以直接撰寫公式、函數的程式碼來達成插入查詢步驟的目的。例如:想要在查詢步驟之間插入一個新的查詢步驟,則可以點按快顯功能表裡的〔在此步驟後插入步驟〕功能選項,在彈跳出確認插入新步驟的對話方塊後,隨即便可以在〔套用的查詢步驟〕裡看到預設名稱為〔自訂 1〕的查詢步驟。

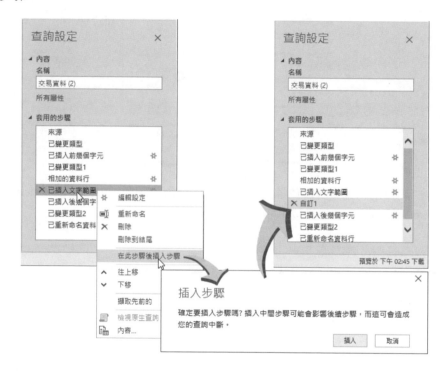

當然,此刻還沒有任何其他作為,Power Query 根本不會知道使用者想要幹嘛!因此,所插入的新增自訂查詢步驟,其運算式就是上一個步驟的查詢結果。例如:此例的上一個查詢步驟名稱為〔已插入文字範圍〕,則此次插入的新增查詢步驟公式就是:

自訂 1= 已插入文字範圍

而下一個查詢步驟的資料來源預設是承接前一個查詢步驟的結果,因此,Power Query 也會自動修改下一個查詢步驟的來源是來自〔自訂 1〕。

使用者可以在開啟〔進階編輯器〕後，於〔自訂 1〕的等號之後編輯、撰寫所需的程式編碼。一個小小的變更，就會影響前後的查詢步驟，所以，不是很有經驗的使用者，不太會貿然在查詢步驟之間插入的新的查詢步驟。但是，若真有這樣的需求，透過 Power Query 操作介面與進階編輯器的協助也並非難事。只是聰穎的您也應該可以體認到，就算不必撰寫 M 語言程式，也必須培養看得懂、猜得出來的基本能力喔！本書也會協助您養成這方面的技能。

3.2.5 關於 Power Query 的查詢結果

Power Query 的查詢結果並不會儲存相關資料，只是提供資料之間的連接，所有的資料仍是儲存在原始資料來源裡。所以，取得一個查詢結果後，若不將查詢結果上載到 Excel，形成一個資料表來保存資料，那麼，活頁簿檔案的容量並不會遽增。所以，通常在使用 Power Query 建立查詢時，可以有幾種選擇：

- 只建立連線，可以隨時再執行查詢、編輯查詢、預覽查詢結果。
- 將查詢結果載入 Excel 工作表，形成新的資料表。
- 將查詢結果視為樞紐分析表的資料來源，製作樞紐分析表。
- 將查詢結果逕行樞紐分析圖的製作。
- 將查詢結果載入資料模型。

在儲存活頁簿檔案時，載入 Excel 工作表或載入資料模型的選擇，對於活頁簿檔案的容量大小影響甚鉅。

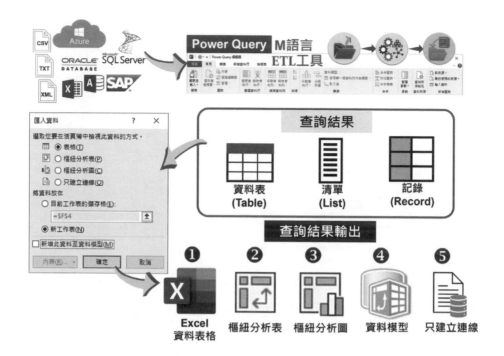

3.3 外部資料來源的類型

Power Query 可進行資料查詢的外部資料來源類型極為多元,最常見的活頁簿檔案、純文字檔案、XML 檔案、csv 檔案、典型的文字型態報表輸出檔,以及來自地端整個資料夾裡結構相同的檔案內容,或者資料庫系統領域的 Access 資料庫、SQL Server、Oracle、MySQL、IBM DB2 資料庫,甚至來自雲端的網頁、Azure 資料庫、SharePoint List、Open Data 等,都是 Power Query 可以處理的範疇。

在 Excel 2019/2021/365 環境下,要匯入外部資料至 Power Query 的操作是位於〔資料〕索引標籤底下〔取得及轉換資料〕群組裡的命令按鈕。

- 〔從表格 / 範圍〕命令按鈕可選擇目前使用中活頁簿檔案裡的資料表格或傳統範圍
  （仍會轉換為資料表格的格式）為查詢來源。
- 〔從文字 /CSV〕命令按鈕可選擇純文字檔案或 csv 格式的外部資料檔案。
- 〔取得資料〕命令按鈕可選擇各種不同資料來源類型的外部資料，分類如下表所列：

從檔案	從資料庫
• 從檔案	• 從 SQL Server 資料庫
• 從活頁簿	• 從 Microsoft Access 資料庫
• 從 CSV	• 從 SQL Server Analysis Services 資料庫
• 從 XML	• 從 Oracle 資料庫
• 從文字	• 從 IBM DB2 資料庫
• 從資料夾	• 從 MySQL 資料庫
	• 從 PostgreSQL
	• 從 Sybase 資料庫
	• 從 Teradata 資料庫
從 Azure	**從線上服務**
• 從 Microsoft Azure SQL 資料庫	• 從 SharePoint Online 清單
• 從 Microsoft Azure Marketplace	• 從 Microsoft Exchange Online
• 從 Microsoft Azure HDInsight	• 從 Dynamics CRM Online
• 從 Microsoft Azure Blob 儲存體	• 從 Facebook
• 從 Microsoft Azure 資料表儲存體	• 從 Salesforce 物件
	• 從 Salesforce 報表
從其他來源	
• 從 Web	
• 從 SharePoint 清單	
• 從 OData 摘要	
• 從 Hadoop 檔案（HDFS）	
• 從 Active Directory	
• 從 Microsoft Exchange	
• 從 SAP BusinessObjects BI Universe	
• 從 ODBC	
• 空白查詢	

以下就列舉幾種常見的檔案格式與情境，介紹匯入外部資料的操作方式，其他資料來源的類型，在往後的章節中也會涉獵與演繹。

3.3.1 匯入 CSV 檔案

Csv 檔案是屬於資料表形式的文字檔案，以逗點作為欄位之間的分隔符號，不論是企業、組織、政府單位的系統文件、報表或資源分享，多以 txt 或 csv 等文字檔案的格式提供下載與共用。政府資料開放平台 data.gov.tw 裡的各種分享資料，更是常見這般的檔案格式。以下的實作範例是來自衛生福利部疾病管制署所提供以週為單位之嚴重特殊傳染性肺炎各地區年齡性別統計表。

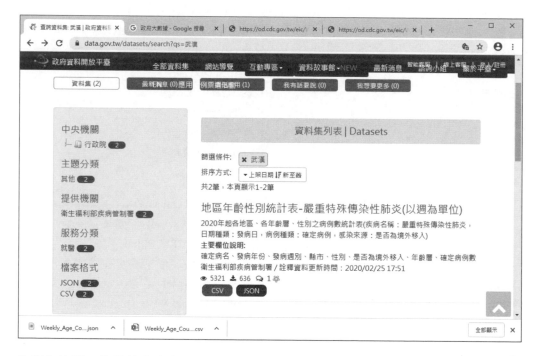

此實作範例下載的檔案名為：〔Weekly_Age_County_Gender_19CoV.csv〕，下載了 csv 檔案後，透過 Power Query 進行匯入與處理，便可載入至 Excel 工作表形成可進行後續分析與彙算的資料表格。

步驟01 在空白的活頁簿操作環境下，點按〔資料〕索引標籤。

步驟02 點選〔取得及轉換資料〕群組裡的〔從文字/CSV〕命令按鈕。

步驟03 開啟〔匯入資料〕對話方塊後，選擇所要匯入的〔Weekly_Age_County_Gender_19CoV.csv〕檔案，然後按下〔匯入〕按鈕。

步驟04 進入文字資料來源的導覽畫面，若發生中文資料是亂碼的情況，可點選左上角的〔檔案原點〕選項，選擇適當的中文編碼。

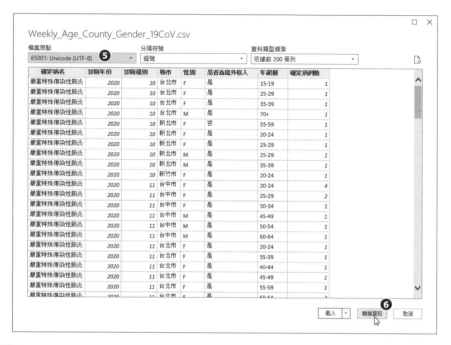

步驟08 若有需要可以進行資料的轉換、清洗、彙整等處理。

步驟09 若要將此查詢結果輸出至 Excel 工作表，可以點按〔常用〕索引標籤。

步驟10 點選〔關閉〕群組裡的〔關閉並載入〕命令按鈕的上半部按鈕。

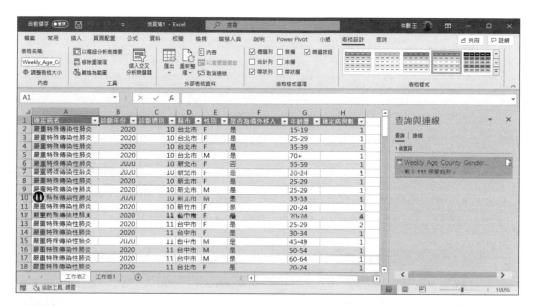

步驟11 立即將 Power Query 查詢編輯器的查詢結果載入至 Excel 的新工作表上，形成資料表格以利於進行資料處理、篩選、排序、彙算、樞紐分析等工作。

3.3.2 匯入 JSON

科技與網路愈發達，資料的載具與平台也愈多元，資料的格式及類型也更講求跨平台、跨設施、跨軟體的分享與運用。除了 HTML、XML 外，JSON 的資料格式也是近年網頁開發與資料儲存和分享的重要格式。許多公民營企業與機構，也紛紛將 JSON 檔案格式視為資料共用與傳遞的標準。在 Power Query 裡匯入 JSON 格式的檔案進行處理與轉換也是輕而易舉的事。

步驟01 點按〔資料〕索引標籤。

步驟02 點選〔取得及轉換資料〕群組裡的〔取得資料〕命令按鈕。

步驟03 從展開的下拉式功能選單中點選〔從檔案〕。

步驟04 再從展開的副功能選單中點選〔從 JSON〕。

步驟05 開啟〔匯入資料〕對話方塊後，選擇所要匯入的〔Age_County_Gender_19Cov.json〕檔案，然後按下〔匯入〕按鈕。

此 JSON 格式範例檔案是一筆筆資料記錄的清單，透過 Power Query 將此清單轉換成資料表結構，再進行資料表欄位的展開，即可形成一筆筆資料記錄的資料表。

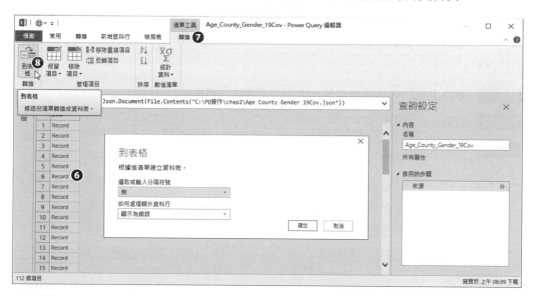

步驟06 進入 Power Query 編輯器，所匯入的 JSON 檔案是清單（List）格式的查詢輸出，清單的內容是一個個的 Record 資料格式的項目。

步驟07 查詢結果是清單，因此，畫面頂端的功能區顯示著〔清單工具〕，點按〔轉換〕索引標籤。

步驟08 點按〔轉換〕群組裡的〔到表格〕命令按鈕。

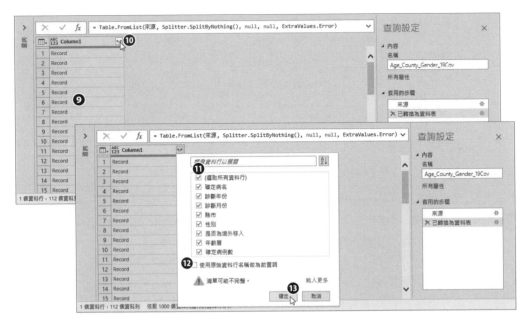

步驟09　順利將清單轉換為資料表，預設的欄位名稱為〔Column1〕，內容為一筆筆的 Record（資料記錄）。

步驟10　點按欄位內容的展開按鈕。

步驟11　彈跳出資料行的選取選單，勾選〔(選取所有資料行)〕核取方塊。

步驟12　取消〔使用原始資料行名稱做為前置詞〕核取方塊的勾選。

步驟13　點按〔確定〕索引標籤。

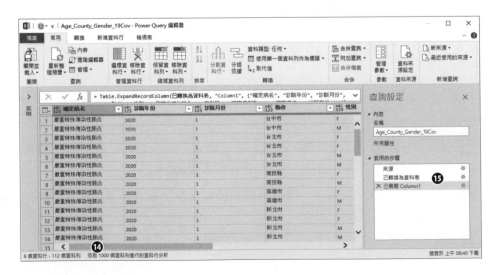

步驟14 完成資料的轉換，總共輸出了 8 個欄位、112 個資料列。

步驟15 此範例已經建立了三個查詢步驟。

至於查詢後的結果，是以〔表格〕（即資料表）的形式存放在工作表上，還是立即進行〔樞紐分析表〕或〔樞紐分析圖〕，抑或〔只建立連線〕並不進行處理，甚至是要將查詢結果備份至資料模型裡，都可以藉由關閉 Power Query 操作並開啟〔匯入資料〕的對話方塊來決定。

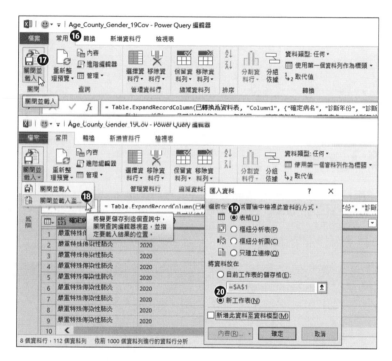

步驟16 若要將此查詢結果輸出至 Excel 工作表，可以點按〔常用〕索引標籤。

步驟17 點選〔關閉〕群組裡的〔關閉並載入〕命令按鈕的下半部按鈕。

步驟18 從展開的功能選單點選〔關閉並載入至…〕。

步驟19 開啟〔匯入資料〕對話方塊可在此點選查詢結果要匯出的方式，例如：〔表格〕。

步驟20 點選〔新工作表〕選項，然後點按〔確定〕按鈕。

Power Query 的查詢結果可以猶如 RAW DATA 般地載入至 Excel 的新工作表上，進行資料的排序、篩選、小計、彙算、樞紐分析等操作。

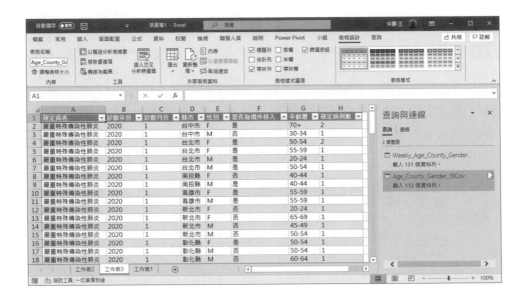

3.3.3 匯入 XML

XML 是國際通用的標記式語言,其描述結構化資料格式的特性,被廣泛用來作為跨平台之間互動資料的形式。透過 Power Query 匯入外部資料的能力,可以迅速匯入、解析,轉換與處理 XML 格式的檔案。

步驟01 點按〔資料〕索引標籤。

步驟02 點選〔取得及轉換資料〕群組裡的〔取得資料〕命令按鈕。

步驟03 從展開的下拉式功能選單中點選〔從檔案〕。

步驟04 再從展開的副功能選單中點選〔從 XML〕。

步驟05 開啟〔匯入資料〕對話方塊後，選擇所要匯入的 XML 檔案，例如：〔商品銷售 .xml〕檔案，然後按下〔匯入〕按鈕。

步驟06 開啟〔導覽器〕對話，顯示 XML 檔案的內容結構，點選〔dataroot〕選項。

步驟07 點按〔轉換資料〕按鈕。

進入 Power Query 編輯器，所匯入的 XML 檔案其查詢結果是兩個資料行、一個資料列的查詢輸出。其中，名為〔咖啡商品銷售〕的資料行，是包含 Table 資料結構的內容，可以透過資料欄位的展開，查詢該 Table 的詳細內容。

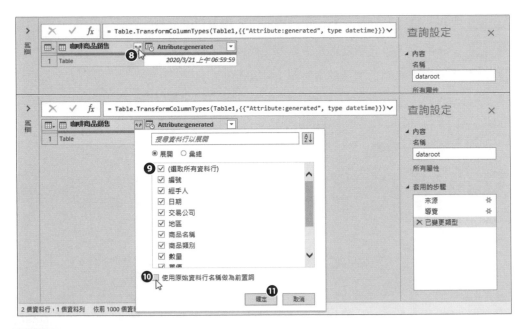

步驟08 點按〔咖啡商品銷售〕資料行的展開按鈕。

步驟09 彈跳出資料行的選取選單，勾選〔(選取所有資料行)〕核取方塊。

步驟10 取消〔使用原始資料行名稱做為前置詞〕核取方塊的勾選。

步驟11 點按〔確定〕按鈕。

在匯入資料後若有變更資料欄位的資料型態之需求，可以針對資料行進行資料型態的變更。

步驟12 點選〔日期〕資料行名稱左側的資料型態按鈕。

步驟13 調整〔日期〕資料行的資料型態為〔日期 / 時間〕資料型態。

步驟14 完成資料型態的變更。

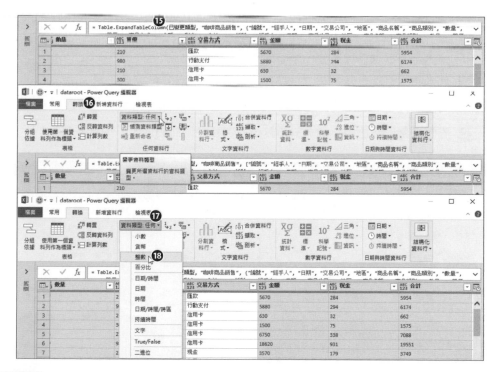

步驟15 如果有眾多資料行要一起調整為同一種資料型態,也可以事先複選多個資料行。

步驟16 點按〔轉換〕索引標籤。

步驟17 點選〔任何資料行〕群組裡的〔資料類型〕命令按鈕。

步驟18 從展開的資料類型選單中點選〔整數〕功能選項。

步驟**19** 一次完成多個資料行的資料型態變更。

步驟**20** 此範例查詢結果共有 14 個資料行的輸出，超過 999 個資料列。

步驟**21** 若要將此查詢結果輸出至 Excel 工作表，可以點按〔常用〕索引標籤。

步驟**22** 點選〔關閉〕群組裡的〔關閉並載入〕命令按鈕的上半部按鈕。

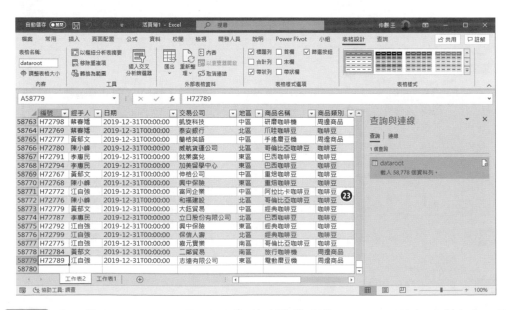

步驟**23** 立即將 Power Query 查詢編輯器的查詢結果載入至 Excel 的新工作表上，此
例共有 58778 個資料列的查詢結果。

3.3.4 匯入 Web 頁面資料

愈來愈多的資料透過網站頁面在發布與傳遞，不論是網路新聞、輿情、媒體資訊、銀行匯率、股市即時資訊，或是諸如維基百科等線上百科全書，提供了大量、多元、即時的資料，使用 Power Query 匯入這類型的網頁，進行整體內容的取得、局部資料的萃取、轉換、解析是 Excel 資訊工作者的必備技能。

以下的實作演練，將以大專院校籃球運動聯賽的網頁為例，匯入指定的公開賽事記錄，載入 Excel 工作表進行進一步的分析。

步驟01 在空白的活頁簿操作環境下,點按〔資料〕索引標籤。

步驟02 點選〔取得及轉換資料〕群組裡的〔從 Web〕命令按鈕。

步驟03 開啟〔從 Web〕對話方塊,輸入要匯入的頁面網址,例如:「https:// zh.wikipedia.org/wiki/ 大專校院籃球運動聯賽」,然後按下〔確定〕按鈕。

步驟04 開啟導覽器視窗,可在此檢視所匯入的頁面資料,從這裡可以看到所匯入的頁面包含了多張表格。

步驟05 點選所要匯入的表格,例如:公開二級歷屆賽事的網頁內容。

步驟06 點按〔轉換資料〕按鈕。

匯入的賽事歷史資料前、後都有多餘的資料列,可以透過移除資料列的功能操作將其刪除。由於某些網站的資料與內容常有更新及異動,並非我們能控制,尤其是自由撰寫的維基百科頁面。所以此例實作過程與截圖僅供參考,您還是得臨機應變喔!

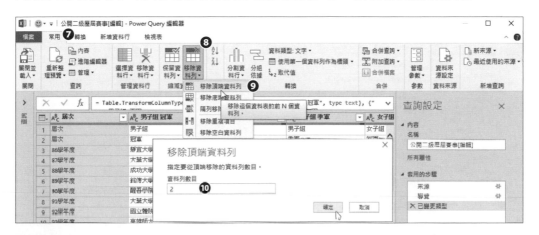

步驟07 點按〔常用〕索引標籤。

步驟08 點選〔縮減資料列〕群組裡的〔移除資料列〕命令按鈕。

步驟09 從展開的功能選單中點選〔移除頂端資料列〕功能選項。

步驟10 開啟〔移除頂端資料列〕對話方塊,在〔資料列數目〕文字方塊輸入「2」然後點按〔確定〕按鈕。

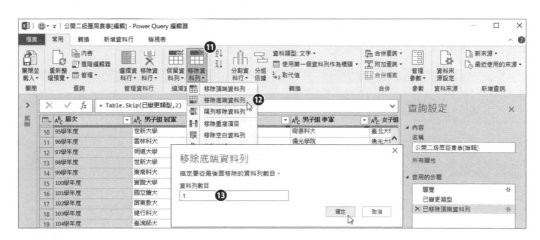

步驟11 繼續點選〔縮減資料列〕群組裡的〔移除資料列〕命令按鈕。

步驟12 從展開的功能選單中點選〔移除底端資料列〕功能選項。

步驟13 開啟〔移除底端資料列〕對話方塊，在〔資料列數目〕文字方塊輸入「1」然後點按〔確定〕按鈕。

步驟14 完成查詢後的結果為 7 個資料欄位、22 個資料列的資料表。

步驟15 點按〔常用〕索引標籤。

步驟16 點選〔關閉〕群組裡的〔關閉並載入〕命令按鈕的上半部按鈕。

完成 Power Query 操作並將查詢結果以資料表形式呈現在工作表上，顯示大專校院籃球運動聯賽公開二級歷屆賽事男、女各組的前三名記錄，若要進行最多冠軍次數、最多前三名次數的學校分析，這就是一份標準的 RAW DATA 了。

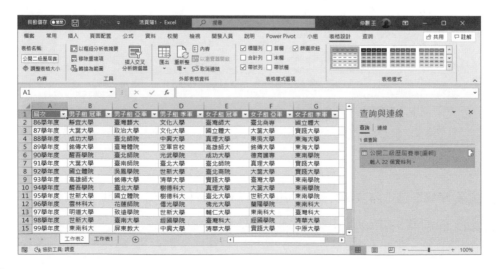

資料的基本處理技巧

資料的整理首在資料的取得，而 Power Query 可以取得的資料來源格式非常多元，當匯入資料至 Power Query 查詢編輯器後，再根據需求進行資料的增、減、格式化、拆分。本章就先來練習一下在 Power Query 查詢編輯器裡進行資料行與資料列的基本操控技巧。

4.1　資料的取得與匯入

要將資料導入到 Power Query 進行查詢工作，資料本身除了有可能已經存放在 Excel 工作表外，更多的情境是資料來自外部的系統、檔案或網路上。只要透過 Power Query 的〔取得資料〕功能操作，便可以輕鬆取得資料並將其匯入 Power Query 查詢編輯器中。

本節就從存放著由外部系統下載而取得的 2 百多筆運動商品客戶資料開始，將此 .csv 格式的文字檔案導入至 Power Query，來熟悉查詢編輯器的運用基本技巧。這個小節的實作檔案是：〔運動商品客戶基本資料 .csv〕。

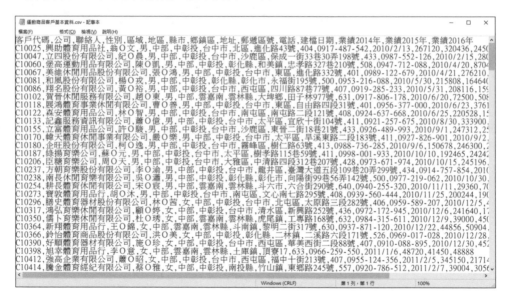

請直接開啟空白的活頁簿，進行以下的操作。

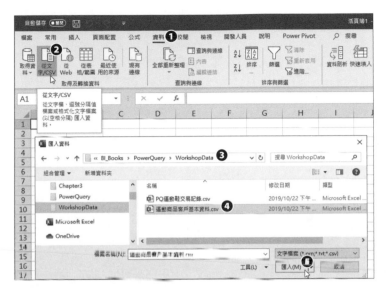

步驟01 點按〔資料〕索引標籤。

步驟02 點按〔取得及轉換資料〕群組裡的〔從文字/CSV〕命令按鈕。

步驟03 開啟〔匯入資料〕對話方塊，切換到實作檔案的所在路徑。

步驟04 選擇檔案。

步驟05 點按〔匯入〕按鈕。

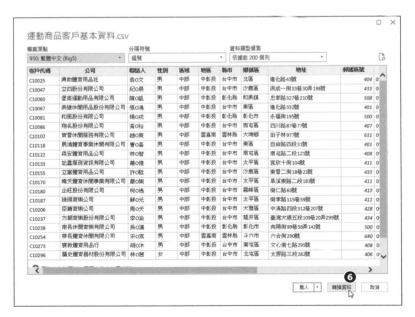

步驟06 開啟匯入的文字檔之導覽視窗，點按〔轉換資料〕按鈕。

步驟07 進入 Power Query 查詢編輯器視窗。

步驟08 此次的匯入文字檔操作,已經自動執行了三個查詢步驟。

4.2 關於資料行的相關操控

資料行(Data Column)是縱向的資料內容,以資料表(Data Table)而言,行、列交錯的結構中,縱向的資料內容就是一行一行(或稱為一欄一欄)的資料欄位(Data Fields)。Power Query 的查詢結果,正是一種資料表的輸出結構。透過 Power Query 取得資料後,在 Power Query 的查詢編輯器裡可以檢視資料的查詢結果外,關於資料行的操作,經常進行的作業如下:

- 選取單一資料行或複選資料行
- 移動選定的資料行
- 複製資料行
- 根據指定的條件新增資料行或新增含有索引序號的資料行
- 刪除選定的資料行
- 對資料行名稱重新命名
- 變更資料行的資料型態

4.2.1 選取資料行

如同在操作 Excel 的工作表一般，點選資料行標題，便可以選取整個資料行，若是要複選多個資料行，則可以先按住 Ctrl 鍵或 Shift 鍵不放，接著點選想要複選的資料行即可。

1. 只要以滑鼠點選資料行標題，便可以選取該資料行。

2. 點選某資料行後，按住 Ctrl 鍵不放，再點選其他資料行，便可以複選這兩個資料行。

3. 點選某資料行後，按住 Shift 鍵不放，再點選其他資料行，便可以複選這兩個資料行之間的所有資料行。

此外，透過〔選擇資料行〕對話方塊的操作，也可以進行資料行的選取。

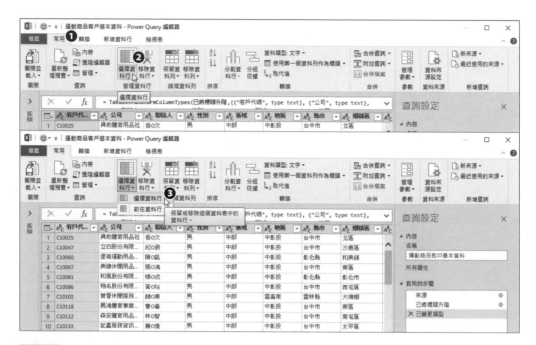

步驟01 點按〔常用〕索引標籤。

步驟02 點選〔管理資料行〕群組裡的〔選擇資料行〕命令按鈕。

步驟03 從展開的功能選單中點選〔選擇資料行〕功能選項。

步驟04 開啟〔選擇資料行〕對話方塊,即可在此勾選所要保留(選取)的資料行,未被勾選的資料行便是取消選取。

步驟05 按下〔確定〕按鈕。

步驟06 完成〔選擇資料行〕對話後，便在此查詢過程新增了名為〔已移除其他資料行〕的查詢步驟。

查詢結果的資料甚為龐大，想要左右橫向移動至某一資料行的畫面時，以滑鼠左右拖曳視窗下方水平水捲軸並不是唯一方式，透過〔前往資料行〕對話方塊的操作，也是不錯的操作方式喔！

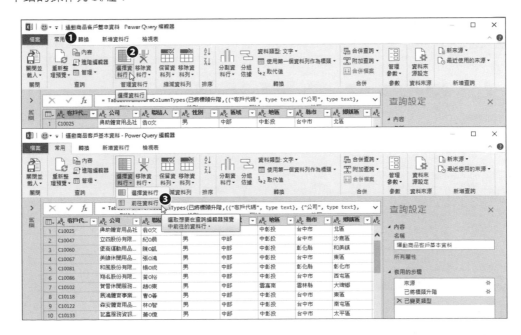

步驟01 點按〔常用〕索引標籤。

步驟02 點選〔管理資料行〕群組裡的〔選擇資料行〕命令按鈕。

步驟03 從展開的功能選單中點選〔前往資料行〕功能選項。

步驟04 開啟〔前往資料行〕對話方塊,即可在點選想要前往哪一個資料行。例如此例的〔建檔日期〕

步驟05 按下〔確定〕按鈕。

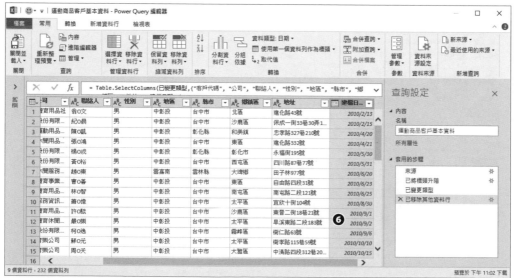

步驟06 立即前往並選取指定的資料行。

對應的 M 語言

選取資料行也有相對應的 M 語言函數，其語法為：

=Table.SelectColumns(資料來源 ,{" 欄位 1"," 欄位 1"," 欄位 1"," 欄位 1",…})

函數名稱為 Table.SelectColumns()，將需要選取的欄位其資料行名稱逐一撰寫在一對大括弧裡即可。

4.2.2 移動資料行

若要左右移動整個資料行，調整查詢結果裡資料行的左右順序，除了可以直接拖曳整行（欄位名稱）來調整外，也可以透過快顯功能表的操作，或者功能區裡〔任何資料行〕群組內的〔移動〕命令按鈕來完成。

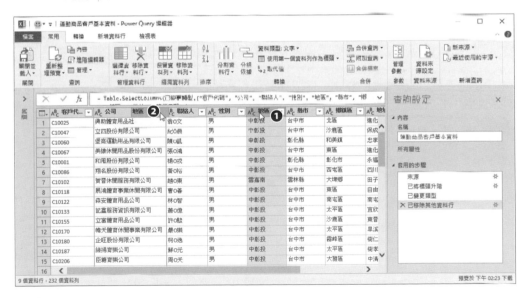

步驟01 點選想要進行搬移的資料行。例如：〔地區〕資料行。

步驟02 拖曳此資料行，例如：往左拖曳至〔公司〕資料行與〔聯絡人〕資料行之間。此時，在兩資料行之間會顯示出插入點，這是一條淡綠色的縱向直線。

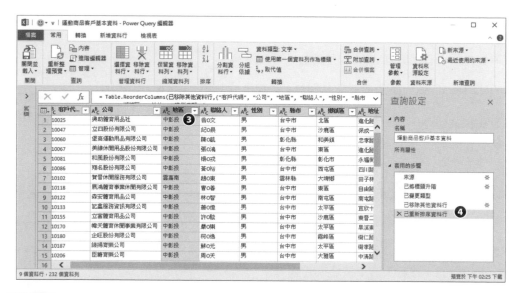

步驟03 順利的將〔地區〕資料行搬移至〔公司〕資料行與〔聯絡人〕資料行之間。

步驟04 在此查詢過程中便新增了名為〔已重新排序資料行〕的查詢步驟。

您也可以透過快顯功能表的操作,達成移動資料行的目的。

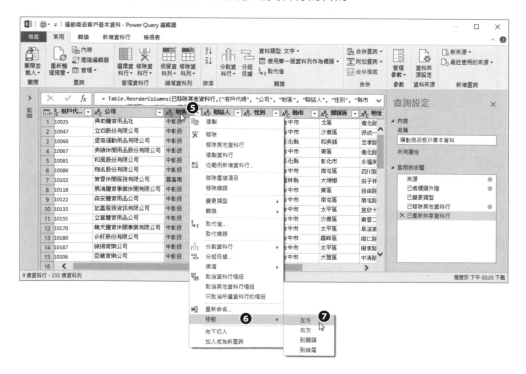

步驟05 以滑鼠右鍵點按〔地區〕資料行標題。

步驟06 從展開的快顯功能表中點選〔移動〕功能選單。

步驟07 再從展開的副功能選單中點選要移動的方向,例如:〔左方〕。

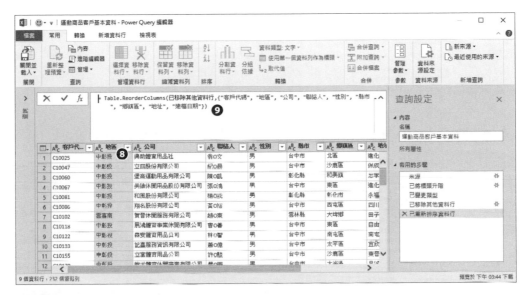

步驟08 先前所點選的〔地區〕資料行便往左移動至〔公司〕資料行的左側了。

步驟09 由於這個快顯功能表的操作與上一個查詢步驟同屬於移動資料行的操控,因此,並未記錄成一個新的查詢步驟,而是仍記錄在前一個〔已重新排序資料行〕查詢步驟的程式碼裡。

此外,在功能區裡的〔轉換〕索引標籤內,位於〔任何資料行〕群組內的〔移動〕命令按鈕,也具備了〔左方〕、〔右方〕、〔到開頭〕與〔到結尾〕等選項,可以讓您將選取的資料行往左右兩側移動。

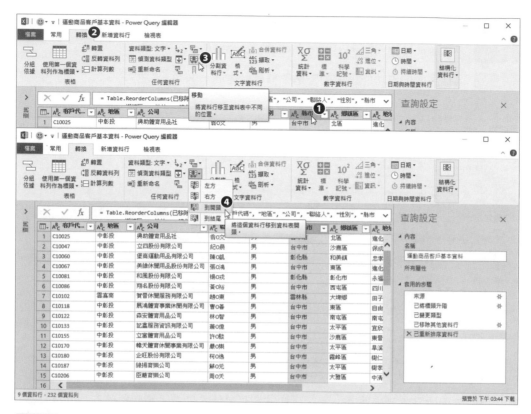

步驟01　例如：點選〔縣市〕資料行。

步驟02　點按〔轉換〕索引標籤。

步驟03　點選〔任何資料行〕群組裡的〔移動〕命令按鈕。

步驟04　從展開的功能選單中點選〔到開頭〕功能選項。

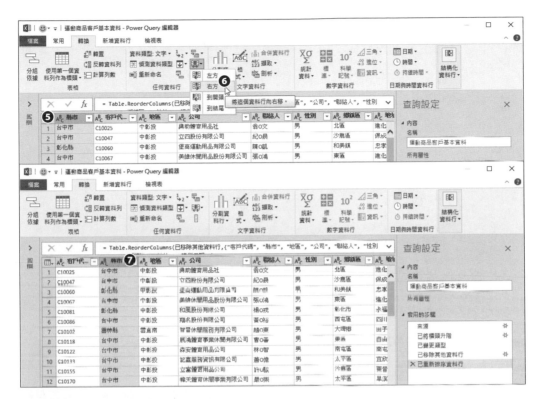

步驟05 剛剛點選的〔縣市〕資料行立即移動至此查詢結果的開頭處,也就是成為此查詢輸出的第一個資料行。繼續保持點選此〔縣市〕資料行。

步驟06 再次點按〔移動〕命令按鈕並點選功能選單裡的〔右方〕功能選項。

步驟07 此〔縣市〕欄位便成為查詢輸出的第二個資料行。

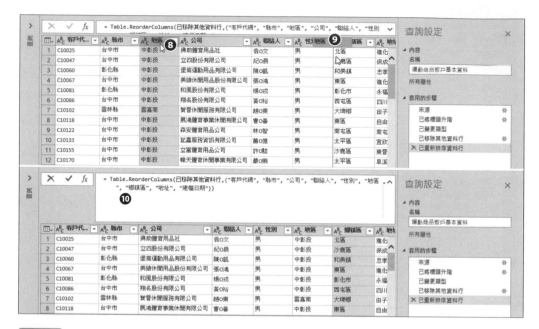

步驟08 最後,我們再拖曳旁邊的〔地區〕欄位。

步驟09 往右拖曳至〔性別〕資料行與〔鄉鎮區〕資料行之間。

步驟10 您會發覺直到目前為止,連續幾種不同的操作方式,都是同屬於移動資料行的操控,因此,都僅記錄在一個查詢步驟的程式碼中,不至於讓您的查詢步驟太多、太冗贅。

對應的 M 語言

移動資料行也有相對應的 M 語言函數,其語法為:

=Table.ReordersColumns(資料來源 ,{" 欄位 1"," 欄位 1"," 欄位 1"," 欄位 1",…})

其實,就是在一對大括弧的參數裡,將重整後的期望欄位依序列出資料行名稱即可。

4.2.3 複製資料行

若有複製某個資料行的需求,透過快顯功能表的操作是最迅速的。例如:以下將複製一個既有的〔縣市〕資料行

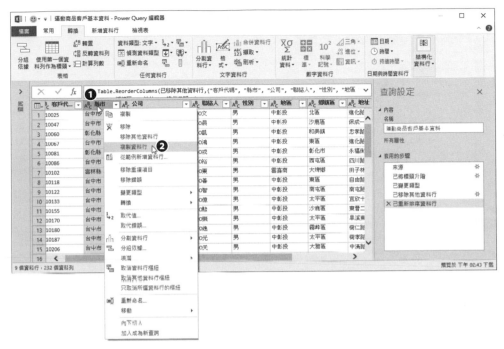

步驟01 以滑鼠右鍵點按想要複製的〔縣市〕資料行標題。

步驟02 從展開的快顯功能表中點選〔複製資料行〕功能選單。

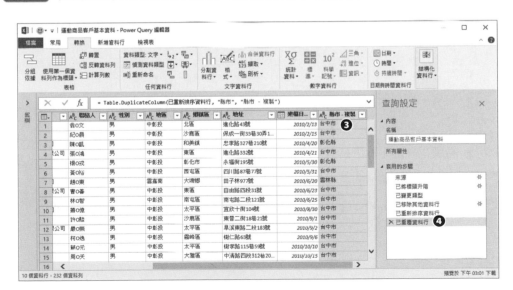

步驟03 立即在查詢輸出的最右側添增名為〔縣市 - 複製〕的資料行。

步驟04 在此複製資料行的查詢過程，便新增了名為〔已重複資料行〕的查詢步驟。

此外，利用功能區裡的〔複製資料行〕命令按鈕，也可以迅速添增新的資料行。例如：以下將複製一個既有的〔鄉鎮區〕資料行。

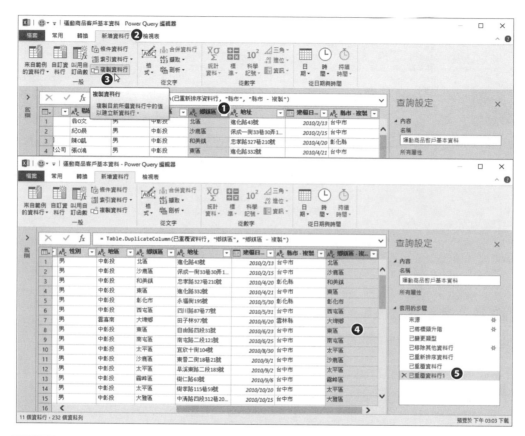

步驟01 點選〔鄉鎮區〕資料行。

步驟02 點按〔新增資料行〕索引標籤。

步驟03 點選〔一般〕群組裡的〔複製資料行〕命令按鈕。

步驟04 立即在查詢輸出的最右側添增了名為〔鄉鎮區 - 複製〕的資料行。

步驟05 在複製資料行的查詢過程中新增了名為〔已重複資料行1〕的查詢步驟。

對應的 M 語言

複製選取資料行其相對應的 M 語言函數之語法為：

=Table.DuplicateColumn(資料來源 ,{" 原欄位 "," 複製的新欄 "})

從函數名稱裡的字眼 DuplicateColumn 也不難猜出其功能,只要注意第二個參數大括號裡的資料行名稱,依序是先表示原始的資料行名稱,再描述複製的新資料行名稱。

4.2.4 新增條件資料行

除了剛剛提及的複製資料行算是一種新增資料行的操作外,新增〔條件資料行〕或新增〔索引資料行〕也都可以根據不同的需求與目的來添增新的資料行。其中,新增〔條件資料行〕的操作是指所要新增的資料行內容,可透過既有的資料行內容根據指定的條件規範來判定。

這個操作需求會開啟名為〔加入條件資料行〕對話方塊,在此可以輸入自訂的新資料行名稱,然後,指定要進行比對或運算的既有資料行,接著再選擇運算子並輸入相互比較的值,或選取其他資料行進行比較。最後在對話方塊裡的輸出選項,輸入條件比對成立時的輸出值或者指定要輸出哪一個資料行。

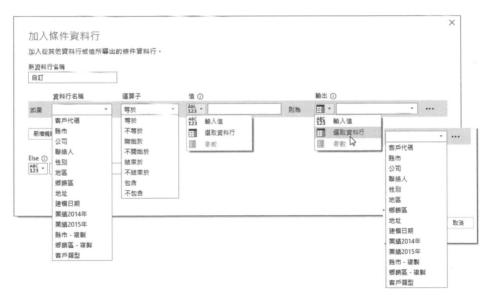

以下的實作範例中,原本查詢輸出裡並沒有〔公司類型〕欄位,我們想要根據既有的〔公司〕欄位內容(也就是公司名稱)來判別該公司是屬於哪一種類型的企業,若是公司名稱的尾字包含了 " 股份有限公司 " 就判定是屬於「股份企業」而在新增的〔公司類型〕欄位裡標明文字「股份企業」,若不是,就不做任何處理。因此,若成功建立此〔公司類型〕欄位,其內容即為「股份企業」或是 null。這便是典型的加入條件資料行操作,也就是新增的資料行內容是由既有資料行的內容來決定。根據此例的需求,

可以開啟名為〔加入條件資料行〕的對話方塊，藉由對話選項的操作來設定條件運算
式建立新的資料行。

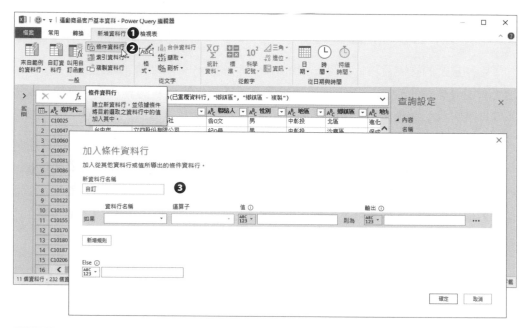

步驟01 點按〔新增資料行〕索引標籤。

步驟02 點按〔一般〕群組裡的〔條件資料行〕命令按鈕。

步驟03 開啟〔加入條件資料行〕對話方塊，在此對話方塊裡進行欄位的新增條件的
規範及設定。

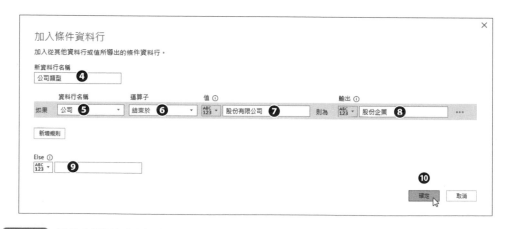

步驟04 輸入新增的資料行名稱為「公司類型」。

步驟05　選擇要進行條件比對的既有資料行是〔公司〕。

步驟06　選擇要比對的運算子是〔結束於〕。

步驟07　選擇比對值為〔ABC123〕類型，並輸入文字「股份有限公司」。

步驟08　選擇條件比對成立時的值為〔ABC123〕類型，並輸入文字「股份企業」。

步驟09　Else 選項維持空值不做任何處理。

步驟10　點按〔確定〕按鈕。

完成後即可在查詢結果輸出畫面的右側欄位，看到名為〔公司類型〕的新資料行，內容不是 " 股份企業 " 就是 null，完全符合我們的期望。

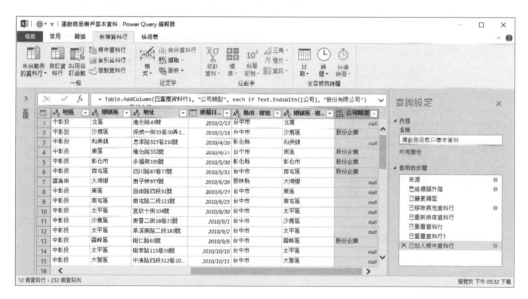

對應的 M 語言

其實新增條件資料行就是一般的新增資料行函數 Table.AddColumn()，其語法為

=Table.AddColumn(資料來源 ," 新增的欄位 ", 產生新欄位的函數算式)

只是在此函數裡第三個參數的撰寫，可以透過其他運算式或函數來產生新的欄位。例如：在此例是運用了 if...then...else... 運算式，其語法為：

if 條件判斷式 then 條件判斷式成立時的運算式或值 else 條件判斷式不成立時的運算式或值

是不是很類似 Excel 的 IF 函數與 VBA 的 if then 陳述句的觀念呢！例如：條件判斷式

成立時，即條件判斷式為 true 時，設定為文字 " 股份企業 " ；條件判斷式不成立時，即條件判斷式為 false 時，設定為空值 null。而這是一個整個欄位的運算式，因此，在 if...then...else... 之前加上 each。觀察此例的整個程式編碼即為：

= Table.AddColumn(已重複資料行 1, " 公司類型 ", each if Text.EndsWith([公司], " 股份有限公司 ") then " 股份企業 " else null)

您看，即便對 Power Query 的核心 M 語言不是那麼熟悉，從剛剛操作所產生之程式碼裡的字裡行間，也多半能夠體會出其功用吧！

4.2.5 新增索引資料行

有時候我們希望為查詢結果加上一個帶有順序編碼的資料欄位，做為編號、索引值序號或未來調整資料內容或順序的依據。這個需求就可以交由新增〔索引資料行〕的操作來完成。以下實作的範例，我們將新增具備從 1 開始編號，每次加 1 為序號的新資料行。

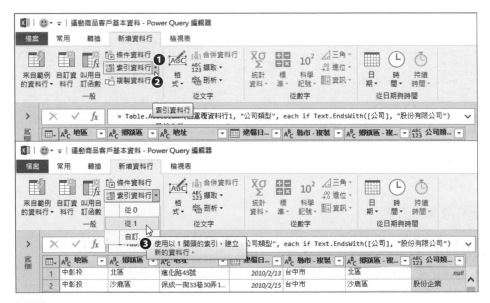

步驟01 點按〔新增資料行〕索引標籤。

步驟02 點按〔一般〕群組裡的〔索引資料行〕命令按鈕右側的黑色倒三角形按鈕。

步驟03 從展開的下拉式選單中點選〔從 1〕功能選項。

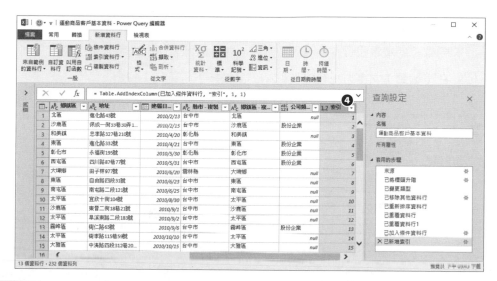

步驟04 在查詢結果右側立即添增名為「索引」的新資料行，從第 1 列開始此資料行的內容即為以 1 為首的序號。

當然，常見的索引編號可以從 1 或從 0 開始，每次的間距為 1。可是若有特殊需求，也可以改變索引編號的起始值以及間距值。例如：設定諸如 0、2、4、6、8…

偶數索引值編號的操作程序如下：

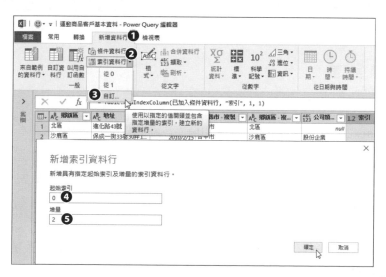

步驟01 點按〔新增資料行〕索引標籤。

步驟02 點按〔一般〕群組裡的〔索引資料行〕命令按鈕右側的黑色倒三角形按鈕。

步驟03 從展開的下拉式選單中點選〔自訂〕功能選項。

步驟04 開啟〔新增索引資料行〕對話方塊,在〔起始索引〕文字方塊裡輸入「0」。

步驟05 在〔增量〕文字方塊裡輸入「2」,然後按下〔確定〕按鈕。

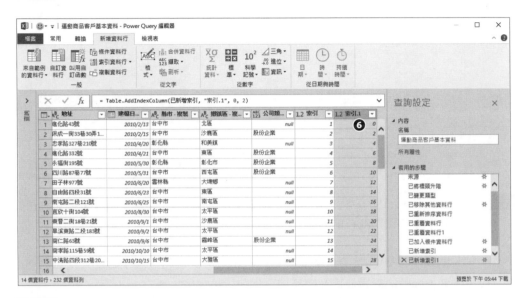

步驟06 在查詢結果右側立即添增名為「索引.1」的新資料行,從第 1 列開始此資料行的索引編號內容為 0,而後續的各資料列以等差級數每次加 2 為索引編號內容。

對應的 M 語言

新增索引資料行操作的相對應 M 語言函數之語法為:

=Table.AddIndexColumn(資料來源 ,{" 新索引欄位 ", 索引起始值 , 索引增值 })

從語法的參數裡也不難看出其功能與涵義吧!

4.2.6 刪除資料行

若發覺查詢編輯器裡的資料行已經沒有存在的必要,則可以直接點選後按下鍵盤上的 Delete 鍵將其刪除。

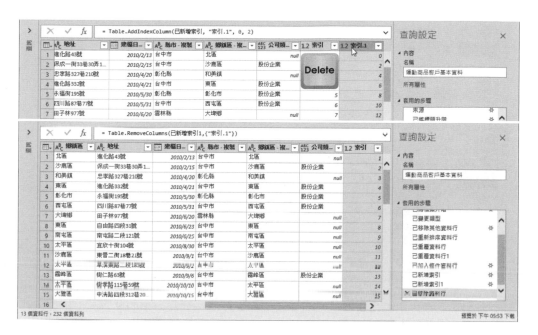

或者，以滑鼠右鍵點按資料行名稱，從顯示的快顯功能表中點選〔移除資料行〕功能選項。

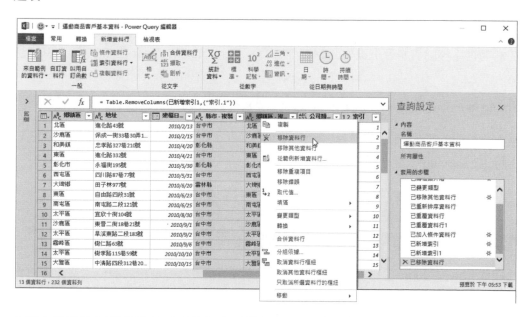

亦可在點選資料行後點按〔常用〕索引標籤裡的〔移除資料行〕命令按鈕的下半部按鈕，從展開的功能選單中點選〔移除資料行〕功能選項。

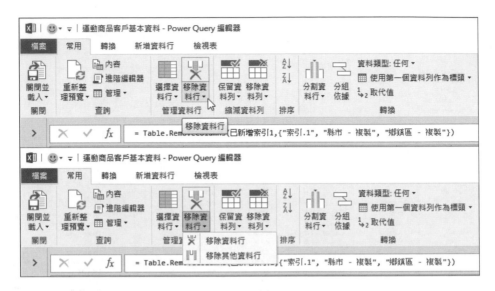

不管是快顯功能表，或者功能區裡的命令按鈕，除了〔移除資料行〕功能選項外，也提供有〔移除其他資料行〕功能選項的選擇，如果您僅需要保留少數的資料行而移除其他資料行，這是個極為便捷的功能。

對應的 M 語言

在查詢裡〔移除資料行〕操作的 M 語言對應函數為 Table.RemoveColumns()，其語法為：

=Table.RemoveColumns(資料來源 , ({" 欄位 1"," 欄位 1"," 欄位 1"," 欄位 1",...})

至於〔移除其他資料行〕功能選項的操作，其實就是前面介紹過的 Table. SelectColumns() 函數：

=Table.SelectColumns(資料來源 ,{" 欄位 1", " 欄位 2", " 欄位 3", })

4.2.7　重新命名資料行名稱

在操作 Power Query 的過程中，經常會貼心地給予新資料行預設的欄位名稱（資料行名稱），但是，往往預設的名稱都太機械化，語意雖然明確卻常常過於冗長或難以閱讀和記憶，因此，在查詢裡重新命名資料行名稱可是常有的事。您可以透過滑鼠右鍵點按資料行名稱，在展開的快顯功能表中點選〔重新命名〕功能選項。

步驟01 以滑鼠右鍵點按〔索引〕資料行。

步驟02 點選〔重新命名〕功能選項。

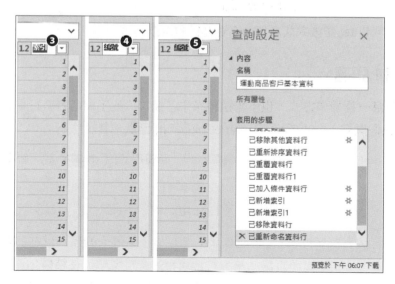

步驟03 進入資料行名稱編輯狀態並自動選取文字。

步驟04 輸入新的命名,例如:「編號」。

步驟05 按下 Enter 鍵後完成重新命名資料行的操作。

您也可以直接點按兩下資料行名稱便進入重新命名的編輯狀態。

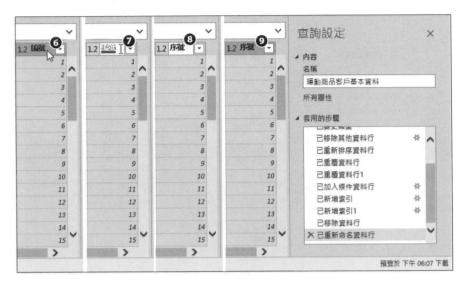

步驟06　直點按兩下原本名為〔編號〕的資料行名稱。

步驟07　進入資料行名稱編輯狀態，也自動選取了文字。

步驟08　輸入新的命名，例如：「序號」。

步驟09　按下 Enter 鍵後完成重新命名資料行的操作。

對應的 M 語言

不論是上述哪一種操作方式，也不管連續操作了幾次，改了幾個資料行名稱，所運用的 M 語言只需撰寫一次的 Table.RenameColumns() 函數。其語法為：

= Table.RenameColumns(資料來源 ,{{" 舊欄名 1"," 新欄名 1"}, {" 舊欄名 2"," 新欄名 2},...})

4.2.8 變更資料行的資料型態

查詢結果的各個資料欄位與 Excel 工作表的儲存格，其最大的差別就在於前者具備了資料行的定義，您可以賦予查詢結果資料行適合的資料型態，在結構化資料處理的運用上這是必然也是極為重要的。在 Power Query 查詢編輯器裡您有多種不同的操作方式來變更資料行的資料型態。以下我們就以先前的實作範例為例，變更名為〔序號〕的資料行之資料型態。首先試試快顯功能表裡的〔變更類型〕功能選項。

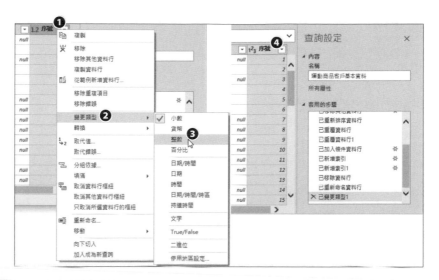

步驟01 以滑鼠右鍵點按原本為小數資料型態的〔序號〕資料行名稱。

步驟02 在顯示的快顯功能表中點選〔變更類型〕功能選項，即可展開副功能選項。

步驟03 從中點選所要套用的新資料行態。例如：〔整數〕。

步驟04 完成〔序號〕資料行的資料型態變更，圖示也從〔1.2〕變成了〔123〕。

其實，點按資料行名稱左側的圖示按鈕也是極為方便的操作方式。此外要特別注意的
是，若有變更資料行的資料型態，Power Query 多半會彈跳出〔變更資料類型〕確認
對話方塊。

步驟05 點按資料行名稱左側的資料型態圖示。

步驟06 從展開的資料型態選單中點選所要套用的資料型態。

步驟07 開啟〔變更資料類型〕對話方塊，點按〔取代現有〕按鈕即可。

步驟08 變更資料型態的操作也會
添增新的查詢步驟。

而在 Power Query 查詢編輯器裡的功能區裡，也提供有變更資料型態的命令按鈕，例如：在功能區的〔常用〕索引標籤裡，可以點按〔轉換〕群組裡的〔資料類型〕命令按鈕，隨即從展開的資料型態選單中點選所要套用的資料型態。

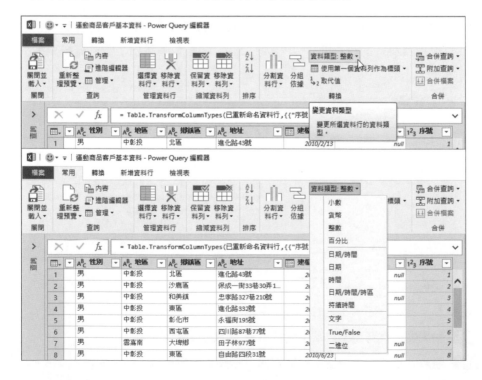

在功能區的〔轉換〕索引標籤裡也可以看到〔資料類型〕命令按鈕，正位於〔任何資料行〕群組裡，點按後亦可展開選單，讓您從中點選所要套用的資料型態。

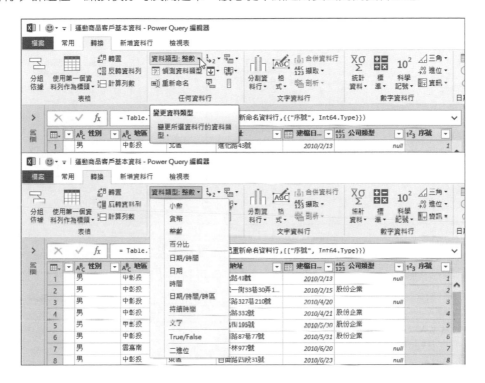

對應的 M 語言

不論是上述哪一種操作方式，也不管連續操作了幾次，改了幾個資料行的資料型態，所運用的 M 語言只需撰寫一次的 Table.TransformColumnTypes() 函數。其語法為：

= Table.TransformColumnTypes(資料來源 ,{{" 欄位 1", type 資料型態 }, {" 欄位 2", type 資料型態 },...})

4.2.9 來自範例的資料行

所謂的〔來自範例的資料行〕有點類似 Excel 的〔快速填入〕功能，也就是在第一個儲存格裡直覺的輸入所要的內容，就自動為您解析此內容的結構而迅速往下填入相同結構的內容。

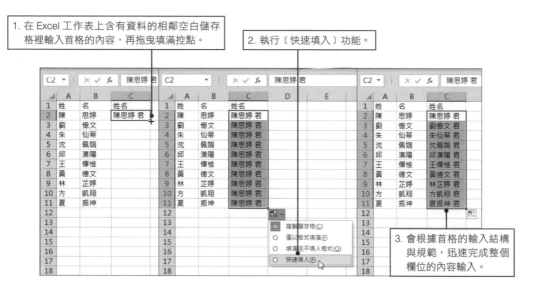

1. 在 Excel 工作表上含有資料的相鄰空白儲存格裡輸入首格的內容，再拖曳填滿控點。

2. 執行〔快速填入〕功能。

3. 會根據首格的輸入結構與規範，迅速完成整個欄位的內容輸入。

例如：事先選取 Power Query 查詢編輯器裡的〔區域〕及〔縣市〕兩個資料行，想要根據這兩個欄位的組合，建立新的資料欄位，便可點按〔來自範例的資料行〕命令按鈕後，親自鍵入新欄位的內容，在不需要建立公式的狀況下即可完成所要的內容。

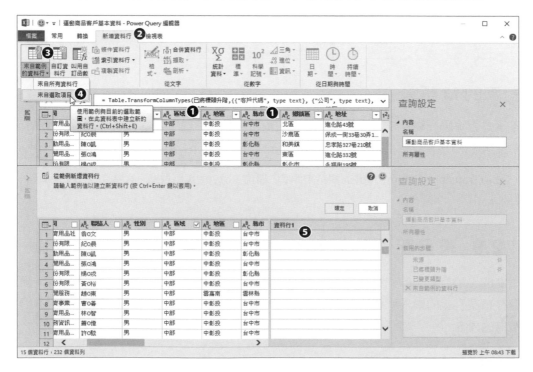

步驟01 選取〔區域〕及〔縣市〕兩個資料行。

步驟02 點按〔新增資料行〕索引標籤。

步驟03 點選〔一般〕群組裡的〔來自範例的資料行〕命令按鈕的下半部按鈕。

步驟04 從展開的功能選單中點選〔來自選取項目〕功能選項。

步驟05 立即添增新的資料行,並允許使用者在此直接鍵入新的內容。

步驟06 由於剛剛選擇的是〔來自選取項目〕功能選項,因此也可以透過滑鼠點按,從下拉式選單中挑選先前選取的兩項欄位內容。

步驟07 完成新內容的鍵入,例如:「中部,台中市」,也就是〔區域〕逗點〔縣市〕的格式架構。

步驟08 點按〔確定〕按鈕。

步驟09 整個新資料行的內容全部完成。當然，也要記得變更適當的資料行名稱。

步驟10 根據剛剛的操作，所建立的查詢步驟即是組合文字而產生新資料行的程式碼：Table.AddColumn……each Text.Combine……。

在〔來自範例的資料行〕命令按鈕的選擇下有〔來自所有資料行〕和〔來自選取項目〕功能選項這兩種選擇。剛剛的實作練習我們選擇的是後者〔來自選取項目〕功能選項，因此，在鍵入新資料行內容的時候，從下拉式選單中可以挑選的內容就是先前選取的兩項欄位內容。若我們選擇的是前者〔來自所有資料行〕功能選項，則從下拉式選單中可以挑選的內容就是整列資料的所有欄位內容。

4.2.10 自訂資料行

自訂資料行的目的就是讓使用者可以自行建立公式來做為新資料行的依據。例如：每一筆 2014 年業績提撥 1.2%，加上每一筆 2015 年業績提撥 1.5%，再加上每一筆 2016 年業績提撥 1.7%，建立〔福利金〕欄位，則此〔福利金〕資料行的新增，便可以透過〔自訂資料行〕的操作來完成，而所建立的公式為：

＝[業績 2014 年]*0.012+[業績 2015 年]*0.015+[業績 2016 年]*0.017

1. 在此輸入新資料行的名稱。

2. 在此輸入新資料行的公式。

3. 公式裡要使用的其他資料行名稱可到此點選參照。

步驟01 點按〔新增資料行〕索引標籤。

步驟02 點選〔一般〕群組裡的〔自訂資料行〕命令按鈕。

步驟03 開啟〔自訂資料行〕對話方塊，在此輸入新資料行名稱及建立公式。

步驟04 輸入自訂的新資料行名稱為〔福利金〕。

步驟05 完成公式的輸入。

步驟06 點按〔確定〕按鈕。

完成自訂新增資料行的查詢步驟,產生了〔福利金〕資料欄位,而此查詢步驟的 M 語言程式碼為:

= Table.AddColumn(已變更類型 , " 福利金 ", each [業績 2014 年]*0.012+[業績 2015 年]*0.015+[業績 2016 年]*0.017)

若有修改需求,使用者也可以直接在資料編輯列裡編輯公式與算式。

4.3 關於資料列的相關操控

資料列（Data Row）是橫向的資料內容，以資料表（Data Table）而言，橫向的資料內容就是一筆一筆的資料記錄（Data Record）。Power Query 的查詢編輯器除可檢視資料查詢結果外，關於資料列的操作，經常進行的作業如下：

- 選取資料列
- 排序資料列
- 縮減（刪除）資料列
- 保留與移除資料列
- 首列設定為欄標題
- 資料的取代
- 資料的填滿

4.3.1 選取資料列

為了學習查詢裡與資料列相關的基本操作，我們在此將開啟〔基本功實作檔 02.xlsx〕範例檔案進行實作。筆者在此活頁簿裡已建立了名為〔施工記錄〕的僅連線查詢。

步驟01 開啟活頁簿後,請點按〔資料〕索引標籤。

步驟02 點按〔查詢與連線〕群組裡的〔查詢與連線〕命令按鈕。

步驟03 點按兩下名為〔施工記錄〕僅連線查詢。進入 Power Query 查詢編輯器的操作畫面。

在開啟查詢編輯器後,檢視查詢結果畫面時,若點選左側的列號,便可以在下方窗格看到該資料列的資料結構。

2. 拖曳此處可以調整上、下兩窗格的高度比例。

1. 此範例的查詢輸出是 8 個欄位、80 筆資料記錄。

3. 拖曳此處可以調整查詢編輯器的視窗高度。

步驟04 點選資料列編號

步驟05 可以顯示該列資料的每一個欄位內容。

4.3.2 排序資料列

正如同資料庫裡的資料表或 Excel 資料範圍在進行資料欄位的排序操作後,可以將資料記錄上下順序重新排列,在 Power Query 查詢編輯器裡,可以針對選定的資料行進行遞增或遞減的排序作業。例如:以下我們將以〔工程代碼〕、〔負責人〕與〔補助金額〕等資料行為對象,進行排序的實作演練。

步驟01 點選想要進行排序的欄位,例如:〔工程代碼〕資料行。

步驟02 點按〔常用〕索引標籤。

步驟03 點選〔排序〕群組裡的〔遞增排序〕命令按鈕。

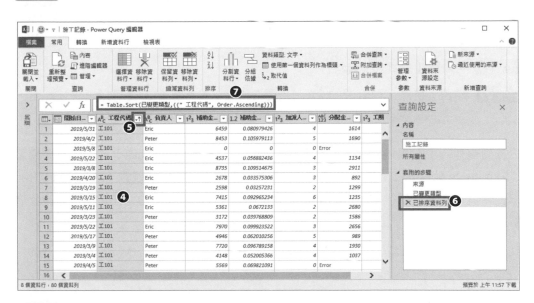

步驟04 立即進行資料列的順序調整,根據〔工程代碼〕資料行為排序依據,同一工程編號的資料列都排列在一起。

步驟05 〔工程代碼〕資料行名稱右側原本倒三角形的排序篩選圖示按鈕，也變成了遞增排序圖示按鈕。

步驟06 在〔查詢設定〕窗格裡〔套用的步驟〕下方也添增了新的查詢步驟。

步驟07 此查詢步驟的程式碼函數為 Table.Sort()。

操作的排序的操作形成了一個查詢步驟，而其 M 語言程式編碼為：

= Table.Sort(已變更類型 ,{{" 工程代碼 ", Order.Ascending}})

接著，再次進行排序操作，但針對的對象是〔負責人〕資料行並仍選擇以遞增為排序依據。

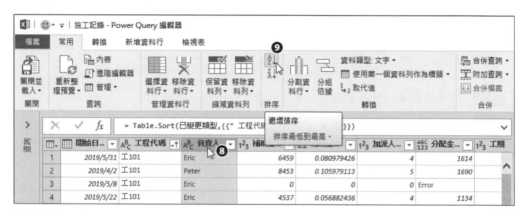

步驟08 再點選〔負責人〕資料行。

步驟09 點選〔排序〕群組裡的〔AZ〕（遞增排序）命令按鈕，便可以再根據負責人名字的筆劃順序或字母順序由小到大的排列在一起。

由於前後進行了兩次排序作業，因此，第一次排序欄位（工程代碼）為主要排序關鍵（Primary Sort Key），第二次排序欄位（負責人）則為次要排序關鍵（Secondary Sort Key）。在〔工程代碼〕資料行名稱與〔負責人〕資料行名稱的右側三角形按鈕皆呈現出排序篩選的圖示。而此查詢步驟的程式碼 Table.Sort 也改寫為：

= Table.Sort(已變更類型 ,{{" 工程代碼 ", Order.Ascending}, {" 負責人 ", Order.Ascending}})

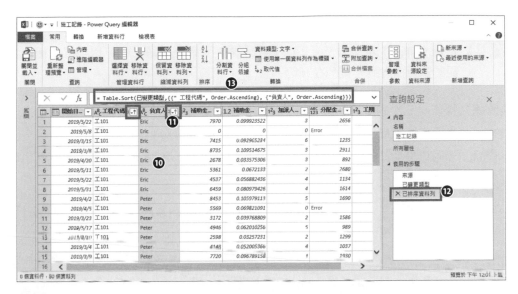

步驟10 立即進行資料列的順序調整，根據同一工程代碼裡的資料列，其〔負責人〕資料行也進行排序，同一工程代碼與同一位負責人的資料列都排列在一起。

步驟11 〔負責人〕資料行名稱右側原本倒三角形的排序篩選圖示按鈕，也變成了遞增排序圖示按鈕。

步驟12 在〔查詢設定〕窗格裡〔套用的步驟〕下方仍維持剛剛添增的查詢步驟，並未再增加新的查詢步驟。

步驟13 此查詢步驟的程式碼函數 Table.Sort() 已經有所變更。

接著進行第三次排序的操作，對象是〔補助金額〕資料行並選擇遞減排序。

步驟14 再點選〔補助金額〕資料行。

步驟15 點選〔排序〕群組裡的〔ZA〕（遞減排序）命令按鈕，便可以再根據補助金額的數值由大到小排列在一起。

至此總共操作了三次的排序作業，第三次的排序關鍵欄位（補助金額）採用的是遞減模式，雖是歷經了連續三次的排序操作，但是 Power Query 還是維持僅添增一個查詢步驟而非三個查詢步驟，由於同是運用 M 語言的 Table.Sort() 函數，故此行程式碼也將改寫為：

= Table.Sort(已變更類型 ,{{" 工程代碼 ", Order.Ascending}, {" 負責人 ", Order.Ascending}, {" 補助金額 ", Order.Descending}})

步驟16 完成資料列的順序調整，根據同一工程代碼、同一負責人裡的資料列，其〔補助金額〕資料行也由大到小的重新排列。

步驟17 〔補助金額〕資料行名稱右側原本倒三角形的排序篩選圖示按鈕，也變成了遞減排序圖示按鈕。

步驟18 在〔查詢設定〕窗格裡〔套用的步驟〕下方仍是僅有剛添增的查詢步驟，並未再增加新的查詢步驟。

步驟19 此查詢步驟的程式碼函數 Table.Sort() 也再度重寫。

對應的 M 語言

從上述的實際操作練習，您應該可以體會到，連續操作了多次的資料行排序，所使用的 M 語言只需撰寫一次的 Table.Sort() 函數。其語法為：

= Table.Sort(資料來源 ,{{" 欄位 1", 指定順序 }, {" 欄位 2", 指定順序 }, {" 欄位 3", 指定順序 },..})

參數裡各欄位及其指定順序，由左至右的撰寫順序很重要，因為那正表示著主要排序關鍵、次要排序關鍵等多欄位排序的依據。而其中的指定順序參數是以 Order.Ascending 或 Order.Descending 來表示，前者是遞增、後者是遞減。

4.3.3 縮減（刪除）資料列

在縮減資料列的操作上，分成〔保留資料列〕以及〔移除資料列〕兩大操作。

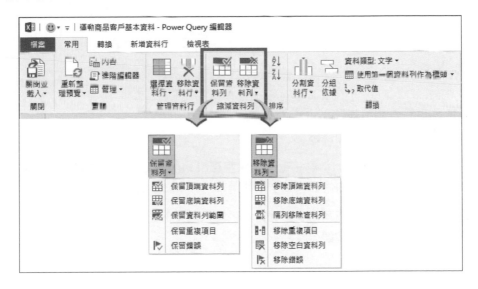

保留資料列

在〔保留資料列〕命令按鈕中提供了〔保留頂端資料列〕、〔保留底端資料列〕、〔保留資料列範圍〕、〔保留重複項目〕與〔保留錯誤〕等五大功能選項操作。

保留頂端資料列

此功能選項可以只保留資料表裡前 N 個資料列的資料。

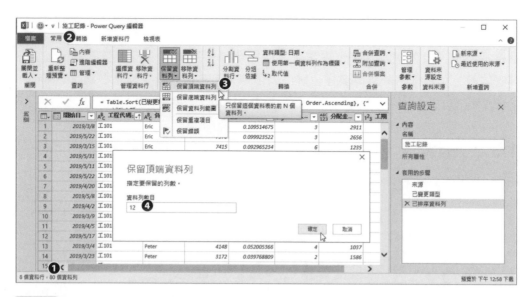

步驟01 未進行查詢前共有 80 列資料記錄。

步驟02 點按〔常用〕索引標籤。

步驟03 點按〔縮減資料列〕群組裡的〔保留資料列〕命令按鈕,並從展開的功能選單中點選〔保留頂端資料列〕功能選項。

步驟04 開啟〔保留頂端資料列〕對話方塊,輸入想要保留的資料數目,例如:「12」並按下〔確定〕按鈕。

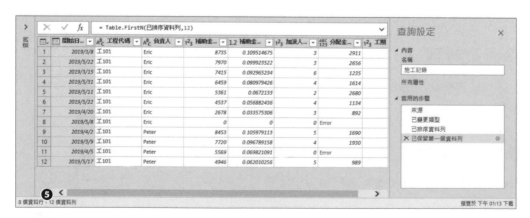

步驟05 執行此查詢步驟後,保留了資料表的最前面 12 列資料記錄。

對應的 M 語言

此查詢所對應的函數語法為：

Table.FirstN(資料來源 , 想要保留的列數)

保留底端資料列

此功能選項可以只保留資料表裡最後 N 個資料列的資料。

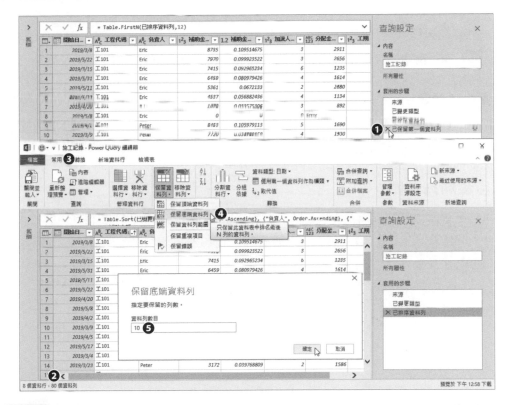

步驟01　先點按〔套用的步驟〕窗格裡最後一個步驟（已保留第一個資料列）的刪除按鈕，也就是取消前一實作範例的查詢步驟，恢復為原始的查詢結果。

步驟02　恢復成未進行查詢前的 80 列資料記錄。

步驟03　點按〔常用〕索引標籤。

步驟04　點按〔縮減資料列〕群組裡的〔保留資料列〕命令按鈕，並從展開的功能選單中點選〔保留底端資料列〕功能選項。

步驟05　開啟〔保留底端資料列〕對話方塊，輸入想要保留的資料數目，例如：「10」並按下〔確定〕按鈕。

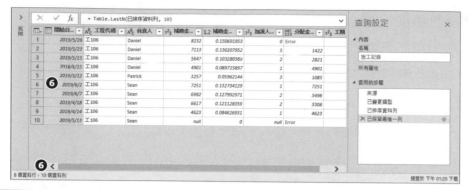

步驟06 執行此查詢步驟後，保留了資料表的最後面 10 列資料記錄。

對應的 M 語言

此查詢所對應的函數語法為：

Table.LastN(資料來源 , 想要保留的列數)

保留資料列範圍

此功能選項意味著可以指定從特定的資料列開始，保留特定數目的資料列。例如：從第 9 列開始算起，保留 10 列資料。意即第 9～第 18 列的資料列都保留了。

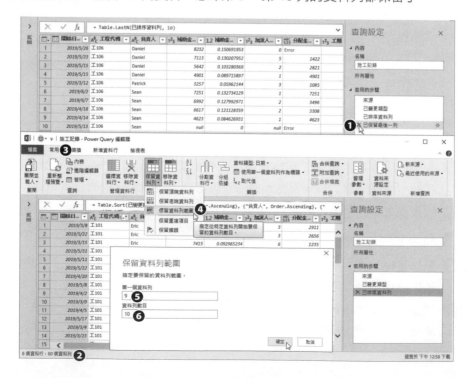

步驟01 先點按〔套用的步驟〕窗格裡最後一個步驟（已保留最後一列）的刪除按鈕，也就是取消前一實作範例的查詢步驟，恢復為原始的查詢結果。

步驟02 恢復成未進行查詢前的 80 列資料記錄。

步驟03 點按〔常用〕索引標籤。

步驟04 點按〔縮減資料列〕群組裡的〔保留資料列〕命令按鈕，並從展開的功能選單中點選〔保留資料列範圍〕功能選項。

步驟05 開啟〔保留資料列範圍〕對話方塊，輸入第一個資料列位置，例如：「9」。

步驟06 輸入想要保留的資料數目，例如：「10」並按下〔確定〕按鈕。

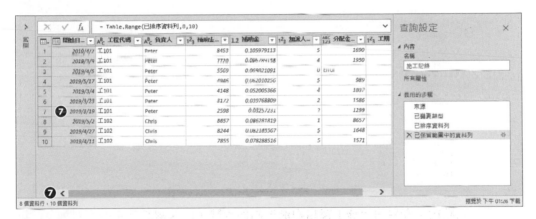

步驟07 執行此查詢步驟後，保留了資料表裡從第 9 列算起的 10 列資料記錄。

對應的 M 語言

此查詢所對應的函數語法為：

Table.Range(資料來源 , 從哪一列開始 , 想要保留的列數)

為了順利進行後續的實作演練，我們先取消剛剛的查詢結果，並針對〔開始日期〕資料行進行由小到大的排序：

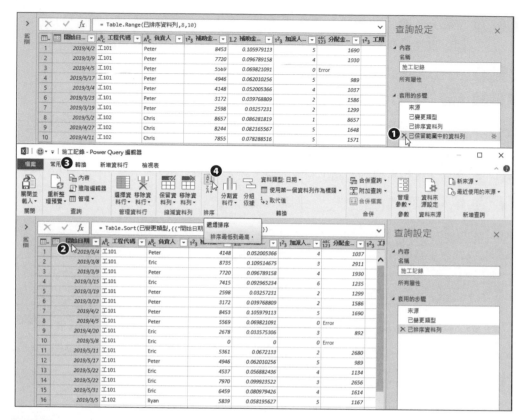

步驟01　先點按〔套用的步驟〕窗格裡最後兩個步驟（已保留範圍中的資料列、已排序資料列）的刪除按鈕，也就是取消前一實作範例的最後兩個查詢步驟。

步驟02　點選〔開始日期〕資料行。

步驟03　點按〔常用〕索引標籤。

步驟04　點按〔排序〕群組裡的〔AZ〕（遞增排序）命令按鈕。

保留重複項目

除了可以保留查詢結果的前、後、或者中間的指定資料列數外，也可以保留目前所選取的資料行中包含重複值的資料列。例如：若目前選取〔開始日期〕資料行，便可以查詢出有重複開始日期的所有資料記錄。

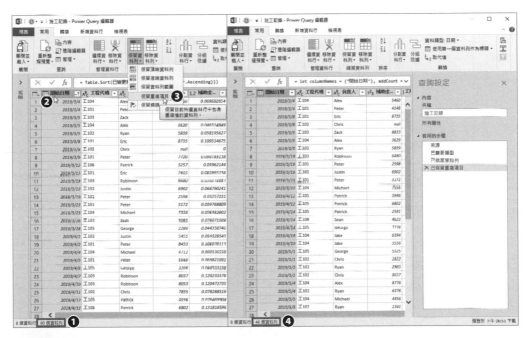

步驟01 原本的查詢結果是 80 筆資料記錄的輸出。

步驟02 選取〔開始日期〕資料行。

步驟03 執行〔保留重複項目〕功能操作。

步驟04 新的查詢結果是 46 筆資料記錄，代表 80 個開始日期中，同一開始日期出現過 2 次以上的所有資料記錄是 46 筆，也就意味著 80 個開始日期中，只出現過一次的開始日期有 34 筆。

請參考下圖的比對說明，即可瞭解保留重複項目的功能。

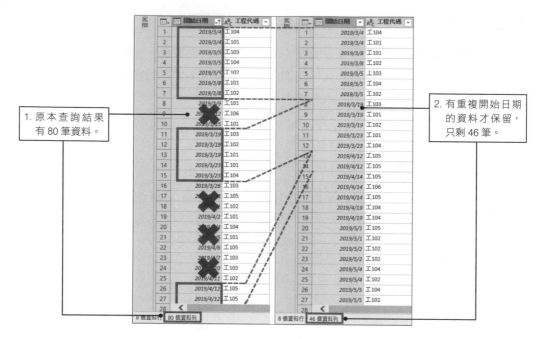

1. 原本查詢結果有 80 筆資料。

2. 有重複開始日期的資料才保留,只剩 46 筆。

此外,我們也可以同時選取兩個資料行,透過兩個資料行的組合,進行保留重複項目的操作。例如:若選取了〔開始日期〕與〔工程代碼〕等兩個資料行,在執行〔保留重複項目〕命令按鈕後,便根據這兩個資料行的組合內容,只要有重複的資料列都將保留。

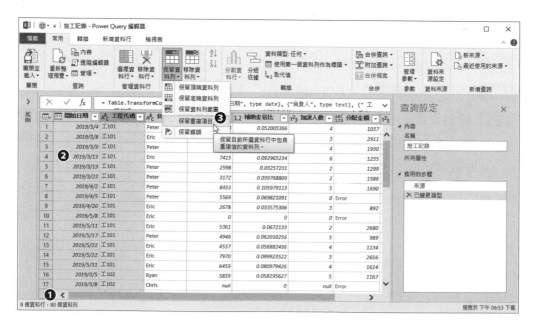

步驟01 原本的查詢結果是 80 筆資料記錄的輸出。

步驟02 同時選取〔開始日期〕與〔工程代碼〕資料行。

步驟03 執行〔保留重複項目〕功能操作。

步驟04 新的查詢結果是 16 個資料列，代表 80 筆資料中，開始日期與工程編號的組合結果，有重複的僅有 16 筆資料記錄。

請參考下圖的比對說明即可瞭解選取雙欄進行保留重複項目的功能。

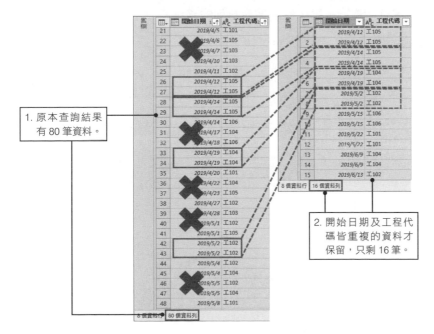

1. 原本查詢結果有 80 筆資料。

2. 開始日期及工程代碼皆重複的資料才保留，只剩 16 筆。

為了開始下一階段新的議題,請先取消剛剛所完成的查詢實作。所以,點按一下〔已保留重複項目〕查詢步驟的移除按鈕,以進行下一階段的實作練習。

移除資料列

保留的相反就是移除囉!除了剛剛實作的各種保留資料列的功能操作外,您也可以進行移除資料列的相關操作。在〔移除資料列〕命令按鈕中則提供了〔移除頂端資料列〕、〔移除底端資料列〕、〔隔列移除資料列〕、〔移除重複項目〕、〔移除空白資料列〕與〔移除錯誤〕等六個功能選項操作。這些也都是屬於篩選查詢結果的概念。

移除頂端資料列

透過此功能選項可以僅移除查詢結果裡前 N 個資料列的資料。

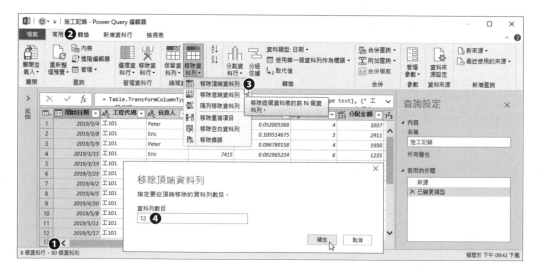

步驟01 未進行查詢前共有 80 列資料記錄。

步驟02 點按〔常用〕索引標籤。

步驟03 點按〔縮減資料列〕群組裡的〔移除資料列〕命令按鈕，並從展開的功能選單中點選〔移除頂端資料列〕功能選項。

步驟04 開啟〔移除頂端資料列〕對話方塊，輸入想要移除的資料數日，例如：「12」並按下〔確定〕按鈕。

步驟05 執行此查詢步驟後，移除了頂端 12 列資料，查詢結果即變成 68 列資料記錄。

對應的 M 語言

此查詢所對應的函數語法為：

Table.Skip(資料來源 , 想要略過的列數)

移除底端資料列

此功能選項可以迅速移除查詢結果最後 N 個資料列的資料。

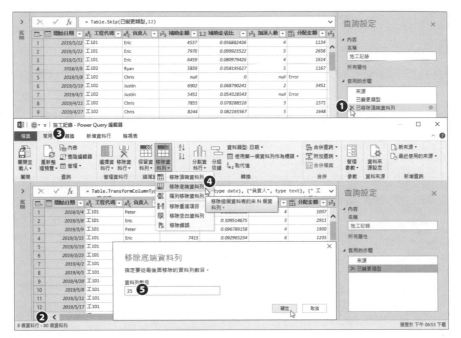

步驟01 先點按〔套用的步驟〕窗格裡最後一個步驟（已移除頂端資料列）的刪除按鈕，也就是取消前一實作範例的查詢步驟，恢復為原始的查詢結果。

步驟02 恢復成未進行查詢前的 80 列資料記錄。

步驟03 點按〔常用〕索引標籤。

步驟04 點按〔縮減資料列〕群組裡的〔移除資料列〕命令按鈕，並從展開的功能選單中點選〔移除底端資料列〕功能選項。

步驟05 開啟〔移除底端資料列〕對話方塊，輸入想要移除的資料數目，例如：「35」並按下〔確定〕按鈕。

步驟06 執行此查詢步驟後，既然移除了底端的 35 列資料，查詢結果就變成僅剩 45 列資料記錄的輸出。

對應的 M 語言

此查詢所對應的函數語法為：

Table.RemoveLastN(資料來源 , 想要刪除最後的列數)

隔列移除資料列

這是個很特別的功能操作，可以讓您規律地刪除指定的資料列。從字面上的意思就是
每隔指定的列數刪除指定列數的資料列。例如：在查詢結果中從第 4 個資料列開始，
每移除兩個資料列後，保留 3 個資料列，依此原則輸出查詢結果。

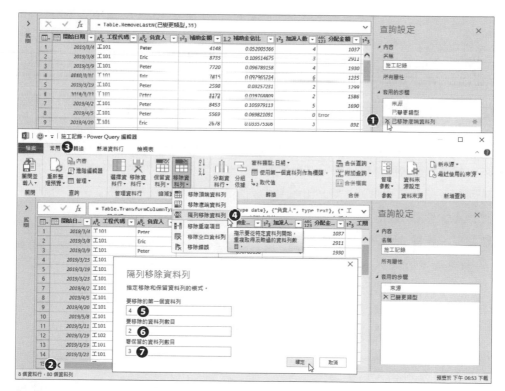

步驟01　先點按〔套用的步驟〕窗格裡最後一個步驟（已移除底端資料列）的刪除按
　　　　鈕，也就是取消前一實作範例的查詢步驟，恢復為原始的查詢結果。

步驟02　恢復成未進行查詢前的 80 列資料記錄。

步驟03　點按〔常用〕索引標籤。

步驟04　點按〔縮減資料列〕群組裡的〔移除資料列〕命令按鈕，並從展開的功能選
　　　　單中點選〔隔列移除資料列〕功能選項。

步驟05 開啟〔隔列移除資料列〕對話方塊，在〔要移除的第一個資料列〕文字方塊裡輸入「4」。

步驟06 在〔要移除的資料列數目〕文字方塊裡輸入「2」。

步驟07 在〔要保留的資料列數目〕文字方塊裡輸入「3」並按下〔確定〕按鈕。

步驟08 執行此查詢步驟後，查詢結果就變成僅剩 48 列資料記錄的輸出。

我們可以驗算一下，原本資料來源是 80 個資料列，由於是從第 4 個資料列開始算起，所以，前三個資料列都會保留，在扣除前三個資料列後剩餘 77 個資料列，每移除 2 個資料列就保留 3 個資料列，等於 5 個資料列為一組循環，每一組移 2 留 3。因此，77 列除以 5，整數是 15 餘數是 2。整數 15 即 15 次循環，等於要保留 15x3 列資料，也就是 45 列資料，而餘數 2 剛好是一組循環裡的前兩個要移除的資料列，所以就不列入要保留的資料，再將要保留的 45 列資料，加上最前面的 3 資料列，所以，查詢結果應該是 48 個資料列。

對應的 M 語言

此查詢所對應的函數語法為：

Table.AlternateRows(資料來源 , 從第幾列開始移除 , 每次移除幾列 , 每次保留幾列)

要特別注意的是，對資料查詢結果進行列數的計數時，是索引值為計數原則，要從 0 開始數，因此，是以第 0 列開始，接著才是第 1 列、第 2 列、第 3 列。所以，上述範例在查詢結果中從第 4 個資料列開始，每移除 2 個資料列後，保留 3 個資料列，遵循函數的語法規則應該寫成：

Table.AlternateRows(資料來源 ,3,2,3)

而不是

Table.AlternateRows(資料來源 ,4,2,3)

移除重複項目

此功能選項將移除目前所選取的資料行裡包含重複值的資料列。

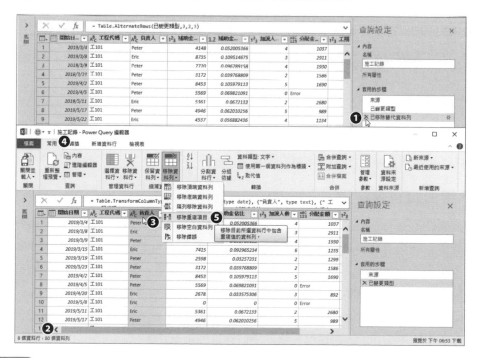

步驟01 先點按〔套用的步驟〕窗格裡最後一個步驟（已移除替代資料列）的刪除按鈕，也就是取消前一實作範例的查詢步驟，恢復為原始的查詢結果。

步驟02 恢復成未進行查詢前的 80 列資料記錄。

步驟03 點選〔負責人〕資料行。

步驟04 點按〔常用〕索引標籤。

步驟05 點按〔縮減資料列〕群組裡的〔移除資料列〕命令按鈕,並從展開的功能選單中點選〔移除重複項目〕功能選項。

步驟06 執行此查詢步驟後,移除重複的負責人姓名,查詢結果成為 14 列資料記錄,代表原始資料來源的 80 筆工程資料記錄,是由這 14 個人所負責的。

對應的 M 語言

此查詢所對應的函數語法為:

Table.Distinct(資料來源 , {" 有重複值的欄位 "})

移除空白資料列

如果查詢結果裡有空白列,也就是整列資料記錄裡每一個資料行都沒有任何資料,移除這些空白列再進行後續的資料處理分析是必然的。若查詢輸出結果的資料列數寥寥無幾,可以一眼看出而一一移除,當然沒啥問題,但是,若查詢的輸出結果是數百筆,甚至數千數萬筆資料列,想要一次移除所有的空白列還真是不容易,此時,就可以交給〔移除空白資料列〕功能選項來完成了。此一小節將延續先前的實作範例,但先進行以下的準備作業,再進行〔移除空白資料列〕實作。

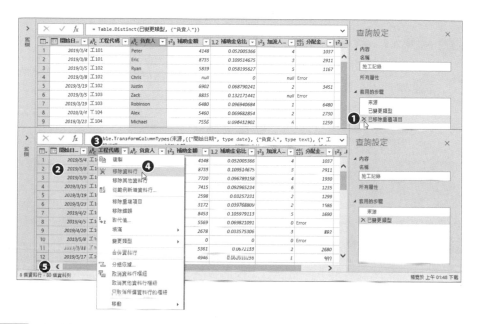

步驟01 先點按〔套用的步驟〕窗格裡最後一個步驟（已移除重複項目）的刪除按鈕，也就是取消前一實作範例的查詢步驟，恢復為原始的查詢結果。

步驟02 接著同時選取〔開始日期〕、〔工程代碼〕與〔負責人〕這三個資料行。

步驟03 以滑鼠右鍵點選資料行標題。

步驟04 從展開的快顯功能表中點選〔移除資料行〕功能選項，將剛剛選取的三個資料行移除。

步驟05 查詢結果仍是原始資料來源的 80 列資料記錄。

在目前的查詢結果中有 5 個資料欄位、80 列資料記錄的輸出。右圖已經幫各位標示出此查詢結果含有兩個空白資料列，可是在茫茫大海的查詢結果中，並不容易檢視與處理這些空白列。

那麼，就交給〔移除資料列〕裡的〔移除空白資料列〕囉！

	1²₃ 補助金額	1.2 補助金佔比	1²₃ 加派人數	ABC₁₂₃ 分配金額	1²₃ 工期
59	0	0	0	Error	18
60	4805	0.061323464	6	800	13
61	null	null	null	null	null
62	2298	0.046600288	1	2298	14
63	3946	0.080019467	0	Error	14
64	6802	0.13793523	5	1360	12
65	2591	0.052541926	5	518	14
66	7728	0.15671324	1	7728	11
67	5376	0.109017906	4	1344	14
68	5325	0.107983696	3	1775	13
69	7005	0.142051792	5	1401	15
70	8242	0.167136455	4	2060	17
71	3257	0.068546775	3	1085	18
72	4623	0.097295591	1	4623	20
73	6617	0.139261286	2	3308	16
74	null	null	null	Error	10
75	4901	0.103146375	1	4901	17
76	5642	0.11874145	2	2821	17
77	null	null	null	null	null
78	8232	0.173250552	0	Error	15
79	7251	0.152604441	1	7251	13
80	6992	0.14715353	2	3496	11

5 個資料行，80 個資料列　依前 1000 個資料列進行的資料行分析

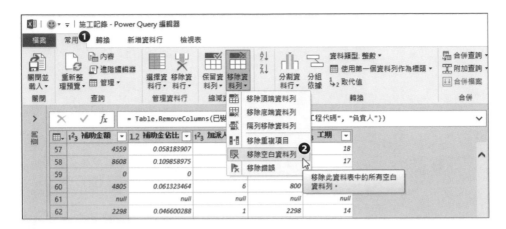

步驟01 點按〔常用〕索引標籤。

步驟02 點按〔縮減資料列〕群組裡的〔移除資料列〕命令按鈕,並從展開的功能選單中點選〔移除空白資料列〕功能選項。

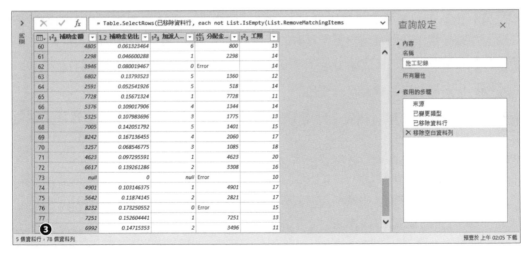

步驟03 執行此查詢步驟後,立即移除了來源裡的 2 筆空白資料列,所以,至此的查詢結果成為 78 列資料記錄。

對應的 M 語言

針對這個實作範例而言,移除空白列的查詢步驟所對應的 M 語言程式碼為:

= Table.SelectRows(已移除資料行 , each not List.IsEmpty(List.
RemoveMatchingItems(Record.FieldValues(_), {"", null})))

在移除空白列的操作其實是使用了 Table.SelectRows() 函數,即選取資料列之意,但是若要判斷哪些資料列的所有欄位都是空白的,則是藉由 List.IsEmpty(清單) 函數來完成,而此函數裡的參數,又是透過 List.RemoveMatchingItems() 函數來完成,而該函數裡的第一個參數則是運用了 Record.FieldValues() 函數。哇!四個函數內嵌在一起,想想,還是操作〔移除空白資料列〕功能選項比較方便。

移除錯誤

查詢結果有時難免會有錯誤運算發生,而發生錯誤的資料行其查詢值也會顯示 Error 訊息,這時候就可以利用〔移除錯誤〕功能選項的操作,將含有錯誤訊息的資料列迅速移除。

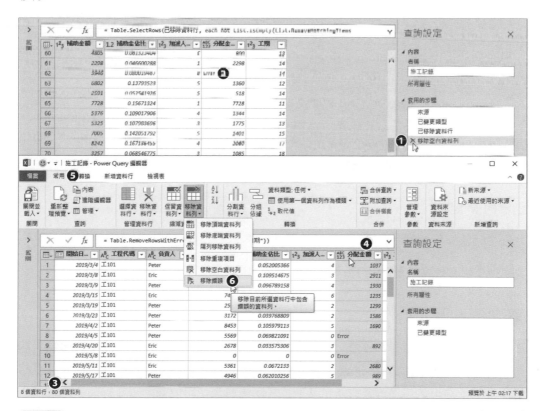

步驟01 先點按〔套用的步驟〕窗格裡最後兩個步驟(移除空白資料列)以及(已移除資料行)的刪除按鈕,也就是取消前一實作範例最後兩個查詢步驟,恢復為原始的查詢結果。

步驟02 在此範例的〔分配金額〕資料行裡有若干查詢值發生錯誤，顯示 Error 訊息。

步驟03 恢復成未進行查詢前的 80 列資料記錄。

步驟04 點選〔分配金額〕資料行。

步驟05 點按〔常用〕索引標籤。

步驟06 點按〔縮減資料列〕群組裡的〔移除資料列〕命令按鈕，並從展開的功能選單中點選〔移除錯誤〕功能選項。

步驟07 執行此查詢步驟後，移除〔分配金額〕資料行裡含有錯誤的資列後，查詢結果成為 68 列資料記錄。

對應的 M 語言

此移除錯誤資料列的查詢所對應的函數語法為：

= Table.RemoveRowsWithErrors(資料來源 , {" 含有錯誤訊息的資料欄 "})

篩選資料列

正如許多資料處理工具與軟體，都提供篩選資料的功能，在 Power Query 查詢編輯器裡，同樣也具備了這方面的能力，操作的介面與形式也雷同。在資料行名稱的右邊都包含有倒三角形的排序篩選按鈕，其下拉式功能選單便可以篩選資料行裡的內容，也會根據資料行欄位型態特性，提供文字篩選、數字篩選或日期篩選等功能選項。

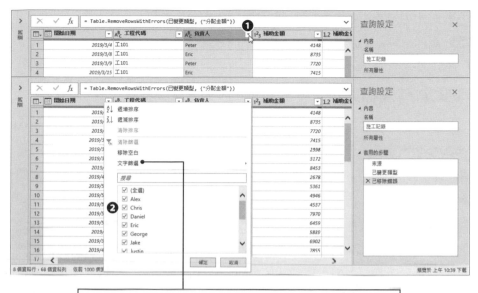

資料行是屬於文字型態的資料，因此提供有〔文字篩選〕的功能選項。

步驟01 點按〔負責人〕資料行的篩選按鈕。

步驟02 從展開的功能選單中勾選所要篩選的資料項目。

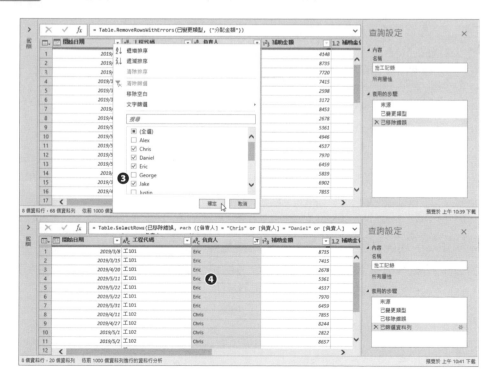

步驟03 例如：勾選其中多位成員。然後點按〔確定〕按鈕。

步驟04 隨即執行篩選並顯示符合篩選準則的資料列。

首列設定為欄標題

接著，我們再從外部匯入另一個檔案來進行以下單元的實作。此檔案名稱為〔2019年工程分配.txt〕，這是一個以 Tab 為分隔符號的純文字檔案，記載著一年來每一個月份裡各項工程的開始日期、工程代碼、負責人、補助金額、補助金佔比、加派人數、分配金額、工期等資訊。

不過，若細看這份範例檔案，它既是純文字檔案，也是屬於一種報表輸出的格式，並不是可進行資料分析的結構化資料表。因為檔案內容除了包含各月份的標題列外，在標題底下也都有各欄位名稱，這些欄位名稱必須僅留第一列，而且其餘重複的欄位名稱也都需移除，如此才能轉換成行、列架構的結構化資料。

接著將在 Excel 功能區裡點按〔資料〕索引標籤裡的〔從文字/CSV〕命令按鈕，開始進行外部文字資料檔案匯入至 Power Query 查詢編輯器的操作。

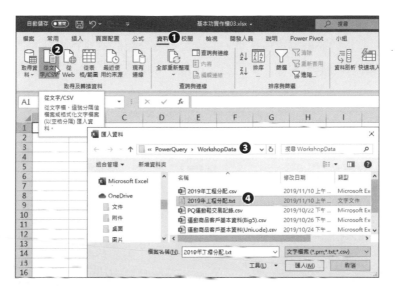

步驟01 點按〔資料〕索引標籤。

步驟02 點選〔取得及轉換資料〕群組裡的〔從文字/CSV〕命令按鈕。

步驟03 開啟〔匯入資料〕對話方塊,切換到實作檔案的路徑。

步驟04 點選〔2019年工程分配.txt〕檔案然後點按〔匯入〕按鈕。

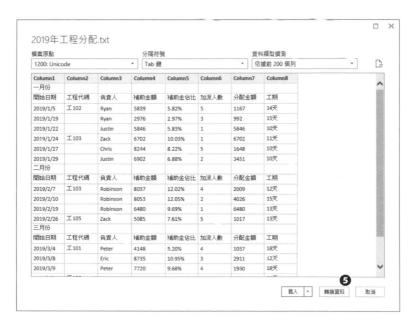

步驟05 開啟匯入的文字檔之導覽視窗,點按〔轉換資料〕按鈕。

匯入的純文字檔案其預設的資料行名稱為「Column1」、「Column2」、「Column3」等流水編號名稱。稍後要來解決這件事,並設定較為理想的資料行名稱。首先,查詢結果 Column1 資料行裡有一月份、二月份、三月份等標題文字必須適度移除。

1. Column1 裡的月份標題可以移除   2. 月份標題下方的各欄位名稱應該僅保留一列即可

步驟06 進入 Power Query 查詢編輯器視窗,此次的匯入文字檔案操作,已經自動執行了兩個查詢步驟。

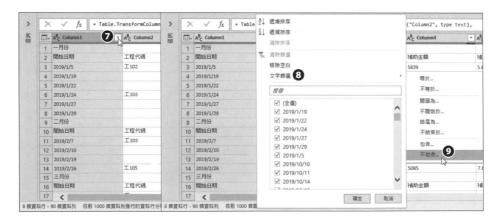

步驟07 點選〔Column1〕資料行的篩選按鈕。

步驟08 從展開的功能選單裡點選〔文字篩選〕功能選項。

步驟09 再從展開的副選單點選〔不包含〕功能選項。

步驟10 開啟〔篩選資料列〕對話方塊,在〔不包含〕右側的文字方塊輸入「月份」。

步驟11 點按〔確定〕按鈕。

先前月份標題列的下方都是欄位名稱,其中,一月的欄位名稱目前在查詢結果裡,已經是第 1 列資料了,因此可以將其設定為查詢結果的各資料行名稱。

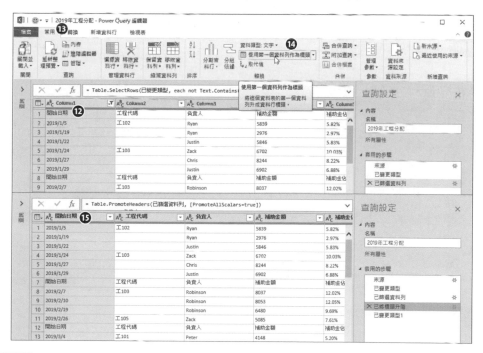

步驟12 原本查詢結果裡的月份名稱標題列都已經被篩選操作給過濾掉了。

步驟13 點按〔常用〕索引標籤。

步驟14 點選〔轉換〕群組裡的〔使用第一個資料列作為標頭〕命令按鈕。

步驟15 先前查詢結果的第 1 列已經變成資料行名稱。

接著,要將其他原本在各月份標題文字下方的多餘欄位名稱列也一併移除。

步驟16 點選〔開始日期〕資料行的篩選按鈕。

步驟17 從展開的功能選單中,取消〔開始日期〕核取方塊的勾選。

步驟18 點按〔確定〕按鈕。

步驟19 完成除去重複且多餘的欄位名稱列的操作。

4.3.4 資料的取代

我們延續前一小節的查詢成果,繼續進行後續的資料處理。例如:〔工期〕資料行的內容是文數字的組合,每一列資料內容除了工期數字外,字尾也都有「天」,在 Power

Query 查詢編輯器裡，要將其除去的方式很多，資料的取代是其中較為簡單的方式之一。不管是 Word、Excel 還是 Power Point 都有類似功能操作。

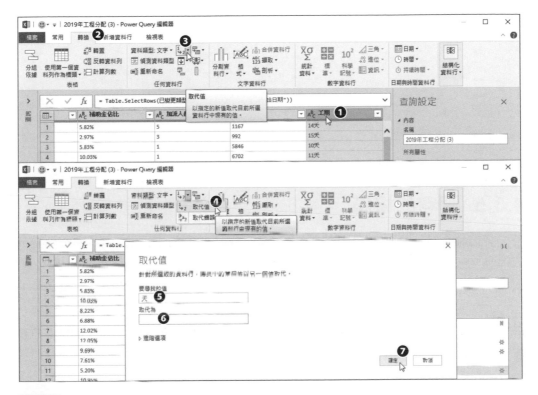

步驟01 點選〔工期〕資料行。

步驟02 點按〔轉換〕索引標籤。

步驟03 點選〔任何資料行〕群組裡的〔取代值〕命令按鈕右側的倒三角形下拉式選項按鈕。

步驟04 從展開的選單中點選〔取代值〕功能選項。

步驟05 開啟〔取代值〕對話方塊，在〔要尋找的值〕文字方塊裡輸入「天」。

步驟06 在〔取代為〕文字方塊裡不輸入任何內容。

步驟07 點按〔確定〕按鈕。

原本〔工期〕資料行裡的內容已經更新，所有的尾字「天」也都順利移除了。

4.3.5 資料的填滿

有些查詢結果可能會有空值的內容，尤其是一些報表性質的查詢結果，而這些空值的內容非常不利於資料的處理與分析。猶如 Excel 工作表的〔填滿〕功能，在 Power Query 查詢編輯器的編輯環境裡，也提供了可以將前一列資料格內容往下填滿的功能。也就是在目前選取的資料行，將含有內容之資料格的值，往下（或往上）填滿至鄰近的空值資料格。要注意的是這些鄰近的資料格必須是空值（null），而不是空白格喔！以下我們就來解決此實作範例裡〔工程代碼〕資料行內有許多空白格，希望能夠順利填入其上方的工程代碼。

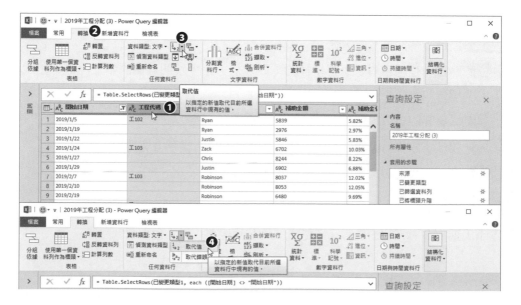

步驟01 點選〔工程代碼〕資料行。

步驟02 點按〔轉換〕索引標籤。

步驟03 點選〔任何資料行〕群組裡的〔取代值〕命令按鈕右側的倒三角形下拉式選項按鈕。

步驟04 從展開的選單中點選〔取代值〕功能選項。

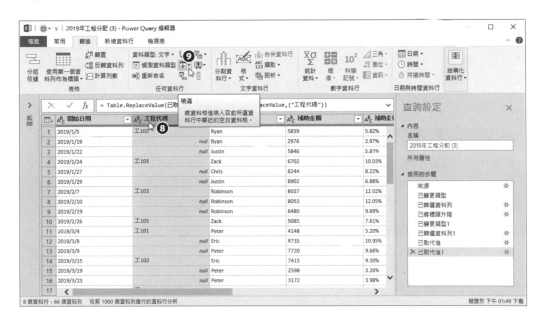

步驟05 開啟〔取代值〕對話方塊，在〔要尋找的值〕文字方塊裡不輸入任何內容。

步驟06 在〔取代為〕文字方塊裡輸入「null」。

步驟07 點按〔確定〕按鈕。

步驟08 仍是點選〔工程代碼〕資料行。

步驟09 點選〔任何資料行〕群組裡的〔填滿〕命令按鈕右側的倒三角形下拉式選項
按鈕。

步驟10 從展開的選單中點選〔向下〕功能選項。

由於原本〔工程代碼〕資料行裡是空白格而非 null 值，因此無法進行填滿的查詢步
驟，所以剛剛的操作程序是先利用資料的取代功能，將空白格都以 null 值取而代之，
然後再進行向下填滿的操作，就輕鬆地將〔工程代碼〕資料行順利填滿工程代碼。

重要的觀點

當你拿到一份資料要利用 Power Query 進行匯入、處理、拆分與解析時，不用先急著做，
而是先了解這份資料的特性與架構，凡事都有跡可循，然後再去思考有哪些方式可以得到
所要的需求。因為，往往在處理資料時，解決的方式並不一定只有一種。

在完成上述操作後，這份匯入的資料基本上已經是屬於行列架構的結構化資料了，進行排序、彙整等運用不是太大的問題，但請一定要養成一個習慣，就是檢視一下每一個資料行的資料型態是否符合需求與期望，因為這畢竟也是結構化資料的重點，如此才有利於後續的資料探勘與分析。最後，再將查詢結果匯出至 Excel 形成資料表。

步驟01 點按〔分配金額〕資料行名稱左側的資料型態圖示按鈕。

步驟02 從展開的資料型態選單中點選〔貨幣〕。

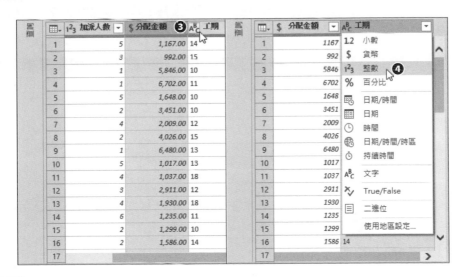

步驟03 點按〔工期〕資料行左側的資料型態圖示按鈕。

步驟04 從展開的資料型態選單中點選〔整數〕。

步驟05 點按〔常用〕索引標籤。

步驟06 點按〔關閉〕群組裡的〔關閉並載入〕命令按鈕。

結束查詢編輯器的操作並回到 Excel 操作環境，查詢結果已經以工作表的形式呈現在工作表上。畫面右側也開啟著〔查詢與連線〕工作窗格，顯示著剛剛建立、編輯完成的查詢。

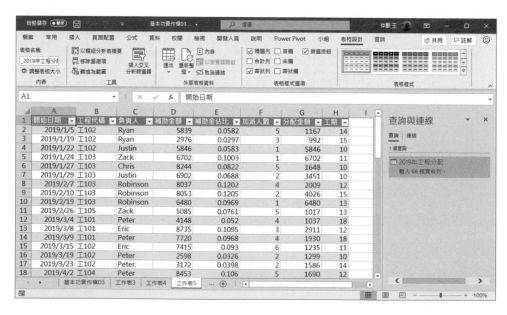

文字的處理與轉換

面對外部資料來源與來自系統的報表檔案,或者是政府單位所提供的 Open Data,資料格式經常是文字型態的格式,關於文字資料處理的功能上,您可以在功能區裡的〔轉換〕索引標籤與〔新增資料行〕索引標籤裡看到其蹤影。

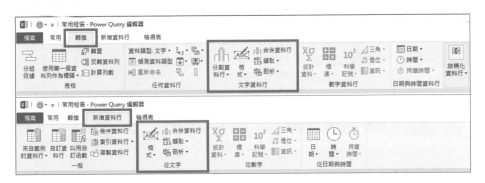

5.1 分割資料行

使用過 Excel 匯入文字檔案或曾經在 Excel 的操作環境裡直接開啟文字檔案的您，對於如下圖所示的〔匯入字串精靈〕對話步驟肯定不陌生。

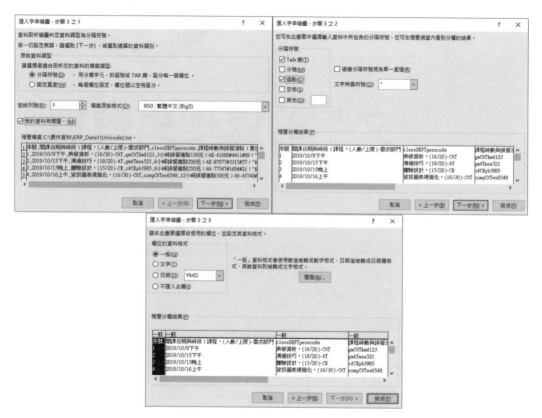

還有，剪貼到欄位裡含有分隔符號的長串文字，也常會執行〔資料剖析〕的功能操作來進行內容的剖析。

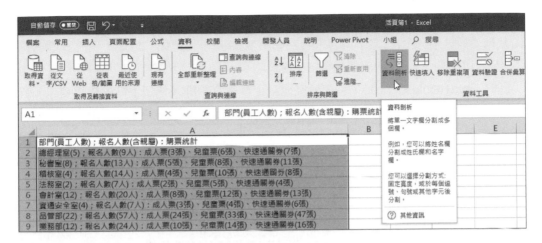

開啟如下圖所示的〔資料剖析精靈〕對話步驟，這是與〔匯入字串精靈〕如出一轍的選項與操作，可以協助您順利擷取所需的內容。

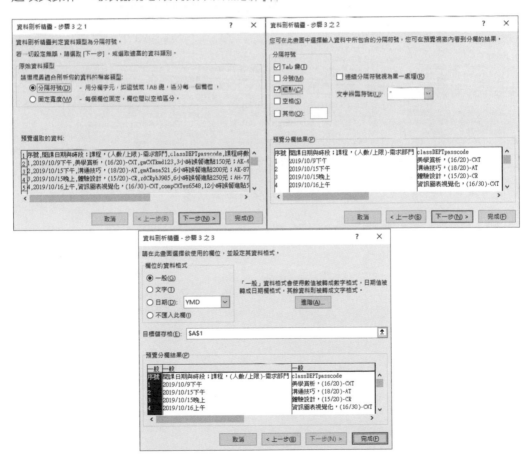

當然，您也可以使用諸如：FIND、SEARCH、MID、LEFT、RIGHT、LEN 等 Excel
函數來處理工作表上的文字內容進行字串資料的處理與轉換。但是，現在我們有福
了，活用 Power Query 查詢編輯器將更專業也更容易。以下實作演練所採用的範例是
〔ERP_Data1(Unicode).txt〕，這是模擬從某企業教育訓練系統所下載的課程資訊。我
們也研究了一下此實作範例的文字檔案內容，再順利分割資料行後，可由左至右依序
查詢輸出：〔序號〕、〔開課日期〕、〔時段〕、〔課程〕、〔講師〕、〔報名人數〕、〔人數
上限〕、〔優惠代碼〕、〔組織〕、〔部門〕、〔上網帳號〕、〔課程時數〕、〔誤餐津貼〕、
〔單位〕、〔單號〕、〔輸出編號〕、〔成本中心代碼〕與〔金額〕等資料欄位。

首先，就利用 Power Query 匯入此外部資料至查詢編輯器中，進行資料分割的實作。

步驟01 點按〔資料〕索引標籤。

步驟02 點選〔取得及轉換資料〕群組裡的〔從文字/CSV〕命令按鈕。

步驟03 開啟〔匯入資料〕對話方塊,切換到實作檔案的路徑。

步驟04 點選〔ERP_Data1(Unicode).txt〕檔案然後點按〔匯入〕按鈕。

步驟05 開啟資料導覽視窗,點按〔轉換資料〕按鈕。

依分隔符號分割資料

其中，〔開課日期與時段；課程；講師〕資料行的內容由兩個全形的分號串接，可以進行資料的分割，形成〔開課日期〕、〔時段〕、〔課程〕與〔講師〕等欄位。

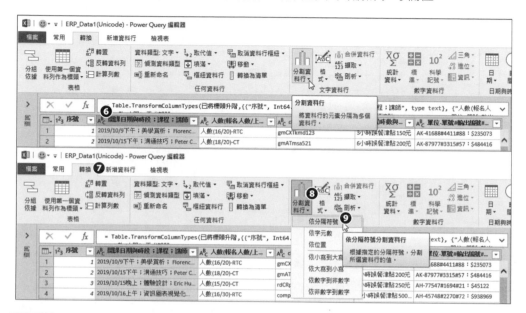

步驟06 開啟 Power Query 查詢編輯器視窗，點選〔開課日期與時段；課程；講師〕資料行。

步驟07 點按〔轉換〕索引標籤。

步驟08 點選〔文字資料行〕群組裡的〔分割資料行〕命令按鈕。

步驟09 從展開的功能選單中點選〔依分隔符號〕功能選項。

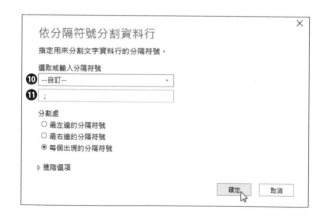

步驟**10**　開啟〔依分隔符號分割資料行〕對話方塊,選擇〔自訂〕選項。

步驟**11**　輸入分隔符號為「；」,然後點按〔確定〕按鈕。

依字元數分割資料

透過前例實作,已順利根據分隔符號「；」將原本的資料行分割成三個資料行,分別表示為開課日期時間、課程、講師等三個資料行。但分割後的開課日期時間資料欄位裡包含了「上午」與「下午」的尾字,由於這是屬於固定在字尾且固定字數的內容,因此,使用 Power Query 查詢編輯器的〔依字元數〕功能是最理想的!

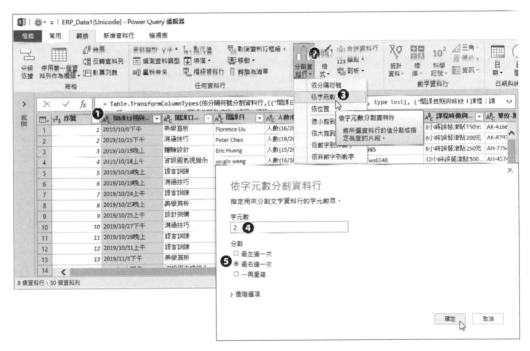

步驟**01**　點選分割後的第一個資料行（內含開課日期時間資訊）。

步驟**02**　再次點按〔轉換〕索引標籤底下〔文字資料行〕群組裡的〔分割資料行〕命令按鈕。

步驟**03**　從展開的功能選單中點選〔依字元數〕功能選項。

步驟**04**　開啟〔依字元數分割資料行〕對話方塊,輸入字元數為「2」。

步驟**05**　點選〔最右邊一次〕選項,然後點按〔確定〕按鈕。

依字元位置分割資料

原本同在資料行裡的日期與上下午時段,順利分割成兩個資料行。接著,檢視一下此份資料分割後的〔人數 (報名人數 / 上限)- 優惠代碼〕資料行,可發現前三個字元是「人數 (」在此例中應屬贅字,可以逐行移除,因此這正是〔依位置〕分割資料的功能可以派上用場的地方,透過此功能操作,對於選定的文字資料欄位,可以依據指定位置進行欄位的分割,保留指定位置之後的文字片段。

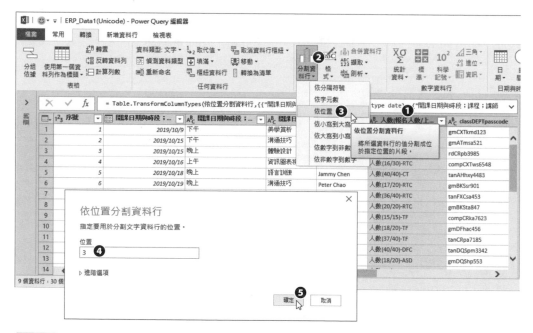

步驟01 點選〔人數 (報名人數 / 上限)- 優惠代碼〕資料行。

步驟02 點按〔轉換〕索引標籤底下〔文字資料行〕群組裡的〔分割資料行〕命令按鈕。

步驟03 從展開的功能選單中點選〔依位置〕功能選項。

步驟04 開啟〔依位置分割資料行〕對話方塊,輸入位置為「3」。

步驟05 點按〔確定〕按鈕。

保留下來的此資料行後半段可以再進行一次依據分隔符號進行欄位的分割,例如「/」之前為課程報名人數,之後則為課程上限人數。

步驟06 點選要分割的資料行。

步驟07 點按〔轉換〕索引標籤底下〔文字資料行〕群組裡的〔分割資料行〕命令按鈕。

步驟08 從展開的功能選單中點選〔依分隔符號〕功能選項。

步驟09 開啟〔依分隔符號分割資料行〕對話方塊，選擇〔自訂〕選項。

步驟10 輸入分隔符號為「/」，然後點按〔確定〕按鈕。

順利擷取出上課報名人數後，再接再厲繼續分離出課程上限人數，以此例目前的狀態而言，就是根據「)-」字元來分割資料行，所以，就繼續進行〔依分隔符號〕分割資料行的操作囉！

步驟11 　點選要分割的資料行。

步驟12 　點按〔轉換〕索引標籤底下〔文字資料行〕群組裡的〔分割資料行〕命令按鈕。

步驟13 　從展開的功能選單中點選〔依分隔符號〕功能選項。

步驟14 　開啟〔依分隔符號分割資料行〕對話方塊,選擇〔自訂〕選項。

步驟15 　輸入分隔符號為「)-」,然後點按〔確定〕按鈕。

依小寫到大寫或依大寫到小寫的字型格式分割資料

由於英文字母有大、小寫之別,有時候在編碼技巧或資料的分類規劃上,就會有所組織與規範。我們分析了此實作的〔classDEPTpasscode〕資料行,以第 1 列資料為例,由左至右其編碼內容與意義是:小寫的〔組織〕(gm)、大寫的〔部門〕(CTX) 以及小寫和數字組合的〔上網帳號〕(kmd123)。此資料行的長串文字包含了大、小寫與數字的串接組合,而在分析這長串文字時,需要在大、小寫變化之處進行資料的分割,那麼 Power Query 查詢編輯器裡〔依小寫到大寫〕與〔依大寫到小寫〕的分割資料行操作,就可以協助我們達到此目的。

<p>步驟01 點選要分割的資料行。</p>

<p>步驟02 點按〔轉換〕索引標籤底下〔文字資料行〕群組裡的〔分割資料行〕命令按鈕。</p>

<p>步驟03 從展開的功能選單中點選〔依小寫到大寫〕功能選項。</p>

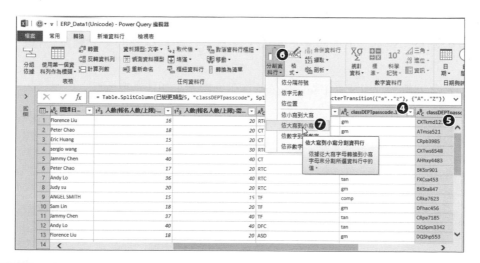

<p>步驟04 順利拆分出長字串裡的小寫文字內容。</p>

<p>步驟05 繼續點選還要再進行分析的資料行。</p>

<p>步驟06 點按〔轉換〕索引標籤底下〔文字資料行〕群組裡的〔分割資料行〕命令按鈕。</p>

<p>步驟07 這次從展開的功能選單中點選〔依大寫到小寫〕功能選項。</p>

依數字到非數字或依非數字到數字的分割資料

在這份資料裡有〔課程時數與誤餐津貼〕資料行，裡面包含了課程時數與誤餐津貼這兩項資料欄位，以第 1 列資料的內容為例，〔3 小時誤餐津貼 150 元〕應該將裡面的兩個數字取出，形成兩個數值性資料的資料行。在識別數字與非數字資料的能力上，也是 Power Query 查詢編輯器裡〔分割資料行〕功能的專長喔～

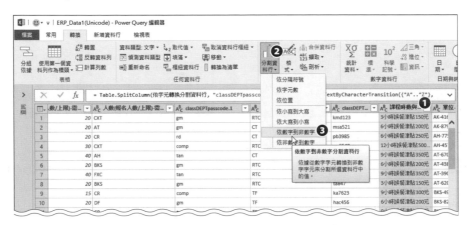

步驟01　點選要分割的〔課程時數與誤餐津貼〕資料行。

步驟02　點按〔轉換〕索引標籤底下〔文字資料行〕群組裡的〔分割資料行〕命令按鈕。

步驟03　從展開的功能選單中點選〔依數字到非數字〕功能選項。

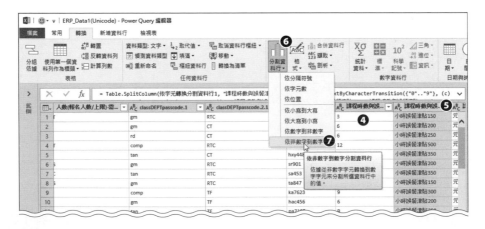

步驟04　拆分出課程時數、文字與津貼數字，以及僅含有單字「元」的三個資料行。

步驟05　繼續點選目前還是文字與津貼數字組合的長字串資料行。

步驟06 點按〔轉換〕索引標籤底下〔文字資料行〕裡的〔分割資料行〕命令按鈕。

步驟07 這次從展開的功能選單中點選〔依非數字到數字〕功能選項。

結束剛剛數字與非數字資料的拆分後，多餘的資料行就可以放心大膽的移除了。

步驟08 點選這兩個不再需要的資料行。

步驟09 按下鍵盤上的 Delete 鍵將其刪除。

截至目前為止的拆分資料操作，我們還剩下最後一個〔單位 - 單號 # 輸出編號 # 成本中心代碼：金額〕資料行必須拆分為〔單位〕、〔單號〕、〔輸出編號〕、〔成本中心代碼〕與〔金額〕等 5 個資料欄位。

步驟01 點選要分割的資料行。

步驟02 點按〔轉換〕索引標籤〔文字資料行〕群組裡的〔分割資料行〕命令按鈕。

步驟03 從展開的功能選單中點選〔依分隔符號〕功能選項。

步驟04 開啟〔依分隔符號分割資料行〕對話方塊,由 Power Query 自動識別或使用者親自選擇〔自訂〕選項。

步驟05 由 Power Query 自動識別或使用者親自輸入分隔符號為「-」。

步驟06 點選〔最左邊的分隔符號〕選項,然後點按〔確定〕按鈕。

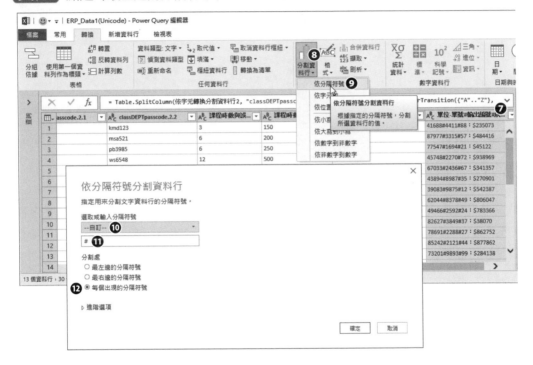

步驟07 再點選還要繼續分割的資料行。

步驟08 繼續點按〔轉換〕索引標籤底下〔文字資料行〕群組裡的〔分割資料行〕命令按鈕。

步驟09 從展開的功能選單中點選〔依分隔符號〕功能選項。

步驟10 開啟〔依分隔符號分割資料行〕對話方塊,由 Power Query 自動識別或使用者親自選擇〔自訂〕選項。

步驟11 由 Power Query 自動識別或使用者親自輸入分隔符號為「#」。

步驟12 點選〔每個出現的分隔符號〕選項,然後點按〔確定〕按鈕。

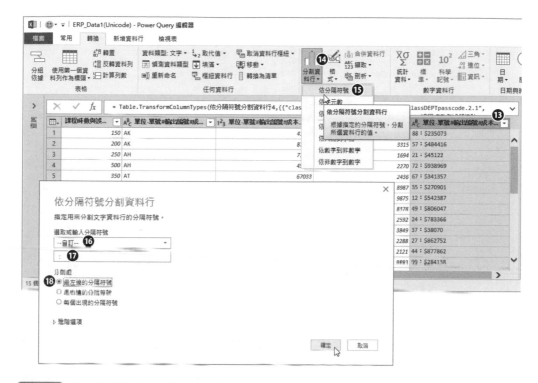

步驟13 接著再點選仍須繼續分割的資料行。

步驟14 繼續點按〔轉換〕索引標籤底下〔文字資料行〕群組裡的〔分割資料行〕命令按鈕。

步驟15 從展開的功能選單中點選〔依分隔符號〕功能選項。

步驟16 開啟〔依分隔符號分割資料行〕對話方塊，由 Power Query 自動識別或使用者親自選擇〔自訂〕選項。

步驟17 由 Power Query 自動識別或使用者親自輸入分隔符號為「：」。

步驟18 點選〔最左邊的分隔符號〕選項，然後點按〔確定〕按鈕。

由於此例的最後一個資料欄位是〔金額〕之意，但是若分割後的結果是屬於帶有「$」符號的文字資料，就必須利用 4.3.4 所介紹的〔取代值〕功能操作，尋找「$」文字並且不輸入任何替代內容。或者使用這一小節所介紹的依據字元位置，來達到相同的查詢結果，以利於後續將此〔金額〕欄設定為可進行運算的數值性資料欄位。

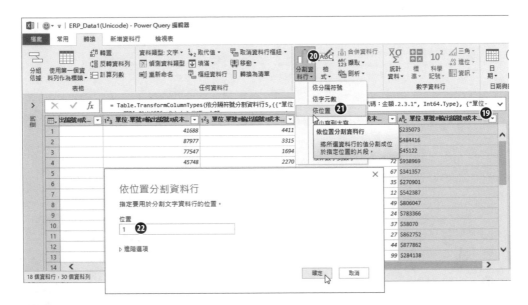

步驟**19** 　點選最後一個組合了「$」與數字的資料行。

步驟**20** 　點按〔轉換〕索引標籤底下〔文字資料行〕群組裡的〔分割資料行〕命令按
　　　　　鈕。

步驟**21** 　從展開的功能選單中點選〔依位置〕功能選項。

步驟**22** 　開啟〔依位置分割資料行〕對話方塊，輸入位置為「1」，然後點按〔確定〕
　　　　　按鈕。

資料分割的操作大功告成了，不過，前後多次的分割資料行操作，所新增的資料行名
稱都帶有前置名稱，因此極為冗長且不方便使用。

透過點按兩下資料行名稱，即可將各個冗長難記的預設資料行名稱，改成更符合其意義與功用的資料行名稱。此例最後的查詢結果即為：〔序號〕、〔開課日期〕、〔時段〕、〔課程〕、〔講師〕、〔報名人數〕、〔人數上限〕、〔優惠代碼〕、〔組織〕、〔部門〕、〔上網帳號〕、〔課程時數〕、〔誤餐津貼〕、〔單位〕、〔單號〕、〔輸出編號〕、〔成本中心代碼〕與〔金額〕等資料行的輸出。

查詢工作已到最後一哩路了，那就是確實的給予每一個資料行名符其實的資料型態，以利於資料行的查詢、篩選與計算。例如：〔金額〕欄位可以調整為貨幣資料型態。

最後再決定此次拆分資料的查詢結果要何去何從。例如：將此實作的查詢結果以資料表的格式傳回 Excel 的新工作表中。

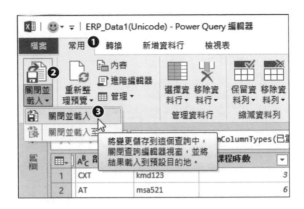

步驟01 點按〔常用〕索引標籤。

步驟02 點按〔關閉〕群組裡的〔關閉並載入〕命令按鈕的下半部按鈕。

步驟03 從展開的下拉式功能選單中點選〔關閉並載入〕功能選項。

結束查詢編輯器的操作並回到 Excel 操作環境，由於是直接點選〔關閉並載入〕功能選項，因此，查詢的結果是以資料表的格式，呈現在活頁簿裡的新工作表上。畫面右側也開啟著〔查詢與連線〕工作窗格，顯示著剛剛建立、編輯完成的查詢以及查詢結果的資料筆數。

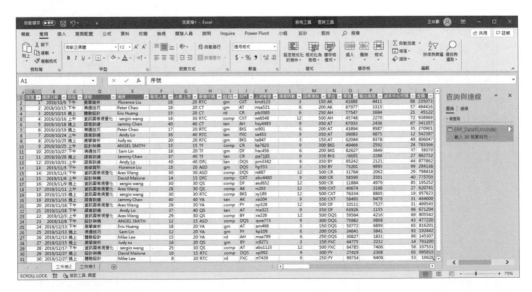

5.2 文字資料的格式轉換

在文字資料的格式轉換上，不外乎是大小寫的轉換需求、或是需不需要僅將每個單字的第一個字母轉換成大寫，抑或是針對文字內容進行修剪與清除，若有需要針對文字內容的開頭或結尾處添加額外的特定字詞，這也是屬於文字資料格式轉換的範疇。以下我們就延續前一章節的分割資料行之查詢結果，進行文字資料的格式轉換練習。

大小寫的格式轉換

對於查詢結果裡文字型態的資料行，只要透過〔轉換〕索引標籤裡的〔格式〕命令按鈕，便可以輕鬆進行大小寫的轉換。

步驟01 點選要進行文字格式轉換的資料行。例如：〔講師〕資料行。

步驟02 點按〔轉換〕索引標籤底下〔文字資料行〕群組裡的〔格式〕命令按鈕。

步驟03 從展開的功能選單中點選〔小寫〕功能選項。

步驟04 〔講師〕資料行的內容皆變成小寫字。

步驟05 再次點選〔講師〕資料行作為格式轉換的對象。

步驟06 點按〔轉換〕索引標籤底下〔文字資料行〕群組裡的〔格式〕命令按鈕。

步驟07 從展開的功能選單中點選〔大寫〕功能選項。

步驟08 〔講師〕資料行的內容皆變成大寫字。

每個單字大寫

當然，英文單字全部格式化為小寫還是全部設定為大寫，並不是完全為了好看，而是可以有個一致性的規範。原始資料若原本是人工登打所造成的大小寫不同步或過於凌亂的鍵盤敲打之誤，也可以調整為相同的小寫格式或是大寫格式。甚至，也可以將文字內容裡每個英文字都設成小寫的同時，僅將每個英文字的第一個字母格式化為大寫。

步驟01 仍然點選〔講師〕資料行作為格式轉換的對象。

步驟02 點按〔轉換〕索引標籤底下〔文字資料行〕群組裡的〔格式〕命令按鈕。

步驟03 從展開的功能選單中點選〔每個單字大寫〕功能選項。

步驟04 〔講師〕資料行的內容裡英文單字的第一個字母為大寫字，其餘的字母為小寫字。

修剪文字

不論是純文字的報表檔案，或是剪貼自網站網頁的資料，在導入 Excel 工作表後，經常會有多餘的空白並沒有過濾掉，導致格式的對齊與資料查詢，都與理想中的資料呈現有著很大的出入，甚至在資料的比對、運算，也都無法產生正確的結果。在 Power Query 查詢編輯器裡，提供了一個名為〔修剪文字〕的功能，可以迅速移除文字型態的資料行裡每一個資料格的開頭空白字元與尾端的空白字，輕鬆協助使用者進行文字整理與清洗的工作。

步驟01 點選要進行文字格式轉換的資料行。例如：〔講師〕資料行。

步驟02 點按〔轉換〕索引標籤底下〔文字資料行〕群組裡的〔格式〕命令按鈕。

步驟03 從展開的功能選單中點選〔修剪〕功能選項。

步驟04 〔講師〕資料行的內容其字首前的空白與字尾後的空白都將自動移除。

清除文字

所謂的清除文字是指移除所選取之資料行中每一個資料格裡的不可列印字元。早期的電腦系統報表輸出，常常會遇到一些諸如自動換行、退位符號、跳脫字元等等特殊的不可列印字元，也常常造成資料無法對齊、格式無端跑掉卻又看不出來，甚至也造成無法對該資料行順利執行查詢、比對與運算等操作，即便了解可能有這方面的問題，也難一一透過檢視並刪除錯誤，這時候就可以利用〔清除文字〕的功能來解決這方面的問題。

步驟01 　點選要進行文字格式轉換的資料行。例如：〔講師〕資料行。

步驟02 　點按〔轉換〕索引標籤底下〔文字資料行〕群組裡的〔格式〕命令按鈕。

步驟03 　從展開的功能選單中點選〔清除〕功能選項。

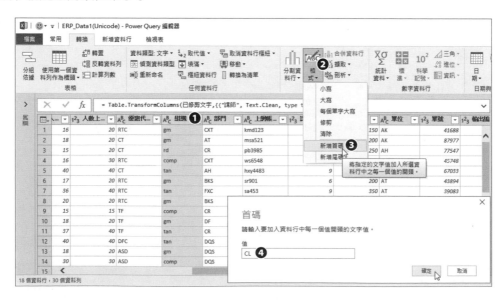

步驟04 　〔講師〕資料行的內容若有不可列印字元都會自動移除。

新增文字的首碼或尾碼

如果想要針對整個資料行的內容添增指定的字首來描述特定的編碼意義與目的，或者添增指定的字尾來表示資料的單位或分類，文字格式裡的〔新增首碼〕與〔新增尾碼〕就是您的最佳幫手了。

步驟01 點選要想要在其原文裡添加指定文字為字首的資料行。例如：〔組織〕資料行。

步驟02 點按〔轉換〕索引標籤底下〔文字資料行〕群組裡的〔格式〕命令按鈕。

步驟03 從展開的功能選單中點選〔新增首碼〕功能選項。

步驟04 開啟〔首碼〕對話方塊，在〔值〕文字方塊裡輸入要成為字首的文字，例如：「CL」。然後按下〔確定〕按鈕。

步驟05 〔組織〕資料行的原始內容都加上了「CI」文字為字首。

步驟06 點選要想要在其原文裡添加指定文字為字尾的資料行。例如：〔單位〕資料行。

步驟07 點按〔轉換〕索引標籤底下〔文字資料行〕群組裡的〔格式〕命令按鈕。

步驟08 從展開的功能選單中點選〔新增尾碼〕功能選項。

步驟09 開啟〔尾碼〕對話方塊，在〔值〕文字方塊裡輸入要成為字尾的文字，例如：「2k」。然後按下〔確定〕按鈕。

		AᴮC 組織 ▼	AᴮC 部門 ▼	AᴮC 上網帳號 ▼	1²₃ 課程時... ▼	1²₃ 誤餐津... ▼	AᴮC 單位 ▼	1²₃ 單號 ▼	1²₃ 輸出編... ▼	1²₃ 成本中心... ▼	$ 金額 ▼
1		.gm	CXT	kmd123	3	150	AK2k	41688	4411	88	2350
2		.gm	AT	msa521	6	200	AK2k	87977	3315	57	4844
3		.rd	CR	pb3985	6	250	AH2k	77547	1694	21	451
4		.comp	CXT	ws6548	12	500	AH2k	45748	2270	72	9385
5		.tan	AH	hxy4483	9	350	AH2k	67033	2436	67	3413
6		.gm	BKS	sr901	6	200	AT2k	43894	8987	35	2709
7		.tan	FXC	sa453	9	350	AT2k	39083	9875	12	5423
8		.gm	BKS	ta847	3	150	AT2k	62044	8378	49	8060
9		.comp	CR	ka7623	9	300	BKS2k	49466	2592	24	7833
10		.tan	DF	hac456	6	200	BKS2k ⑩	82627	3849	37	380
11		.tan	CR	pa7185	9	350	BKS2k	78691	2288	27	8627
12		.tan	DQS	pm3342	9	350	BY2k	85242	2121	44	8778
13		.gm	DQS	hp553	3	150	BY2k	73201	9893	99	2841
14		.comp	DQS	rs887	12	500	CR2k	31764	2062	29	7984
15											

= Table.TransformColumns(新增的首碼, {{"單位", each _ & "2k", type text}})

18 個資料行，30 個資料列

步驟10 〔單位〕資料行的原始內容都加上了「2k」文字為字尾。

合併資料行

其實簡單的說，合併資料行的意思就是將原本兩個或兩個以上的資料行內容，串接成一個資料行，也同時可以設定合併（串接）時是否要使用指定的分隔符號進行串接。這個功能操作有點類似 Excel 2019 新字串函數 TEXTJOIN()。例如：以下的實作練習會將〔單位〕資料行與〔單號〕資料行透過「-」符號，合併（串接）成一個名為〔單位與單號〕的新資料行。

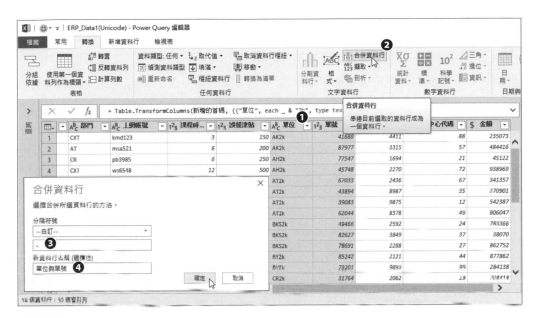

步驟01 同時選取〔單位〕資料行與〔單號〕資料行。

步驟02 點按〔轉換〕索引標籤底下〔文字資料行〕群組裡的〔合併資料行〕命令按鈕。

步驟03 開啟〔合併資料行〕對話方塊,選擇分隔符號為〔自訂〕,並在下方的空白文字方塊裡輸入「-」。

步驟04 輸入新的資料行名稱為「單位與單號」,然後按下〔確定〕按鈕。

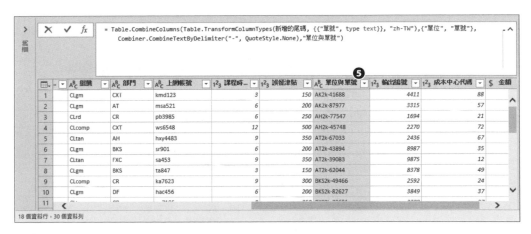

步驟05 原本的〔單位〕資料行與〔單號〕資料行已經合併組合成新的〔單位與單號〕資料行。

5.3 擷取資料

匯入的文字檔案中，經常會有擷取局部文字，轉換為資料行的內容，或者建立成新的資料行，而各種不同文字擷取的方式與情境，盡在這一小節的範例中，就讓筆者帶著您逐步實作演練一番吧！首先，在名為〔學生成績 2020.txt〕的純文字檔裡，記錄了108 學年度從大一到碩二的每一位學生在當年所取得的學分數與學期成績 GPA(Grade Point Average)，原始資料如下圖所示：

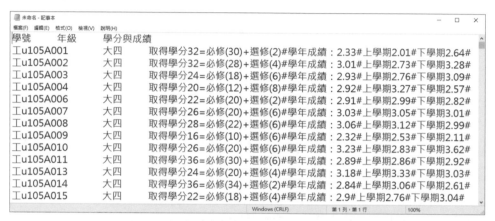

直接將這份資料剪貼到活頁簿裡，分別佔據 A、B、C 三 個欄位後，再轉換成資料表，資料表命名為〔學年108 成績〕，位於名為〔108 學年度〕的工作表內：

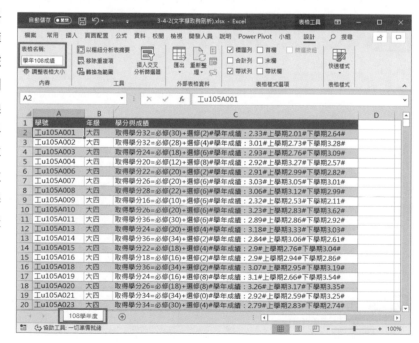

在進行資料分析與轉換之前，先理解此例的資料架構，這也是每當您想要使用 Power Query 進行外部資料匯入、整理、清洗、與分析資料時必須做的功課。各種稀奇古怪的外部資料格式與案例的情境分析經驗，肯定能累積您資料整理的功力與技能。以此例而言，學號的編碼共計九碼，意義如下：

學號範例	縮寫	科系簡稱	科系全名	
工u105A006	工	工科系	工業工程科學系	①②③④⑤⑥⑦⑧⑨
化u106A005	化	化工系	化學工程系	**工u105A006**
材u106B096	材	材料系	材料研發系	**資g108C283**
汽u106A003	汽	汽研系	汽車研發系	
航u107A065	航	航太系	航太工程系	第1碼(中文字)代表系所
智u107A070	智	智械系	智能機械系	第2碼(英文字母)代表大學部(u)或研究所(g)
資u107A036	資	資工系	資訊工程系	第3、4、5碼(3位數字)代表入學年度
電u108A008	電	電機系	電機系	第6碼(英文字母)代表班級(例如：A班、B班或C班)
網u108A034	網	網通系	網路通訊系	最後3碼(3位數字)代表流水編號
機u108A045	機	機械系	機械系	
環u108A038	環	環工系	環境工程系	
醫u108A059	醫	醫工系	醫學工程系	

而第三個欄位（C 欄）內容是學期取得學分與學期成績資料，是一個冗長的字串資料，其中記載著學生在該學年所取得的「總學分數」、「必修學分數」和「選修學分數」，以及由「#」符號所分隔的「學年成績」、「上學期成績」及「下學期成績」。

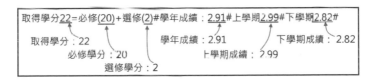

現在我們就針對此份資料，切換到〔108 學年度〕工作表後，藉由 Power Query 的操作來進行資料整理與轉換的實作演練。

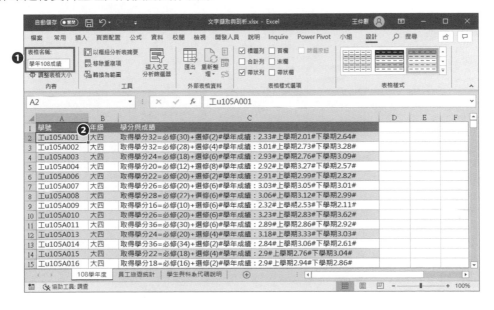

步驟01 〔108 學年度〕工作表裡的資料表格已經被命名為〔學年 108 成績〕。

步驟02 點選表格裡的任一儲存格，例如：儲存格 A2。

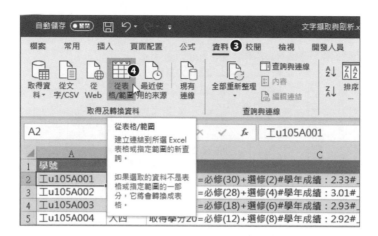

步驟03 點按〔資料〕索引標籤。

步驟04 點選〔取得及轉換資料〕群組裡的〔從表格 / 範圍〕命令按鈕。

擷取指定長度

透過擷取長度的功能操作，可以針對選定的資料行取得其內的字元長度。就像是使用 Excel 的 LEN() 函數可計算字串的長度。

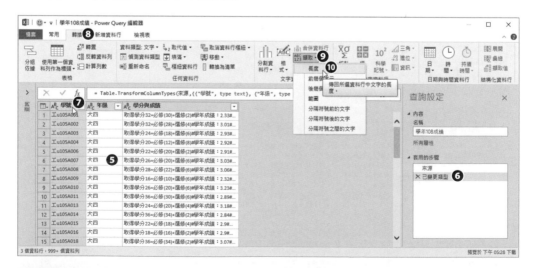

步驟05 開啟 Power Query 查詢編輯器視窗，顯示著匯入的三欄資料。

步驟06 剛剛的匯入操作也已經自動進行了兩個查詢步驟，一為〔來源〕，匯入了來自 Excel 資料表格的內容。一為〔已變更類型〕，則是自動針對各資料欄位進行資料型態的訂定。

步驟07 點選〔學號〕資料行。

步驟08 點按〔轉換〕索引標籤。

步驟09 點按〔文字資料行〕群組裡的〔擷取〕命令按鈕。

步驟10 從展開的功能選單中點按〔長度〕功能選項。

步驟11 執行此查詢步驟後，將資料行轉換成原本資料行內容的長度。

步驟12 由於這只是查詢功能的實作練習，並沒有轉換此一資料行的需求，因此，請點按〔套用的步驟〕窗格裡最後一個步驟（導出的文字長度）的刪除按鈕，也就是取消此一實作範例的查詢步驟。

此查詢的標準語法為：

Table.TransformColumns(來源 ,{{" 資料行名稱 ",Text.Length, 資料型態 }})

擷取前幾個字

透過擷取前幾個字的功能操作，可以針對選定的資料行擷取前幾個字元長度（左側算起）的內容，也就是取得字串開頭的前幾個字。如同 Excel 的 LEFT() 函數功能。

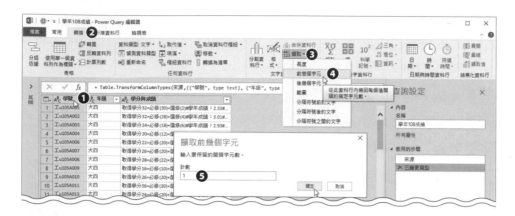

步驟01 恢復為原始的查詢結果後，持續點選〔學號〕資料行。

步驟02 點按〔轉換〕索引標籤。

步驟03 點按〔文字資料行〕群組裡的〔擷取〕命令按鈕。

步驟04 從展開的功能選單中點按〔前幾個字元〕功能選項。

步驟05 開啟〔擷取前幾個字元〕對話，在〔計數〕文字方塊裡輸入所要擷取的字元長度，例如：「1」，然後按下〔確定〕按鈕。

步驟06 執行此查詢步驟後，將資料行轉換成擷取原本資料行內容的前 1 個字元，也就是此例的系所縮寫。

步驟07 由於這只是查詢功能的實作練習，並沒有轉換此一資料行的需求，因此，請點按〔套用的步驟〕窗格裡最後一個步驟（已擷取前幾個字元）的刪除按鈕，即取消此一實作範例的查詢步驟。

此查詢的標準語法為：

Table.TransformColumns(來源 ,{{" 資料行名稱 ",each Text.Start(_, n), 資料型態 }})

其中，Text.Start(_,n) 函數裡的 n 指的是前 n 個字元。

擷取後幾個字

透過擷取後幾個字的功能操作，可以針對選定的資料行擷取後面幾個字元長度（右側算起）的內容，也就是取得字串結尾的若干個字元。猶如 Excel 的 RIGHT() 函數概念。

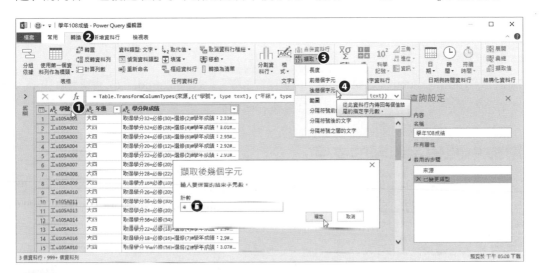

步驟01 恢復為原始的查詢結果後，持續點選〔學號〕資料行。

步驟02 點按〔轉換〕索引標籤。

步驟03 點按〔文字資料行〕群組裡的〔擷取〕命令按鈕。

步驟04 從展開的功能選單中點按〔後幾個字元〕功能選項。

步驟05 開啟〔擷取後幾個字元〕對話，在〔計數〕文字方塊裡輸入所要擷取的字元長度，例如：「4」，然後按下〔確定〕按鈕。

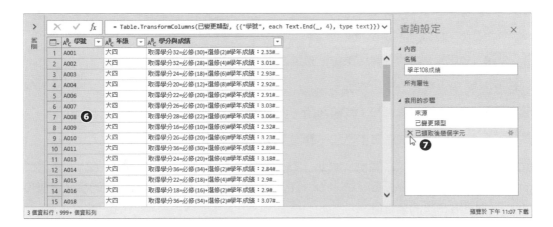

步驟06 執行此查詢步驟後,將資料行轉換成擷取原本資料行內容結尾的後 4 個字元,也就是此例的班級與流水號。

步驟07 由於這只是查詢功能的實作練習,並沒有轉換此一資料行的需求,因此,請點按〔套用的步驟〕窗格裡最後一個步驟(已擷取後幾個字元)的刪除按鈕,即取消此一實作範例的查詢步驟。

此查詢的標準語法為:

Table.TransformColumns(已變更類型 , {{" 資料行名稱 ", each Text.End(_, n), 資料型態 }})

其中,Text.End(_,n) 函數裡的 n 指的是尾端 n 個字元。

擷取中間指定範圍的文字

透過擷取範圍文字的功能操作,可以針對選定的資料行取得中間指定範圍的文字,也就是從字串左邊算起,取得若干個字元。雷同 Excel 的 MID() 函數應用。

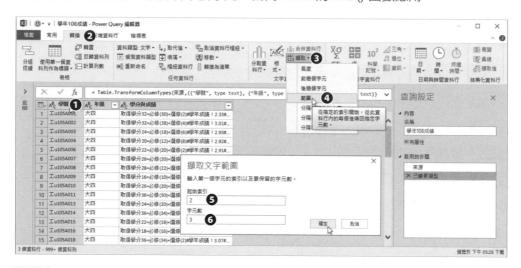

步驟01 恢復為原始的查詢結果後,持續點選〔學號〕資料行。

步驟02 點按〔轉換〕索引標籤。

步驟03 點按〔文字資料行〕群組裡的〔擷取〕命令按鈕。

步驟04 從展開的功能選單中點按〔範圍〕功能選項。

步驟05 開啟〔擷取文字範圍〕對話,在〔起始索引〕文字方塊裡輸入「2」,表示從左邊第 3 個字算起,因為 M 語言在取得範圍文字時,起始位置的算法是從 0 開始算起的索引值。

步驟06 在〔字元數〕文字方塊裡輸入所要擷取的字元長度，例如：「3」，然後按下〔確定〕按鈕。

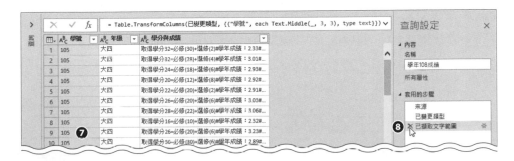

步驟07 執行此查詢步驟後，將資料行轉換成擷取〔學號〕資料行內容，從其左邊第3個字算起的3個字元，也就是此例的入學年度。

步驟08 由於這只是查詢功能的實作練習，並沒有轉換此一資料行的需求，因此，請點按〔套用的步驟〕窗格裡最後一個步驟（已擷取文字範圍）的刪除按鈕，即取消此一實作範例的查詢步驟。

此查詢的標準語法為：

Table.TransformColumns(已變更類型 , {{" 學號 ", each Text.Middle(_, 2,3), type text}})

擷取分隔符號前的文字

透過擷取分隔符號前的文字功能操作，可以從選定的資料行裡，取得某分隔符號之前的文字。

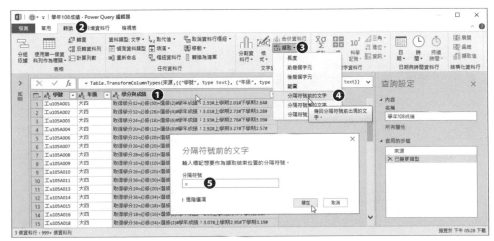

步驟01　恢復為原始的查詢結果後，點選〔學分與成績〕資料行。

步驟02　點按〔轉換〕索引標籤。

步驟03　點按〔文字資料行〕群組裡的〔擷取〕命令按鈕。

步驟04　從展開的功能選單中點按〔分隔符號前的文字〕功能選項。

步驟05　開啟〔分隔符號前的文字〕對話，在〔分隔符號〕文字方塊裡輸入分隔符號，例如：「=」，然後按下〔確定〕按鈕。

步驟06　執行此查詢步驟後，將資料行轉換成擷取〔學分與成績〕資料行內容裡「=」符號之前的所有字元，也就取得學分的敘述說明文字。

此查詢的標準語法為：

Table.TransformColumns(已變更類型 , {{" 學分與成績 ", each Text.BeforeDelimiter(_, "="), type text}})

不過，若要取得這個包含了文數字敘述說明的數字內容，那麼，在介紹「分割資料行」時提到的〔依非數字到數字的分割資料〕就派得上用場了。

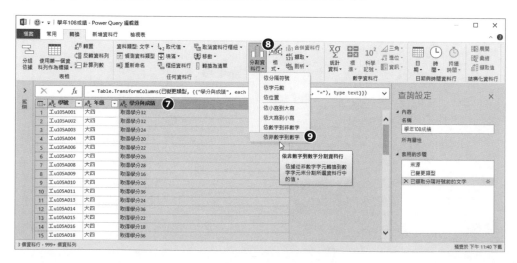

步驟07 繼續點選目前還是文字數字組合的〔學分與成績〕資料行。

步驟08 點按〔轉換〕標籤底下〔文字資料行〕群組裡的〔分割資料行〕命令按鈕。

步驟09 從展開的功能選單中點選〔依非數字到數字〕功能選項。

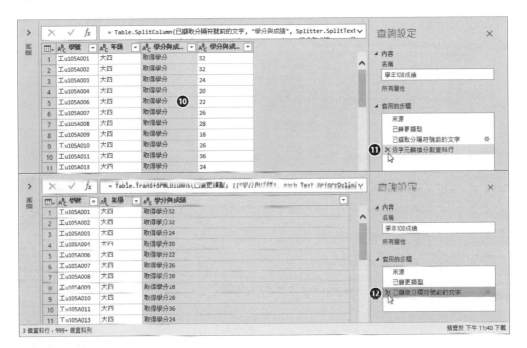

步驟10 非數字的文字敘述與數字的學分數就順利的分割成兩個資料行了。

步驟11 由於這只是查詢功能的實作練習,並沒有轉換此一資料行的需求,因此,請點按〔套用的步驟〕窗格裡最後一個步驟(依字元轉換分割資料行)的刪除按鈕,即取消此一實作範例的查詢步驟。

步驟12 再點按〔套用的步驟〕窗格裡目前的最後一個步驟(已擷取分隔符號前的文字)的刪除按鈕,取消這一個查詢步驟。

擷取分隔符號後的文字

透過擷取分隔符號後的文字功能操作,可以從選定的資料行裡,取得某分隔符號之後的文字。

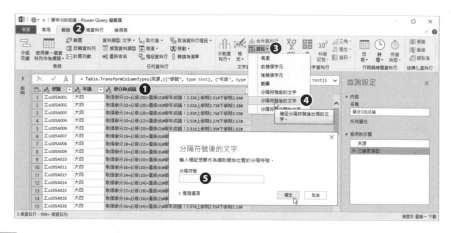

步驟01 恢復為原始的查詢結果後,點選〔學分與成績〕資料行。

步驟02 點按〔轉換〕索引標籤。

步驟03 點按〔文字資料行〕群組裡的〔擷取〕命令按鈕。

步驟04 從展開的功能選單中點按〔分隔符號後的文字〕功能選項。

步驟05 開啟〔分隔符號後的文字〕對話,在〔分隔符號〕文字方塊裡輸入分隔符號,例如:「:」,然後按下〔確定〕按鈕。

此查詢的標準語法為:

Table.TransformColumns(已變更類型 , {{" 學分與成績 ", each Text.AfterDelimiter(_, " : "), type text}})

此刻每一列資料內文裡「:」之後的文字都保留下來,這是一個以「#」符號分隔的成績,在「#」符號之間就是一項成績,由左至右依序是〔學期成績〕、〔上學期成績〕,以及〔下學期成績〕。若要取得第 1 個「#」符號以前的資料,便是學期總成績。

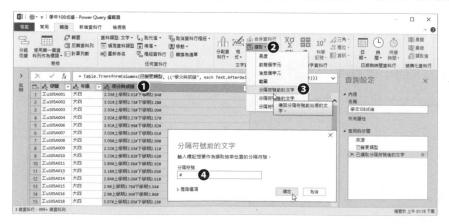

步驟01 點選〔學分與成績〕資料行。

步驟02 點按〔轉換〕索引標籤底下〔文字資料行〕群組裡的〔擷取〕命令按鈕。

步驟03 從展開的功能選單中點按〔分隔符號前的文字〕功能選項。

步驟04 開啟〔分隔符號前的文字〕對話，在〔分隔符號〕文字方塊裡輸入分隔符號，例如：「#」，然後按下〔確定〕按鈕。

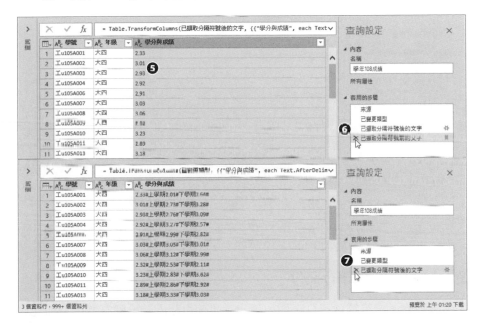

步驟05 立即順利擷取出學期總成績。

步驟06 由於這只是查詢功能的實作練習，並沒有轉換此一資料行的需求，因此，請點按〔套用的步驟〕窗格裡最後一個步驟（已擷取分隔符號前的文字）的刪除按鈕，即取消此一實作範例的查詢步驟。

步驟07 再點按〔套用的步驟〕窗格裡目前的最後一個步驟（已擷取分隔符號後的文字）的刪除按鈕，取消這一個查詢步驟。

如果資料行裡的分隔符號出現多次以上，您也可以透過〔擷取分隔符號後的文字〕對話之〔進階選項〕功能，決定要從資料行內容的開頭算起或是從結尾算起，跳過幾個分隔符號後才擷取所要的內容。例如：在開啟〔分隔符號後的文字〕對話方塊裡點按〔進階選項〕，即可展開此對話方塊更多的選項，然後點選〔從輸入的結尾開始〕或是〔從輸入的開頭開始〕去掃描是否有分隔符號的存在，若有，則跳過幾個分隔符號

後才擷取需要的局部字串內容。以此範例而言，要個別擷取〔學期成績〕、〔上學期成績〕，或者〔下學期成績〕就不是難事了。

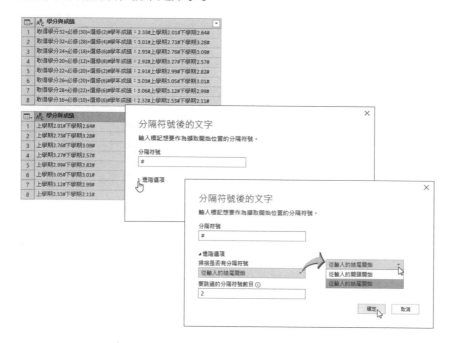

擷取分隔符號之間的文字

當然，資料行裡的分隔符號不只一個也不一定是使用相同的分隔符號，猶如此範例的〔學分與成績〕資料行裡的「＃」符號。若要指定取得分隔符號之間的資料也是頗為容易的，〔擷取〕命令按鈕裡的〔分隔符號之間的文字〕功能選項便可輕易完成。

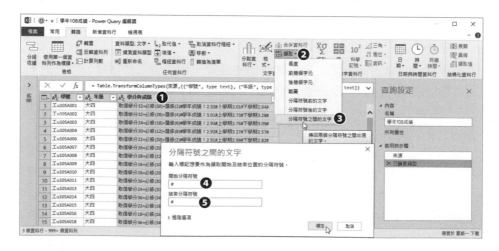

步驟01 恢復為原始的查詢結果後，點選〔學分與成績〕資料行。

步驟02 點按〔轉換〕索引標籤底下〔文字資料行〕群組裡的〔擷取〕命令按鈕。

步驟03 從展開的功能選單中點按〔分隔符號之間的文字〕功能選項。

步驟04 開啟〔分隔符號之間的文字〕對話，在〔開始分隔符號〕文字方塊裡輸入「#」分隔符號。

步驟05 在〔結束分隔符號〕文字方塊裡也輸入「#」分隔符號，然後按下〔確定〕按鈕。

步驟06 如此，原本〔學分與成績〕資料行裡由左至右算起，第1個「#」與第2個「#」之間的學年成績就能輕鬆取得。

步驟07 由於這只是查詢功能的實作練習，並沒有轉換此一資料行的需求，因此，請點按〔套用的步驟〕窗格裡最後一個步驟（已擷取分隔符號之間文字）的刪除按鈕，即取消此一實作範例的查詢步驟。

此例資料行裡分隔符號眾多，若想要擷取每一個分隔符號之間的所有內容，或者指定略過幾個分隔符號後才擷取分隔符號之間的內容，就必須展開〔分隔符號之間的文字〕對話方塊裡的〔進階選項〕功能，才能更彈性的取得所要的資訊。

步驟01 以此範例為例，若要擷取上學期的成績，則可以在進行前述的〔分隔符號之間的文字〕對話方塊裡，設定開始分隔符號是「#」號，結束分隔符號也同是「#」號。

步驟02 點按〔進階選項〕。

步驟03 在〔掃描是否有開始分隔符號〕的選項裡選擇〔從輸入的開頭開始〕選項；〔要跳過的開始分隔符號數目〕輸入「1」。

步驟04 在〔掃描是否有結束分隔符號〕的選項裡選擇〔從開始分隔符號一直到輸入結尾〕選項；〔要跳過的結束分隔符號數目〕輸入「0」，最後按下〔確定〕按鈕。

步驟05 如此便可擷取原本〔學分與成績〕資料行裡由左至右算起，跳過第 1 個「#」，也就是第 2 個「#」為開始的分隔符號，從此掃描至結束並且不再跳過結束分隔符號，而取得上學期成績的資料。

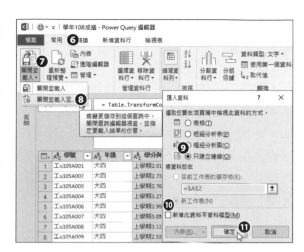

步驟06 完成查詢後，點按〔常用〕索引標籤。

步驟07 點按〔關閉〕群組裡的〔關閉並載入〕命令按鈕。

步驟08 從展開的下拉式功能選單中點選〔關閉並載入全〕功能選項。

步驟09 開啟〔匯入資料〕對話選項，點選〔只建立連線〕選項。

步驟10 勾選〔新增此資料至資料模型〕核取方塊。

步驟11 點按〔確定〕按鈕。

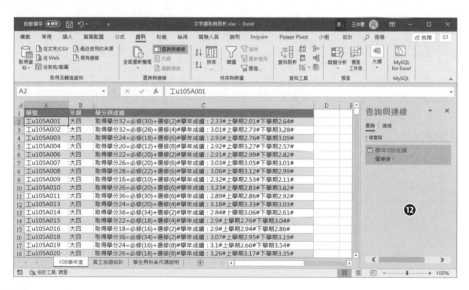

步驟12 結束查詢編輯器的操作並回到 Excel 操作環境，畫面右側也開啟著〔查詢與連線〕工作窗格，顯示著剛剛建立、編輯完成的查詢。

5.4 剖析XML和JOSN檔案

在大數據的時代、分享共用的資訊環境,資料檔案的格式是否能夠跨平台、跨系統並讓眾多應用程式都可以擷取使用,已經是非常重要的議題。除了常見的 .txt、.csv、.html 等檔案格式外,XLM 和 JOSN 也已經是在網路中標準化,也唾手可得的資料檔案格式。在 Power Query 查詢編輯器裡匯入這些資料進行處理與轉換也是挺容易的。

XML 格式的資料拆分

此小節要實作的範例資料檔案是名為〔工程分組費用 (XML 格式).xml〕的 xml 檔案格式,若以記事本應用程式開啟其內容如下:

若資料檔案內容不多,例如少於 104 萬列,可以直接將其複製貼上至空白工作表後,透過 Power Query 載入查詢編輯器,進行此 XML 資料的剖析。

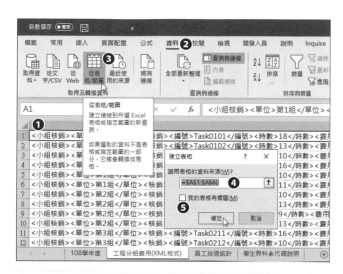

步驟01 資料複製貼上至 Excel 空白工作表上,例如 A 欄位並點選其中任一儲存格。

步驟02 點按〔資料〕索引標籤。

步驟03 點選〔取得及轉換資料〕群組裡的〔從表格 / 範圍〕命令按鈕。

步驟04 開啟〔建立表格〕對話方塊,會預設選取整個資料範圍。

步驟05 不需要勾選〔我的表格有標題〕核取方塊,然後點按〔確定〕按鈕。

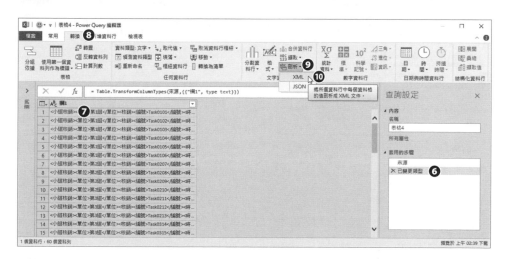

步驟06 開啟 Power Query 查詢編輯器視窗,剛剛的匯入操作也已經自動進行了兩個查詢步驟,一為〔來源〕,匯入了來自 Excel 資料表格的內容。一為〔已變更類型〕,則是自動針對各資料欄位進行資料型態的訂定。

步驟07 點選匯入的資料行。

步驟08 點按〔轉換〕索引標籤。

步驟09 點按〔文字資料行〕群組裡的〔剖析〕命令按鈕。

步驟10 從展開的下拉式選單點選〔XML〕功能選項。

步驟11 此 XML 範例資料檔案的內容，每一列都是一張 Table（資料表）的結構。

步驟12 點按資料行名稱右側的展開按鈕，可以展開此資料行內容。

注意，此時有勾選〔使用原始資料行名稱做為前置詞〕核取方塊。

步驟13 彈跳出資料展開的功能選單，在此可以看到展開後的 Table 會有哪些資料行，以及要勾選哪些資料行的核取方塊。此例剖析後產生了〔單位〕、〔核銷〕這兩個資料行，我們勾選所有的資料行。

步驟14 點按〔確定〕按鈕。

關於〔使用原始資料行名稱做為前置詞〕

若勾選了〔使用原始資料行名稱做為前置詞〕核取方塊，表示所展開而新建立的資料行名稱會將原始資料行名稱也納入為新資料行名稱的一部分，並位於新資料行名稱的最前面，加上「.」符號後再與新資料行名稱結合成新的資料行名稱。例如：原資料行名為〔明細〕，而此資料行是 Table 結構且展開 Table 後將包含〔品名〕、〔單位〕、〔數量〕、〔說明〕等 4 個新資料行。若勾選了〔使用原始資料行名稱做為前置詞〕核取方塊並展開〔明細〕資料行後，所產生的 4 個新資料行名稱即自動命名為〔明細.品名〕、〔明細.單位〕、〔明細.數量〕、〔明細.說明〕。所以，〔使用原始資料行名稱做為前置詞〕的缺點是新資料行的名稱可能過於冗長，但優點是可以理解這些新資料行是來自哪一個源頭所展開而形成的資料。此外，萬一有兩個以上的原資料行都要進行資料行的展開操作時，所產生的新資料行名稱若帶有原始資料行名稱做為前置詞，就可以避免新資料行發生同名之憂。

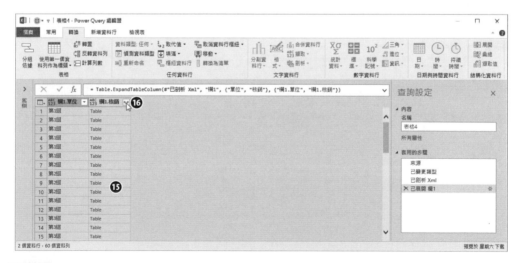

步驟15 剖析此 XML 範例資料後，〔欄位 1.單位〕資料行是文字型態的內容，而〔欄位 1.核銷〕資料行又是屬於 Table（資料表）的資料型態。

步驟16 繼續點按〔欄位 1.核銷〕資料行名稱右側的展開按鈕，可以展開此資料行裡每一個 Table 的內容。

注意，此時有勾選〔使用原始資料行名稱做為前置詞〕核取方塊。

步驟17 彈跳出〔欄位 1. 核銷〕資料展開的功能選單，在此可以看到展開後的核銷資料其 Table 會有哪些資料行，以及想要勾選哪些資料行的核取方塊。此例剖析後產生了〔編號〕、〔時數〕、〔費用〕、〔負責人〕與〔狀態〕等 5 個資料行，我們勾選所有的資料行。

步驟18 點按〔確定〕按鈕。

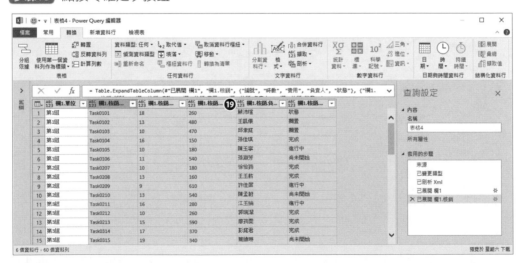

步驟19 剖析此 XML 範例資料後，〔欄位 1. 核銷 . 編號〕、〔欄位 1. 核銷 . 時數〕、〔欄位 1. 核銷 . 費用〕、〔欄位 1. 核銷 . 負責人〕與〔欄位 1. 核銷 . 狀態〕等 5 個資料行都預設為任意文數字型態的內容。

雖然資料分割的操作大功告成了，不過，前後多次的分割資料行操作下，所展開且新增的資料行其資料行名稱都沒有重複的情形，資料行名稱若一直帶有前置詞，也顯得非常冗長且不易閱讀也不方便使用。因此，透過點按兩下資料行名稱，即可重新命名，改成更符合其意義與功用的資料行名稱。

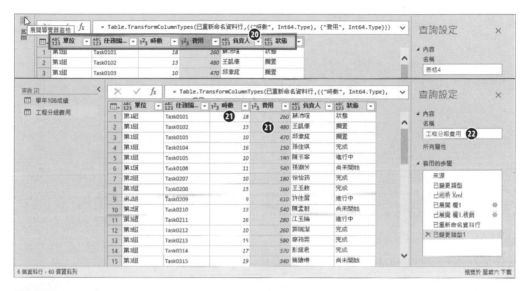

步驟20 將資料行名稱改成〔單位〕、〔任務編號〕、〔時數〕、〔費用〕、〔負責人〕與〔狀態〕。

步驟21 將〔時數〕與〔費用〕資料行的資料型態設定為整數。

步驟22 為此查詢輸入適當的查詢名稱。例如〔工程分組費用〕。

這次的查詢結果是 60 列資料輸出，倒不一定非得匯出並載入到 Excel 工作表裡，也可以僅建立查詢連線，爾後隨時都可以再開啟查詢檢視查詢結果，或到時候再決定是否要匯出載入至 Excel 工作表、直接建立樞紐分析表，或者新增查詢結果至資料模型裡。

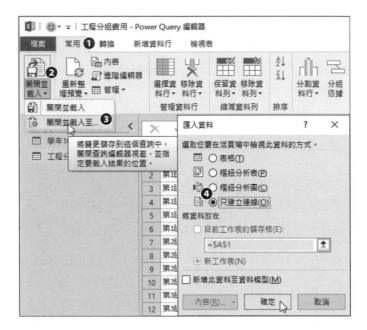

步驟01 點按〔常用〕索引標籤。

步驟02 點按〔關閉〕群組裡的〔關閉並載入〕命令按鈕。

步驟03 從展開的下拉式功能選單中點選〔關閉並載入至〕功能選項。

步驟04 開啟〔匯入資料〕對話選項,點選〔只建立連線〕選項,然後點按〔確定〕按鈕。

JSON 格式的資料拆分

另一個 JSON 格式的資料檔案是〔汽車零組件清單 (JSON 格式).json〕,以記事本開啟後的畫面如下。顯示的內容是每一個零組件的名稱、供應商以及每一季的數量。

由於資料檔案內容不多，可以將上述的資料直接複製貼上至空白工作表後，透過
Power Query 載入查詢編輯器，進行此 JSON 格式檔案的資料剖析。

步驟01 資料複製貼上至 Excel 空白工作表上，例如 A 欄位並點選其中任一儲存格。

步驟02 點按〔資料〕索引標籤。

步驟03 點選〔取得及轉換資料〕群組裡的〔從表格 / 範圍〕命令按鈕。

步驟04 開啟〔建立表格〕對話方塊，會預設選取整個資料範圍。

步驟05 不需要勾選〔我的表格有標題〕核取方塊，然後點按〔確定〕按鈕。

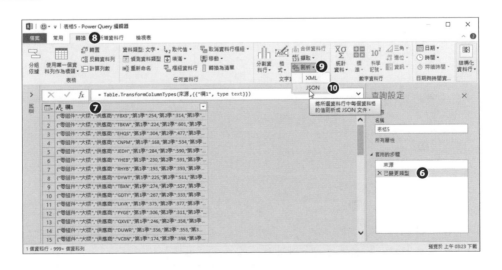

步驟06 開啟 Power Query 查詢編輯器視窗，剛剛的匯入操作也已經自動進行了兩個查詢步驟，一為〔來源〕，匯入了來自 Excel 資料表格的內容。一為〔已變更類型〕，則是自動針對各資料欄位進行資料型態的訂定。

步驟07 點選匯入的資料行。

步驟08 點按〔轉換〕索引標籤。

步驟09 點按〔文字資料行〕群組裡的〔剖析〕命令按鈕。

步驟10 從展開的下拉式選單點選〔JSON〕功能選項。

步驟11 此 JSON 範例資料檔案的內容，每一列都是一筆 Record（資料記錄）的結構。

步驟12 點按資料行名稱右側的展開按鈕，可以展開此資料行內容。

注意，此時有勾選〔使用原始資料行名稱做為前置詞〕核取方塊。

步驟13 彈跳出資料展開的功能選單，在此可以看到展開後的 Record 會有哪些資料行，以及要勾選哪些資料行的核取方塊。此例剖析後產生了〔零組件〕、〔供應商〕、〔第1季〕、〔第2季〕、〔第3季〕及〔第4季〕等資料行，我們勾選所有的資料行。

步驟14 點按〔確定〕按鈕。

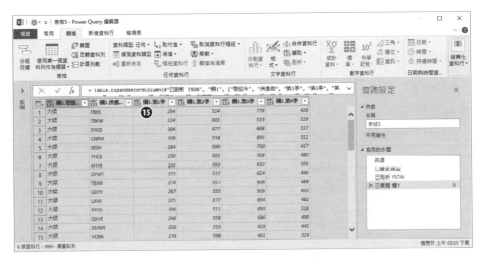

步驟15 剖析此 JSON 範例資料後，〔欄位1.零組件〕、〔欄位1.供應商〕、〔欄位1.第1季〕、〔欄位1.第2季〕、〔欄位1.第3季〕與〔欄位1.第4季〕等6個資料行都預設為任意文數字型態的內容，資料行名稱也因為一直帶有前置詞，所以顯得比較不易閱讀與處理。

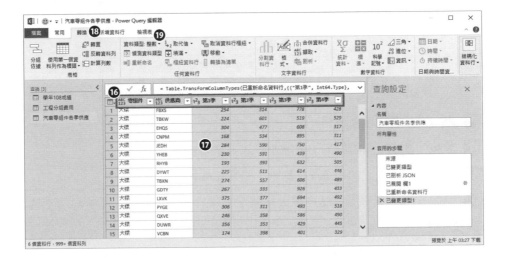

> **步驟16** 透過點按兩下資料行名稱,即可將各個冗長難記的預設資料行名稱,改成更符合其意義與功用的資料行名稱。此例最後的查詢結果即為:〔零組件〕、〔供應商〕、〔第 1 季〕、〔第 2 季〕、〔第 3 季〕與〔第 4 季〕等資料行的輸出。

> **步驟17** 在此也可以針對資料行的資料型態進行適當的設定。例如:選取〔第 1 季〕、〔第 2 季〕、〔第 3 季〕與〔第 4 季〕等資料行。

> **步驟18** 點按〔轉換〕索引標籤。

> **步驟19** 點按〔任何資料行〕群組裡的〔資料類型〕命令按鈕,將選取的資料行之資料型態都設定為整數。

這次的查詢結果並不一定非得匯出並載入到 Excel 工作表裡,也可以僅建立查詢連線,爾後隨時都可以再開啟查詢檢視查詢結果,或到時候再決定是否要匯出載入至 Excel 工作表、直接建立樞紐分析表,或者新增查詢結果至資料模型裡。

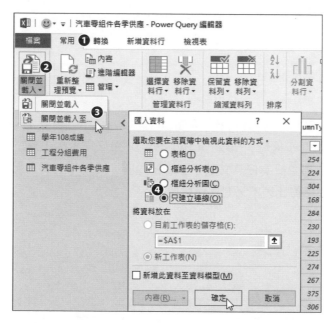

> **步驟01** 點按〔常用〕索引標籤。

> **步驟02** 點按〔關閉〕群組裡的〔關閉並載入〕命令按鈕。

> **步驟03** 從展開的下拉式功能選單中點選〔關閉並載入至〕功能選項。

> **步驟04** 開啟〔匯入資料〕對話選項,點選〔只建立連線〕選項,然後點按〔確定〕按鈕。

chapter

6

數值與日期時間的
處理與轉換

對於數值性的資料可以進行統計、標準四則運算、三角函數、
小數進位等計算與摘要需求，至於日期、時間等格式的資
料，您可以進行各種日期單位的轉換與時間單位的轉換，這些領域
的處理與操控，都在功能區裡的〔轉換〕索引標籤與〔新增資料
行〕索引標籤裡。這個章節就來分享一下數值與日期時間等資料格
式的常見處理方向。

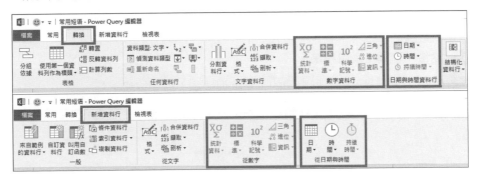

6.1 數值資料的處理與轉換

Power Query 提供了與數值性資料相關的運算工具，可以針對整個欄位進行常見的敘述性統計運算，諸如：加總、計數、平均值、標準差等等。以下我們就開啟〔數值資料處理與轉換實作範例 .xlsx〕活頁簿檔案，在此檔案裡已經有兩個查詢的建立，請開啟其中的〔員工五力檢定成績〕查詢，來實作這方面的技巧與運用。

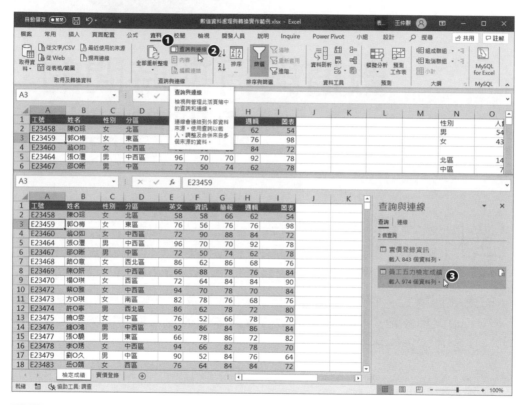

步驟01 點按〔資料〕索引標籤。

步驟02 點選〔查詢與連線〕群組裡的〔查詢與連線〕命令按鈕。

步驟03 開啟〔查詢與連線〕工作窗格，點按兩下〔員工五力檢定成績〕查詢。

進入 Power Query 查詢編輯器，此〔員工五力檢定成績〕查詢有兩個查詢步驟，點選最後一個查詢步驟〔已變更類型〕。

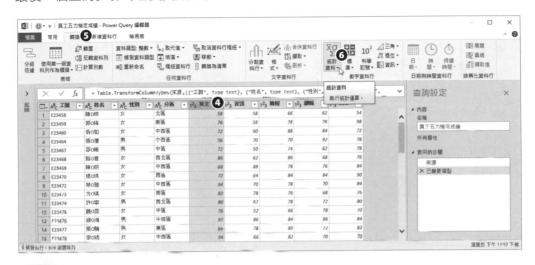

步驟04 點選「英文」資料行。

步驟05 點按〔轉換〕索引標籤。

步驟06 點選〔數字資料行〕群組裡的〔統計資料〕命令按鈕。

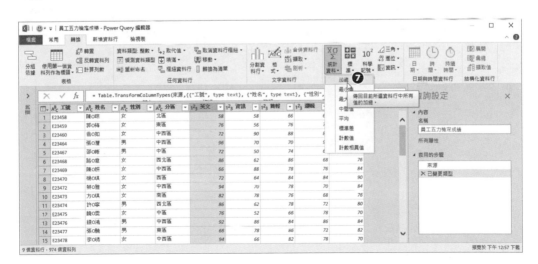

步驟07 從展開的功能選單中點選〔加總〕功能選項。

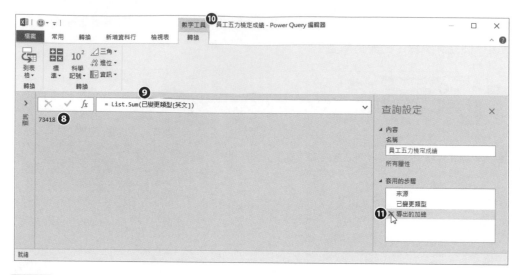

步驟08 隨即執行「英文」欄位的加總，傳回查詢結果值為「73418」。

步驟09 加總欄位的 M 語言程式碼為 List.Sum() 函數。

步驟10 查詢結果是數值，因此功能區裡會顯示〔數字工具〕。

步驟11 完成此查詢步驟也瞭解了其功能後，點按刪除按鈕，移去此查詢值步驟。

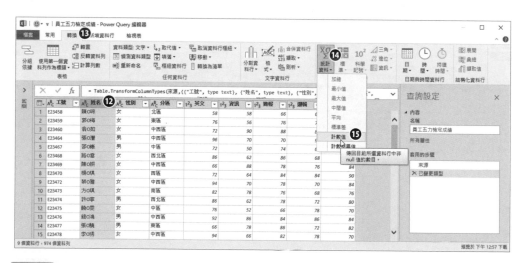

步驟12 點選「姓名」資料行。

步驟13 點按〔轉換〕索引標籤。

步驟14 點選〔數字資料行〕群組裡的〔統計資料〕命令按鈕。

步驟15 從展開的功能選單中點選〔計數值〕功能選項。

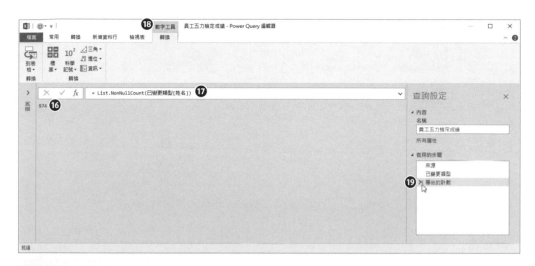

步驟16 隨即執行「姓名」欄位的計數運算，傳回查詢結果值為「974」。

步驟17 計數欄位的 M 語言程式碼為 List.NonNullCount() 函數。

步驟18 查詢結果是數值，因此功能區裡會顯示〔數字工具〕。

步驟19 完成此查詢步驟也瞭解了其功能後，點按刪除按鈕，移去此查詢值步驟。

除了上述的〔加總〕與〔計數值〕等基本運算外，若要求取〔最小值〕、〔最大值〕、〔中間值〕、〔平均〕值與〔標準差〕等查詢運算結果，也都是相同的操作方式，在此就不多做贅述。不過您可實作一下〔計數相異值〕功能，這是用來計算目前所選取的資料行中沒有重複且並非 null 值的計數。例如：此範例資料裡的〔姓名〕資料行是列出每一位參與檢定的員工姓名，總共有 974 列查詢輸出，也就是有 974 筆的檢定成績記錄，但這並不代表總共有 974 為員工參與檢定考試，因為，可能有些員工不滿意檢定成績而考了兩次、甚至更多次數的檢定考試，在剔除〔姓名〕資料行的重複值後，便可以查詢出總共有多少位員工參與檢定考試。當然，若考量到員工姓名也有同名同姓的可能，那麼，在執行〔計數相異值〕功能的對象時，選取的資料行就必須是〔工號〕資料行喔！

步驟01 點選「姓名」資料行。

執行〔計數相異值〕功能選項前的查詢輸出是 974 列資料記錄。

步驟02 點按〔轉換〕索引標籤。

步驟03 點選〔數字資料行〕群組裡的〔統計資料〕命令按鈕。

步驟04 從展開的功能選單中點選〔計數相異值〕功能選項。

執行〔計數相異值〕功能選項後的查詢結果是數值 963。

步驟05 隨即執行「姓名」欄位的相異值的統計運算，傳回查詢結果值為「963」。

步驟06 計數欄位的 M 語言程式碼為 List.NonNullCount() 函數與 List.Distinct() 函數。

步驟07 查詢結果是數值，因此功能區裡會顯示〔數字工具〕。

步驟08 完成此查詢步驟也瞭解了其功能後，點按刪除按鈕，移去此查詢值步驟。

除了敘述性統計外，Power Query 也提供有基本的數學運算，可協助您針對選定的欄位，進行整個欄位的算數運算。例如：「英文」欄位的分數若要加權計算，必須乘以 3 倍，則可進行以下的操作。

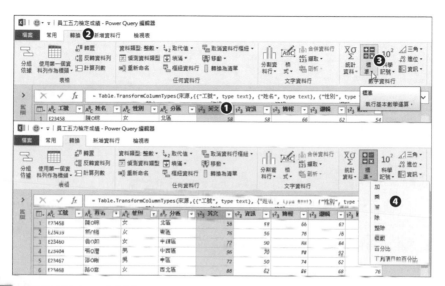

步驟01　點選「英文」資料行。

步驟02　點按〔轉換〕索引標籤。

步驟03　點選〔數字資料行〕群組裡的〔標準〕命令按鈕。

步驟04　立即展開四則運算等八種常用的標準算術運算選單。

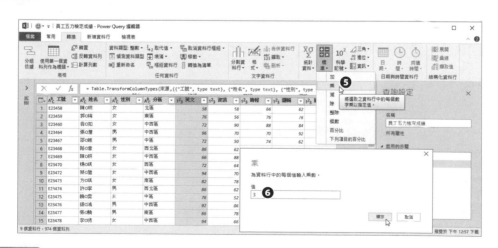

步驟05　點選〔乘〕選項。

步驟06　開啟〔乘〕對話方塊，在〔值〕文字方塊裡輸入「3」並按下〔確定〕按鈕。

步驟07 完成整個「英文」資料行原值乘以 3 倍的查詢結果。

步驟08 完成此查詢步驟也瞭解了其功能後,點按刪除按鈕以移去此查詢練習。

若是降低分數的比重,例如:「資訊」資料行的成績數值只能以 80% 計算,則可以進行以下操作:

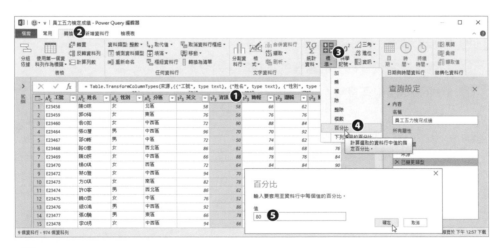

步驟01 點選「資訊」資料行。

步驟02 點按〔轉換〕索引標籤。

步驟03 點選〔數字資料行〕群組裡的〔標準〕命令按鈕。

步驟04 從展開的標準運算選單中點選〔百分比〕。

步驟05 開啟〔百分比〕對話方塊,在〔值〕文字方塊裡輸入「80」並按下〔確定〕按鈕。

步驟06 完成整個「資訊」資料行原值乘以 80% 倍的查詢結果。

步驟07 完成此查詢步驟也瞭解了其功能後，點按刪除按鈕以移去此查詢練習。

在〔標準〕命令按鈕所展開的標準運算選單中，比較不容易從字面上理解其功能的是〔下列項目的百分比〕功能選項。它的計算方式是將選取的資料行內容視為分子，指定一個百分比值為分母，所執行的運算結果。例如：我們想知道〔資訊〕資料行裡的每一個成績，在除以 80% 後的值為何。也就是說，我們想知道要將多大的值乘以 80% 後才是目前〔資訊〕資料行裡的值。

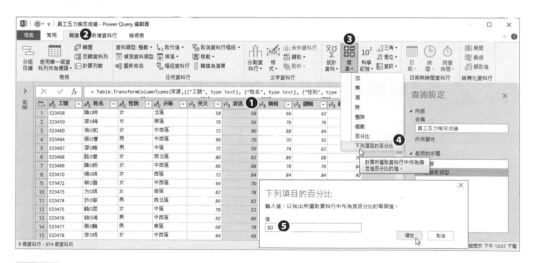

步驟01 點選「資訊」資料行。

步驟02 點按〔轉換〕索引標籤。

步驟03 點選〔數字資料行〕群組裡的〔標準〕命令按鈕。

步驟04 從展開的標準運算選單中點選〔下列項目的百分比〕。

步驟05 開啟〔下列項目的百分比〕對話方塊，在〔值〕文字方塊裡輸入「80」並按下〔確定〕按鈕。

> 1. 以第 1 列為例，新的〔資訊〕成績是 72.5，將其乘以 80% 便是查詢前的原值 58。

> 2. 以第 3 列為例，新的〔資訊〕成績是 112.5，將其乘以 80% 便是查詢前的原值 90。

步驟06 完成整個「資訊」資料行原值除以 80% 的查詢結果。

6.2 日期與時間資料的處理

關於日期與時間資料的處理，除了可以將原始資料內容直接〔轉換〕成所要的日期格式外，也可以保留原始日期時間欄位，而透過〔新增資料行〕的操作，擷取日期裡的年份、季、月、週、日，或者時間資料裡的時、分、秒等局部資料，成為新的資料欄位。例如：產生〔年度〕資料行、〔季別〕資料行、〔月份〕資料行等等。在 Power Query 查詢編輯器裡使用者可以在〔轉換〕索引標籤底下的〔日期與時間資料行〕群組，以及〔新增資料行〕索引標籤底下的〔從日期與時間〕群組裡，看到〔日期〕、〔時間〕與〔持續時間〕這三個相關的命令按鈕操控。

你會發現兩個索引標籤裡與日期、時間相關的功能選項其實雷同，但目的不一樣，一個是直接轉換日期時間資料，一個是建立新的資料行。

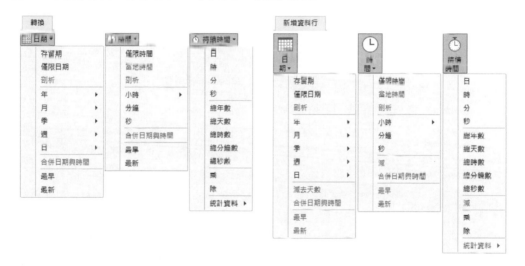

日期的處理

與日期相關的處理功能如下：

選項		功能說明
存留期		可取得目前當地時間與所選取的日期資料行的差距時間。
僅限日期		可取得選取的日期與時間之資料行的內容，但僅擷取日期。
剖析		選取的資料行若是文字資料格式的日期資訊，可以進行剖析並傳回日期格式的資料。
年	年	可取得日期資料行內容的當年年份。
	年初	可取得日期資料行內容的當年年初日期（該年第一天）。
	年底	可取得日期資料行內容的當年年底日期（該年最後一天）。

6-11

選項		功能說明
月	月	可取得日期資料行內容的月份。
	月初	可取得日期資料行內容的當月之月初日期。
	月底	可取得日期資料行內容的當月之月底日期。
	月中日數	可取得日期資料行內容的當月日數。
	月份名稱	可取得日期資料行內容的當月的月份名稱。
季	年中的季度	可取得日期資料行內容當天所對應的季別。
	季初	可取得日期資料行內容當天所對應的季初日期。
	季末	可取得日期資料行內容當天所對應的季末日期。
週	年中週	可取得日期資料行內容當天是對應當年的第幾週。
	月中的週	可取得日期資料行內容當天是對應當月的第幾週。
	一週開始	可取得日期資料行內容當天該週的開始日期。
	一週結束	可取得日期資料行內容當天該週的結束日期。
日	日	可取得日期資料行內容的日。
	週中的日	取得日期資料行內容當天的週間日，也就是當天是星期幾。0 代表星期天、1 代表星期一、2 代表星期二，依此類推 6 代表星期六。
	年中的日	可取得日期資料行內容當天是該年度的第幾天。
	一日開始	可取得日期資料行內容當天的開始時間，因此，若資料行裡包含時間資料，則時間會是上午 12:00:00，也就 0:00:00。
	一日結束	可取得日期資料行內容當天的結束時間，因此，若資料行裡包含時間資料，則時間會是隔天的凌晨 0:00:00 也就是隔天的上午 12:00:00。
	星期幾名稱	取得日期資料行內容當天的週間日，但是以星期幾的方式來呈現，因此會是文字型態的內容。
減去天數		從先後選取兩個日期資料型態的資料行，進行減法運算而取得兩個日期相差的天數。
合併日期與時間		可將日期資料型態的資料行與時間資料型態的資料行，合併成一個日期時間型態的資料行。
最早		可傳回選取的日期資料行之最早的日期。
最新		可傳回選取的日期資料行之最新（最近）的日期。

時間的處理

與時間相關的處理功能如下：

選項	功能說明	
僅限時間	可取得選取的日期與時間之資料行的內容，但僅擷取時間。	
當地時間	將日期／時間／時區之資料型態的資料行，變更為當地時間。	
剖析	選取的資料行若是文字資料格式的時間資訊，可以進行剖析並傳回時間格式的資料。	
小時	小時	可取得時間資料行內容的小時。例如：若時間是下午 5:31:12，則取其小時的值為 17。
	開始小時	可以取得時間資料行內容當時這個小時的開始時間。例如：若時間是下午 5:31，則其開始小時便是下午 5:00。
	結束小時	可以取得時間資料行內容當時這個小時的結束時間，也就是下一個小時的開始時間。例如：若時間是下午 5:31，則其結束小時便是下午 6:00。
分鐘	可取得時間資料行內容的分鐘。例如：若時間是下午 5:31:12，則取其分鐘的值為 31。	
秒	可取得時間資料行內容的秒數。例如：若時間是下午 5:31:12，則取其秒數的值為 12。	
減	從先後選取兩個時間資料型態的資料行，進行減法運算而取得兩個時間相差的時間，而此時間相減的查詢結果是屬於持續時間資料型態。	
合併日期與時間	可將日期資料型態的資料行與時間資料型態的資料行，合併成一個日期時間型態的資料行。	
最早	可傳回選取的時間資料行之最早的時間。	
最新	可傳回選取的時間資料行之最新（最近）的時間。	

持續時間的處理

與持續時間相關的處理功能如下：

選項	功能說明
日	可取得選取持續時間資料型態的資料行內容，但僅擷取天數。
時	可取得選取持續時間資料型態的資料行內容，但僅擷取時數。
分	可取得選取持續時間資料型態的資料行內容，但僅擷取分鐘數。

選項	功能說明	
秒	可取得選取持續時間資料型態的資料行內容，但僅擷取秒數。	
總年數	可取得選取持續時間資料型態的資料行內容，導出該持續時間可換算成幾年。這是一個小數值。	
總天數	可取得選取持續時間資料型態的資料行內容，導出該持續時間可換算成總共有幾天。這是一個小數值。	
總時數	可取得選取持續時間資料型態的資料行內容，導出該持續時間可換算成總共有幾小時。這是一個小數值。	
總分鐘數	可取得選取持續時間資料型態的資料行內容，導出該持續時間可換算成總共有幾分鐘。這是一個小數值。	
總秒數	可取得選取持續時間資料型態的資料行內容，導出該持續時間可換算成總共有幾秒鐘。這是一個小數值。	
乘	可將選取持續時間資料型態的資料行內容，將資料行裡的每一個持續時間與指定的數值相乘，導出新的持續時間。	
除	可將選取持續時間資料型態的資料行內容，將資料行裡的每一個持續時間與指定的數值相除，導出新的持續時間。	
統計資料	加總	選取持續時間資料型態的資料行內容，加總資料行裡的每一個持續時間，導出總持續時間。
	最小值	選取持續時間資料型態的資料行內容，進行整個資料行內容的最小值統計，導出該持續時間資料行的最小值。
	最大值	選取持續時間資料型態的資料行內容，進行整個資料行內容的最大值統計，導出該持續時間資料行的最大值。
	中間值	選取持續時間資料型態的資料行內容，進行整個資料行內容的中間值統計，導出該持續時間資料行的中間值。
	平均	選取持續時間資料型態的資料行內容，進行整個資料行內容的平均值統計，導出平均持續時間。

資料轉換與合併查詢

在關聯式資料庫中，對於非結構化的資料經常需要透過正規化的程序，才能轉換成結構化的資料，而常見的表格文件、摘要報表等內容，也必須經過適度的轉換才能形成行列式的資料架構，此外，資料表中指定欄位的交叉摘要（樞紐資料行）或取消樞紐，乃至針對資料來源進行轉置、以及兩資料表之間的查詢比對、合併、附加，都是在處理資料來源時的重要查詢技巧，也正是本章節要傳達的資料轉換密技。

7.1 樞紐與取消樞紐

要瞭解所謂的樞紐（Pivot）與取消樞紐（Unpivot），我們就先來看看下面的圖解說明。下圖左側原始資料來源是資料表的格式（Data Table），記錄了各地區各年度的銷售量。在 Power Query 查詢編輯器裡，若要對此資料來源進行交叉統計分析（也就是俗稱的樞紐分析），就必須指明哪一個資料欄位是逐欄顯示的新資料行（亦稱之為「樞紐資料行」），以及哪一個欄位是要進行摘要運算並可選擇計算摘要方式的資料行（亦稱之為「值資料行」）。因此，在 Power Query 查詢編輯器的操作環境下，執行〔樞紐資料行〕功能選項操作時，若設定此範例的〔年度〕欄位為「樞紐資料行」；並設定〔數量〕欄位為「值資料行」且執行的是加總運算時，完成的查詢成果將是如下圖右側所示，顯示每一個地區（逐列顯示）、每一個年度（逐欄顯示）的總銷售量。

資料表

地區	年度	數量
大阪	2017年	925
大阪	2018年	898
大阪	2019年	684
東京	2017年	2206
東京	2018年	2987
東京	2019年	2547
波士頓	2017年	1872
波士頓	2018年	1769
波士頓	2019年	1994
芝加哥	2017年	1188
芝加哥	2018年	1236
芝加哥	2019年	1584
洛杉磯	2017年	2772
洛杉磯	2018年	3088
洛杉磯	2019年	3247
首爾	2017年	2214
首爾	2018年	2652
首爾	2019年	1988
紐約	2017年	3875
紐約	2018年	3284
紐約	2019年	3692
橫濱	2017年	1794
橫濱	2018年	2372
橫濱	2019年	2584
舊金山	2017年	1588
舊金山	2018年	2022
舊金山	2019年	2247

執行 [樞紐資料行] 功能

地區	年度		
	2017年	2018年	2019年
大阪	925	898	684
東京	2206	2987	2547
波士頓	1872	1769	1994
芝加哥	1188	1236	1584
洛杉磯	2772	3088	3247
首爾	2214	2652	1988
紐約	3875	3284	3692
橫濱	1794	2372	2584
舊金山	1588	2022	2247

「樞紐資料行」為[年度]
「值資料行」為[數量]

當然，若是調整一下「樞紐資料行」的來源，例如：若設定此範例的〔地區〕欄位為「樞紐資料行」；仍是設定〔數量〕欄位為「值資料行」且執行的還是加總運算，則完成的查詢成果將是如下頁圖右側所示，顯示每一個年度（逐列顯示）、每一個地區（逐欄顯示）的總銷售量。

資料表

地區	年度	數量
大阪	2017年	925
大阪	2018年	898
大阪	2019年	684
東京	2017年	2206
東京	2018年	2987
東京	2019年	2547
波士頓	2017年	1872
波士頓	2018年	1769
波士頓	2019年	1994
芝加哥	2017年	1188
芝加哥	2018年	1236
芝加哥	2019年	1584
洛杉磯	2017年	2772
洛杉磯	2018年	3088
洛杉磯	2019年	3247
首爾	2017年	2214
首爾	2018年	2652
首爾	2019年	1988
紐約	2017年	3875
紐約	2018年	3284
紐約	2019年	3692
橫濱	2017年	1794
橫濱	2018年	2372
橫濱	2019年	2584
舊金山	2017年	1588
舊金山	2018年	2022
舊金山	2019年	2247

執行 [樞紐資料行] 功能

年度	地區								
	大阪	東京	波士頓	芝加哥	洛杉磯	首爾	紐約	橫濱	舊金山
2017年	925	2206	1872	1188	2772	2214	3875	1794	1588
2018年	898	2987	1769	1236	3088	2652	3284	2372	2022
2019年	684	2547	1994	1584	3247	1988	3692	2584	2247

「樞紐資料行」為[地區]

「值資料行」為[數量]

完成的摘要報表類似 Excel 的樞紐分析表，包含逐欄、逐列的維度資料，以及交叉統計的摘要值。而若是反其道而行，將二維的摘要統計報表其各縱向維度的資料行內容，轉換為橫向逐列顯示並以左右相鄰的〔屬性〕資料行與〔值〕資料行來呈現每一筆資料記錄。就像是將縱、橫兩維度的樞紐分析表，還原成原始的資料表（RAW DATA）一般。此類型的操控即稱之為〔取消樞紐〕。在 Power Query 查詢編輯器的操作環境下，可在選取縱向維度的各資料行後，執行〔取消樞紐資料行〕功能選項操作即可。

地區	年度		
	2017年	2018年	2019年
大阪	925	898	684
東京	2206	2987	2547
波士頓	1872	1769	1994
芝加哥	1188	1236	1584
洛杉磯	2772	3088	3247
首爾	2214	2652	1988
紐約	3875	3284	3692
橫濱	1794	2372	2584
舊金山	1588	2022	2247

地區	屬性	值
大阪	2017年	925
大阪	2018年	898
大阪	2019年	684
東京	2017年	2206
東京	2018年	2987
東京	2019年	2547
橫濱	2017年	1794
橫濱	2018年	2372
橫濱	2019年	2584
波士頓	2017年	1872
波士頓	2018年	1769
波士頓	2019年	1994
洛杉磯	2017年	2772
洛杉磯	2018年	3088
洛杉磯	2019年	3247
紐約	2017年	3875
紐約	2018年	3284
紐約	2019年	3692
舊金山	2017年	1588
舊金山	2018年	2022
舊金山	2019年	2247
芝加哥	2017年	1188
芝加哥	2018年	1236
芝加哥	2019年	1584
首爾	2017年	2214
首爾	2018年	2652
首爾	2019年	1988

執行 [取消樞紐資料行] 功能

以下就開啟此一小節的範例檔案〔數值資料處理與轉換實作範例 .xlsx〕活頁簿，在 Power Query 查詢編輯器針對名為〔數量統計〕的查詢，實作〔樞紐資料行〕與〔取消樞紐資料行〕這兩種操作過程。

樞紐（Pivot）

使用目前所選取的資料欄位中的內容來建立新的資料行。也就是針對資料表型態的資料來源，建立縱向、橫向兩個維度的交叉統計分析查詢。但是此功能並不支援具有巢狀資料行的資料表。

步驟01 開啟〔數值資料處理與轉換實作範例 .xlsx〕活頁簿後，點按〔資料〕索引標籤。

步驟02 點按〔查詢與連線〕群組裡的〔查詢與連線〕命令按鈕，開啟〔查詢與連線〕工作窗格。

步驟03 點按兩下〔數量統計〕查詢。

步驟04　選取〔地區〕資料行。

步驟05　點按〔轉換〕索引標籤。

步驟06　點選〔任何資料行〕群組裡的〔樞紐資料行〕命令按鈕。

步驟07　開啟〔樞紐資料行〕對話方塊，選擇〔值資料行〕為〔數量〕。

步驟08　點按〔進階選項〕。

步驟09　選擇彙總值函數為〔加總〕，然後點按〔確定〕按鈕。

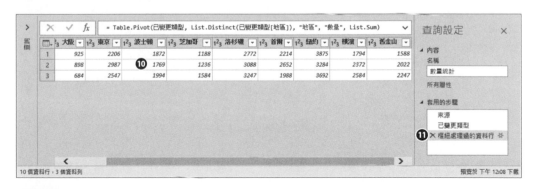

步驟10　以〔地區〕為樞紐分析資料行，完成各年度、各地區的數量加總運算。

步驟11　完成此一實作練習後，並不需要儲存，可以點按〔套用的步驟〕窗格裡最後一個步驟（樞紐處理過的資料行）的刪除按鈕，即取消此一實作範例的查詢步驟。讓我們再試試其他樞紐資料行的摘要統計。

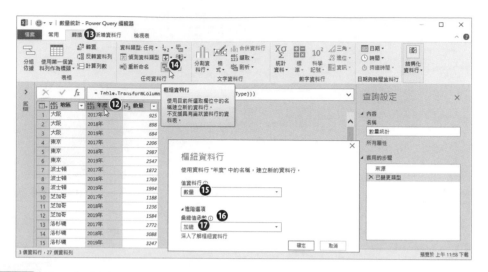

步驟12 這次改成選取〔年度〕資料行。

步驟13 點按〔轉換〕索引標籤。

步驟14 點選〔任何資料行〕群組裡的〔樞紐資料行〕命令按鈕。

步驟15 開啟〔樞紐資料行〕對話方塊，選擇〔值資料行〕為〔數量〕。

步驟16 點按〔進階選項〕。

步驟17 選擇彙總值函數為〔加總〕，然後點按〔確定〕按鈕。

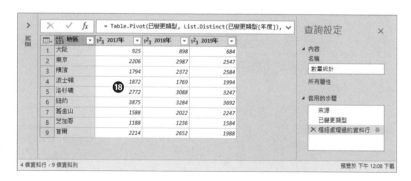

步驟18 立即以〔年度〕為樞紐分析資料行，完成各地區、各年度的數量加總運算。

取消樞紐（Unpivot）

透過取消樞紐的功能操作，可以將選定的資料行內容，轉成以列（Row）的方向，呈現在〔屬性〕與〔值〕這兩個新增的資料行中，順利建構出結構化的資料表，形成有

用的 RAW DATA。通常在資料庫的資料正規化中，取消樞紐資料行的操作也會有很大的幫助喔！

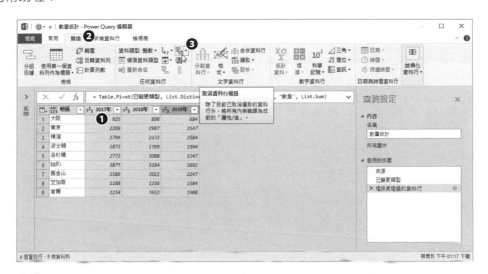

步驟01 同時選取〔2017 年〕、〔2018 年〕與〔2019 年〕三個資料行。

步驟02 點按〔轉換〕索引標籤。

步驟03 點選〔任何資料行〕群組裡的〔取消資料行樞紐〕命令按鈕。

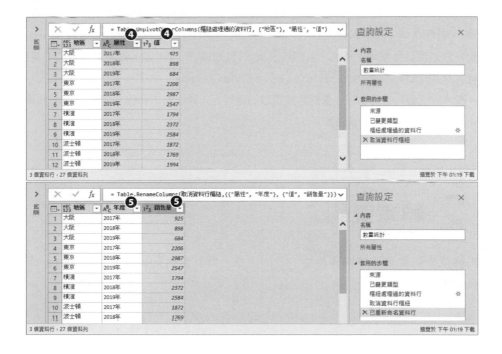

步驟04 建立〔屬性〕與〔值〕新資料行。

步驟05 適度變更資料行名稱以及資料型態。

取消資料行樞紐的其他選項

在〔取消資料行樞紐〕命令按鈕上，其實可區分為以下三種功能選項：

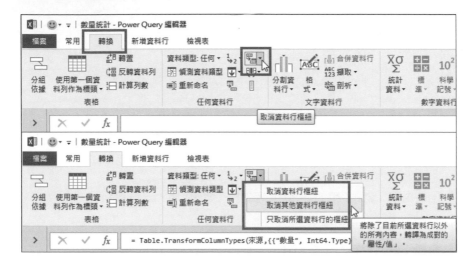

- 取消資料行樞紐，除了目前已取消選取的資料行外，將所有內容，轉換為成對的「屬性 / 值」。對應的 M 語言函數是 Table.UnpivotOtherColumns()。

- 取消其他資料行樞紐，將除了目前所選資料行以外的所有內容，轉換為成對的「屬性 / 值」。對應的 M 語言函數也是 Table.UnpivotOtherColumns()。

- 只取消所選資料行的樞紐，僅將目前選取的資料行，轉換為成對的「屬性 / 值」。對應的 M 語言函數是 Table.Unpivot()。

7.2 轉置查詢

所謂的轉置查詢就是將資料表格式的查詢結果，將其資料列視為資料行；資料行視為資料列的轉置。

分區	人數	英文	資訊	簡報	邏輯	圖表
北區	146	65.12	60	70.29	66	66.99
中區	77	71.19	66.23	75.4	72.03	70.78
南區	49	70.86	67.43	74.73	68.78	70.37
東區	158	77.9	73.18	81.89	77.65	78.32
西區	110	77.44	71.56	81.95	77.4	75.64
西北區	93	72.17	69.18	78.73	72.67	72.28
東南區	62	76.26	68.97	81.48	75.32	74.23
中西區	279	81.33	78.06	80.09	80.33	80.35

轉置

分區	北區	中區	南區	東區	西區	西北區	東南區	中西區
人數	146	77	49	158	110	93	62	279
英文	65.12	71.19	70.86	77.9	77.44	72.17	76.26	81.33
資訊	60	66.23	67.43	73.18	71.56	69.18	68.97	78.06
簡報	70.29	75.4	74.73	81.89	81.95	78.73	81.48	80.09
邏輯	66	72.03	68.78	77.65	77.4	72.67	75.32	80.33
圖表	66.99	70.78	70.37	78.32	75.64	72.28	74.23	80.35

以下就用〔數值資料處理與轉換實作範例.xlsx〕活頁簿檔案裡,〔各分區平均分數〕的資料表,進行資料表轉置的實作練習。

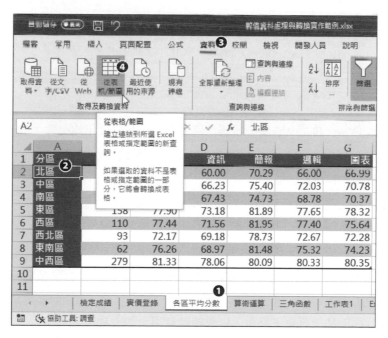

步驟01　開啟活頁簿後,切換到〔各區平均分數〕工作表,

步驟02　點按〔各分區平均分數〕資料表裡的任一儲存格。

步驟03　點按〔資料〕索引標籤。

步驟04　點按〔取得及轉換資料〕群組裡的〔從表格 / 範圍〕命令按鈕。

不過，由於 Power Query 的轉置對象是所有的資料列，並不包含目前的資料行名稱，因此，必須先將目前的資料行名稱調整為第一個資料列。

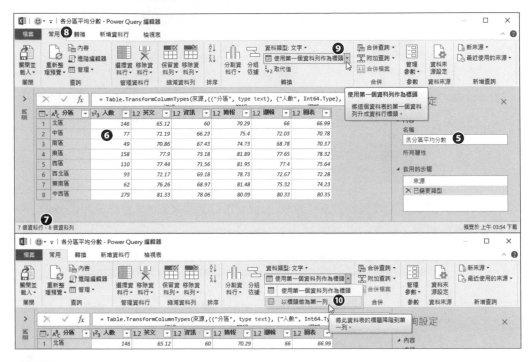

步驟05 進入 Power Query 查詢編輯器並建立名為〔各分區平均分數〕的查詢。

步驟06 此查詢結果其縱向資料行是人數與各科目名稱，橫向資料列則是分區名稱、人數與各科分數。

步驟07 查詢輸出是 7 個資料行（1 個首欄標題資料行、6 個人數與各科目名稱資料行）、8 個資料列（8 個地區名稱為首行的資料列）。

步驟08 點按〔常用〕索引標籤。

步驟09 點選〔轉換〕群組裡〔使用第一個資料列作為標頭〕命令按鈕旁的小三角形按鈕。

步驟10 從展開的功能選單中點選〔以標頭做為第一列〕功能選項。

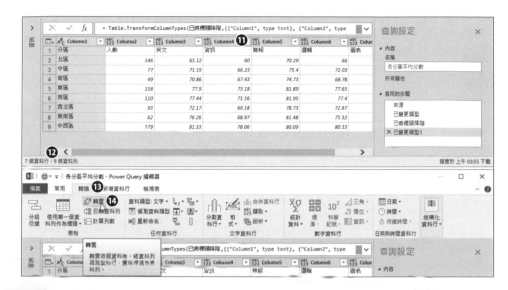

步驟11 原本的資料行名稱已經變成第一個資料列的內容，而目前的資料行名稱自動預設為 Column1、Column2、Column3…。

步驟12 查詢結果變成 7 個資料行、9 個資料列。

步驟13 點按〔轉換〕索引標籤。

步驟14 點按〔表格〕群組裡的〔轉置〕命令按鈕。

在順利轉置資料表後，通常會將第一列的內容再度調整為資料行名稱。

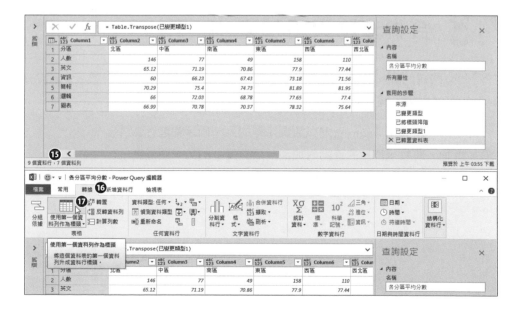

步驟15 完成資料表的轉置，查詢結果變成 9 個資料行、7 個資料列。

步驟16 點按〔轉換〕索引標籤。

步驟17 點按〔表格〕群組裡的〔使用第一個資料列作為標頭〕命令按鈕。

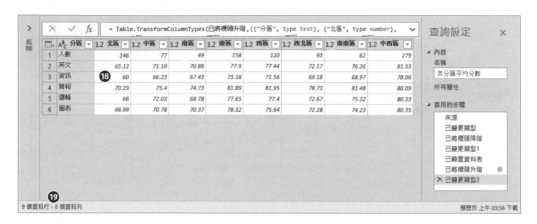

步驟18 大功告成，分區名稱已經成為縱向的資料行，人數與各科目則成為橫向的資料列。

步驟19 完成資料表的轉置，查詢結果變成 9 個資料行（1 個首欄標題資料行、8 個地區名稱資料行）、6 個資料列（人數以及 5 個科目 ... 名稱資料列）。

7.3 合併查詢與附加查詢

對於兩個有關聯的資料查詢，通常可以進行〔合併〕與〔附加〕的作業。也就是將目前開啟的查詢與另一個查詢進行：

- 合併查詢，將目前開啟的查詢與活頁簿裡的另一個查詢進行合併。
- 附加查詢，將目前開啟的查詢附加到此活頁簿裡的另一個查詢。

7.3.1 合併查詢

所謂的合併查詢就是將兩個查詢結果，根據共同的關鍵欄位為比對依據，進行兩個查詢的整併。在 Power Query 查詢編輯器裡面提供〔合併查詢〕功能選項，可以將目前開啟的查詢與活頁簿裡的另一個查詢進行合併。也提供有〔將查詢合併為新查詢〕功能選項，可以將目前開啟的查詢與活頁簿裡的另一個查詢進行合併，並依此合併建立新查詢。

接下來開啟名為〔合併查詢與附加查詢 .xlsx〕的活頁簿進行合併查詢的練習。如下圖所示，左側是 Excel 認證考試成績的查詢結果，右側是 PowerPoint 認證考試成績的查詢結果，都已經在 Power Query 查詢編輯器裡建立了個別的查詢，我們就從開啟〔Excel 成績〕查詢開始，進行一連串合併查詢與附加查詢的實務演練。

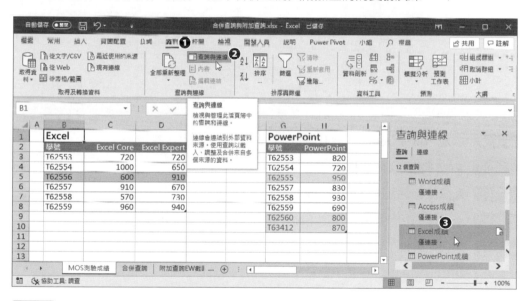

步驟01 開啟活頁簿後，點按〔資料〕索引標籤。

步驟02 點按〔查詢與連線〕群組裡的〔查詢與連線〕命令按鈕，開啟〔查詢與連線〕工作窗格。

步驟03 點按兩下〔Excel 成績〕查詢。

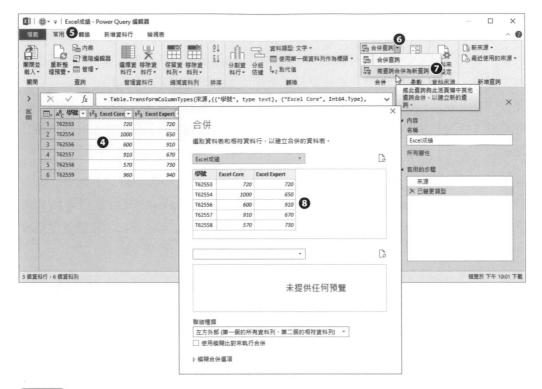

步驟04　進入 Power Query 查詢編輯器並開啟〔Excel 成績〕查詢。

步驟05　點按〔常用〕索引標籤。

步驟06　點選〔合併〕群組裡〔合併查詢〕命令按鈕旁的小三角形按鈕。

步驟07　從展開的功能選單中點選〔將查詢合併為新查詢〕功能選項。

步驟08　開啟〔合併〕對話方塊，目前開啟的查詢正在對話方塊上方。

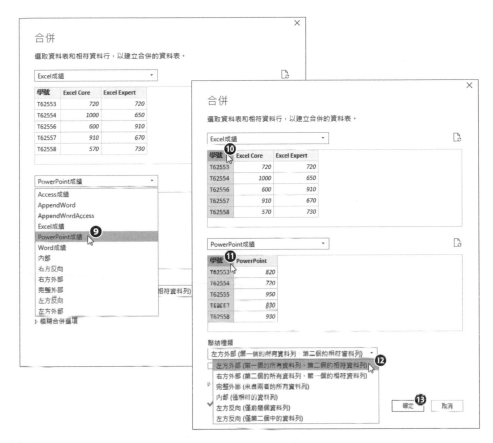

步驟09 點選要進行合併的查詢為〔PowerPoint 成績〕查詢。

步驟10 點選兩查詢的比對欄位，例如：〔Excel 成績〕查詢的〔學號〕資料行。

步驟11 再點選〔PowerPoint 成績〕查詢的〔學號〕資料行。

步驟12 點選所要進行的查詢聯結種類，例如：〔左方外部（第一個的所有資料列、第二個的相符資料列）〕。

步驟13 點按〔確定〕按鈕。

在合併查詢的作業中，合併後所產生的新資料行其資料結構為 Table，必須再經由展開資料表的操作，勾選所要查詢的資料行或所有資料行。

步驟14　執行合併查詢後點按〔PowerPoint 成績〕資料行的展開按鈕。

步驟15　從展開的功能選單中可決定要合併哪些資料行然後點按〔確定〕按鈕。

〔Excel 成績〕查詢在合併〔PowerPoint 成績〕查詢後，除了〔Excel 成績〕查詢原有的資料記錄外，也併入了〔PowerPoint 成績〕查詢裡有著相同學號的資料列，因此，可以看到所有參與 Excel 認證考試的成員，也可以看到這些成員裡也有參與 PowerPoint 認證考試的成績。當然，同樣都是學號資料行，來自〔PowerPoint 成績〕查詢裡的學號資料行是可以刪除的。

了解合併查詢的操作後，就來談談合併查詢的聯結種類與應用吧！Power Query 查詢編輯器的〔合併查詢〕功能提供了六種聯結種類：〔左方外部〕、〔右方外部〕、〔完整外部〕、〔內部〕、〔左方反向〕與〔右方反向〕，以剛剛的實作範例為例，〔Excel 成績〕查詢視為第一個查詢（左方）、〔PowerPoint 成績〕查詢視為第二個查詢（右方），各種聯結種類的說明與範例如后。

左方外部（第一個的所有資料列、第二個的相符資料列）

第一個查詢的所有資料列，以及第二個查詢裡的相符資料列。例如：所有參與 Excel 考試的學員成績，若這些學員也有參與 PowerPoint 考試，也列出其成績。

學號	Excel Core	Excel Expert	PPT學號	PowerPoint
T62553	720	720	T62553	820
T62554	1000	650	T62554	720
T62556	600	910	T62557	830
T62557	910	670	T62558	930
T62558	570	730	T62559	690
T62559	960	940	null	null

左方外部

右方外部（第二個的所有資料列、第一個的相符資料列）

第二個查詢的所有資料列，以及第一個查詢裡的相符資料列。例如：所有參與 PowerPoint 考試的學員成績，若這些學員也有參與 Excel 考試，也列出其成績。

學號	Excel Core	Excel Expert	PPT學號	PowerPoint
T62553	720	720	T62553	820
T62554	1000	650	T62554	720
null	null	null	T62555	950
T62557	910	670	T62557	830
T62558	570	730	T62558	930
T62559	960	940	T62559	690
null	null	null	T62560	800
null	null	null	T63412	870

右方外部

完整外部（來自兩者的所有資料列）

第一個查詢的所有資料列，以及第二個查詢的所有資料列。例如：只要有參與 Excel 考試或者 PowerPoint 考試的所有學員成績。

學號	Excel Core	Excel Expert	PPT學號	PowerPoint
T62553	720	720	T62553	820
T62554	1000	650	T62554	720
null	null	null	T62555	950
T62557	910	670	T62557	830
T62558	570	730	T62558	930
T62559	960	940	T62559	690
null	null	null	T62560	800
null	null	null	T63412	870
T62556	600	910	null	null

完整外部

內部（僅相符的資料列）

僅列出第一個查詢的資料列裡，與第二個查詢也相符的資料列。例如：僅列出既參與 Excel 考試也同時參與 PowerPoint 考試的學員成績。

學號	Excel Core	Excel Expert	PPT學號	PowerPoint
T62553	720	720	T62553	820
T62554	1000	650	T62554	720
T62557	910	670	T62557	830
T62558	570	730	T62558	930
T62559	960	940	T62559	690

內部

左方反向（僅前幾個資料列）

僅列出第一個查詢的資料列，但並不包含與第二個查詢也相符的資料列。例如：僅參與 Excel 考試（但是沒有參與 PowerPoint 考試）的學員成績。

學號	Excel Core	Excel Expert	PPT學號	PowerPoint
T62556	600	910		

左方反向

右方反向（僅第二個中的資料列）

僅列出第二個查詢的資料列，但並不包含與第一個查詢也相符的資料列。例如：僅參與 PowerPoint 考試（但是沒有參與 Excel 考試）的學員成績。

學號	Excel Core	Excel Expert	PPT學號	PowerPoint
			T62555	950
			T62560	800
			T63412	870

右方反向

7.3.2 附加查詢

在 Power Query 查詢編輯器裡提供有〔附加查詢〕功能選項，可以將活頁簿裡的另一個查詢附加到目前開啟的查詢裡。此外也提供有〔將查詢附加為新查詢〕功能選項，讓附加查詢的結果成為新的查詢。例如：下列所示的四個查詢是個別輸出為 Excel、Word、PowerPoint 與 Access 等認證考試成績的資料查詢。

Excel

學號	Excel Core	Excel Expert
T62553	720	720
T62554	1000	650
T62556	600	910
T62557	910	670
T62558	570	730
T62559	960	940

Word

學號	Word Core	Word Expert
T62551	770	850
T62552	740	950
T62553	890	790
T62554	660	760
T62555	660	960
T62556	740	660
T62557	800	560
T62558	780	930
T62559	650	750
T62560	720	940
T63412	840	680
T63413	670	560
T63414	640	830

Access

學號	Access
T62551	880
T62553	630
T62555	890
T62556	840
T62557	950
T62558	750
T62560	560
T63414	880
T63416	560
T63417	920

PowerPoint

學號	PowerPoint
T62553	820
T62554	720
T62555	950
T62557	830
T62558	930
T62559	690
T62560	800
T63412	870

若以 Excel 成績查詢為基準，要將 Word 成績的查詢結果附加進來，此附加查詢的結果如下圖所示：

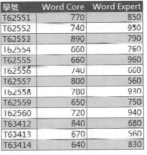

Excel查詢 附加Word查詢

學號	Excel Core	Excel Expert	Word Core	Word Expert
T62553	720	720	*null*	*null*
T62554	1000	650	*null*	*null*
T62556	600	910	*null*	*null*
T62557	910	670	*null*	*null*
T62558	570	730	*null*	*null*
T62559	960	940	*null*	*null*
T62551	*null*	*null*	770	850
T62552	*null*	*null*	740	950
T62553	*null*	*null*	890	790
T62554	*null*	*null*	660	760
T62555	*null*	*null*	660	960
T62556	*null*	*null*	740	660
T62557	*null*	*null*	800	560
T62558	*null*	*null*	780	930
T62559	*null*	*null*	650	750
T62560	*null*	*null*	720	940
T63412	*null*	*null*	840	680
T63413	*null*	*null*	670	560
T63414	*null*	*null*	640	830

甚至，附加查詢也可以附加兩個以上的查詢結果，例如以 Excel 成績查詢為基準，將 Word 成績的查詢結果、Access 成績的查詢結果，以及 PowerPoint 成績的查詢結果，一同附加至 Excel 查詢裡，新的查詢結果如下圖所示：

Excel

學號	Excel Core	cel Expert
T62553	720	720
T62554	1000	650
T62556	600	910
T62557	910	670
T62558	570	730
T62559	960	940

附加

Word

學號	Word Core	Word Expert
T62551	770	850
T62552	740	950
T62553	890	790
T62554	660	760
T62555	660	960
T62556	740	660
T62557	800	560
T62558	780	930
T62559	650	750
T62560	720	940
T63412	840	680
T63413	670	560
T63414	640	830

附加

Access

學號	Access
T62551	880
T62553	630
T62555	890
T62556	840
T62557	950
T62558	750
T62560	560
T63414	880
T63416	560
T63417	920

附加

PowerPoint

學號	PowerPoint
T62553	820
T62554	720
T62555	950
T62557	830
T62558	930
T62559	690
T62560	800
T63412	870

Excel查詢 附加Word查詢、Access查詢、PowerPoint查詢

學號	Excel Core	Excel Expert	Word Core	Word Expert	Access	PowerPoint
T62553	720	720	null	null	null	null
T62554	1000	650	null	null	null	null
T62556	600	910	null	null	null	null
T62557	910	670	null	null	null	null
T62558	570	730	null	null	null	null
T62559	960	940	null	null	null	null
T62551	null	null	770	850	null	null
T62552	null	null	740	950	null	null
T62553	null	null	890	790	null	null
T62554	null	null	660	760	null	null
T62555	null	null	660	960	null	null
T62556	null	null	740	660	null	null
T62557	null	null	800	560	null	null
T62558	null	null	780	930	null	null
T62559	null	null	650	750	null	null
T62560	null	null	720	940	null	null
T63412	null	null	840	680	null	null
T63413	null	null	670	560	null	null
T63414	null	null	640	830	null	null
T62551	null	null	null	null	880	null
T62553	null	null	null	null	630	null
T62555	null	null	null	null	890	null
T62556	null	null	null	null	840	null
T62557	null	null	null	null	950	null
T62558	null	null	null	null	750	null
T62560	null	null	null	null	560	null
T63414	null	null	null	null	880	null
T63416	null	null	null	null	560	null
T63417	null	null	null	null	920	null
T62553	null	null	null	null	null	820
T62554	null	null	null	null	null	720
T62555	null	null	null	null	null	950
T62557	null	null	null	null	null	830
T62558	null	null	null	null	null	930
T62559	null	null	null	null	null	690
T62560	null	null	null	null	null	800
T63412	null	null	null	null	null	870

通常進行附加查詢後，多半會再進行取消資料行樞紐與樞紐資料行的操作來適度整理查詢的結果。

步驟01 開啟活頁簿後，點按〔資料〕索引標籤。

步驟02 點按〔查詢與連線〕群組裡的〔查詢與連線〕命令按鈕，開啟〔查詢與連線〕工作窗格。

步驟03 點按兩下〔Excel 成績〕查詢。

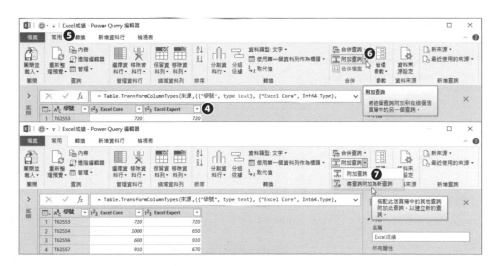

步驟04 進入 Power Query 查詢編輯器並開啟〔Excel 成績〕查詢。

步驟05 點按〔常用〕索引標籤。

步驟06 點選〔合併〕群組裡〔附加查詢〕命令按鈕旁的小三角形按鈕。

步驟07 從展開的功能選單中點選〔將查詢附加為新查詢〕功能選項。

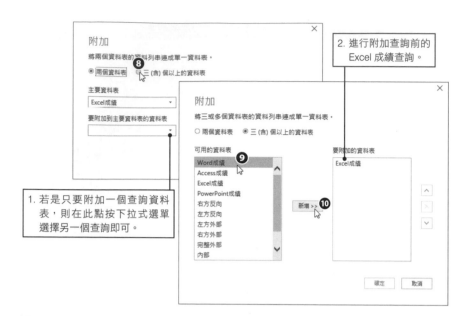

步驟08 開啟〔附加〕對話方塊,點選〔三(含)個以上的資料表〕選項。

步驟09 點選〔Word成績〕查詢。

步驟10 點按〔新增〕按鈕。

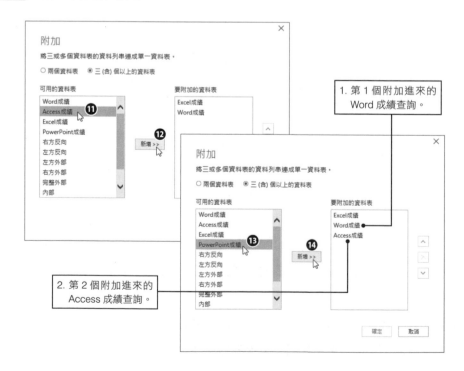

步驟11 點選〔Access 成績〕查詢。

步驟12 點按〔新增〕按鈕。

步驟13 點選〔PowerPoint 成績〕查詢。

步驟14 點按〔新增〕按鈕。

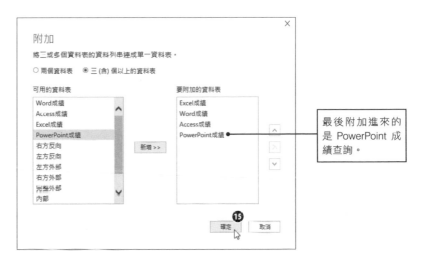

最後附加進來的是 PowerPoint 成績查詢。

步驟15 點按〔確定〕按鈕。

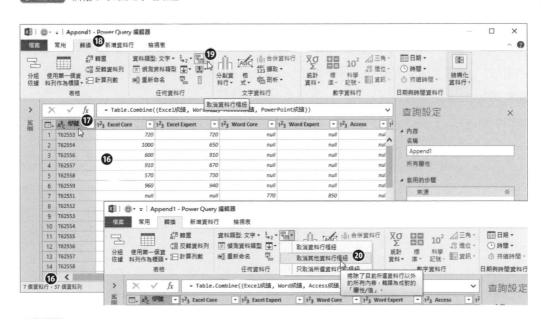

步驟16 此次的附加查詢結果是 7 個資料行、37 個資料列的查詢輸出。

步驟17 點選〔學號〕資料行。

步驟18 點按〔轉換〕索引標籤。

步驟19 點按〔任何資料行〕群組裡〔取消資料行樞紐〕命令按鈕右側的倒三角形按鈕。

步驟20 從展開的功能選單中點選〔取消其他資料行樞紐〕功能選項。

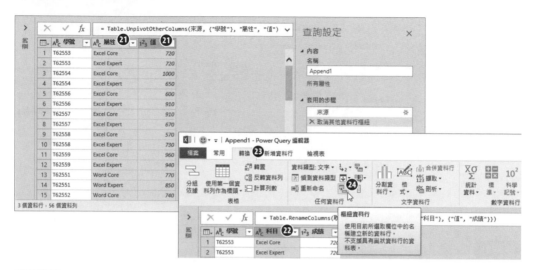

步驟21 經過了取消資料行樞紐操作後,產生了〔屬性〕與〔值〕兩個新的資料行,可進行適當名稱的修改。例如:可以將〔屬性〕重新命名為〔科目〕、將〔值〕重新命名為〔成績〕。

步驟22 點選〔科目〕資料行。

步驟23 點按〔轉換〕索引標籤。

步驟24 點選〔任何資料行〕群組裡的〔樞紐資料行〕命令按鈕。

步驟25 開啟〔樞紐資料行〕對話方塊，點按〔進階選項〕。

步驟26 選擇〔值資料行〕為〔成績〕。

步驟27 選擇彙總值函數為〔不要彙總〕。

步驟28 點按〔確定〕按鈕。

完成資料整理後，列出每一位成員每一個考科的認證成績，總共有 15 列記錄（15 位成員），7 個資料欄位的輸出（學號與 6 個考科）。

學號	Excel Core	Excel Expert	Word Core	Word Expert	Access	PowerPoint
1 T62551	null	null	770	850	880	null
2 T62552	null	null	740	950	null	null
3 T62553	720	720	890	790	630	820
4 T62554	1000	650	660	760	null	720
5 T62555	null	null	660	960	890	950
6 T62556	600	910	740	660	840	null
7 T62557	910	670	800	560	950	830
8 T62558	570	730	780	930	750	930
9 T62559	960	940	650	750	null	690
10 T62560	null	null	720	940	560	800
11 T63412	null	null	840	680	null	870
12 T63413	null	null	670	560	null	null
13 T63414	null	null	640	830	880	null
14 T63416	null	null	null	null	560	null
15 T63417	null	null	920	null	null	null

= Table.Pivot(已重新命名資料行, List.Distinct(已重新命名資料行[科目]), "科目", "成績")

查詢設定

▲ 內容
名稱
Append1
所有屬性

▲ 套用的步驟
來源
取消其他資料行樞紐
已重新命名資料行
樞紐處理過的資料行
已重新排序資料列
取消其他資料行樞紐1
✕ 樞紐處理過的資料行1

7 個資料行，15 個資料列

預覽於 上午 02:07 下載

相信經過這一章節在 Power Query 查詢編輯器裡各種基本功的操作訓練，您對於 Power Query 的功能與操作介面應該不再陌生與懼怕，加上下一章節 Power Query 核心 M 語言的介紹與實作，您的查詢功力肯定會大增，所欠缺的就是實際案例的經驗與磨練了，而這方面只要您能將所學舉一反三，第 10 章節實務應用裡的練習肯定會讓您大有收穫。

認識 M 語言

Power Qucry 處理資料的核心就是 M 語言的編撰,透過 M 語言的函數來處理每一個查詢步驟。正如同 Excel 的巨集錄製,會自動將操作步驟轉換成相關的 VBA 程式碼,Power Query 會記錄查詢過程中的每一個查詢步驟,並產生相對應的 M 語言函數程式編碼。而透過 M 語言的撰寫與函數的使用,可以協助使用者更自由、彈性的運用查詢功能,完成導入、整合、拆分、清理、合併、彙整等任務。所以,認識 M 語言、活用 M 語言,將是您提升查詢效能的必備基本技能。

8.1 M 語言簡介

M 語言是 Power Query 的核心，雖然在大多數的情況下，使用者可以透過 Power Query 操作介面上功能區裡的命令按鈕來進行資料查詢，並自動產生查詢步驟，而不需要親力親為的編寫查詢程式，但是，如果想要發揮 Power Query 的全部潛能，學習 M 語言絕對是必須的。

要精通 Power Query 的查詢作業，雖不見得要精於無中生有的撰寫 M 語言，但也應該要學會看懂程式碼，瞭解如何撰寫或編輯簡單的運算式，所以，M 語言的函數、程式編碼就勢必一定要看得懂、會編輯。在本章節中，您將學習如何編寫自己的 M 語言運算式，瞭解 M 語言及其語法和常見的 M 語言容器，例如 Table、List、Record，以及如何建立自己的 M 函數，以便您可以共享查詢步驟之間甚至查詢之間的邏輯。

8.1.1 在哪裡撰寫 M 函數語言

在進入 Power Query 查詢編輯器後，有三個介面環境可以進行 M 語言的撰寫：

資料編輯列（又稱公式編輯列）

也就是如同 Excel 工作表的公式編輯列一般，位於功能區下方，呈現目前所選取的查詢步驟之 M 語言程式編碼，這是等於「＝」符號為首的 M 語言函數形式程式編碼，因此，您可以在此編輯查詢裡的單一查詢步驟。

進階編輯器

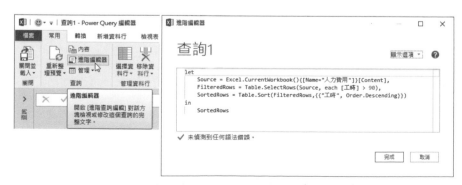

從 Power Query 查詢編輯器的〔常用〕索引標籤，點按〔查詢〕群組裡的〔進階編輯器〕命令按鈕，可以開啟〔進階編輯器〕對話，在此便可以一窺整個查詢的 M 語言程式碼，也就是查詢裡每一個查詢步驟所使用的函數、前後關係與對應，都可在此一覽無遺。這也正是編輯、導覽整個查詢之程式設計的最佳環境。

建立空白查詢

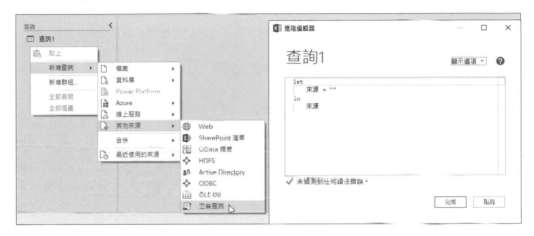

在 Power Query 查詢編輯器裡，透過〔新增查詢〕〔空白查詢〕的選項，便可以開啟空白的查詢編碼環境，讓您從無到有的藉由 M 語言程式碼的編撰，建構各個查詢步驟，建立所需的查詢。

8.1.2 M 語言的程式撰寫規範

大多數高階的程式語言都有頭、尾的敘述或定義，例如：早期的 COBOL 商用程式便有四大區塊（Division）的宣告；在 Excel VBA 程式碼撰寫中，也一定都是以 Sub 開頭、End Sub 結尾或者 Function 開頭、End Function 結尾的編寫區段。而 Power Query 的查詢呢？亦如同程式設計的陳述句（Statement）一般，在 Power Query 的 M 語言中，一個查詢的設計與撰寫，即是位於 let …in …陳述句的結構中，以 let 為首，至 in 結束，在 let 與 in 之間建立查詢的核心，也就是一系列使用函數與運算式所撰寫的查詢步驟。

名詞小常識

關於 Statement（語句、敘述、陳述句）與 Expression（表達式、表示式）：

- 所謂的 Statement（陳述句）通常指的不是傳回一個值，而是執行一個狀態的程式碼。例如：Excel VBA 裡的 if then else 或是 select case 就是屬於 Statement（陳述句）。

- 所謂的 Expression（運算式、表達式、表示式）通常會回傳（產生）一個結果值，程式設計者便可以設定一個變數來接收這個結果值。例如：z=x+y-20 這個計算式便是屬於運算式的表達，此運算式的執行會傳回一個結果值，並將結果值傳給變數 z，而運算式裡的 x 與 y 則是參與運算的變數。

瞭解 Power Query M 語言函式

例如：在〔Power Query 編輯器〕中開啟〔進階編輯器〕後，便可以透過 M 語言函數的撰寫，來建立與編輯查詢。其中，let 表示一個查詢的開始，in 表示一個查詢的結束，也將會送出查詢的結果。而在 let 與 in 之間，正是查詢裡的每一個查詢步驟。例如下列兩個例子是沒有什麼特別意義的程式碼，但是卻可以從中瞭解並學習一些 M 語言的程式撰寫規範與資料回傳要義。

例如：這個名為〔查詢 2〕的查詢，僅有一個名為〔say〕的查詢步驟：

變數為〔say〕

運算式為 = "Hello Query World"

所以，變數 say 就是查詢步驟名稱，而此查詢步驟所傳回的結果是一個文字型態的資料。

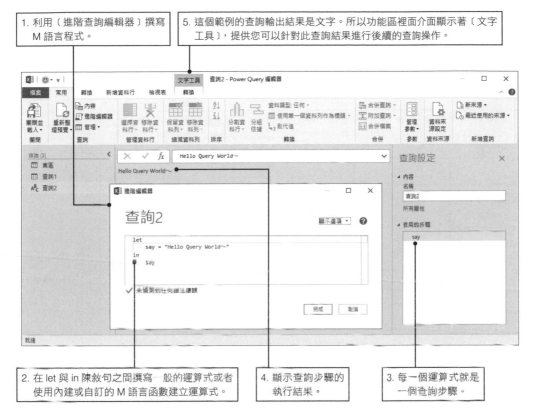

1. 利用〔進階查詢編輯器〕撰寫 M 語言程式。

5. 這個範例的查詢輸出結果是文字。所以功能區裡面介面顯示著〔文字工具〕，提供您可以針對此查詢結果進行後續的查詢操作。

2. 在 let 與 in 陳敘句之間撰寫一般的運算式或者使用內建或自訂的 M 語言函數建立運算式。

4. 顯示查詢步驟的執行結果。

3. 每一個運算式就是一個查詢步驟。

再舉一個例子，這個名為〔查詢 3〕的查詢，包含了兩個查詢步驟，一個名為〔來源〕、另一個名為〔x〕。寫法是：

第 1 個運算式：

　　變數為〔來源〕

　　運算式為 = {10,20,50," 水果 ",30," 咖啡 "},

　　所以，變數〔來源〕也就是第 1 個查詢步驟的名稱，此查詢步驟的運算式使用到 {} 符號，成功建立了一個 List（清單），此 List 裡包含了 4 個數值與兩個文字的清單項目，或稱之為清單元素。因此，這個查詢步驟所傳回的結果是一個 List 資料型態的內容。

第 2 個運算式：

　　變數為〔x〕

　　運算式為 = List.Count(來源)

所以，變數〔x〕也就是第 2 個查詢步驟的名稱，此查詢步驟的運算式使用了 Power Query 的內建函數 List.Count 進行運算。此函數的功能是計算指定的 List（清單）內所擁有的元素數量，因此，函數裡的參數必須是 List 物件，而此查詢步驟所傳回的結果應該是一個整數值。

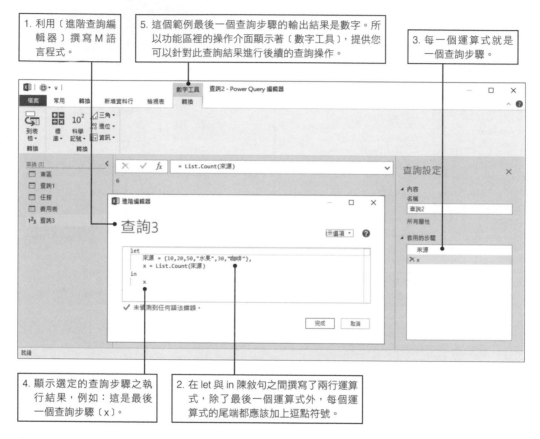

1. 利用〔進階查詢編輯器〕撰寫 M 語言程式。

5. 這個範例最後一個查詢步驟的輸出結果是數字。所以功能區裡的操作介面顯示著〔數字工具〕，提供您可以針對此查詢結果進行後續的查詢操作。

3. 每一個運算式就是一個查詢步驟。

4. 顯示選定的查詢步驟之執行結果，例如：這是最後一個查詢步驟〔x〕。

2. 在 let 與 in 陳敘句之間撰寫了兩行運算式，除了最後一個運算式外，每個運算式的尾端都應該加上逗點符號。

在程式碼中並不容易看出每一個運算式，也就是每一個查詢步驟的結果是什麼類型的資料型態，可是，在 Power Query 的操作介面與查詢結果視窗上，可就一目了然喔！

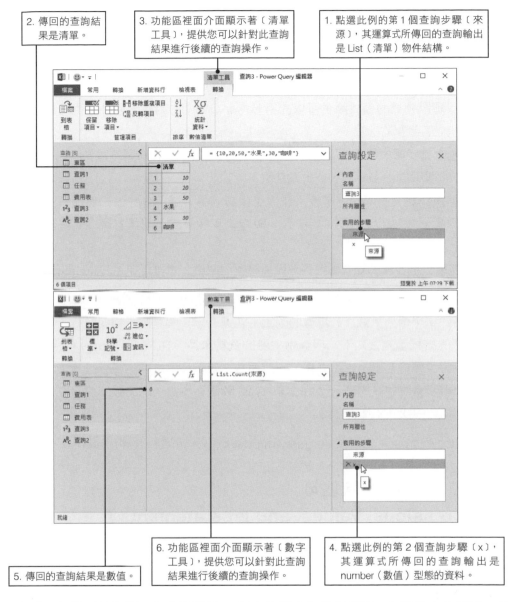

2. 傳回的查詢結果是清單。

3. 功能區裡面介面顯示著〔清單工具〕，提供您可以針對此查詢結果進行後續的查詢操作。

1. 點選此例的第 1 個查詢步驟〔來源〕，其運算式所傳回的查詢輸出是 List（清單）物件結構。

6. 功能區裡面介面顯示著〔數字工具〕，提供您可以針對此查詢結果進行後續的查詢操作。

5. 傳回的查詢結果是數值。

4. 點選此例的第 2 個查詢步驟〔x〕，其運算式所傳回的查詢輸出是 number（數值）型態的資料。

從上述兩個範例的解說，您應該對於 M 語言的撰寫架構與解讀，有了基本的認識。藉由 M 語言函數與運算式的執行，便是使用 Power Query 進行相關資料查詢作業的核心，而 M 語言程式編寫的規範是：

1. 以 let 陳述句為首，建立一系列的查詢步驟。

2. 每一個查詢步驟都是由步驟名稱定義開始，再透過等式（等於符號）「＝」，運用內建函數或自訂函數來建立查詢運算式。

3. 每一個查詢步驟的名稱正如同變數名稱的設定一般，除了可以是該查詢步驟的查詢結果外，亦可作為其他查詢步驟的資料來源。

4. 每一個查詢步驟的建置基礎大多數是參照前一個查詢步驟的結果。也就是說，後續的查詢步驟其資料來源，正是前一個查詢步驟的執行結果。

5. 查詢步驟所建立的公式除了可以套用 Power Query 的內建函數外，也可以自訂公式，建立客製化的函數。

6. 每一個查詢步驟的程式碼尾端，必須有一個逗點符號作為結尾符號。不過，最後一個查詢步驟例外，並不需要以逗點結束。

7. 如果前後步驟有關聯性，爾後又修改了步驟名稱，卻沒有在公式裡適時的修改相對應的步驟資料來源，極可能導致先後查詢步驟失去了前後對應的關係而發生了錯誤。

8. 如果覺得一個步驟的程式碼過長，難以維護與閱讀，也可以加上 Enter 鍵分行。

總結：實質上 Power Query 查詢的每一個查詢步驟便是一個 M 語言的運算式，而運算式所傳回的結果值便是該查詢步驟的輸出，若還有下一個查詢步驟要執行，則上一個查詢步驟的結果值常會是下一個查詢步驟的資料來源。在 Power Query 使用 let 陳述句做為查詢步驟的起源及查詢過程，一般而言，最後一個查詢步驟就是最後的查詢結果。而在編寫查詢運算式時，Power Query 的 M 語言所提供的函數超過 700 個，您可以在下列網址中找到完整的介紹：

https://docs.microsoft.com/powerquery-m/power-query-m-function-reference

運算式、值和 let 陳述句
（Expressions, Values, and let statements）

M 語言中的兩個基本概念是運算式（Expression）和值（Value），這些概念並不難掌握。基本上，所謂的值，正如數值、文字（字串），或更複雜的物件內容，諸如：Table（表格）、List（清單）、Record（記錄）…等等。M 語言的運算式一旦被執行（或稱之為被評估）後，便會傳回運算式的計算結果值。例如：

■ 運算式 = 10 + 20
  將傳回結果值 30。

■ 運算式 = {12,50,18,40,23,90}
  將傳回包含 6 個元素的 List（清單）。

- 運算式 =[性別 =" 女 ", 年齡 =43, 血型 ="AB", 學歷 =" 碩士 "]

  將傳回一筆 Rrecord（資料記錄），記錄了 4 個資料欄位的內容。

上述這些運算式的雷同寫法，您都可以在後續章節裡看到相關的詳細介紹。

區分大小寫

Power Query 的 M 語言是區分大小寫的，例如：Power Query 可以識別 Excel. CurrentWorkbook() 是標準庫中的函數，但是並無法識別 Excel.Currentworkbook()，就因為字母 w 輸入成小寫而非大寫，將會導致錯誤訊息，所以，在編寫 M 語言程式碼時需要特別小心，避免未區分大小寫而引起的錯誤。

標示符名稱的規定

所謂的標示符（identifier），在此指的也就是變數名稱或資料欄位名稱。在應用程式的操作或程式的撰寫上，常常會有設定欄名（資料行名稱）、變數等命名的需求。在 Power Query 的 M 語言中，變數名稱、資料欄位名稱等設定，命名可以使用中英文字的混和，但由於 M 語言會區分大小寫，因此使用英文時要格外小心，大小寫並不相同。此外，命名時可以用底線「 _ 」開頭，不可以數字開頭，名稱裡也不能使用空格，但可以使用「 . 」及「 _ 」。而且名稱中若使用了「 . 」或「 _ 」以外的其他特殊字元，例如「/」，則變數名稱前就必須加上「#」號。例如：

「姓名」是合法的資料行名稱、「業績」是合法的資料行名稱、「姓名業績」也是合法的資料行名稱，然而「姓名 / 業績」並不是合法的資料行名稱，但是，「#" 姓名 / 業績 "」就是合法的資料行名稱。

M 語言常用的運算符號

在程式內會使用許多的變數、常數，來儲存指定的資料值，或是建立運算式，而運算式的計算經常會使用的運算符號，並不僅僅是簡單的「+」（加）、「-」（減）、「*」（乘）、「/」（除），乃至「^」（次冪）與「&」（串接）等運算子而已，也常常會運用到諸如「AND」（且）及「OR」（OR）的邏輯運算，而在資料值的大小比對上，也常會使用到「>」、「<」、「=」、「>=」、「<=」、「<>」等關係比較運算，這些運算符號的使用，與您在 Excel 工作表的儲存格裡建立公式，或是透過 VBA 撰寫程式，都具有相同的概念與方式。

資料型別（資料型態）

您已經在第 3 章中看到查詢中的每一個資料行（也就是資料欄位）都是特定的資料類型，也稱之為資料型別或資料型態。如同大多數的資料庫系統與程式設計語言的原始資料類型，例如：文字型態、數值型態、日期時間型態、邏輯型態等等，M 語言也包含有 Table、Record、List 等結構化類型的資料型別。光是在查詢編輯器的查詢輸出結果畫面上就能看出端倪。

	A⁰C 工作編號 ▼	A⁰C 工作名稱 ▼	A⁰C 負責人 ▼	⏱ 實際執行日期時間 ▼	1.2 原料磅數 ▼	$ 預算 ▼	1²3 配給人力 ▼
1	Task001	深度烘培	王韡惟	2020/1/8 上午 08:00:00	3.4	28500	2
2	Task002	精緻研磨計畫	王怡婷	2020/1/13 下午 02:20:00	12.6	46380	5
3	Task003	新品研發	王莉婷	2020/2/18 上午 09:30:00	7.2	35920	3

% 完成比例 ▼	📅 預定完成日 ▼	🕐 規定每日回報時間 ▼	🌐 線上會議日期時間 ▼	🕐 工時 ▼	✗ 是否委外 ▼
56.00%	2020/2/15	下午 04:30:00	2020/1/12 下午 10:30:00 +09:00	7.16:52:00	FALSE
72.00%	2020/2/21	下午 03:00:00	2020/1/18 上午 11:00:00 -08:00	8.14:25:00	TRUE
68.00%	2020/4/18	下午 05:20:00	2020/2/24 下午 09:00:00 -05:00	15.12:15:00	FALSE

A⁰C 估價單 ▼	A⁰C 原廠位置 ▼	A⁰C 檔案名稱 ▼	🗐 估價單檔案內容 ↔	🗐 檔案屬性 ↔
估價單1.xlsx	東京	估價單1.xlsx	Binary	Record
估價單2.xlsx	洛杉磯	估價單2.xlsx	Binary	Record
估價單3.xlsx	紐約	估價單3.xlsx	Binary	Record

宣告日期，時間，日期時間，日期時區和持續時間

如果需要在運算式中表示日期、日期時間、日期時區或持續時間等類型的值，則可以使用內部函數 #date()、#datetime()、#datetimezone() 和 #duration()。例如：#datetime() 函數的格式如下：

#datetime(年 , 月 , 日 , 小時 , 分鐘 , 秒)

如果您在 M 運算式中使用 #datetime(2020,2,18,15,46,32)，它將返回包含以下內容的 datetime 值：日期為 2020 年 2 月 18 日，時間 15:46:32。同理，#date(2020,2,5) 可以返回日期 2020 年 2 月 5 日這一天；若是 #duration(1,0,0,0) 代表將返回等於一天的持續時間。

程式的註釋

為了爾後解讀及維護程式碼的撰寫與可讀性，您可以在程式碼中適時的添增註釋，也就是對程式碼的註解說明。而 M 語言提供了兩種添增註釋的方式：

- 單行註釋
  針對只有一行的註解說明文字，該行文字必須以兩個斜線符號開頭「//」。

- 多行註釋

若註解說明文字有多行的需求，則必須以「/ *」開頭，並以「* /」結束。也就是在「/ *」與「* /」之間的文字都會被視為註解文字。

8.1.3 三個基本且重要的陳述句

Power Query 中 M 語言有三個主要的陳述語句：

(1) let ...in …

(2) try...otherwise...

(3) if...then...else...

以下就為您娓娓道來。

程式核心 let ...in …

正如本章一開始的介紹，在 let 與 in 之間便是透過運算式與函數所撰寫而成的查詢步驟。請注意 let 和 in 都必須小寫，在 let 和 in 之間除了最後一行運算式的結尾不需要逗點符號外，其他每一行運算式的結尾都需要以逗點作為分隔。此外，in 之後的查詢步驟名稱，可以是之前的任何一個查詢步驟名稱。如果使用的不是最後一個步驟名稱，則在〔套用的步驟〕底下就不會顯示查詢中的其他查詢步驟名稱。

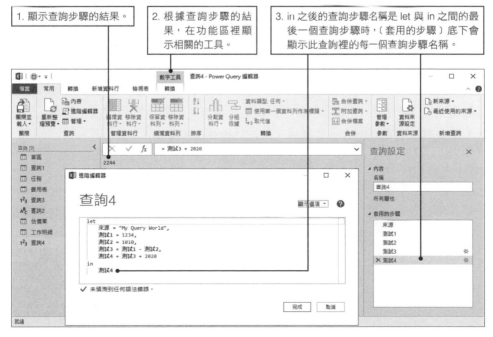

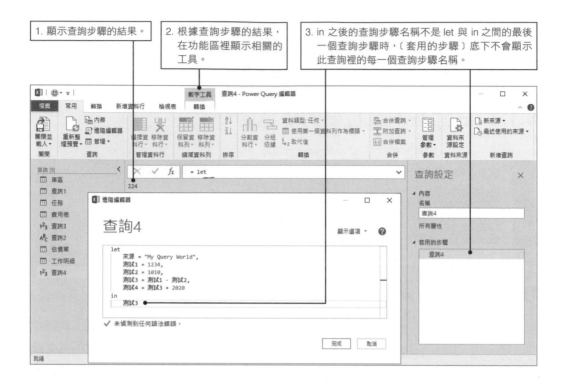

1. 顯示查詢步驟的結果。

2. 根據查詢步驟的結果，在功能區裡顯示相關的工具。

3. in 之後的查詢步驟名稱不是 let 與 in 之間的最後一個查詢步驟時，〔套用的步驟〕底下不會顯示此查詢裡的每一個查詢步驟名稱。

捕抓錯誤的 try...otherwise...

由於 M 語言提供可以混合任意文、數字的 any 資料型態，因此，該型態的資料行裡或許某些記錄儲存著數值資料、某些記錄儲存的是文字資料。例如下圖所示，名為「交通費」的資料行是屬於必須輸入數值的 number 資料型態。但是名為「誤餐費」的資料行是屬於可輸入文字或數值的 any 資料型態。此例在「誤餐費」資料行的第 1、4、6 等三筆資料記錄內容分別是數值 480、450、660，而第 2、3、5 這三筆資料記錄的內容則皆是文字 " 未定 "。如果僅僅是查詢結果輸出，也沒什麼大問題，可是，若是針對此「誤餐費」資料行進行一些運算，可能就會有所困擾喔！

	ABC 123 工號	ABC 123 姓名	1²₃ 交通費	ABC 123 誤餐費
1	E9003	陳孝天	700	480
2	E9005	邱玉嬪	1480	未定
3	E9008	林世賢	860	未定
4	E9012	金佳宜	700	450
5	E9014	胡立群	380	未定
6	E9017	彭維維	660	660

= Table.AddColumn(任務支出, "請款", each [交通費]+

例如：我們需要在查詢裡新增一個名為〔支出費用〕的查詢步驟。所以，我們可以透過 Table.AddColumn() 函數來建立一個運算式，在此查詢裡產生一個名為「請款」的新資料行，而此資料行的運算式是將每一筆資料記錄既有的「交通費」資料行與「誤餐費」資料行的內容相加，其中，我們也運用了 Number.From() 函數將「誤餐費」資料行的內容轉換成數值資料。因此這行程式碼可以寫成：

支出費用 = Table.AddColumn(任務支出 , " 請款 ", each [交通費]+ Number.From([誤餐費]))

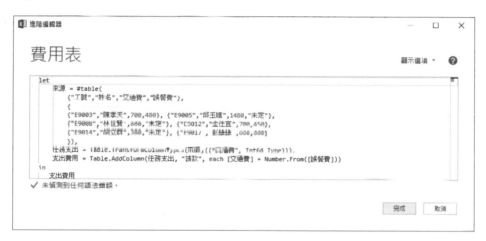

但沒想到，執行的結果竟然出現了 Error 錯誤值。其實，細看一下這個查詢結果也合理，因為，「誤餐費」資料行裡有些記錄是數值、有些記錄是文字，與都是數值資料的「交通費」資料行進行加法運算時，數值與文字的資料型態並不相符，又怎麼能夠加在一起呢？所以，第 2 筆資料記錄其運算式是 1480+" 未定 "，以及第 3 筆資料記錄其運算式是 860+" 未定 "，還有第 5 筆資料記錄的運算式是 380+" 未定 "，那麼，結果當然是 Error 輸出囉！這時候就是 M 語言函數大顯神通的時候了，只要利用 M 語言內建的 try …otherwise 陳述句，便可以解決偵測錯誤的問題。

Number.From() 函數

由於原本 [誤餐費] 資料行是屬於 any（文字或數值）資料型態，其內容有可能是數值，也有可能是文字。若 [誤餐費] 的內容是文字時，將造成加法運算產生 Error 錯誤訊息，因此，我們可以利用 M 語言的 Number.From() 函數，將 [誤餐費] 的內容轉換為數值資料。

如果我們想要撰寫一個運算式，但是又怕此運算式會發生錯誤結果，而造成查詢輸出顯示錯誤訊息，此時就是使用 try...otherwise... 的好時機了。我們可以將運算式撰寫在 try 陳述句與 otherwise 子句之間。若該運算式沒有錯誤，可以傳回正確的運算式結果，那也就相安無事，完成 try 陳述句的執行也就傳回了運算式的結果。而在 otherwise 子句之後可以撰寫當運算式發生錯誤時，想要執行的指定運算式或指定值。以此例而言，我們可以在 [誤餐費] 的運算式之前加上 try，若該運算式正確無誤（[誤餐費] 是數值）就會傳回結果並順利與 [交通費] 進行加法運算。若是傳回錯誤訊息（[誤餐費] 是文字），就傳回 otherwise 子句之後的指定值 0，讓 [誤餐費] 被視為 0 般地再與 [交通費] 進行加法運算。因此，根據前述新增資料行的加法運算式，可以修改成：

[交通費] + (try Number.FromText([誤餐費]) otherwise 0)

這次善用 try…otherwise…就可以避免運算式若發生錯誤時產生錯誤訊息的窘境了！

了解 try…otherwise 的優點與用法後，接著來了解它的特性。當我們在 try 敘述的後面撰寫一個運算式後，若此運算式發生錯誤，將會產生一個錯誤記錄（Record），此記錄記載著錯誤原因、錯誤訊息以及詳細說明等資訊。所以，本質上 try 所傳回的值是屬於 Record（資料記錄）的資料型態。此 Record 由兩個欄位組成。分別名為 HasError 與 Value（或 Error）。其中 HasError 的值為邏輯型態的資料（TRUE/FASLE）。如果 try 後面的運算式被判斷為正確的運算，則 HasError 的值為 False，而 Record 記錄裡另一個欄位稱之為 Value，且其內容正是 try 後面的運算式之運算結果。

反之，若 try 後面的運算式被判斷為錯誤的運算，則 HasError 的值為 True，而且當下也會執行 otherwise 子句之後的運算式並傳回運算結果。此時 Record 記錄裡另一個欄位稱之為 Error，而此欄位的內容也是屬於 record（資料記錄）的資料型態，記載了錯誤原因（Reason）、錯誤訊息（Message）以及錯誤明細（Detail）等三個資料欄位。其中錯誤明細的欄位型態亦是屬於 Record 資料型態，儲存著運算式的明細資訊。這些資訊在分析錯誤的原由是非常有幫助的。

我們就利用一個簡單的例子來做說明。如下所示的 M 語言程式碼：

所得 = try 底薪 + 獎金

使用 try 來判斷並傳回「底薪」與「獎金」相加的運算式是否有誤的資訊。

由於此例「底薪」的值是 38400、「獎金」的值是 6780，都是數值性資料，因此加法運算式是正確的，並不會發生錯誤，所以，try 所傳回的 Record 裡會記載〔HasError〕與〔Value〕這兩個欄位值，其結果分別是：

〔HasError〕的值為 FALSE

〔Value〕的值為「底薪」+「獎金」的結果

1. try 所傳回的值是屬於 Record（資料記錄）的資料型態，所以，檢視 try 的查詢結果時，功能區裡顯示有〔記錄工具〕。

2. try 後面的運算式若正確，傳回的記錄內容是〔HasError〕欄位與〔Value〕欄位。

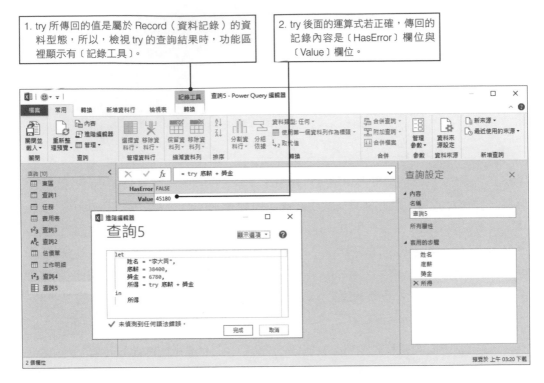

我們稍微修改一下 try 後面的運算式，M 語言程式碼改成：

所得 = try 底薪 + 姓名

使用 try 來判斷並傳回「底薪」與「姓名」相加的運算式是否有誤的資訊。由於此例「底薪」的值是 38400、「姓名」的值是文字資料，因此加法運算式會發生錯誤，所以，try 所傳回的 Record 裡會記載〔HasError〕與〔Error〕這兩個欄位值，其內容是：

〔HasError〕的值為 TRUE

〔Error〕的值為記錄了錯誤資訊的 Record 資料

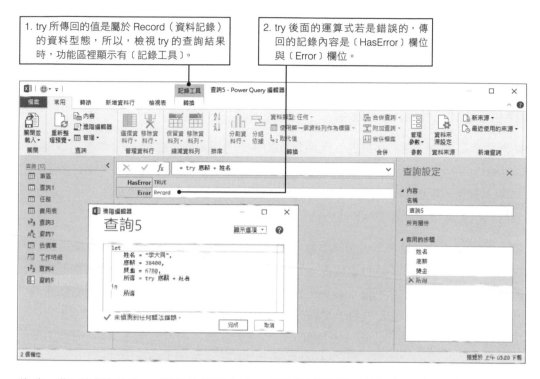

1. try 所傳回的值是屬於 Record（資料記錄）的資料型態，所以，檢視 try 的查詢結果時，功能區裡顯示有〔記錄工具〕。

2. try 後面的運算式若是錯誤的，傳回的記錄內容是〔HasError〕欄位與〔Error〕欄位。

此時，您可以展開 Error 欄位的記錄內容，便可以看到錯誤的原因、錯誤的訊息與錯誤明細，其中，錯誤明細欄位的內容也是 Record 資料型態，您仍可繼續再展開並檢視此錯誤明細的記錄內容喔！

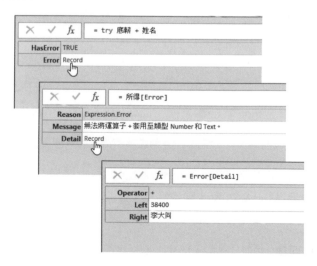

透過 try…otherwise 協助運算式的執行與判別，的確是查詢除錯的好利器，請多善加利用。

注意大小寫

所有陳述句的寫法都是小寫，而所有函數的寫法都是首字字母大寫的單字。

條件式 if...then...else...

如同大多數的程式語言都提供有條件分歧的陳述句或函數，在 M 語言中也可以使用 if ... then ... else 來進行二選一的分歧運算，或透過多層內嵌的撰寫技巧，達到多選一的判斷。甚至，配合 AND、OR 等邏輯判斷，讓查詢工作更為靈活與多變。我們就從一個簡單的實作範例，來了解 if ... then ... else 的基本應用。

如下圖所示的查詢結果是一個四個資料欄位（「工號」、「姓名」、「工時」與「績效分數」）、6 筆資料記錄的資料表輸出。我們想要為此查詢結果，添增一個名為「結果」的新資料欄位，可以顯示每一位員工是否通過考核而取得證照。查詢的準則依據是：若「工時」超過 240（含）個小時以上，而且獲得的「績效分數」也超過 18（含）分以上，才算是通過認證。若通過認證，則「結果」欄位顯示「取得證照」，否則顯示「未通過」。

這是一個非常典型的 if ... then ... else 案例，而 if...then...else 的標準語法是：

if 判斷式 then 判斷式成立時的運算式或值 else 判斷式不成立時的運算式或值

所以，此範例中我們可以使用 Table.AddColumn() 函數添增新的資料行，並設定新的欄位名稱為「結果」，此欄位的運算式為 if ... then ... else，並輔以 and 進行邏輯判斷，口語上可解釋為：

如果「工時」>=240 而且「績效分數」>=18 則「取得證照」，否則「未通過」

撰寫成 M 語言程式碼便是：

if ([工時] >= 240 and [績效分數] >=18) then " 取得證照 " else " 未通過 ")

完整的 Table.AddColumn() 函數即寫成：

輸出 = Table.AddColumn(來源 , " 結果 ", each if ([工時] >= 240 and [績效分數] >=18) then " 取得證照 " else " 未通過 ")

有些許程式設計經驗或者使用過 Excel 之 IF 函數的讀者，應該很容易理解這樣的寫法與表達吧！

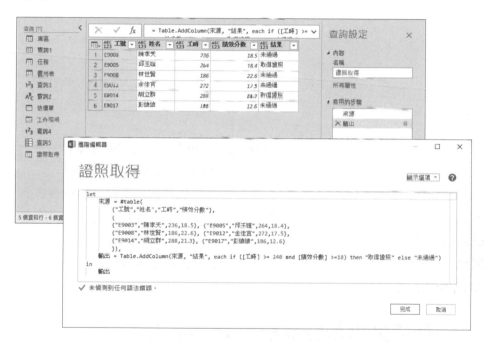

8.2 看懂 M 語言語法

M 語言提供有大量的內建函數可供使用，Microsoft 也提供了兩份非常詳細的文件來描述 M 語言：Power Query Formula Language 規範和 Power Query M 函數參考。您可以參考微軟官方網站並下載 M 語言函數這些說明文件。

https://docs.microsoft.com/zh-tw/powerquery-m/

上述網站除了有微軟官方的 M 語言學習資源外，也有 Power Query M 函式參考 .pdf 與 Power Query M 語言規格（Power Query M Formula Language Specification (July 2019).pdf) 等文件可供下載。在學習與撰寫 M 語言的查詢函數時，這些資源非常有用，對於新手而言，這些文件的閱讀性可能不是那麼容易，但也不至於是本天書，只要適度的引導及累積使用經驗，一定會是您的最佳幫手。本章會從匯入一個活頁簿檔案開始，在運用 Power Query 查詢該資料來源的過程中，瞭解 M 語言的程式編碼並導讀 M 函數的語法。做中學一定會更有效也更有收益。

8.2.1 使用進階編輯器解析 M 語言程式碼

以下的實作將開啟一個名為〔聘僱人員記錄 .xlsx〕的活頁簿，裡面有 5 張分別為名〔東區〕、〔西區〕、〔中區〕、〔南區〕與〔北區〕的工作表，儲存格範圍裡記載著每個地區聘僱人員的地區、部門與工時、薪資等資料。我們就從這個實務範例來學習看得懂 M 語言，瞭解 M 語言的語法，編輯精簡的 M 語言來強化查詢的能力與效能。

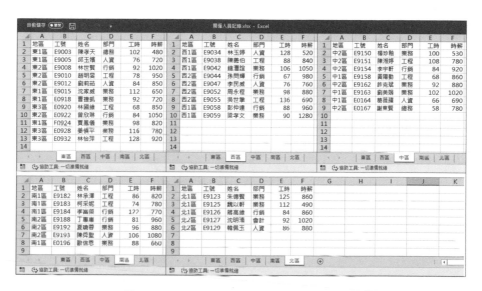

由於筆者設定此活頁簿檔案的存放路徑是在〔C:\Data〕資料夾裡，因此，若要在一個空白活頁簿裡，透過 Power Query 的操作，將〔東區〕工作表的內容匯出，操作程序如下：

步驟01 開啟一個空白活頁簿後，點按〔資料〕索引標籤。

步驟02 點按〔取得及轉換資料〕群組裡的〔取得資料〕命令按鈕。

步驟03 從展開的功能選單中點選〔從檔案〕。

步驟04 在從展開的副選單中點選〔從活頁簿〕。

步驟05 開啟〔匯入資料〕對話方塊，切換到存放活頁簿檔案的路徑。

步驟06 點選想要匯入的檔案後點按〔匯入〕按鈕。

步驟07 開啟〔導覽器〕對話，點選此實作範例活頁簿裡的〔東區〕工作表。

步驟08 點選〔轉換資料〕按鈕。

隨即開啟 Power Query 查詢編輯器畫面，立即成功匯入〔東區〕工作表裡的資料，完成此次的查詢，而這個查詢過程一共歷經了四個查詢步驟。

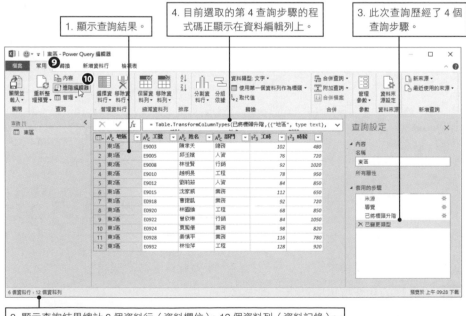

步驟09 點按〔常用〕索引標籤。

步驟10 點按〔查詢〕群組裡的〔進階編輯器〕命令按鈕。

從〔進階編輯器〕裡的程式碼可以看出此查詢的過程,學會看得懂、學會編輯程式碼,將有助於查詢的效能,提升您查詢資料、轉換資料、清洗資料的功力,雖非一蹴可及,但絕對會是您務實資料整理的一大收穫與樂趣喔!

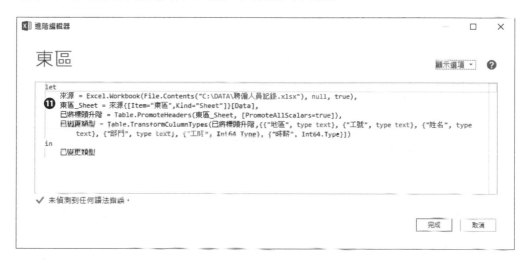

步驟11 開啟〔進階編輯器〕對話,可在此看到整個查詢裡每一個查詢步驟的 M 語言程式碼。從 let 敘述開始到 in 敘述之間,便是各個查詢步驟的運算式(表示式)。

在 Power Query 查詢編輯器右側〔查詢設定〕工作窗格裡〔套用的步驟〕底下,是經由操作 Power Query 的功能按鈕與對話方塊後所自動產生的操作步驟。以此實作範例而言,剛剛的匯入 Excel 活頁簿操作,自動產生了 4 個查詢步驟,但這裡的名稱並不全然是每個查詢步驟的名稱。每一個查詢步驟名稱的設定、編輯與 M 語言撰寫語句,則可以在〔進階編輯器〕對話中一窺全貌。

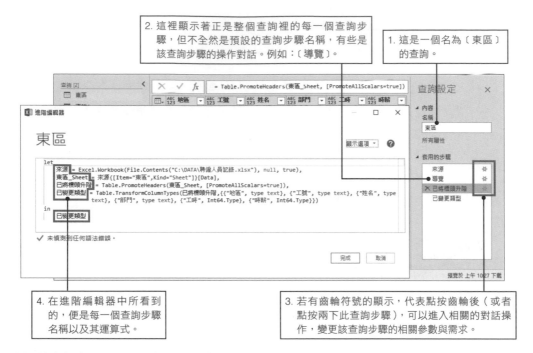

2. 這裡顯示著正是整個查詢裡的每一個查詢步驟，但不全然是預設的查詢步驟名稱，有些是該查詢步驟的操作對話。例如：〔導覽〕。

1. 這是一個名為〔東區〕的查詢。

4. 在進階編輯器中所看到的，便是每一個查詢步驟名稱以及其運算式。

3. 若有齒輪符號的顯示，代表點按齒輪後（或者點按兩下此查詢步驟），可以進入相關的對話操作，變更該查詢步驟的相關參數與需求。

我們就來解析一下經過〔取得及轉換資料〕〔取得資料〕的操作後，Power Query 為我們自動進行了哪些程式編碼吧！首先：

由 let 為首

let…in.. 是 Power Query 的 M 語言敘述，在 let 陳述句底下便是每一個查詢步驟。

第 1 個查詢步驟，匯入外部活頁簿檔案

第 1 個查詢步驟的名稱為〔來源〕，通常使用 Power Query 建立查詢時，第 1 個查詢步驟的預設名稱也幾乎都是以〔來源〕為命名。

來源 = Excel.Workbook(File.Contents("C:\DATA\ 聘僱人員記錄 .xlsx"), null, true),

這個查詢步驟所使用的運算式是 Excel.Workbook() 函數，且此函數裡的第 1 個參數又使用了另一個名為 File.Contents() 的 M 語言函數，這種函數裡還內嵌著另一個函數的算式是極為常見的，在 Excel 儲存格裡的公式編輯也經常可見這類巢串內嵌的寫法。此外，即便您第一次看到這兩個函數，相信從函數的名稱上也不難體會其用途，應該就是開啟或匯入指定檔案路徑裡的 Excel 活頁簿檔案吧！唯一有些許困擾的，應該就是函數後面 null、true 等參數值的設定到底是什麼用意，會有些難以揣測吧！放心，這也正是本章的學習目的，稍後再見分曉囉！

另外，很重要的一個觀念是，明確瞭解查詢步驟的輸出結果為何，是學習並精通 M 語言與 Power Query 的重要基礎，因為，這與下一個查詢步驟的撰寫方式以及需要使用什麼函數與運算式，常常是息息相關的。以這個範例的第 1 個查詢而言，它的查詢結果是什麼？是 number（數值）？ text（文字）？ table（表格）？還是 list（清單）？抑或是一筆 record（記錄）呢？其實，從 Power Query 的操作介面上就可以看出來喔！

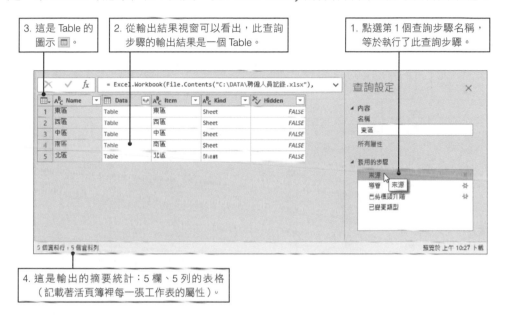

3. 這是 Table 的圖示 。

2. 從輸出結果視窗可以看出，此查詢步驟的輸出結果是一個 Table。

1. 點選第 1 個查詢步驟名稱，等於執行了此查詢步驟。

4. 這是輸出的摘要統計：5 欄、5 列的表格（記載著活頁簿裡每一張工作表的屬性）。

第 2 個查詢步驟，查詢活頁簿檔案裡指定的工作表

第 2 個查詢步驟名稱是〔東區 _Sheet〕，進階編輯器裡的程式碼描述著：

東區 _Sheet = 來源 {[Item=" 東區 ",Kind="Sheet"]}[Data],

這是一個運算式，並沒有運用到 M 語言的內建函數。當然，由於此步驟是承接上一個查詢步驟，也就是第 1 個查詢步驟：〔來源〕的輸出結果來進行查詢，因此，第 1 個查詢步驟的結果是什麼，將會影響第 2 個查詢步驟的撰寫方向與需要使用的運算式。以此例而言，第 1 個查詢步驟的輸出是一個 Table，因此，想要取得 Table 裡個某一個欄位內容，可以根據以下的語法寫成適當的運算式：

表格名稱 {[欄位]}[Data]

因此，可以寫成：

來源 {[item=" 東區 ", Kind="Sheet"]}[Data]

當然，又是大括號、又是中括號，初學的您也一定感到眼花撩亂，但是請放心，這是 Power Query 的 M 語言，在表達資料儲存容器的一種表示法，只要有些許資料庫、資料表的概念，便可以很容易學會與編撰。我們將在下一章節為您娓娓道來。那麼，揣測一下，這個步驟的查詢結果會是什麼呢？由於是針對第 1 個步驟的查詢結果（Table）進行查詢，因此，應該要取得的是該活頁簿裡名為 " 東區 " 工作表 (" Sheet") 裡的每一筆資料 ([Data])。所以，這第 2 個步驟的查詢輸出結果，也是屬於一種 Table 的資料結構喔！

3. 這是 Table 的圖示 🔳 。

2. 從輸出結果視窗可以看出，此查詢步驟的輸出結果也是一個 Table。

1. 點選第 2 個查詢步驟，等於執行了此查詢步驟。

4. 這是輸出的摘要統計：6 欄、13 列的表格（記載著東區工作表裡的資料內容）。

第 3 個查詢步驟，設定查詢結果的資料行名稱。

第 3 個查詢步驟名稱是〔已將標頭升階〕，在進階編輯器裡的程式碼為：

已將標頭升階 = Table.PromoteHeaders(東區 _Sheet, [PromoteAllScalars=true]),

這是一個運算式，所運用到的是 M 語言的 Table.PromoteHeaders() 函數，看看前一個查詢步驟的輸出結果，您應該可以看得出來，查詢結果（Table）的欄位名稱，也就是 Headers 好像是預設為 Column1、Column2、Column3⋯的流水號命名，並沒有

聰明的根據原資料來源的第一列內容來做為資料表的欄位名稱，因此，在操作 Power Query 匯入資料後，自動幫我們建立了這個查詢步驟，將原資料來源的第一列內容變更為資料行名稱。

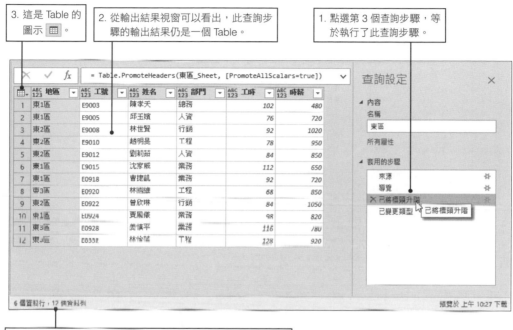

3. 這是 Table 的圖示 ⊞ 。

2. 從輸出結果視窗可以看出，此查詢步驟的輸出結果仍是一個 Table。

1. 點選第 3 個查詢步驟，等於執行了此查詢步驟。

1. 與上個查詢步驟結果相比，此次的輸出的就少了一列，變成 6 欄、12 列的表格（記載著東區工作表裡的資料內容）。

第 4 個查詢步驟，自動調整資料欄位的資料型態

最後一個查詢步驟的名稱為〔已變更類型〕，在進階編輯器裡的程式碼為：

已變更類型 = Table.TransformColumnTypes(已將標頭升階 ,{{" 地區 ", type text}, {" 工號 ", type text}, {" 姓名 ", type text}, {" 部門 ", type text}, {" 工時 ", Int64.Type}, {" 時薪 ", Int64. Type}})

這個查詢步驟所使用的運算式是 Table.TransformColumnTypes() 函數，雖然這行程式碼很冗長，但從字面上並不難體會其功用。其功能是將資料表裡的資料欄位，進行資料型態的設定。也就是 Power Query 會根據匯入的資料，主動判別該資料欄位應該設定為哪一種資料類型，若無法判別的資料也可以設定為 any 類型。

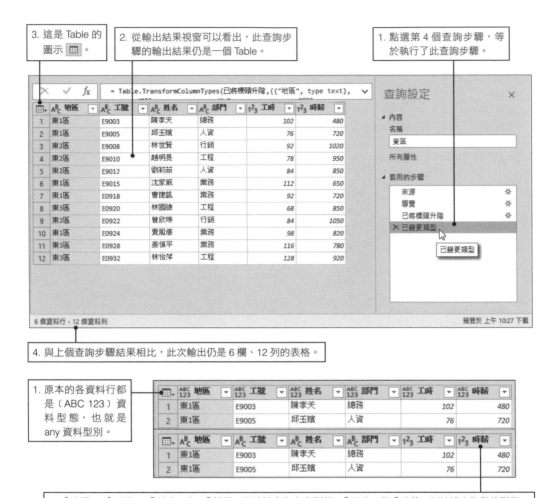

3. 這是 Table 的圖示 ▦ 。

2. 從輸出結果視窗可以看出，此查詢步驟的輸出結果仍是一個 Table。

1. 點選第 4 個查詢步驟，等於執行了此查詢步驟。

4. 與上個查詢步驟結果相比，此次輸出仍是 6 欄、12 列的表格。

1. 原本的各資料行都是〔ABC 123〕資料型態，也就是 any 資料型別。

2.「地區」、「工號」、「姓名」與、「部門」皆被設定為文字型態；「工時」與「時薪」則被設定為數值型態。

由 in 結尾

in.. 是 Power Query 的 M 語言敘述，在 in 陳述句底下若無意外，通常是承襲最後一個查詢步驟的名稱，也就是整個查詢最後的輸出結果。

基本觀念

在 Power Query 編輯器裡的每一個查詢步驟，都有其對應的 M 語言程式碼，整個查詢的頭、尾是由一對 let …in 語句所囊括。開頭的 let 底下是一個個的查詢步驟，結尾的 in 底下則是查詢的最終結果。

8.2.2 查詢函數語法解析

第 1 個查詢步驟名稱預設為〔來源〕，其實這應該是一個頗為貼切的命名，也是 Power Query 在建立一個新查詢時第 1 個查詢步驟的預設命名。而在此實作範例中，這個查詢步驟所執行的 M 語言函數是 Excel.Workbook() 函數，而此函數的用途是：從指定的活頁簿裡傳回工作表中的內容（資料記錄）。

來源 = Excel.Workbook(File.Contents("C:\DATA\ 聘僱人員記錄 .xlsx"), null, true),

在微軟官方網站上的 M 語言公式參考文件裡，也針對此 Excel.Workbook() 函數做了以下的描述：

使用者最重要的是要學會看得懂函數的語法說明，這在函數的撰寫、編輯或萬一輸入錯誤產生錯誤訊息而要除錯時，會有莫大的幫助。雖然函數的語法描述看起來頗為冗長、難懂的名詞敘述也一堆，但絕對是有脈絡可循，只要能理解以下原理並舉一反三，閱讀並理解函數語法就再也不是件難事：

■ 每個函數都會有一個函數名稱，根據函數的分類與用途，名稱裡會有「.」來加以區隔，因此，「.」也是函數名稱的一部分。例如：Excel.Workbook、File.Contents、Table.TransformColumnTypes 等等。

■ 函數名稱的後面會有一對小括號，括號裡面便是此函數的參數，若參數不只一個，則每一個參數之間須以逗號分隔。

■ 參數的目的就是提供函數能夠帶入指定的值至程式中而順利進行運算，因此，若輸入了錯誤的參數當然就會傳回錯誤的結果值甚至可能無法運算。所以，參數的輸入是很嚴謹的。在 M 語言公式參考的函數語法上便描述著每一個參數的名稱（從參

數名稱也可以體會出該參數的意義），以及此參數是否可以省略、此參數是屬於哪一種資料型態。這對於您在使用該函數時需要準備好什麼性質的資料才讓此函數得以順利運作，絕對是頗為關鍵的參考喔！

- 函數的執行都會傳回查詢結果，每一個函數都會有其功能特性而傳回特定的資料型態內容。因此，在函數的語法說明上也特別標明出該函數所傳回的結果應該是隸屬於哪一種資料型態，這在函數名稱小括號後的 as 語句裡可以看得出來。例如：as table 代表該函數會傳回表格、as list 代表該函數會傳回清單、as record 代表該函數會傳回資料記錄、as text 會傳回文字資料、as number 會傳回數值資料，而 as any 則是傳回任意型態的資料。有了這樣的描述參考，使用者在選用與撰寫函數時就比較不會錯用。例如：明明想要一個以 Table 為輸出的查詢步驟，但程式碼裡所使用的函數竟是隸屬於傳回 list 結果的函數，當然就行不通而顯示錯誤訊息囉！所以，使用函數、解析函數時，瞭解該函數是屬於哪一種查詢輸出的資料型態是很重要的。

我們就來看看這個 Excel.Workbook() 函數的語法：

Excel.Workbook(workbook as binary, optional useHeaders as nullable logical, optional delayTypes as nullable logical) as table

Excel.Workbook 函數名稱之小括號後的 as table 即意味著此 Excel.Workbook 函數的執行回傳結果是 Table，而且此函數裡包含了三個參數，分別為：workbook、useHeaders 與 delayTypes，只要有足夠的經驗累積，從這三個參數名稱中，多多少少也就可以意會或揣測出其意義與用途。

- 第 1 個參數 workbook 是不可省略，一定要寫得清清楚楚，在此是指活頁簿檔案，而語法中其後的 as binary 即表示此參數是一種二進編碼的檔案內容。

- 第 2 個參數叫做 useHeaders，當然，對於部分初學的讀者而言，可能光從 useHeaders 這個字眼還是體會不出確實的意義！就從字面上的解釋，就是「使用標題」的意思。簡單的說，就是當 Power Query 匯入工作表裡的範圍資料時，需不需要將範圍裡的首列內容視為表頭（Headers），這表頭正是資料行名稱（資料欄位名稱）之意。若需要，您就將 useHeaders 設定為 true，反之若不需要，就將 useHeaders 設定為 false。語法中此 useHeaders 名稱前的 optional 代表此參數是可省略的。而此 useHeaders 名稱後的 as nullable logical 則表示此 useHeaders 參數是屬於可以為空值（null）的邏輯型態內容。意即此參數可以輸入 null、true 或是 false。

■ 第 3 個參數叫做 delayTypes，雷同剛剛第 2 個參數的語法説明，此 delayTypes 名稱前的 optional 代表此參數是可省略並不用輸入的，而此 delayTypes 名稱後 as nullable logical 則表示此參數是屬於可以為空值（null）的邏輯型態內容，也就是説，此參數可以輸入 null、true 或是 false。

看懂函數的語法後，就可以知道這個 Excel.Workbook 函數可以傳回資料表（as table），但此函數的執行必須提供資料來源，而資料來源必須是 Excel 活頁簿檔案，也就是第 1 個參數 workbook，這是一個不可省略的參數設定。至於 Excel.Workbook 函數裡的第 2 個參數 useHeaders 是指是否要將匯入的資料範圍其首列作為資料欄位名稱；第 3 個參數 delayTypes 是用來設定是否要延遲識別資料型態，這兩個參數都是可以省略或是設定為 null、true、false，因此，即便一時體會不出這兩個參數的功能與用途，也不至於無法執行此函數。其中第 3 個參數 delayTypes 在此範例中並不是很容易理解其用意，我們留在稍後解釋。再回過頭來看看此範例的程式碼：

來源 = Excel.Workbook(File.Contents("C:\DATA\ 聘僱人員記錄 .xlsx"), null, true),

此實作範例的 Excel.Workbook 函數裡，第 1 個參數撰寫的是：

File.Contents("C:\DATA\ 聘僱人員記錄 .xlsx")

這顯然又是一個 Power Query 函數，檢視一下微軟官方網站上的 M 語言公式參考文件裡，也對此 File.Contents() 函數有著以下語法描述：

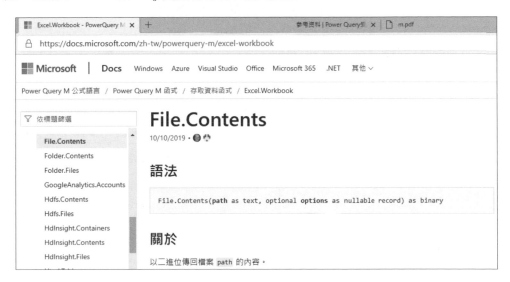

File.Contents(path as text, optional options as nullable record) as binary

File.Contents 函數名稱之小括號後的 as binary 即意味著此 File.Comtents 函數的執行回傳結果是二進制檔案（所以，也就很適合做為剛剛介紹的 Excel.Workbook 函數裡的第 1 個參數），而且此函數裡包含了兩個參數，分別為：path 和 options。

- 第 1 個參數 path 的前面並沒有 optional 這個單字，所以這是一個不可省略的參數，意義上指的就是檔案路徑，而語法中其後的 as text 即表示此參數必須是文字型態的資料。也就是說，此 File.Comtents 函數想要傳回的二進制檔案其所在位置，必須是以文字型態的格式描述在此 path 參數裡。

- 第 2 個參數叫做 options，字面上就是「選用」的意思，而語法中此 options 參數名稱前的 optional 就代表著此參數是可省略並不一定要輸入的。在此 options 參數名稱後的 as nullable record 則表示此參數是可以為空值（null）的 record 資料型態（資料記錄）。也就是說，此參數可以省略，或者可以輸入 null，或是輸入資料記錄型態的物件。

在檢視了此實作範例的程式碼後，可以發覺此次將 File.Contents() 函數寫成：

File.Contents("C:\DATA\ 聘僱人員記錄 .xlsx")

便是非常明確地指出想要查詢的檔案內容是位於 C:\DATA 資料夾裡的〔聘僱人員記錄 .xlsx〕活頁簿檔案，這個以字串形式的寫法 "C:\DATA\ 聘僱人員記錄 .xlsx"，也正是 File.Contents() 函數裡第 1 個參數的需要，而第 2 個參數在此範例中則省略。也由於此 File.Contents() 函數其執行回傳結果是一種二進制檔案（binary），而先前所介紹的 Excel.Workbook() 函數，其第 1 個參數所需的正是 binary 資料型態，因此，此 File.Contents() 函數就非常適合成為 Excel.Workbook() 函數的第 1 個參數，如果我們修改一下程式碼，將此次的查詢改寫成：

來源 = Excel.Workbook(File.Contents("C:\DATA\ 聘僱人員記錄 .xlsx"))

在函數裡的參數可以省略就省略的精簡寫法下，僅僅執行這麼一行程式碼，裡面運用到 Excel.Workbook() 與 File.Contents() 這兩個函數，結果會是如何呢？

此查詢結果便是包含 5 筆資料記錄的資料表（table），也說明了指定檔案路徑 C:\DATA 資料夾裡的〔聘僱人員記錄 .xlsx〕活頁簿檔，共有名為〔東區〕、〔西區〕、〔中區〕、〔南區〕及〔北區〕等 5 張工作表。這些工作表的名稱、資料內容與屬性也分別表達在「Name」、「Data」、「Item」、「Kind」與「Hidden」等 5 個資料行裡。

如果我們再加上一行運算式，並不需要使用其他 Power Query 函數，而寫成：

東區資料 = 來源 {[Item=" 東區 ",Kind="Sheet"]}

這行程式碼正意味著，我們可以根據先前 Excel.Workbook 函數的執行結果（被命名為〔來源〕的查詢步驟，注意，這個查詢結果是一個 Table 資料型態），作為下一個查詢步驟（命名為〔東區資料〕）的起源，而對於〔來源〕執行以下的擷取（切入）動作：

{[Item=" 東區 ",Kind="Sheet"]}

這個查詢運算式的寫法便是產生一個符合項目（item）名稱為 " 東區 "，且此項目的資料種類（kind）為 "Sheet"（工作表）的資料記錄，所以，順利執行此查詢步驟後，應該會回傳資料記錄。要注意的是，由於此次共有兩個查詢步驟，寫成了兩行程式碼，因此，每一行程式碼的結尾必須加上逗點，但最後一行程式碼例外，可以不需要有逗點。若是您在輸入程式碼的過程中忽略了這些語法要求細節，畫面會顯示錯誤訊息的提示。

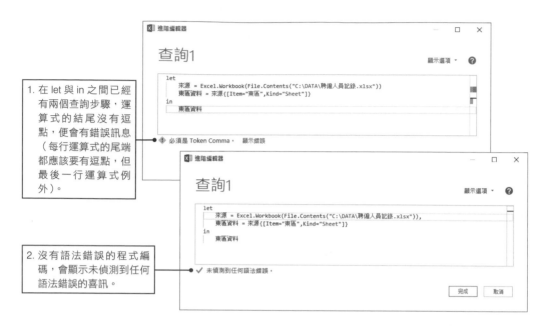

1. 在 let 與 in 之間已經有兩個查詢步驟,運算式的結尾沒有逗點,便會有錯誤訊息(每行運算式的尾端都應該要有逗點,但最後一行運算式例外)。

2. 沒有語法錯誤的程式編碼,會顯示未偵測到任何語法錯誤的喜訊。

若是忽略語法錯誤,甚至即便語法正確但是參數所引用或參照的資料型態不適當,也是會有錯誤訊息的提示。除了標示程式碼中發生錯誤的所在處外,也會解釋語法錯誤的原因,如此便很容易讓使用者進行除錯與學習。

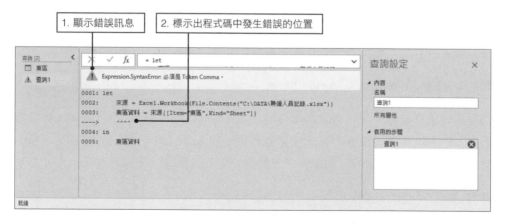

1. 顯示錯誤訊息

2. 標示出程式碼中發生錯誤的位置

我們這次加入的查詢步驟,所傳回的結果是以記錄型態呈現的(也就是傳回 (item) 名稱為 " 東區 ",且資料種類 (kind) 為 "Sheet"(工作表) 的資料記錄),因此,查詢結果視窗上方可以看到〔記錄工具〕及底下的〔轉換〕索引標籤。而內容上,也可以看到此查詢結果的記錄,其 Name 的值是 " 東區 "、Data 的值是 Table、Item 的值也是 " 東區 "、Kind 的值是 Sheet、Hidden 的值是 FALSE。因此,只要以滑鼠點按 Table,便可以向下切入至該內容,也就是查詢並展開該資料(Data)的內容:

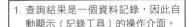

1. 查詢結果是一個資料記錄，因此自動顯示〔記錄工具〕的操作介面。

2. 直接點按記錄的欄位內容，便可向下切入該欄位內容。例如：若內容是 Table，向下切入該 Table 便是查詢該 Table 的內容。

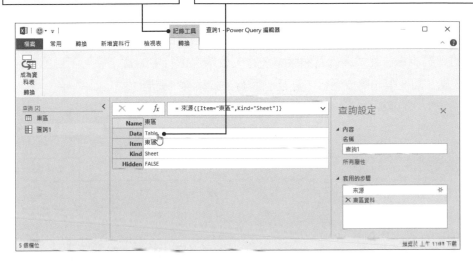

常然，這時候等於又多執行了一個〔向下切入〕的查詢步驟，此查詢步驟在這個範例中預設名稱為〔Data〕，我們可以在畫面右側〔查詢設定〕工作窗格裡〔套用的步驟中〕看到。查詢結果也正如願的以資料表（table）的型態呈現出〔東區〕工作表的內容。一共有 6 個資料欄位、13 筆資料記錄的輸出。不過，看起來有沒有怪怪的，欄位名稱怎麼會是 Column1、Column2、Column3…. 那麼沒有意義呢。沒問題！稍後便知分曉，讓我們繼續看下去。

2. 預設資料行名稱不盡人意，我們稍後解決。

1. 一個點按的操作便自動添增了一個查詢步驟

8.2.3 精簡 M 語言程式碼

回顧一下剛剛的學習過程，我們可以運用 M 語言的查詢函數，自行編撰程式編碼，而在 Power Query 的操作過程中，也會加上該操作過程的查詢步驟程式編碼，因此，愈複雜的查詢步驟，程式編碼當然就愈多行，以這次進行中的實作範例，目前已經有三行程式碼，可將其精簡成兩行，甚至一行嗎？當然沒有問題：

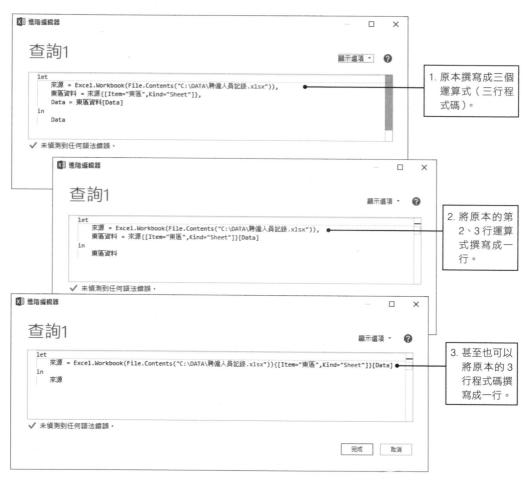

1. 原本撰寫成三個運算式（三行程式碼）。

2. 將原本的第 2、3 行運算式撰寫成一行。

3. 甚至也可以將原本的 3 行程式碼撰寫成一行。

不過，您也會發現將多行程式碼精簡到只有一、兩行未必是件好事，因為，那將讓程式碼愈難看懂也愈難解讀，以後要維護與異動一定也困難重重，況且，並不是每個程式碼或每個函數都允許您組合與精簡。以此實作範例而言，寫成兩行是蠻適切的，第 1 行 Excel.Workbook() 函數可以查詢出指定的活頁簿；第 2 行運算式再查詢出指

定的工作表而傳回資料表型態的查詢結果。不過，先前查詢結果的欄位名稱預設是 Column1、Column2、Column3…. 的問題，筆者也準備在此一併解決。

由於原先第 1 行 Excel.Workbook() 函數的寫法，我們採用了極精簡的寫法，省略了第 2 與第 3 個參數，這時候就可以感受到第 2 個參數的魅力與重要了。基於 Excel. Workbook 函數裡的第 2 個參數 useHeaders 是指是否要將匯入的資料範圍其首列作為資料欄位名稱，因此，若設定此參數為 False 或 Null，那麼 Power Query 便不使用資料來源的首列內容作為資料表的預設資料行名稱，而是自動以 Column1、Column2、Column3 等流水號名稱作為資料來源的資料行名稱。若是設定此 useHeaders 參數為 true，則表示是 Power Query 將使用資料來源的首列內容作為資料表的預設資料行名稱。所以，此範例的程式編碼上，將 Excel.Workbook() 函數的第 2 個參數設定為 true 是最理想的了！

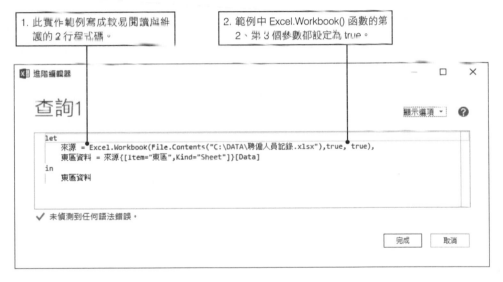

執行此查詢後原始資料裡的第一列內容成為資料欄位名稱，也就是資料行名稱。至於每一個資料行的資料型態，則為〔ABC123〕符號的 any 資料型態。

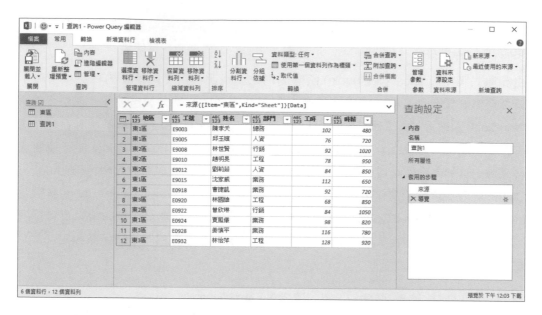

您也可以再試試，將第 3 個參數 delayTypes 設定成 true，執行查詢後，再改設定為 false 並再執行查詢，這時候您可能會發覺，delayTypes 參數是 true 或 false 查詢結果好像都沒什麼差別。單純就字面上的翻譯，delayTypes 可以譯為延遲類型，這是什麼意義呢？原來，Power Query 在讀取活頁簿資料進行匯入時，會自動判別並精準設定資料行的資料型態，如果活頁簿檔案並不大，這判別資料行資料型態的時間只是須臾之間，可是若匯入較大的活頁簿檔案時，這個自動判別資料型態的行為將會耗費極大的時間，因此，Excel.Workbook() 函數的第 3 個參數可以用來設定是否要延遲自動識別並套用資料行的資料型態。當此參數設定為 true 時，不會推斷任何資料型態，取而代之的是可以使用常規、經驗去推斷各個資料行其適合的資料型態，例如：透過 Table.TransformColumnTypes 函數就可以建立變更資料行之資料型態的查詢步驟，如此，在面臨極為龐大的資料來源時就不會空等待。就算推斷的資料型態並不是很理想，也都可以爾後再自行轉換。

實作 M 語言三大容器

Power Query 在處理資料、解析資料的基礎上，並不僅僅是針對文字、數值、日期與時間等類型的資料而已，資料結構中的資料表（Table）、記錄（Record）、清單（List）等容器，更是儲存與擷取結構化資料的重要元素，要了解資料的深化、探勘、萃取、轉換等技巧，就必須深入了解這三大容器的關係、轉換、編碼與相關函數的運用。雖說，使用 Power Query 操作介面與功能選單，就可以達到資料查詢的目的，但那也只是三成功力的發揮，若能活用 M 語言編碼與相關函數，十成查詢功力的養成必不在話下。

9.1 實作**M**語言的三大容器

有些許資料庫觀念的人都知道,所謂的資料型態(Data Type)也稱之為資料型別,是指物件所能保留之資料類型的屬性,也就是在資料表裡儲存資料時,針對資料欄位的資料型態之定義。常見的資料類型包括文字(字串)、整數、精確位數、浮點數、字元、貨幣資料、日期和時間資料、二進位字串等原始數據類型。此外,從先前案例介紹與實作中,您也可以瞭解資料型態也包括了諸如:list(清單)、record(記錄)與 table(資料表格)等與資料庫相關的結構化類型。

以匯入外部資料進行資料查詢為例,下圖所示是一個名為〔工時與薪資.xlsx〕的活頁簿檔案,在名為〔資料來源〕的工作表(sheet)裡,建立了一個名為〔人力費用〕的資料表格(不是傳統範圍),我們就利用這個範例來瞭解 Power Query M 語言的結構。

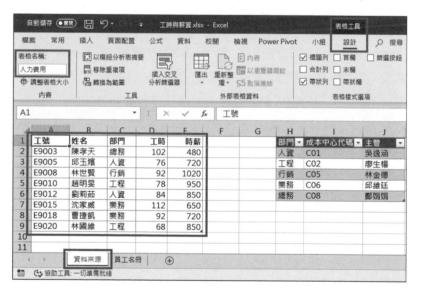

在匯入此例活頁簿裡的〔人力費用〕資料表格至 Power Query 查詢編輯器後,預設操作下若沒有其他調整與設定,將會是一個資料表架構的查詢結果。

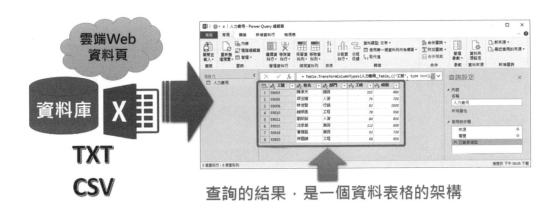

查詢的結果，是一個資料表格的架構

而在資料表格（Table）的架構上，橫向的資料列稱之為一筆筆的 Record（資料記錄）、縱向的資料欄位稱之為一個個的 List（清單）。而 Table、Record、List 儲存著行列架構的資料內容，正是 M 語言的三大重要容器、重要物件。

較新版本的 Power Query 會自動辨別匯入的資料，套用適當的資料型態（Data Type）或稱之為資料型別或資料行型態（Column Type）。這在每一個資料行名稱的左側圖示可以看出端倪。例如：A^B_C 是代表文字（Text）資料型態、1^2_3 是代表整數（Whole Number）資料型態、1.2 是代表實數（Decimal Number）資料型態。若想要在 Power Query 查詢編輯器裡進行資料型態的變更，只要點按該資料行名稱左側圖示，從可從展開的下拉式選單中點選而套用。

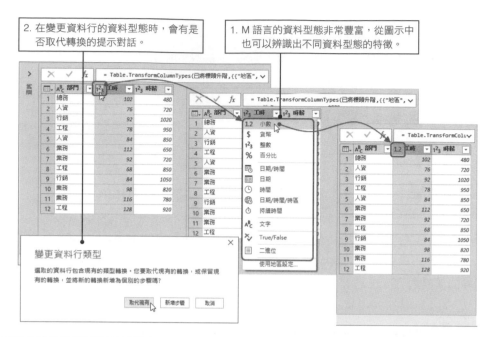

2. 在變更資料行的資料型態時，會有是否取代轉換的提示對話。

1. M 語言的資料型態非常豐富，從圖示中也可以辨識出不同資料型態的特徵。

M 語言的資料型態如下列表：

資料型態 Data Type	語法 Syntax
1²₃ 整數 Whole Number	Int64.Type
1.2 數值（含有小數的數值）Decimal Number	type number Number.Type
日期 Dates	type date Date.Type
A^B_C 文字 Text	type text Text.Type
二進制檔案 Binary	type binary
日期時間 Date/Time	type datetime
日期時間時區 Date/Time/Timezone	type datetimezone
期間 Duration	type duration
清單 List	type list
邏輯 True/False	type logical
記錄 Record	type record

資料型態 Data Type	語法 Syntax
ABC 123 任意資料 Any	type any
非空值任意資料 Any Non-Null	type anynonnull
空值 Null	type null
類型 Type	type type
函數 Function	type function

雖說 Power Query 的操控是：只要建立查詢，在查詢過程中的每個操作步驟都會被記錄並轉譯成 M 語言程式編碼，但是，有時候為了學習 M 語言，或者為了更活用 M 語言，我們也可以選擇〔建立空白查詢〕，從空白的編輯環境開始，自行逐列輸入 M 語言的函數編碼來建立並執行查詢。也就是說，M 語言也是可以實作的喔！對於曾經有過程式語言撰寫經驗的讀者，應該不會覺得陌生，而從來沒有學習過程式設計的讀者們，這可是一件很有成就感的體驗喔！以下我們就從建立空白查詢開始，學習 Power Query 結構上的三大容器：List（清單）、Record（記錄）、Table（資料表格）。瞭解這些查詢物件彼此之間的關係，以及如何無中生有的建立、編輯這些物件。如此，您的 M 語言程式編碼與查詢技巧也會功力大增喔！

以下我們就開啟一個空白活頁簿，直接透過建立空白查詢的方式，無須開啟或匯入任何外部資料的情況下，進入 Power Query 查詢編輯器，實作 M 語言的程式編碼，學習三大容器的撰寫語法，培養查詢技巧的實力，也體驗一下 Power Query 的查詢樂趣。

步驟01 點按〔資料〕索引標籤。

步驟02 點按〔取得及轉換資料〕群組裡的〔取得資料〕命令按鈕。

步驟03 從展開的功能選單中點選〔啟動 Power Query 編輯器〕功能選項。

隨即進入 Power Query 查詢編輯器的操作環境，有兩種個建立空白查詢的方式：

(1) 功能區裡點按〔常用〕索引標籤底下右側的〔新來源〕命令按鈕。

(2) 畫面左側的查詢導覽窗格裡的〔新增查詢〕功能選項。

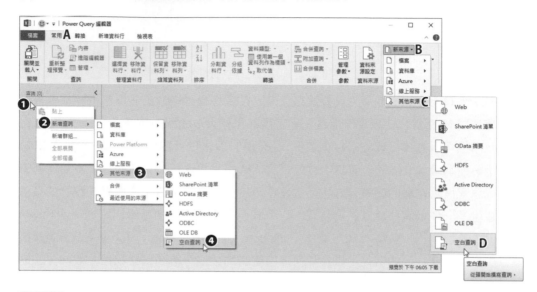

步驟01 開啟 Power Query 編輯器，在畫面左側展開的查詢導覽窗格裡，以滑鼠右鍵點按空白處。

步驟02 從展開的快顯功能表中點選〔新增查詢〕功能選項。

步驟03 再從展開的副選單中點選〔其他來源〕。

步驟04 最後點選下一層副選單中的〔空白查詢〕功能選項。

步驟A 點按〔常用〕索引標籤。

步驟B 點按〔新增查詢〕群組裡的〔新來源〕命令按鈕。

步驟C 從展開的下拉式功能選單中點選〔其他來源〕功能選項。

步驟D 再從展開的副選單中點選〔空白查詢〕功能選項。

剛建立的空白查詢，沒有任何輸出結果，預設此查詢的名稱為〔查詢 1〕，裡面的第一個查詢步驟則預設名稱為〔來源〕。

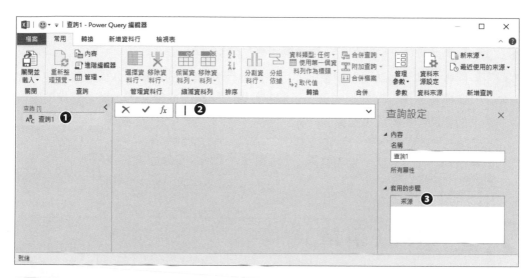

步驟01 建立的新查詢其預設查詢名稱為「查詢 1」。

步驟02 在資料編輯列上即可透過建立公式般的方式，輸入合法的 M 語言函數，而此函數的執行便是一個實質的查詢步驟。

步驟03 每一個查詢步驟的名稱皆會記錄在〔套用的步驟〕下方。

使用 Power Query 查詢編輯器的〔進階編輯器〕對話，可以進行整個查詢的 M 語言程式碼編輯，同時也可以看到完整前後义對應的程式描述。

步驟01 點按〔常用〕索引標籤。

步驟02 點按〔查詢〕群組裡的〔進階編輯器〕命令按鈕。

步驟03 開啟〔進階編輯器〕視窗,亦可在此進行 M 語言的函數輸入與編輯,並可在此導覽整個查詢的程式碼,了解各敘述、函數的前後文,也就是查詢中每一個查詢步驟的前後關係。

我們就實際演練一下 List、Record 與 Table 這三大 Power Query 的容器吧!

9.2 List（清單）

若比擬於 Excel 工作表或者資料庫裡的資料表,Power Query 的 List（清單）如同是垂直方向的資料欄。在 Power Query 裡將使用一對大括號 {} 來表示 List,而 List 裡的元素可以是 Number（數字）、Text（文字）、List（清單）、Record（記錄）、Table（資料表）等資料型態的內容。

9.2.1 List 的建立與編輯

在建立與描述 List 裡的元素時,元素彼此之間要以逗點分隔。例如:

={2,5,9,11,6,5,3,10,30}

是一個包含了 9 個元素,且都是數值資料的 List。其他諸如以下的寫法,都是建立 List 的概念:

={1,2,3,7,8,9}

={" 蘋果 "," 柳丁 "," 葡萄 "," 鳳梨 "," 火龍果 "," 香蕉 "}

={{1,2,3,7,8,9},{125,256,345,285,420,186},{88,66,102,94,70,58}}

={{" 新竹 "," 台北 "," 高雄 "," 桃園 "," 新北市 "," 屏東 "},{" 蘋果 "," 柳丁 "," 葡萄 "," 鳳梨 "," 火龍果 "," 香蕉 "},{"A 級 ","B 級 ","C 級 ","C 級 ","B 級 ","A 級 "}}

={{240,108,132,97,86,49},{" 蘋果 "," 柳丁 "," 葡萄 "," 鳳梨 "," 火龍果 "," 香蕉 "}}

此外,建立 List 時若 List 裡的元素是連續性的資料內容,則可以透過 { 起始 .. 結束 }

的語法來表示，例如：{ 0..9 } 表示 0 到 9 的連續性阿拉伯數字。例如：{"a".."z"} 則表示小寫英文字母 a 到 z 的文字清單。因此 {"a".."z"} 裡面會有 26 個文字元素，而 List 也具備了嵌套的概念，也就是在 List 元素起始與結束的表達上，起始值與結束值允許使用其他函數或運算式。例如：

＝{Character.FromNumber(97)..Character.FromNumber(122)}

正是 26 個小寫英文字母的 List，也就是：

＝{"a".."z"} 的意思。那麼，要不要試試看，下列的 List 是什麼輸出呢：

＝{Character.FromNumber(19968)..Character.FromNumber(40868)}

關於中文字與符號字元的擷取鐕

正（繁）體中文的編碼，目前包含了近 20902 個字；第一個字「一」的 UNICODE 編碼是「19968」，最近發布最後一個字目前是「顤」（讀音唸作「育」），其 UNICODE 編碼是「40869」，我們可以在 Excel 工作表裡輸入函數 UNICHAR() 與 UNICODE() 函數測試看看。例如：輸入 =UNICHAR(19968)，會傳回「一」字；若是輸入 =UNICHAR(40869)，則會傳回「顤」字；反之，若在儲存格裡輸入 =UNICODE(" 一 ")，會傳回「19968」；若是輸入 =UNICODE(" 鯌 ")，便會傳回「40868」。

UNICODE	中文
19968	一
19969	丁
19970	丂
19971	七
19972	丄
19973	丅
19974	丆
19975	万
19976	丈
19977	三
19978	上
19979	下
19980	丌
19981	不
19982	与
19983	丏
19984	丐
19985	丑

UNICODE	中文
40851	龓
40852	龔
40853	龕
40854	龖
40855	龗
40856	龘
40857	龙
40858	龚
40859	龛
40860	龜
40861	龝
40862	龞
40863	龟
40864	龠
40865	龡
40866	龢
40867	龣
40868	龤
40869	龥

因此，若要在 Power Query M 語言的語法上，描述所有的中文字，則可以輸入：

＝{" 一 ".." 顤 "}

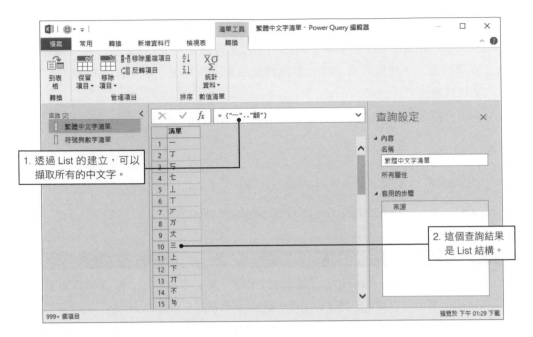

如果是空格、驚嘆號、井字號及阿拉伯數字、大小寫英文字母等鍵盤上經常使用的符號編碼，在 Power Query M 語言的語法上，也能利用 List 的建立取得各個字元，例如輸入：

=﹛" ".."~"﹜

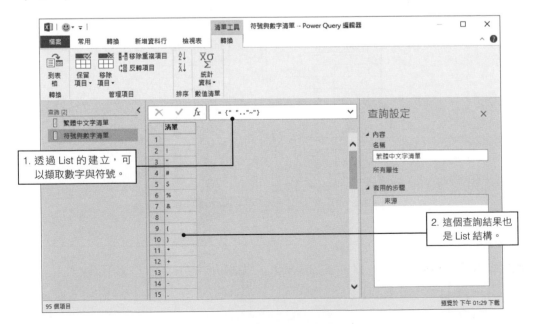

説了那麼多，我們就實際開始 List 的實作吧！請在資料編輯列上輸入：

={1,2,3,7,8,9}

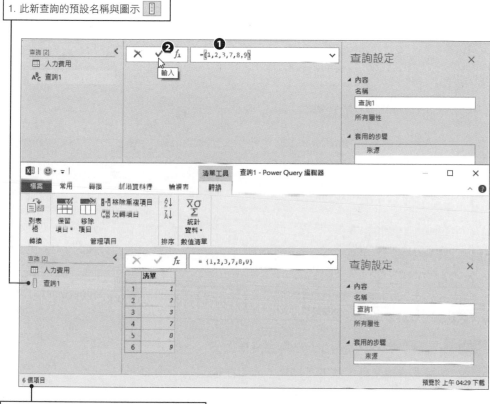

1. 此新查詢的預設名稱與圖示

2. 此查詢輸出便是包含 6 個數字元素的清單

步驟01 輸入一組清單「={1,2,3,7,8,9}」。

步驟02 按下 Enter 鍵或〔輸入〕按鈕，即可完成公式的建立與編輯。

9.2.2 清單轉換為表格

在〔清單工具〕底下的〔轉換〕索引標籤裡，提供有清單轉換為表格的功能選項，點按此命令按鈕所產生的轉換過程，也是一個 M 語言的查詢步驟喔！

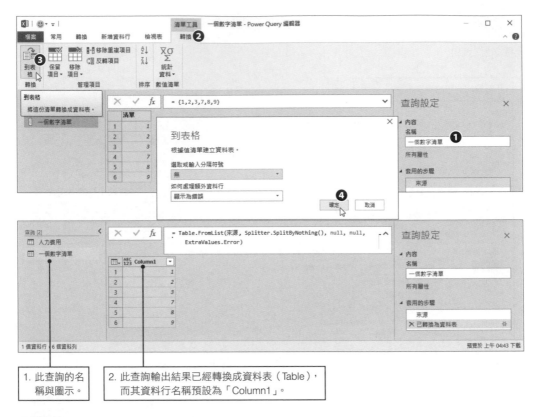

1. 此查詢的名稱與圖示。

2. 此查詢輸出結果已經轉換成資料表（Table），而其資料行名稱預設為「Column1」。

步驟01 將此查詢重新命名為〔一個數字清單〕。

步驟02 點按〔清單工具〕底下〔轉換〕索引標籤。

步驟03 點按〔轉換〕群組裡的〔到表格〕命令按鈕。

步驟04 開啟〔到表格〕對話方塊，直接點按〔確定〕按鈕。

而清單轉換成表格的 M 語言函數為 Table.FromList，此例的程式碼為：

= Table.FromList(來源 , Splitter.SplitByNothing(), null, null, ExtraValues.Error)

同樣的操作手法，再建立另一個空白查詢，輸入以下的程式碼：

={" 蘋果 "," 柳丁 "," 葡萄 "," 鳳梨 "," 火龍果 "," 香蕉 "}

是不是又建立了另一個包含 7 個文字元素的清單呢？我們也將這個練習重新命名為〔一個文字清單〕囉！

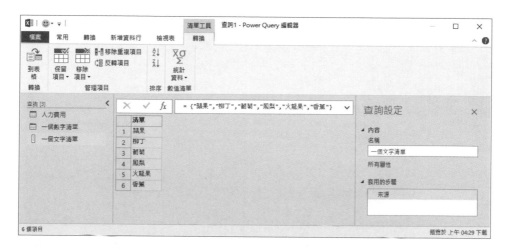

若要顯示清單元素的內容，只要在查詢結果的畫面上點按此元素即可。隨即在查詢結果畫面的下方將分割出顯示區，顯示著該選取元素的內容。

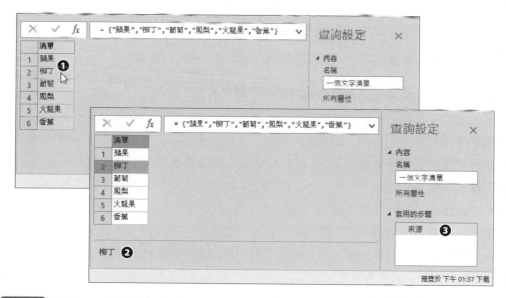

步驟01 點選 List（清單）裡的內容。例如〔柳丁〕

步驟02 查詢結果畫面下方顯示該選取元素的內容

步驟03 只是預覽查詢結果，查詢裡的查詢步驟並沒有任何影響。

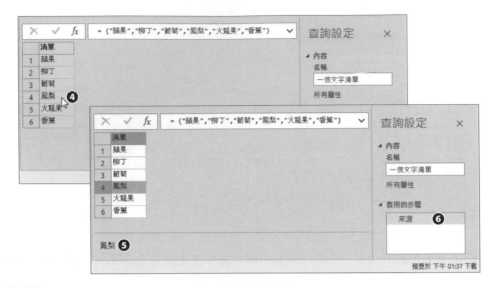

步驟04 點選 List（清單）裡的內容。例如〔鳳梨〕

步驟05 查詢結果畫面下方顯示該選取元素的內容

步驟06 只是預覽查詢結果，查詢裡的查詢步驟並沒有任何影響。

有些朋友可能會覺得上述的操作與說明是不是怪怪的！點按 List（清單）裡的某個元素後，立即在畫面下方顯示該元素內容，這不是多此一舉嗎？因為，光從這個 List 查詢結果畫面就可以看到每一個元素的內容了，何必再點按它來預覽呢？其實，那是因為我們剛剛所列舉的範例中，List 裡的每個元素都是數值或文字，是屬於已經無法再深入探索的單純內容了，然而，List 裡的元素既可以是文字、數值，也可能還有諸如 List、Record、Table 等具備結構化的元素，那麼僅從 List、Record、Table 這些字眼是看不出其實質內容的。如下圖所示，這是一個名為〔混合內容的清單〕查詢範例，其查詢結果是 List 資料型態，而此查詢範例的輸出結果有 6 個元素，其中含括了兩個 List 元素，因此，若沒有在結果畫面上點選第 1 個 List，又怎能在畫面下方的預覽區裡瞭解這是一個包含三個文字元素（" 電影 "," 手遊 "," 羽毛球 "）的 List 呢！

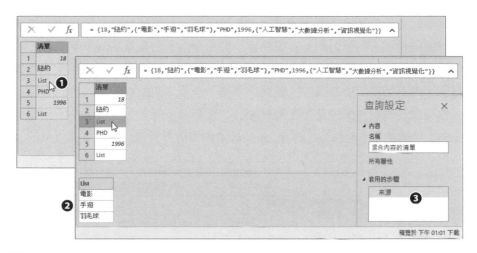

步驟01 點選 List（清單）裡的內容。

步驟02 查詢結果畫面下方顯示該選取元素的內容

步驟03 只是預覽查詢結果，查詢裡的查詢步驟並沒有任何影響。

9.2.3 向下切入：深化（擷取）容器裡的內容

點按查詢結果畫面裡的內容，會在畫面下方預覽該內容，此時在查詢步驟上並沒有任何影響，但是，若是以滑鼠右鍵點按查詢結果畫面裡的內容，再從展開的快顯功能表中點按〔向下切入〕功能選項，則表示要根據此查詢內容，再進行深化，也就是擷取其更深入的內容。如下圖所示的範例，List 裡的第 2 個元素其內容是文字 " 柳丁 "，若以滑鼠右鍵點按它並執行〔向下切入〕功能操作，便是要根據此字串內容，再深化而擷取更進一步的內容。

執行〔向下切入〕之前，此查詢裡僅有一個〔來源〕查詢步驟。

步驟01 右鍵點按查詢結果畫面的文字型資料。

步驟02 從展開的快顯功能表中點選〔向下切入〕。

但是，點選的查詢結果是文字內容，已經是最基本、最單純且無法再深化的資料了，所以，即便執行了〔向下切入〕功能操作，此查詢結果仍是原本的文字資料。若是面對數值型資料的查詢結果進行〔向下切入〕功能操作，也會是相同的結果。不過，既然執行了〔向下切入〕功能操作，就算是添增了一個深入擷取資料內容的查詢步驟。因此，您可以發覺在查詢設定工作窗格裡的〔套用的步驟〕內又多了一個新的查詢步驟，此查詢步驟的預設名稱為〔導覽〕，而查詢結果仍是文字 " 柳丁 "。

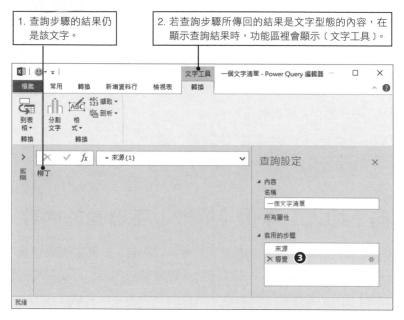

步驟03 向下切入的操作，產生了一個預設名為〔導覽〕的查詢步驟。

如果想要進行〔向下切入〕的操作對象是此範例 List 裡的第 3 個元素，而此元素也是屬於 List 資料型態的內容，那麼再深化、擷取此 List 內容的〔向下切入〕操作，將可以展開此 List，而此新查詢步驟所傳回的查詢結果就是該 List 的內容了。

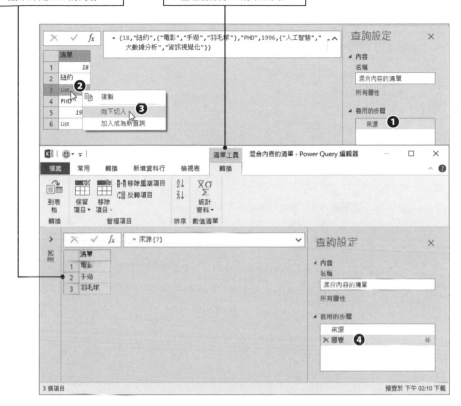

1. 此查詢步驟所傳回的查詢結果即是 List 的內容。

2. 在顯示查詢結果時，功能區裡也會顯示〔清單工具〕。

步驟01 執行〔向下切入〕之前，此查詢裡僅有一個查詢步驟。

步驟02 右鍵點按查詢結果畫面的 List 型態資料。例如：List 裡的第 3 個元素（也是 List 資料型態的內容）。

步驟03 從展開的快顯功能表中點選〔向下切入〕。

步驟04 執行〔向下切入〕之後，此查詢裡添增了一個名為〔導覽〕的新查詢步驟。

不僅僅是針對 List 資料型態的查詢結果在進行〔向下切入〕後會有上述的反映，只要是屬於 Record、Table 等結構化的資料型態，都可以透過〔向下切入〕的操作，再深化而擷取其內容。此外。除了利用前述快顯功能表〔向下切入〕的操作完成資料的深化外，當滑鼠游標停在查詢結果畫面的該元素內容上，也會顯示超連結的手指圖示，只要點按一下也是〔向下切入〕的操作喔！

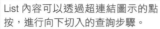

List 內容可以透過超連結圖示的點按，進行向下切入的查詢步驟。

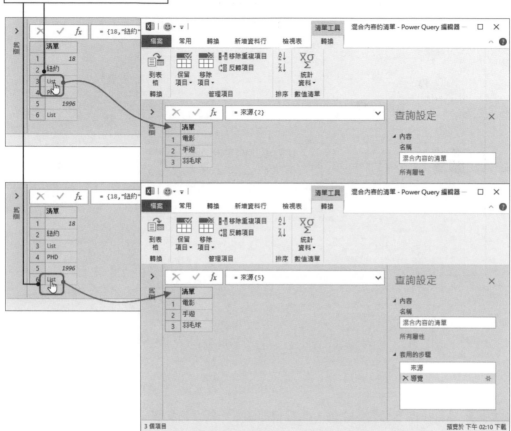

不管是點按查詢結果裡 List、Record、Table 等內容的超連結，或是針對這些元素進行〔向下切入〕的操作，都是深化（擷取）其內容的意思。所以，產生的查詢步驟其目的就是擷取並傳回容器裡的內容。若是切換到〔進階編輯器〕裡也可以看到〔向下切入〕所新增的查詢步驟，也對應著一行 M 語言的運算式。如下圖所示，針對 List 裡的第 5 個元素 " 火龍果 " 進行〔向下切入〕操作，即產生了新的查詢步驟〔導覽〕，而此查詢步驟也有對應的程式碼。

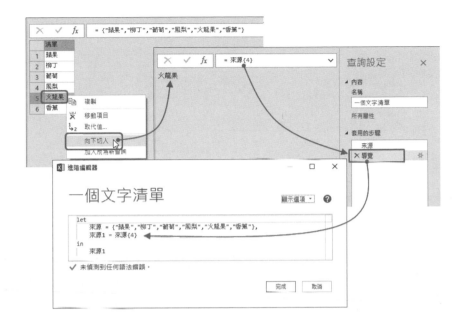

關於 List 的索引值

除了使用〔向下切入〕或點開超連結的操作來執行擷取 List 元素之內容的查詢步驟外，也可以透過程式碼的編輯來達到相同的目的，所以一定要了解 List 索引值的概念。

基本上，在 M 語言裡的任何一個 List，其元素都有一個對應的索引編號，猶如陣列（Array）的註標（subscript）一般，第 1 個元素的索引編號是 0、第 2 個元素的索引編號是 1、第 3 個元素的索引編號是 2，依此類推，只要憑藉著這個索引編號值，簡稱索引值，便可以輕鬆取得該元素的內容。所以，延續先前〔向下切入〕的查詢話題，若要擷取 List 裡的元素，則原本透過〔向下切入〕操作所產生的程式碼，其實僅透過程式碼的編撰，並不需要經由功能選單操作產生新查詢步驟，也能夠順利向下切入深化資料，輕鬆擷取查詢內容。而擷取 List 內容的運算式，其寫法是在 Lit 輸出的運算式之後，添增一對由大括號符號所含括的 List 索引值即可。

例如：

```
let
    來源 = {" 蘋果 "," 柳丁 "," 葡萄 "," 鳳梨 "," 火龍果 "," 香蕉 "}{4}
in
    來源
```

將查詢 List 索引值為 4 的內容，也就是傳回 List 裡第 5 個元素內容 " 火龍果 "。

List 裡還有 List

再接再厲，我們再建立另一個空白查詢，輸入以下的程式碼：

={{1,2,3,7,8,9},{125,256,345,285,420,186},{88,66,102,94,70,58}}

正所謂清單裡還有清單，若 List 裡包含了多組也是 List 資料型態的元素，則每一對大括號所囊括的 List，彼此之間亦以逗點作為分隔，當然，最外圍兩側的那對大括號也別忘了喔！這便是一次建立多組 List 的寫法。

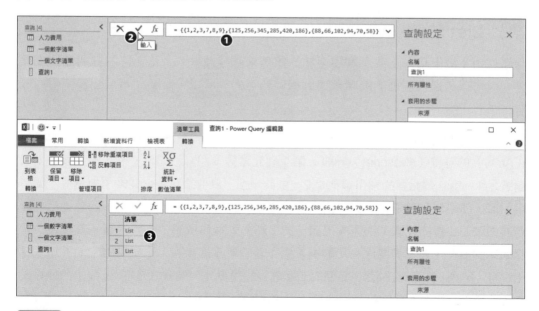

步驟01 輸入多組 List 內容。

步驟02 點按〔輸入〕按鈕。

步驟03 完成 List 的查詢輸出，List 裡有三個元素，其內容也都是 List 資料型態。

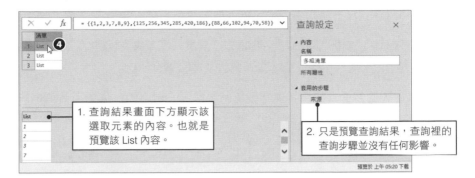

步驟04 點選 List（清單）裡的內容。例如：第 1 個元素，也是 List 資料型態的內容。

步驟05 再點選 List（清單）裡的第 2 個元素，這也是一個 List 資料型態的內容。

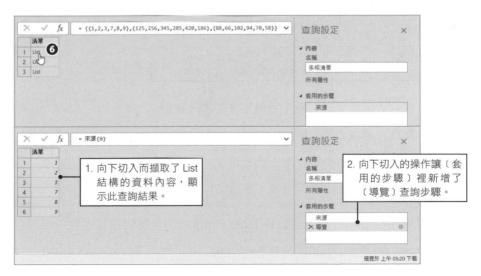

步驟06 若是點選 List（清單）裡的內容連結。例如：第 1 個元素是 List，此時將滑鼠游標移至此 List 會呈現超連結符號，點按即是向下切入之意。

接著，我們再建立另一個空白查詢，輸入以下的程式碼，來練習清單的轉換：

={{" 新竹 "," 台北 "," 高雄 "," 桃園 "," 新北市 "," 屏東 "},{" 蘋果 "," 柳丁 "," 葡萄 "," 鳳梨 "," 火龍果 "," 香蕉 "},{"A 級 ","B 級 ","C 級 ","C 級 ","B 級 ","A 級 "}}

List（清單）裡面的元素如果是文字型態的資料，一定要用一對雙引號囊括起來喔！

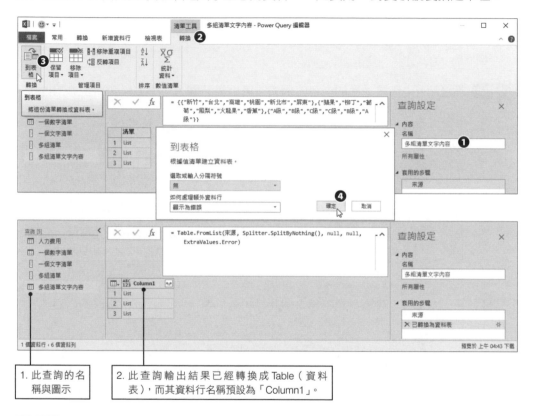

1. 此查詢的名稱與圖示

2. 此查詢輸出結果已經轉換成 Table（資料表），而其資料行名稱預設為「Column1」。

步驟01 將此查詢重新命名為〔多組清單文字內容〕。

步驟02 點按〔清單工具〕底下〔轉換〕索引標籤。

步驟03 點按〔轉換〕群組裡的〔到表格〕命令按鈕。

步驟04 開啟〔到表格〕對話方塊，直接點按〔確定〕按鈕。

而清單轉換成表格的 M 語言函數為 Table.FromList，此例的程式碼為：

= Table.FromList(來源 , Splitter.SplitByNothing(), null, null, ExtraValues.Error)

List 的擴展

當點按清單的擴展按鈕，會將清單裡的每一個元素擴展到資料表裡的每一列。

針對 List 的內容，通常可以轉換為 Record，也可以轉換為 Table；List 要進行合併時可以使用 List.Combine 函數；List 要進行拆分時可以使用 List.Split() 函數；List 的彙算則可運用 List.Sum、List.Average、List.Count、List.Min、List.Max 等函數。不過，初學者也不必太慌張，甭急著想要一次學好所有的函數，只要每學會一個不會忘掉一個，就很厲害了！函數的相關資源與說明，可以查訪微軟官方網站與文件，網路上的一些部落格也都很有幫助，至於函數的使用時機與應用也是一種經驗的累積，就舉一反三多學多問囉！

9.3 查詢群組資料夾的建立與管理

剛剛進行了那麼多空白查詢的建立，雖說全都可以自訂查詢名稱加以區隔，但是若能再分門別類地進行管理不是更理想嗎！的確，這就交給查詢群組資料夾了。因為，在查詢導覽窗格裡，使用者也可以猶如在檔案總管裡建立資料夾、子資料夾一般地針對各個查詢進行分類與管理。基本上，活頁簿檔案裡沒有進行查詢群組的建置時，所有已建立的查詢都呈現在畫面左側的查詢導覽窗格裡。透過〔新增群組〕的操作，即可在查詢導覽窗格裡建立查詢群組資料夾。

步驟01 以滑鼠右鍵點按查詢導覽窗格裡的空白處。

步驟02 從展開的快顯功能表中點選〔新增群組〕功能選項。

步驟03 開啟〔新增群組〕對話方塊，輸入自訂的群組名稱，例如：「List 清單實作」。

步驟04 是否輸入群組的敘述說明文字可行決定。

步驟05 點按〔確定〕按鈕。

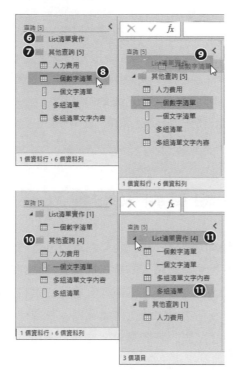

步驟06 畫面左側的查詢導覽窗格裡立即顯示新建立的查詢群組資料夾「List 清單實作」。

步驟07 同時也會自動產生一個名為「其他查詢」的預設群組資料夾，後面一對中括號裡的數字，即表示此活頁簿裡原本的 5 個查詢即預設位於此查詢群組資料夾內。

步驟08 點選並拖曳名為〔一個數字清單〕查詢。

步驟09 拖曳至「List 清單實作」內。

步驟10 「List 清單實作」群組資料夾名稱後面也多了一對中括號，裡面的數字即顯示「1」而原本的「其他查詢」就變成「4」了。

步驟11 依此類推，再將〔一個文字清單〕、〔多組清單文字內容〕以及〔多組清單〕這三個查詢也自「其他查詢」群組資料夾裡拖曳至「List 清單實作」查詢群組資料夾內，則這兩個群組資料夾名稱後面中括號裡的數字，就分別變成「4」與「1」了。

步驟12 再次以滑鼠右鍵點按查詢導覽窗格裡的空白處。

步驟13 從展開的快顯功能表中點選〔新增群組〕功能選項。

步驟14 開啟〔新增群組〕對話方塊，輸入自訂的群組名稱，例如：「Record 紀錄實作」。

步驟15 輸入群組的敘述說明文字。

步驟16 點按〔確定〕按鈕。

步驟17 再次以滑鼠右鍵點按查詢導覽窗格裡的空白處。

步驟18 從展開的快顯功能表中點選〔新增群組〕功能選項。

步驟19 開啟〔新增群組〕對話方塊，輸入自訂的群組名稱，例如：「Table 資料表格實作」。

步驟20 輸入群組的敘述說明文字。

步驟21 點按〔確定〕按鈕。

要建立新查詢之前，可以先點選查詢導覽窗格裡的資料夾名稱，再進行後續的新查詢操作，如此，所建立的新查詢便會存放在該查詢群組資料夾裡。

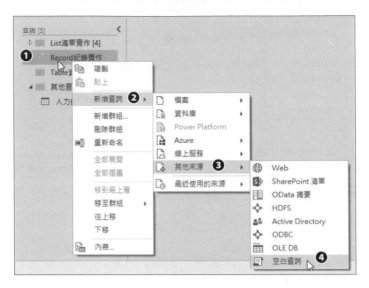

步驟01 以滑鼠右鍵點按查詢導覽窗格裡的「Record 紀錄實作」資料夾。

步驟02 從展開的快顯功能表點選〔新增查詢〕功能選項。

步驟03 再從展開的副選單中點選〔其他來源〕。

步驟04 最後點選下一層副選單中的〔空白查詢〕功能選項。

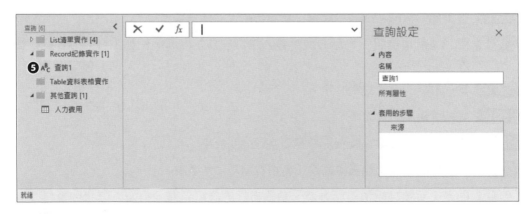

步驟05 立即在「Record 紀錄實作」資料夾裡建立一個新的查詢。

9.4 Record（記錄）

經過這一輪的 List 清單實作，相信您對清單的結構、語法與特性，有些基本認識了吧！接著，我們就來看看另一個 Power Query 容器：Record（記錄）的特性囉！

9.4.1 建立一筆資料記錄

就像是 Excel 工作表橫向的資料列，在資料表的結構上，橫向便是一筆一筆的資料記錄。在 Power Query 裡是使用一對中括號 [ ] 來表示一筆資料記錄。藉由欄位名稱與欄位值來表達該筆資料記錄的內容，而欄位與欄位之間，則以逗點作為分隔符號。每一個欄位資料的內容，則是由一個等式來敘述，等號的左邊是欄位名稱，也就是資料行名稱，等號的右邊則是該欄位的值。欄位名稱兩側不需要雙引號，但是若欄位的值是文字資料，則必須要加上一對雙引號。因此，一筆 Record（記錄）的語法為：

[欄位 1 名稱 = 值 , 欄位 2 名稱 = 值 , 欄位 3 名稱 = 值 , …]

例如，建立一筆資料記錄：

=[工號 ="E9002", 姓名 =" 林美如 ", 工時 =87, 時薪 =650]

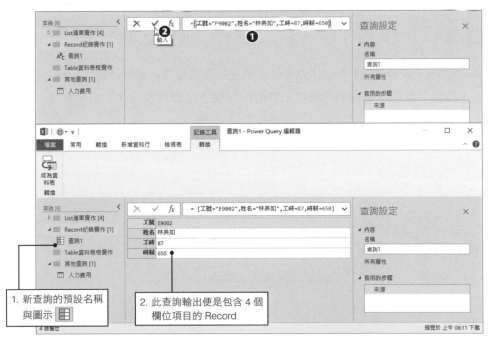

1. 新查詢的預設名稱與圖示

2. 此查詢輸出便是包含 4 個欄位項目的 Record

步驟01 輸入一筆資料記錄的內容。

步驟02 按下 Enter 鍵或〔輸入〕按鈕，即可完成公式的建立與編輯。

若要檢視整個 M 語言的程式碼，可以開啟〔進階編輯器〕就能一目了然。

步驟03 點按〔常用〕索引標籤。

步驟04 點選〔資料〕群組裡的〔進階編輯器〕命令按鈕。

步驟05 開啟〔進階編輯器〕對話方塊可以在此檢視並編輯完整的程式碼。

既然是 Record（記錄），在 Power Query 查詢編輯器視窗頂端即顯示著〔記錄工具〕，而底下〔轉換〕索引標籤裡的〔轉換〕群組內提供了〔成為資料表〕命令按鈕，可以協助使用者將 Record 轉換成 Table（資料表）。

步驟01　點按〔記錄工具〕底下〔轉換〕索引標籤裡的〔成為資料表〕命令按鈕。

將一筆記錄轉化成表格，可顯示出該資料記錄有哪些欄位名稱（Name 資料行）以及各欄位的值（Value）。

步驟02　轉換後的查詢輸出是預設為〔已轉換為資料表〕的查詢步驟。

步驟03　到此為止的查詢結果是資料表，展示的圖示是 ⊞ 。

步驟04　此查詢步驟所對應的程式碼為 Record.ToTable() 函數。

步驟05　此查詢輸出結果包含兩個欄位、4 個資料列。

步驟06　瞭解了 Record 可以轉換成 Table 的操作後，點按此查詢步驟的刪除按鈕，準備後繼續的實作練習。

接著再回到只有一個查詢步驟：〔來源〕的情境，其實，只要懂得 M 語言的使用，也可以自行撰寫程式碼來完成所需的查詢步驟。例如：我們想要導出 Record 裡每一個欄

位（Field）的值（Value），則可以使用 Record.FieldValues() 函數。所以，在來源步驟的下方添增一行程式碼，例如自行輸入：

輸出 = Record.FieldValues(來源)

您也會發覺在進階編輯器裡輸入程式碼的過程中，Power Query 都會適度的彈跳出提示訊息，不但能提醒我們也讓我們學習到相關函數的用途與語法。

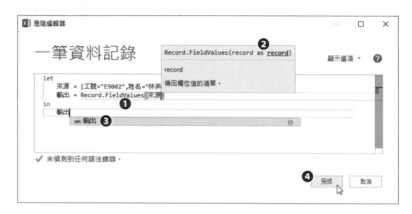

步驟01 輸入函數時會彈跳出相關的語法説明。

步驟02 此範例中的 Record.FieldValues(來源) 函數，小括號裡的來源參數其資料型態必須是 Record，而此函數傳回的查詢結果是 List 資料型態。

步驟03 根據此實作範例，完成的查詢結果（在 in 底下），也應該輸入「輸出」。

步驟04 最後點按〔完成〕按鈕。

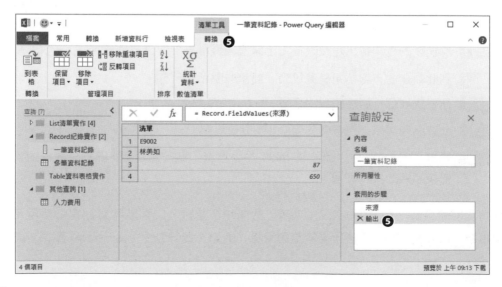

步驟05 Record.FieldValues(來源) 函數的結果是 List 資料型態，因此，點選最後一個
查詢步驟後，在 Power Query 查詢編輯器視窗頂端即顯示著〔清單工具〕。

9.4.2 一次建立多筆資料記錄

我們可以藉由建立 List（清單）的形式來建立多筆 Record（記錄），也就是每一筆
Record 視為 List 裡的元素，撰寫在一對大括號裡：

{Record,Record,Record,….}

例如：

={[工號 ="E9003", 姓名 =" 陳孝天 ", 工時 =102, 時薪 =480],[工號 ="E9005", 姓名 =" 邱玉嬪 ",
工時 =76, 時薪 =720],[工號 ="E9008", 姓名 =" 林世賢 ", 工時 =92, 時薪 =1020]}

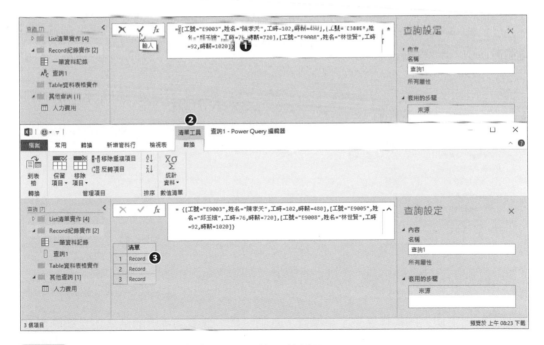

步驟01 輸入 List 語法建立多筆 Record 的函數編碼。

步驟02 所建立的是一個 List（清單），因此在視窗頂端顯示著〔清單工具〕，而底下
〔轉換〕索引標籤裡的〔轉換〕群組內提供了與清單相關的工具選項。

步驟03 此 List 的內容則是一筆筆的 Record。

點按 List 裡的某一筆 Record 連結即可向下切入，深化擷取其內容。

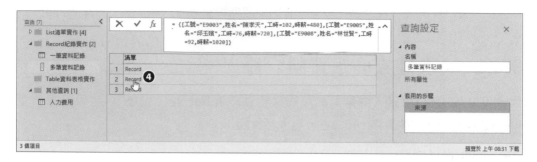

步驟04 點按 List 裡的元素，例如第 2 個元素（Record），即可擷取此內嵌的 Record
內容。

立即建立一個〔導覽〕資料查詢步驟，而此查詢結果是 Record（記錄），所以視窗功
能區畫面也立即開啟〔記錄工具〕的操作環境。

步驟05 向下切入的操作產生了〔導覽〕查詢步驟。此查詢步驟的結果正是剛剛建立
第 2 筆 Record 內容。

步驟06 瞭解了 List 內嵌入 Record 的關係與完成這個導覽練習實作後，可點按此查詢
步驟的刪除按鈕。

9.4.3 將 List 轉換成 Table

List 的內容既然是 Record，那麼自然將 List 轉化成 Table 也不是難事。例如：以剛剛建立多筆 Record 的 List 為例，操作過程如下：

步驟01 點按〔清單工具〕底下〔轉換〕索引標籤裡的〔到表格〕命令按鈕。

步驟02 開啟〔到表格〕對話方塊，根據清單內容建立資料表，不用點選對話方塊裡的任何選項，直接點按〔確定〕按鈕。

List 轉換為表格的函數是：

Table.FromList()

語法為：

= Table.FromList(來源 , Splitter.SplitByNothing(), null, null, ExtraValues.Error)

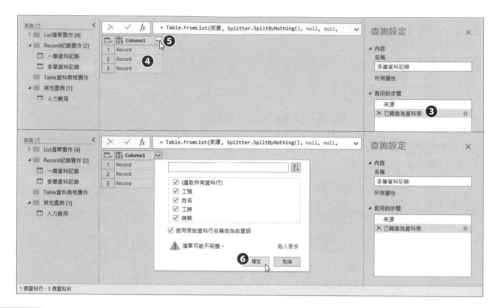

步驟03 立即產生一個名為〔已轉換為資料表〕的查詢步驟。

步驟04 此範例轉換成功的資料表裡有一個名為〔Column1〕的資料行、三個資料列，其內容都是（Record）。

步驟05 點按〔Column1〕資料行的展開按鈕，即可展開此資料行裡的 Record。

步驟06 展開 Record 內容的選單，選取所有的資料行（所有的資料欄位），然後點按〔確定〕按鈕。

展開後的各資料行名稱是將是繼承先前展開的資料行名稱「Column 1」，因此，名為「Column1. 工號」、「Column1. 姓名」、「Column1. 工時」及「Column1. 時薪」。

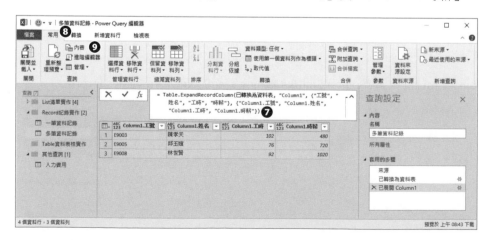

步驟07 展開資料編輯列的高度，可在此看到此一轉換步驟的程式碼，使用的是 Table. ExpandRecorlColumn() 函數。

步驟08 點按〔常用〕索引標籤。

步驟09 點按〔查詢〕群組裡的〔進階編輯器〕命令按鈕，可以檢視各查詢步驟的程式碼。

將 Table（表格）裡含有 Record 內容的資料行進行展開的操作，相對應的 M 語言函數是 = Table.ExpandRecordColumn() 函數，例如此實作範例的寫法為：

= Table.ExpandRecordColumn(已轉換為資料表 , "Column1", {" 工號 ", " 姓名 ", " 工時 ", " 時薪 "}, {"Column1. 工號 ", "Column1. 姓名 ", "Column1. 工時 ", "Column1. 時薪 "})

使用原始資料行名稱做為前置詞

若當初在展開的下拉式對話選項裡面，取消〔使用原始資料行名稱做為前置詞〕核取方塊的勾選，展開後的各資料行名稱就不會繼承先前展開的資料行名稱「Column 1」，因此，會是比較簡潔易懂的「工號」、「姓名」、「工時」及「時薪」。

不要看密密麻麻的程式編碼就感到害怕，其實，瞭解一些電腦與資料庫相關領域的專有名詞，也都不難揣測出這函數與其參數裡的意義。例如：從程式碼中可以看出，展開 Table 裡 Record 資料型態的資料行，其函數為：

Table.ExpandRecorlColumn()

Table 是資料表；Expand 是展開之意；Record 是資料記錄；Column 是資料行，不是都名符其實嗎！

步驟10 開啟〔進階編輯器〕視窗，可以檢視整個查詢過程的完整程式碼。

從此實作範例建立的多筆資料記錄，到轉換成資料表的過程，程式碼如下所示：

查詢步驟	敘述
來源	建立一個 List，裡面包含三個 Record
已轉換為資料表	透過 Table.FromList() 函數將 List 轉換為 Table

當然，在資料編輯列上檢視並編輯函數裡的參數，也可以進行資料行名稱的調整，即便您對 M 語言仍不是很熟絡，相信也可以從程式編碼的字裡行間裡看出端倪。

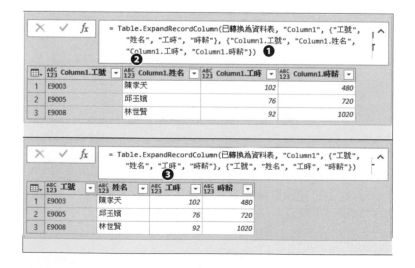

步驟01 展開資料編列的高度，可在此看到此一轉換步驟的程式碼。

步驟02 在此也可以藉由程式碼的變更，在展開記錄資料行的函數參數裡，直接編輯參數以修改資料行名稱。

步驟03 無須額外的查詢步驟，就可以一次到位，順利調整查詢結果的資料行名稱。

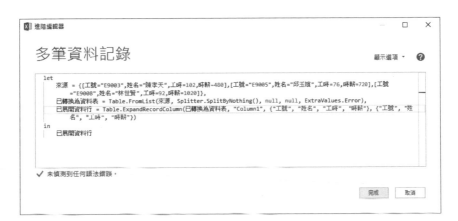

綜觀，在記錄的處理上，我們經常會將 Record 轉換成 List 或 Table 來處理。而相關的函數是 Record.ToList() 函數、Record.FieldValues() 函數。此外，不但 Record 可以轉換成 Table，Table 也可以轉換成 Record。Record 也可以進行合併，例如：可合併 List 中的多筆 Record。

9.5 Table（表格）

Power Query 所論及的 Table（表格）指的資料表（Data Table），可不是一般 Word 繪製的表格喔！這是縱向行（Column）和橫向列（Row）結構所組成一系列二維陣列資料結構（Array Data Structure）的集合，是資料庫（Database）的主要儲存元件。匯入外部資料至 Power Query 查詢編輯器環境，即是資料表形式的查詢結果。

9.5.1 使用 M 語法建立資料表

除了匯入外部資料產生資料表查詢外，在 Power Query 查詢編輯器裡，也可以利用 M 語言的 #table 函數，輕鬆建立一個資料表。而 #table 的語法為：

#table(columns as any, rows as any) as any

其中第 1 個參數 columns 是資料行名稱（也就是欄位名稱），以 List 架構來撰寫，而第 2 個參數 rows 也可以是 List 的結構，List 裡的每個項目元素便是包含資料表裡的各欄位名稱，以及每一筆資料列的各欄位內容。

例如：

單欄且單一儲存格的表格，若表示時薪為 575 元，則可以寫成：

=#table({" 時薪 "},{{575}})

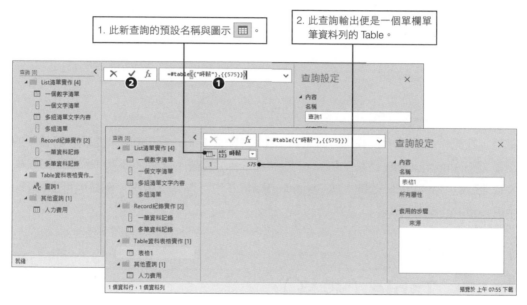

1. 此新查詢的預設名稱與圖示 。

2. 此查詢輸出便是一個單欄單筆資料列的 Table。

步驟01 輸入只有一個欄位（時薪）且只有一筆資料內容（575）的資料表。「=#table({" 時薪 "},{{575}})」。

步驟02 按下 Enter 鍵或〔輸入〕按鈕，即可完成公式的建立與編輯。

如果所建立的 Table 是三個資料行，也就是包含三個資料欄位（時薪、姓名、工時）的 1 列資料（575、李妍嬪、82），則建立此表格的 M 語法為：

=#table({" 時薪 "," 姓名 "," 工時 "},{{575," 李妍嬪 ",82}})

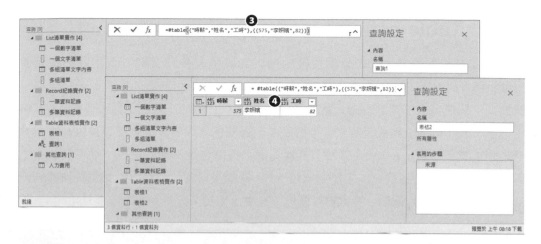

步驟03 修改來源查詢步驟的程式碼，建立一筆包含三個欄位的資料表。

步驟04 在預設狀態下資料行都是 any 資料型態 |ABC
123| 的查詢結果。

若要建立多欄多列的資料表，例如延續剛剛的實作內容，可以撰寫出三個資料欄位、3 筆資料列的表格：

=#table({" 時薪 "," 姓名 "," 工時 "},{{575," 周育昇 ",82},{765," 歐陽志成 ",82},{575," 楊佑臻 ",82}})

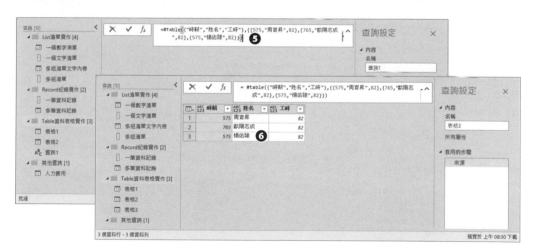

步驟05 再度修改來源查詢步驟的程式碼，建立 3 筆包含三個欄位的資料表。

步驟06 查詢結果。

9.5.2 Table 裡包含 List

原本在資料表的設計上，如果欄位裡的內容允許填入多項資料，而非只是基元值（Atomic Value），則該欄位的資料型態，若是設定為 List 容器，將是不錯的選擇。例如：一個資料表裡要儲存個人基本資料，包含〔工號〕、〔姓名〕與〔專長〕，其中〔工號〕及〔姓名〕都設定為文字型態是頗為適宜的，而若一個多項專長也都可以儲存，則〔專長〕設定為 List（清單）資料型態，應該也是不錯的選擇。以下我們就利用 M 語言程式編碼的撰寫，來建立一個 Table 裡的資料欄位也包含 List 資料型態的範例。內容為三筆資料記錄，三個資料欄位，其中〔專長〕資料行的內容是 List。

工號	姓名	專長
EM092	李正華	List（內容是：程式設計,音樂,繪畫,Excel）
EM094	黃梅如	List（內容是：日文,舞蹈）
EM095	邱政寬	List（內容是：品管,法語,駕駛）

程式編碼如下：

=#table({" 工號 "," 姓名 "," 專長 "},{{"EM092"," 李正華 ",{" 程式設計 "," 音樂 "," 繪畫 ","Excel"}},{"EM094"," 黃梅如 ",{" 日文 "," 舞蹈 "}},{"EM095"," 邱政寬 ",{" 品管 "," 法語 "," 駕駛 "}}})

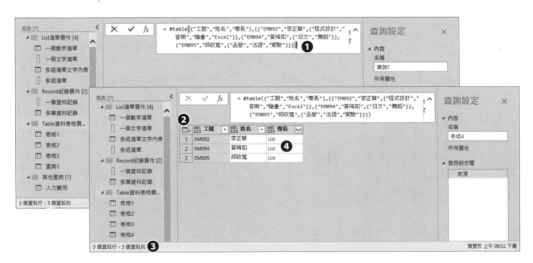

步驟01 輸入 Table 語法建立多筆資料記錄的資料表之函數編碼。

步驟02 所建立的是一個 Table（資料表），包含 3 筆資料記錄，查詢結果畫面左上角亦有資料表圖示 ⊞。

步驟03 查詢結果的輸出是三個資料行、三個資料列。

步驟04 在預設狀態下資料行都是 any 資料型態 [ABC123]，但是〔專長〕資料行的內容則是可以繼續深入查詢的 List 資料型態。

我想剛剛的程式編碼輸入中，最頭痛的應該就是括號的對應了吧！正如先前的學習與實作，這些多層次的大括號、小括號都有其意義，缺一不可，但是都連串撰寫也實在難以閱讀與檢視，撰寫時適度的按下 Enter 鍵進行分行，不但有助於編輯也提高了可讀性。

```
=#table({" 工號 "," 姓名 "," 專長 "},
{
{"EM092"," 李正華 ",{" 程式設計 "," 音樂 "," 繪畫 ","Excel"}},
{"EM094"," 黃梅如 ",{" 日文 "," 舞蹈 "}},
{"EM095"," 邱政寬 ",{" 品管 "," 法語 "," 駕駛 "}}
}
)
```

剛剛建立的查詢輸出是建立了一個 3 位員工基本資料的資料表，筆者將此查詢名稱修訂為〔信義分店成員〕。

依此類推，再透過撰寫 M 語言的方式，建立另一個名為〔淡水分店成員〕的查詢，內容與畫面如下：

9.5.3 Table 裡包含 Record 與 Table

上述兩個查詢其實也可以成為另一個查詢內容喔！例如：再建立一個名為〔北區營業據點〕的查詢，這也是一個 Table 資料型態的內容。共有三個資料欄位的表格，分別是〔分店〕、〔店長〕、〔個資〕與〔成員〕，其中，〔分店〕與〔店長〕資料行都是文字型態的內容，而〔個資〕資料則描述著店長的個資，因此，可以建立 Record 資料型態的內容，以此例而言，藉由前面介紹過的 Record 語法，建立〔性別〕、〔年齡〕、〔血型〕與〔學歷〕等四種資料欄位的記錄。而最後一個〔成員〕資料行則是 List 資料型態的內容，且其值即為先前所建立的〔淡水分店成員〕以及〔北區營業據點〕這兩個查詢。此資料表的程式編碼如下：

```
=#table(
{" 分店 "," 店長 "," 個資 "," 成員 "},
{
{" 信義分店 "," 張元培 ",[ 性別 =" 男 ", 年齡 =52, 血型 ="A", 學歷 ="EMBA"], 信義分店成員 },
{" 淡水分店 "," 江世芬 ",[ 性別 =" 女 ", 年齡 =43, 血型 ="AB", 學歷 =" 碩士 "], 淡水分店成員 }
}
)
```

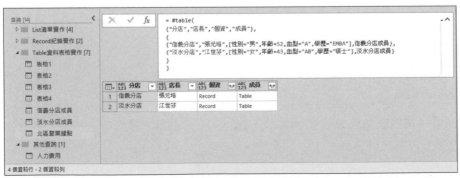

從上述的實作練習一定可以讓您體驗到 M 語言的資料型態與三大容器 List、Record 與 Table 的特性及彼此的關係。在實務應用中我們並不太會親自鍵入 M 語言程式編碼來建立新的資料，而是從外部資料來源匯入需要處理、拆分、彙整、運算與清洗的大量資料與多方來源的異質性資料。而這些資料來源的資料型態與特徵，正如我們實作中所看到的這些資料庫名詞、圖示、功能與處理基礎，因此，相信再面臨這些內容時您就有能力可以處理與面對。

您可以自行嘗試使用空白查詢，建立一個名為員工基本資料的 Table，其內包含 3 筆資料記錄，5 個資料欄位，詳細資料、規模與程式碼參考如下：

	ABC 123 工號 ▾	ABC 123 姓名 ▾	ABC 123 基本個資 ⇄	ABC 123 眷屬 ⇄	ABC 123 專長 ⇄
1	EM101	李曉鈴	Record	Table	List
2	EM102	吳寅樑	Record	Table	List
3	EM105	陳婷歡	Record	Table	List

▲ 完成的查詢結果畫面

資料內容說明：

工號(Text)	姓名(Text)	基本個資(Record)		眷屬資料(Table)			專長(List)
EM101	李曉鈴	性別	女	姓名	關係	年齡	專案管理,商業分析,大數據分析
		年齡	42	林世賢	夫妻	44	
		學歷	EMBA	林美莉	母女	12	
EM102	吳寅樑	性別	男	姓名	關係	年齡	APP開發,資料庫系統
		年齡	38	沈佩玲	夫	34	
		學歷	碩士	吳曩	父女	8	
				吳廬	父女	8	
EM105	陳婷歡	性別	女	姓名	關係	年齡	攝影,影片剪輯,舞蹈
		年齡	27	陳開致	父女	56	
		學歷	大學	林美娥	母女	50	
				陳勝源	姊弟	22	

全部容器都撰寫在一起的敘述雖然沒有多少行程式碼，但閱讀與除錯並不容易。

有規則的分行、分段，分成適度的查詢步驟，程式碼就比較容易維護。

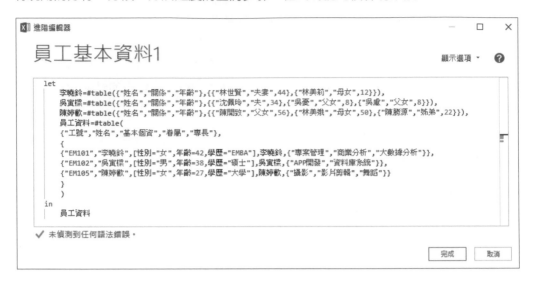

9.6 合併活頁簿裡所有的工作表

在 Excel 活頁簿裡有若干工作表，透過匯入活頁簿的操作，可以查詢出活頁簿裡每一張工作表的屬性資料。例如：每一張工作表的名稱、資料內容、資料種類、是否隱藏等等資訊。完整的記錄在一張查詢資料表裡。例如：以下的 M 語言運算式傳回的查詢結果是一個 table（資料表），裡面記載著檔案名稱為〔聘僱人員記錄 .xlsx〕活頁簿裡每一張工作表的屬性記錄，包括「Name」、「Data」、「Item」、「Kind」、「Hidden」等 5 項資料行：

= Excel.Workbook(File.Contents("C:\DATA\ 聘僱人員記錄 .xlsx"),true,true)

若只要傳回某一指定的資料行內容，則只要在上述語句之後，再輸入該資料行的欄位名稱即可。例如：只想查詢名為「Data」的屬性欄位，則可以輸入以下的程式碼：

= Excel.Workbook(File.Contents("C:\DATA\ 聘僱人員記錄 .xlsx"),true,true)[Data]

由於 Data 是欄位名稱，也就是資料行名稱，因此在程式碼撰寫裡，必須要有一對中括號。而既然是查詢指定的資料行，所以，此修改後的程式編碼其查詢結果便是一個 list（清單）：

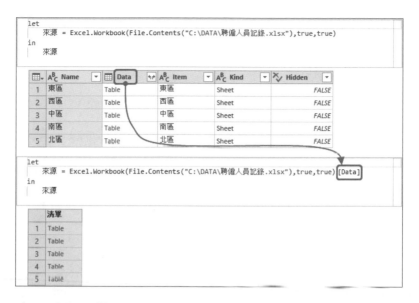

由於這個查詢結果是一個 List（清單）資料型態的輸出，而 List 裡的每一個元素都是 Table 資料型態，因此，若想要將 List 裡每一張 Table 資料型態的內容都合併在一起，在不使用 Power Query 功能選單的工具按鈕操作下，藉由 M 語言程式碼的撰寫也可以輕鬆達陣。運用的函數便是 Table.Combine() 函數。在微軟官方網站的描述，Table.Combine() 函數的語法為：

Table.Combine(tables as list, optional columns as any) as table

從語法的解析中可以瞭解，Table.Combine() 函數傳回的查詢結果是資料表（as table），而函數裡的參數必須是 table as list，也就是說，必須是其元素內容的資料型

態為 Table（資料表）的 List（清單）。而前述可以傳回活頁簿裡 [Data] 資料行內容的 Excel.Workbook(⋯)[Data] 正是元素內容為 Table 的 List，其查詢結果非常符合成為 Table.Combine() 函數的參數。

= Excel.Workbook(File.Contents("C:\DATA\ 聘僱人員記錄 .xlsx"),true,true)[Data]

因此，將上述 Excel.Workbook(⋯)[Data] 語句寫在 Table.Combine() 函數裡：

就僅需這麼一行程式碼，活頁簿裡的每一張工作表內容便合併在一起，成為新的查詢輸出了。

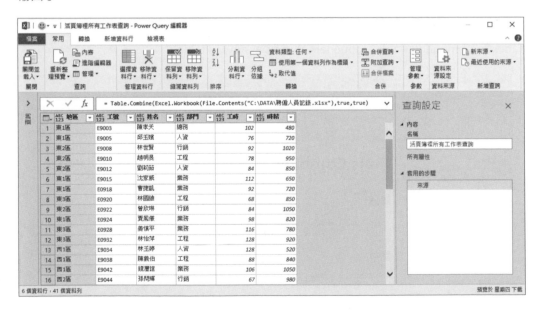

9.7 合併資料夾裡的所有活頁簿

如果資料夾裡包含了多個活頁簿檔，每一個活頁簿檔案裡也含有多張工作表，是否也可以透過 M 函數的撰寫，合併所有的工作表內容呢？只要這些活頁簿檔案裡的工作表都是結構一致的制式化規格，當然就不是什麼難題囉！首先，認識一下 Folder.Files() 函數，這是一個可以傳回指定資料夾路徑底下，每一個檔案的屬性資料，例如：檔案的內容格式、檔案名稱、附屬檔名、存取日期、修改日期、建立日期、檔案屬性、檔案存放路徑。此函數的語法是：

Folder.Files(path as text, optional options as nullable record) as table

所以，此函數裡的參數可以是字串形式的檔案路徑，而傳回的是 Table 資料型態的資料表。以下的實作範例情境是〔C:\DATA\美國〕資料夾裡共有 4 個活頁簿檔案，分別名為〔美中 .xlsx〕、〔美西 xlsx〕、〔美南 .xlsx〕與〔美東 .xlsx〕。透過檔案總管檢視如下：

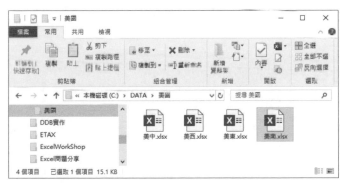

每一個活頁簿裡都有若干張工作表，記載著每個城市每一位員工工號、城市、姓名、部門、工時與時薪等資料，如下圖所示為〔美中 .xlsx〕活頁簿裡 3 張工作表（芝加哥、明尼亞波里、密爾瓦基）的內容：

	A	B	C	D	E	F
1	工號	城市	姓名	部門	工時	時薪
2	E7539	芝加哥	蔡冠諒	人資	81	980
3	E7498	芝加哥	何婕安	行銷	88	650
4	E7527	芝加哥	王明潔	工程	112	880
5	E7497	芝加哥	賴佳君	工程	108	850
6	E7509	芝加哥	吳謙君	人資	84	850
7	E7525	芝加哥	陳芷玉	人資	122	520
8	E7546	芝加哥	陳羽宗	人資	78	950
9	E7493	芝加哥	成淳綸	行銷	98	860
10	E7526	芝加哥	陳芝芳	業務	98	920
11						

	A	B	C	D	E	F
1	工號	城市	姓名	部門	工時	時薪
2	E7513	明尼亞波里	張懿臻	總務	92	480
3	E7521	明尼亞波里	陳佳妮	行銷	90	960
4	E7550	明尼亞波里	趙奕婕	行銷	84	720
5	E7496	明尼亞波里	邱俊備	業務	68	860
6	E7510	明尼亞波里	葉翊瑜	業務	106	880
7	E7529	明尼亞波里	劉奕易	工程	92	780
8	E7524	明尼亞波里	蔦紘娥	業務	100	780
9						
10						
11						

	A	B	C	D	E	F
1	工號	城市	姓名	部門	工時	時薪
2	E7512	密爾瓦基	簡承維	工程	96	1020
3	E7491	密爾瓦基	曹任如	業務	86	660
4	E7490	密爾瓦基	劉宗意	會計	128	780
5	E7511	密爾瓦基	魏琬翰	業務	102	720
6	E7542	密爾瓦基	張偉妤	業務	106	820
7						
8						
9						
10						
11						

〔美東 .xlsx〕活頁簿裡則包含了 4 張工作表（紐約、波士頓、華盛頓 DC、費城）的
內容：

〔美南 .xlsx〕活頁簿裡則包含了 5 張工作表（休士頓、聖安東尼奧、達拉斯、奧蘭
多、邁阿密）的內容：

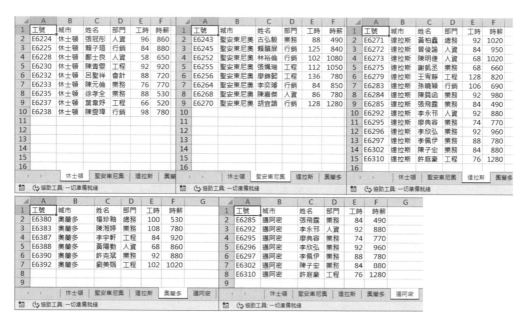

而〔美西 .xlsx〕活頁簿裡也是包含了 5 張工作表（洛杉磯、舊金山、西雅圖、聖地牙哥、聖荷西）的內容：

	A	B	C	D	E	F
1	工號	城市	姓名	部門	工時	時薪
2	E8329	洛杉磯	曾佳誠	行銷	68	880
3	E8301	洛杉磯	杜語凱	業務	106	690
4	E8296	洛杉磯	吳璐瑞	總務	92	780
5	E8300	洛杉磯	陳雅琳	工程	84	530
6	E8335	洛杉磯	欉玗瑋	總務	84	880
7	E8322	洛杉磯	黃孜歆	行銷	92	780
8	E8326	洛杉磯	陳燁晉	人資	106	860
9	E8336	洛杉磯	楊鎮銘	業務	125	520
10	E8297	洛杉磯	沈晉憲	業務	112	1080
11	E8355	洛杉磯	郭昀櫻	行銷	90	1050
12	E8305	洛杉磯	曾姵涵	工程	92	920
13	E8354	洛杉磯	劉悅瑄	業務	86	720
14	E8339	洛杉磯	黃程燕	業務	84	490
15	E8311	洛杉磯	郭襄瑄	工程	88	820
16	E8348	洛杉磯	陳宣毅	人資	84	920
17						

洛杉磯　舊金山　西雅圖　聖地牙哥
協助工具：一切準備就緒

	A	B	C	D	E	F
1	工號	城市	姓名	部門	工時	時薪
2	E8334	舊金山	曾信豪	業務	76	880
3	E8327	舊金山	蔡怡平	行銷	76	840
4	E8341	舊金山	楊庭宇	行銷	102	980
5	E8325	舊金山	朱妤琪	人資	86	770
6	E8306	舊金山	江筠翔	業務	116	860
7	E8320	舊金山	黃靖瑋	人資	102	1280
8	E8356	舊金山	吳養襄	人資	112	850
9	E8358	舊金山	羅宇佑	人資	100	800
10	E8303	舊金山	陳怡勻	行銷	88	850
11	E8302	舊金山	成語雯	業務	58	780
12	E8316	舊金山	梁念雯	業務	88	950
13	E8340	舊金山	徐庭寧	業務	78	960
14						
15						
16						
17						

洛杉磯　舊金山　西雅圖　聖地牙哥
協助工具：一切準備就緒

	A	B	C	D	E	F
1	工號	城市	姓名	部門	工時	時薪
2	E8323	西雅圖	韓子廷	業務	96	720
3	E8309	西雅圖	張瑞文	工程	122	650
4	E8317	西雅圖	徐童宜	會計	81	760
5	E8330	西雅圖	江怡均	工程	67	660
6	E8352	西雅圖	張小安	行銷	68	960
7	E8347	西雅圖	李予琳	人資	98	860
8	E8344	西雅圖	許泱瑜	業務	92	690
9	E8312	西雅圖	蔡文秋	工程	136	780
10	E8304	西雅圖	施玉毅	業務	98	1050
11	E8314	西雅圖	張子如	業務	128	1020
12						
13						
14						
15						
16						
17						

洛杉磯　舊金山　西雅圖　聖地牙哥
協助工具：一切準備就緒

	A	B	C	D	E	F	G
1	工號	城市	姓名	部門	工時	時薪	
2	E8333	聖荷西	郭于哲	會計	81	650	
3	E8328	聖荷西	吳友毅	人資	128	1020	
4	E8310	聖荷西	高禮筑	行銷	98	840	
5	E8351	聖荷西	賴兆綺	業務	76	950	
6	E8313	聖荷西	許明棟	工程	92	820	
7	E8350	聖荷西	鄭文楷	人資	112	850	
8	E8307	聖荷西	施熙瑄	人資	68	1050	
9							
10							

洛杉磯　舊金山　西雅圖　聖地牙哥　聖荷西
協助工具：一切準備就緒

	A	B	C	D	E	F
1	工號	城市	姓名	部門	工時	時薪
2	E8333	聖荷西	郭于哲	會計	81	650
3	E8328	聖荷西	吳友毅	人資	128	1020
4	E8310	聖荷西	高禮筑	行銷	98	840
5	E8351	聖荷西	賴兆綺	業務	76	950
6	E8313	聖荷西	許明棟	工程	92	820
7	E8350	聖荷西	鄭文楷	人資	112	850
8	E8307	聖荷西	施熙瑄	人資	68	1050
9						
10						

洛杉磯　舊金山　西雅圖　聖地牙哥　聖荷西
協助工具：一切準備就緒

我們將透過 M 語言的撰寫，學習如何將這個資料夾裡每一個活頁簿檔案裡的每一張工作表都合併在一起，成為可供後續處理分析的 RAW DATA。以下的範例運算式所傳回的查詢結果是一個 Table（資料表），裡面記載著磁碟路徑〔C:\DATA\ 美國〕資料夾裡每一個檔案的屬性記錄，包括「Content」、「Name」、「Extension」、「Date Accessed」、「Date Modified」、「Data Created」、「Attributes」以及「Folder Path」等 8 項資料行：

= Folder.Files("C:\DATA\ 美國 ")

若只要傳回某一指定的資料行內容，則只要在上述語句之後，再輸入該資料行的欄位名稱即可。例如：只想查詢名為「Content」的屬性欄位，則可以輸入以下的程式碼：

= Folder.Files("C:\DATA\ 美國 ")[Content]

由於 Content 是欄位名稱，也就是資料行名稱，因此在程式碼撰寫裡，必須要有一對中括號。而既然是查詢指定的資料行，所以，此修改後的程式編碼所傳回的查詢結果就不是一個 Table（資料表），而是一個內含 Binary 資料型態的 List（清單）：

1. 查詢輸出是 8 個資料行（檔案的各項屬性資料），4 個資料列（〔C:\DATA\ 美國〕資料夾裡有 4 個活頁簿檔案）。

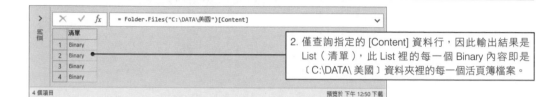

2. 僅查詢指定的 [Content] 資料行，因此輸出結果是 List（清單），此 List 裡的每一個 Binary 內容即是〔C:\DATA\ 美國〕資料夾裡的每一個活頁簿檔案。

此欄位所儲存的 Binary 型態資料，就是每一個活頁簿檔案的內容。前面曾經提到，透過 Excel.Workbook(…) 函數可以取得指定活頁簿檔案的屬性與內容。若是 Excel.Workbook(…)[Data] 的寫法，則可以取得活頁簿的 Binary 資料格式，也就是檔案內容。只要外面再套上 Table.Combine() 函數，也就是 Table.Combine(Excel.Workbook(…)[Data])，便可以合併該活頁簿裡的每一張工作表，傳回 Table 結構的所有資料內容輸出。

只是，這次我們要處理的並不是單一活頁簿檔案，而是資料夾裡的所有活頁簿檔案，所以，僅憑上述上述這些函數是不夠的。在 M 語言中有一個非常重要而且非常好用的 List 處理函數：List.Transform()，可以針對指定的 List 規劃進行其元素的相關轉換運算。此函數的語法是：

List.Transform(list as list, transform as function) as list

List.Transform() 函數有兩個參數，執行後傳回的查詢結果也是 List 資料型態。第 1 個參數就是指明要處理的 List 為何，而第 2 個參數就是要如何處理 List 裡面每一個元素的轉換或運算方式，通常就是函數算式的撰寫。

以此例來說，我們想要處理的是 Folder.Files("C:\DATA\ 美國 ")[Content] 這個 List，而處理的目的就是希望 List 裡的每一個 Binary 元素（活頁簿檔案內容）都可以進行資料表的合併轉換，也就是進行 Table.Combine() 函數的運算。也由於第 1 個參數是 List，因此，在第 2 個參數裡撰寫 Table.Combine() 函數時，記得前面要加個「each」以表

示要處理的對象是 List 裡的每一個元素,也就是每一個活頁簿檔案。整理後,此 List. Transform() 函數裡的第 1 個參數可以寫成:

Folder.Files("C:\DATA\ 美國 ")[Content]

第 2 個參數可以寫成:

each Table.Combine(Excel.Workbook(_,true,true)[Data])

整個 List.Transform() 寫成:

List.Transform(Folder.Files("C:\DATA\ 美國 ")[Content],each Table.Combine(Excel. Workbook(_,true,true)[Data]))

筆者用圖解說明如下:

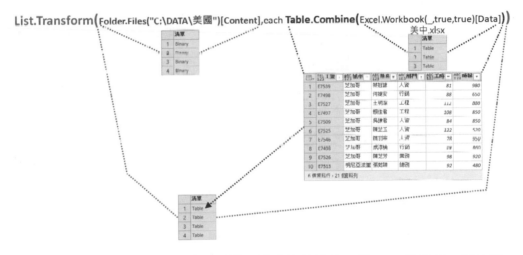

因此,這樣的 List.Transform() 寫法所傳回的查詢結果是一個 List,而此 List 裡的每一個元素都是 Table,每一個 Table 就是活頁簿檔案裡各工作表的合併結果。以此例而言,List 裡的第 1 個 Table 就是〔美中 .xlsx〕活頁簿裡所有的工作表合併後的結果,這是 3 張工作表的合併;List 裡的第 2 個 Table 就是〔美西 .xlsx〕活頁簿裡所有的工作表合併後的結果,這是 5 張工作表的合併,依此類推。

聰明的您應該也可以想到了,這個 List.Transform() 所傳回的 List,內容既然都是 Table,若能再進行一次 Table.Combine,將 List 裡每一個元素(也就是每一個 Table)再進行合併,合併所有活頁簿裡的內容不就大功告成了!的確,就為剛剛的程式碼外圍再加上一層 Table.Combine 函數,寫成:

Table.Combine(List.Transform(Folder.Files("C:\DATA\ 美國 ")[Content],each Table.
Combine(Excel.Workbook(_,true,true)[Data])))

	ABC 123 工號	ABC 123 城市	ABC 123 姓名	ABC 123 部門	ABC 123 工時	ABC 123 時薪
1	E7539	芝加哥	蔡冠謚	人資	81	980
2	E7498	芝加哥	何婕安	行銷	88	650
3	E7527	芝加哥	王明潔	工程	112	880
4	E7497	芝加哥	賴佳君	工程	108	850
5	E7509	芝加哥	吳謙君	人資	84	850
6	E7525	芝加哥	陳沚玉	人資	122	520
7	E7546	芝加哥	陳羽宗	人資	78	950
8	E7493	芝加哥	成淳綸	行銷	98	860
9	E7526	芝加哥	陳芝芳	業務	98	920
10	E7513	明尼亞波里	張鎧臻	總務	92	480
11	E7521	明尼亞波里	陳佳妮	行銷	90	960
12	E7550	明尼亞波里	趙奕婕	行銷	84	720
13	E7496	明尼亞波里	邱俊儒	業務	68	860
14	E7510	明尼亞波里	葉翔瑜	業務	106	880
15	E7529	明尼亞波里	劉奕昜	工程	92	780

6 個資料行, 164 個資料列　　　　　　　　　　　　　　　　　　　　　　　預覽於上午 01:32 下載

以此範例實作，最後輸出 6 個資料行、164 資料列。因此，懂得 M 語言程式碼的撰寫
與編輯，只是寫了這麼一行程式碼，就能將整個資料夾裡數量眾多的活頁簿檔案，立
即彙整合併在一起，這般的高效率讓我們很有成就感吧！

Power Query 實例應用

了 解了 Power Query 的實際操作介面與基本功,也學習了使用
M 語言撰寫查詢程式與函數的方式後,這個章節就讓我們逐
步解說與演練職場上常面臨的資料處理與資料查詢和彙整的案例。
檢驗一下您的學習成果,也練就您資料拆分、清理與轉換的功力。

10.1 產品清單標籤大量輸出

以下實作範例的原始資料是一個傳統的儲存格範圍，記錄著 18 種禮盒產品清單的名稱、條碼及數量等資訊，如果必須在每一個商品上黏附商品名稱的標籤、條碼時，可以根據每一個商品的「數量」需求，透過 Power Query 的操作，輕鬆快速大量輸出若干數量的產品清單標籤，並且可以自動加上序號。

> 2. 根據數量欄位值的大小，產生相對數量的資料列，並根據〔條碼〕欄位的內容建立包含序號的編碼欄位「條碼與序號」。

> 1. 傳統的儲存格範圍（非資料表）

禮盒代號	禮盒名稱	條碼	數量
PBXC92012	四季如春	471-9687611649	11
PBXC92020	阿爾卑斯	471-8085317676	13
PBXC92022	秋楓典藏	471-9777781666	24
PBXC92024	甜苦雙味	471-3928637781	8
PBXC92028	經典櫻桃	471-5316504360	15
PBXC92030	夢幻摩卡	471-3571833830	11
PBXC92032	絕品榛果	471-7893460485	10
PBXC92034	萬國風情	471-6971906989	19
PBXC92038	島國風味	471-1921291957	14
PBXC92042	珍愛情人	471-9849779815	13
PBXC92044	驚奇杏仁	471-6287106790	13
PBXC92048	鎮店之寶	471-7305026662	9
PBXC92052	太平洋風	471-7198566365	16
PBXC92056	傳統花生	471-2920292888	14
PBXC92058	羅曼蒂克	471-5631345302	7
PBXC92064	極致風尚	471-2159139502	19
PBXC92068	奶油天堂	471-5261215419	13
PBXC92072	香醇甜心	471-6782730118	9

禮盒代號	禮盒名稱	條碼與序號
PBXC92012	四季如春	471-9687611649-1
PBXC92012	四季如春	471-9687611649-2
PBXC92012	四季如春	471-9687611649-3
PBXC92012	四季如春	471-9687611649-4
PBXC92012	四季如春	471-9687611649-5
PBXC92012	四季如春	471-9687611649-6
PBXC92012	四季如春	471-9687611649-7
PBXC92012	四季如春	471-9687611649-8
PBXC92012	四季如春	471-9687611649-9
PBXC92012	四季如春	471-9687611649-10
PBXC92012	四季如春	471-9687611649-11
PBXC92020	阿爾卑斯	471-8085317676-1
PBXC92020	阿爾卑斯	471-8085317676-2
PBXC92020	阿爾卑斯	471-8085317676-3
PBXC92020	阿爾卑斯	471-8085317676-4
PBXC92020	阿爾卑斯	471-8085317676-5
PBXC92020	阿爾卑斯	471-8085317676-6
PBXC92020	阿爾卑斯	471-8085317676-7
PBXC92020	阿爾卑斯	471-8085317676-8
PBXC92020	阿爾卑斯	471-8085317676-9
PBXC92020	阿爾卑斯	471-8085317676-10
PBXC92020	阿爾卑斯	471-8085317676-11
PBXC92020	阿爾卑斯	471-8085317676-12
PBXC92020	阿爾卑斯	471-8085317676-13
PBXC92022	秋楓典藏	471-9777781666-1
PBXC92022	秋楓典藏	471-9777781666-2
PBXC92022	秋楓典藏	471-9777781666-3
PBXC92022	秋楓典藏	471-9777781666-4
PBXC92022	秋楓典藏	471-9777781666-5
PBXC92022	秋楓典藏	471-9777781666-6
PBXC92022	秋楓典藏	471-9777781666-7
PBXC92022	秋楓典藏	471-9777781666-8
PBXC92022	秋楓典藏	471-9777781666-9
PBXC92022	秋楓典藏	471-9777781666-10
PBXC92022	秋楓典藏	471-9777781666-11
PBXC92022	秋楓典藏	471-9777781666-12
PBXC92022	秋楓典藏	471-9777781666-13
PBXC92022	秋楓典藏	471-9777781666-14
PBXC92022	秋楓典藏	471-9777781666-15
PBXC92022	秋楓典藏	471-9777781666-16

步驟01 點選資料範圍裡的任一儲存格,例如:A2。

步驟02 點按〔資料〕索引標籤。

步驟03 點按〔取得及轉換資料〕群組裡的〔從表格/範圍〕命令按鈕。

步驟04 開啟〔建立表格〕對話方塊,點按〔確定〕按鈕。

步驟05 進入 Power Query 查詢編輯器後,點按〔新增資料行〕索引標籤。

步驟06 點按〔一般〕群組裡的〔自訂資料行〕命令按鈕。

步驟07 開啟〔自訂資料行〕對話方塊,在此輸入自訂公式。

公式裡的 [數量] 參數，可利用滑鼠在〔可用的資料行〕裡
點按兩下所需的「數量」資料行名稱，並不見得一定要手動
輸入此參數名稱喔！

步驟08 輸入公式：「{1..[數量]}」並按下〔確定〕。

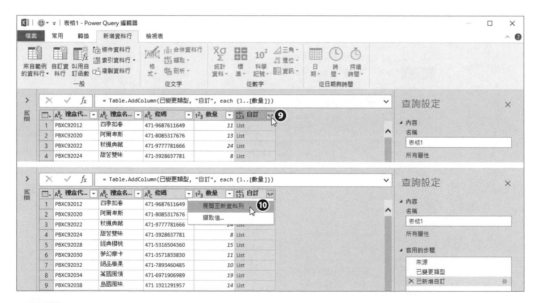

步驟09 新增的「自訂」資料行是一個清單（List）結構，點按〔展開〕按鈕。

步驟10 從下拉式展開選單中點選〔展開至新資料列〕功能選項。

展開「自訂」資料行的清單（List）
結構後，形成序號資料。

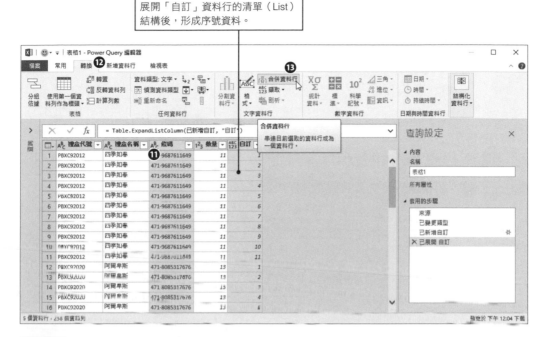

步驟11 複選「條碼」資料行與「自訂」資料行。

步驟12 點按〔轉換〕索引標籤。

步驟13 點按〔文字資料行〕群組裡的〔合併資料行〕命令按鈕。

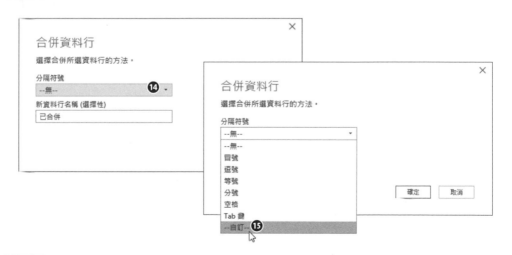

步驟14 開啟〔合併資料行〕對話方塊，點按分隔符號選單。

步驟15 從展開的下拉式選單中點選〔自訂〕。

步驟16 輸入自訂的分隔符號為「-」。

步驟17 輸入轉換後的資料行名稱為「條碼與序號」，按下〔確定〕按鈕。

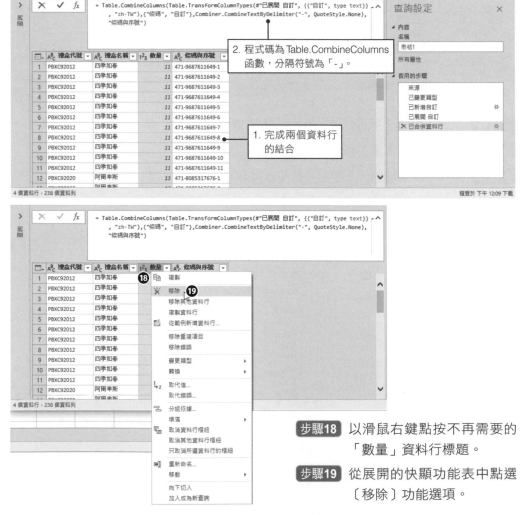

步驟18 以滑鼠右鍵點按不再需要的「數量」資料行標題。

步驟19 從展開的快顯功能表中點選〔移除〕功能選項。

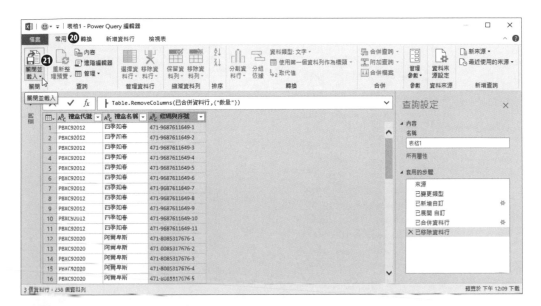

步驟20 點按〔常用〕索引標籤。

步驟21 點按〔關閉〕群組裡〔關閉並載入〕命令按鈕的下半部按鈕。

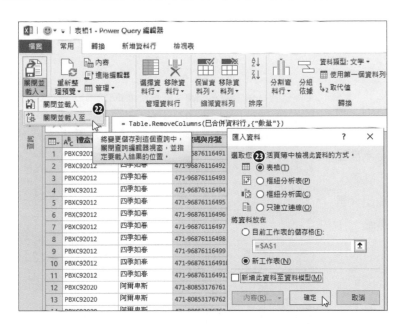

步驟22 從展開的功能選單中點選〔關閉並載入至…〕功能選項。

步驟23 開啟〔匯入資料〕對話方塊,點選〔表格〕選項,然後按下〔確定〕按鈕。

完成查詢的建立，在新增的工作表上建立了所需的查詢結果表格。

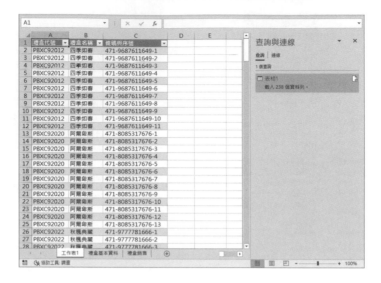

運用到的 Power Query 重要技巧

- 新增自訂資料行，建立公式
- 展開清單（List）
- 合併資料行
- 移除不需要的資料行
- 匯出查詢結果

作業

根據原始資料的「禮盒代號」與「數量」兩欄位，結合為自動加上序號的「編碼」欄位，快速輸出大量的禮盒代碼標籤。

禮盒代號	禮盒名稱	禮盒大小	數量
PBXC92012L	四季如春	大	3
PBXC92012M	四季如春	中	6
PBXC92012S	四季如春	小	2
PBXC92020L	阿爾卑斯	大	2
PBXC92020M	阿爾卑斯	中	8
PBXC92020S	阿爾卑斯	小	3
PBXC92022L	秋楓典藏	大	8
PBXC92022M	秋楓典藏	中	9
PBXC92022S	秋楓典藏	小	7
PBXC92042L	甜苦雙味	大	3
PBXC92042M	甜苦雙味	中	4
PBXC92042S	甜苦雙味	小	1
PBXC92072L	經典櫻桃	大	7
PBXC92072M	經典櫻桃	中	5
PBXC92072S	經典櫻桃	小	3
PBXC92072L	夢幻摩卡	大	6
PBXC92072M	夢幻摩卡	中	4
PBXC92072S	夢幻摩卡	小	1
PBXC92042L	絕品標果	大	6
PBXC92042M	絕品標果	中	2
PBXC92042S	絕品標果	小	2
PBXC92072L	萬國風情	大	4
PBXC92072M	萬國風情	中	8
PBXC92072S	萬國風情	小	7
PBXC92038L	農國風味	大	5
PBXC92038M	農國風味	中	4
PBXC92038S	農國風味	小	5
PBXC92020L	珍愛情人	大	5
PBXC92020M	珍愛情人	中	2
PBXC92020S	珍愛情人	小	6
PBXC92072L	驚奇杏仁	大	4
PBXC92072M	驚奇杏仁	中	2
PBXC92072S	驚奇杏仁	小	4
PBXC92072L	鎮店之寶	大	3
PBXC92072M	鎮店之寶	中	5

禮盒代號	禮盒名稱	禮盒大小	數量	編碼
PBXC92012L	四季如春	大	3	PBXC92012L-1
PBXC92012L	四季如春	大	3	PBXC92012L-2
PBXC92012L	四季如春	大	3	PBXC92012L-3
PBXC92012M	四季如春	中	6	PBXC92012M-1
PBXC92012M	四季如春	中	6	PBXC92012M-2
PBXC92012M	四季如春	中	6	PBXC92012M-3
PBXC92012M	四季如春	中	6	PBXC92012M-4
PBXC92012M	四季如春	中	6	PBXC92012M-5
PBXC92012M	四季如春	中	6	PBXC92012M-6
PBXC92012S	四季如春	小	2	PBXC92012S-1
PBXC92012S	四季如春	小	2	PBXC92012S-2
PBXC92020L	阿爾卑斯	大	2	PBXC92020L-1
PBXC92020L	阿爾卑斯	大	2	PBXC92020L-2
PBXC92020M	阿爾卑斯	中	8	PBXC92020M-1
PBXC92020M	阿爾卑斯	中	8	PBXC92020M-2
PBXC92020M	阿爾卑斯	中	8	PBXC92020M-3
PBXC92020M	阿爾卑斯	中	8	PBXC92020M-4
PBXC92020M	阿爾卑斯	中	8	PBXC92020M-5
PBXC92020M	阿爾卑斯	中	8	PBXC92020M-6
PBXC92020M	阿爾卑斯	中	8	PBXC92020M-7
PBXC92020M	阿爾卑斯	中	8	PBXC92020M-8
PBXC92020S	阿爾卑斯	小	3	PBXC92020S-1
PBXC92020S	阿爾卑斯	小	3	PBXC92020S-2
PBXC92020S	阿爾卑斯	小	3	PBXC92020S-3
PBXC92022L	秋楓典藏	大	8	PBXC92022L-1
PBXC92022L	秋楓典藏	大	8	PBXC92022L-2
PBXC92022L	秋楓典藏	大	8	PBXC92022L-3
PBXC92022L	秋楓典藏	大	8	PBXC92022L-4
PBXC92022L	秋楓典藏	大	8	PBXC92022L-5
PBXC92022L	秋楓典藏	大	8	PBXC92022L-6
PBXC92022L	秋楓典藏	大	8	PBXC92022L-7
PBXC92022L	秋楓典藏	大	8	PBXC92022L-8
PBXC92022M	秋楓典藏	中	9	PBXC92022M-1
PBXC92022M	秋楓典藏	中	9	PBXC92022M-2
PBXC92022M	秋楓典藏	中	9	PBXC92022M-3

10.2 值班輪值記錄（一維轉二維）

條列式的編排資料若資料量大，就變成是非常冗長的報表，例如：顯示每一個廠區在週間的負責人，在每一個廠區都要列出週一到週日的當值人員，這張表實在是冗長，若能摘要成二維的報表，行列交錯下不是更清晰明白嗎？這就交給 Power Query 的樞紐資料行功能囉！

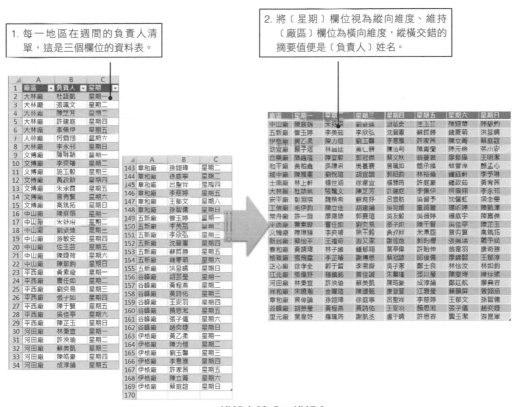

▲ 一維報表轉成二維報表

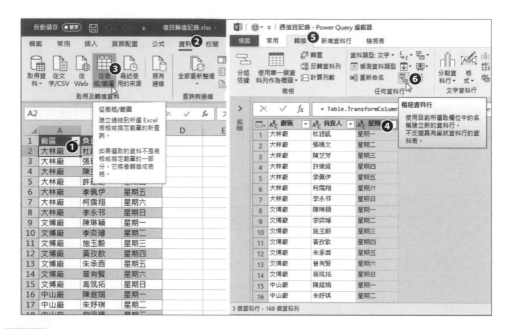

步驟01 切換到〔週值班記錄（一維）〕工作表後，點選資料表裡的任一儲存格，例如：A2。

步驟02 點按〔資料〕索引標籤。

步驟03 點按〔取得及轉換資料〕群組裡的〔從表格 / 範圍〕命令按鈕。

步驟04 進入 Power Query 查詢編輯器後，點選「星期」資料行。

步驟05 點按〔轉換〕索引標籤。

步驟06 點按〔任何資料行〕群組裡的〔樞紐資料行〕命令按鈕。

步驟07 開啟〔樞紐資料行〕對話方塊，點選〔值資料行〕為「負責人」。

步驟08 點按〔進階選項〕。

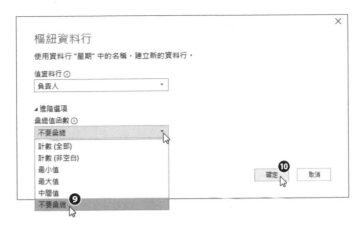

步驟09 在〔彙總值函數〕選項點選〔不要彙總〕。

步驟10 最後按下〔確定〕按鈕。

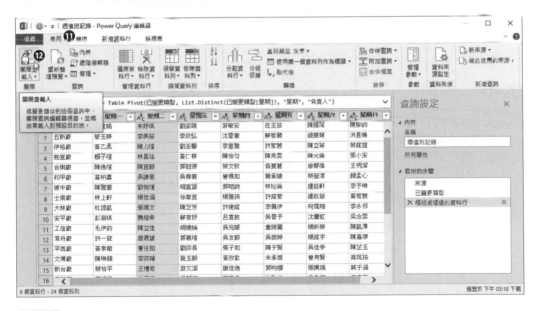

步驟11 點按〔常用〕索引標籤。

步驟12 點按〔關閉〕群組裡的〔關閉並載入〕命令按鈕。

完成查詢建立後，原本一維的資料清單立即變成二維的資料表，並建立在新的工作表上。

運用到的 Power Query 重要技巧

- 樞紐資料行

作業

將各廠區、負責人、月份的原始資料,轉換成二維報表,其中橫向為月份、縱向為廠區,而月份與廠區的交錯則是相關的負責人。

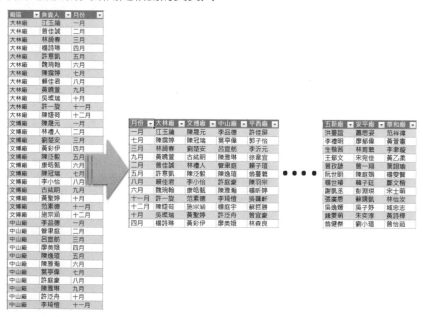

10.3 各單位各類票券採購統計（二維轉一維）

蒐集各單位各種票券的需求，這是典型的二維報表，橫向維度為〔單位〕欄位，記載各單位名稱、縱向維度為〔票券〕種類，表示各種不同的票券，縱橫交錯便是票券的需求量。若要轉換成條列式般的 RAW DATA，正猶如前一小節值班輪值記錄（一維轉二維）範例的反向，要將二維報表轉換成一維報表也不是難事喔！

> 1. 各單位各種票券的需求量，這是一個典型的二維報表。

> 2. 形成 RAW DATA 般的資料結構，正如同標準的資料表架構，可進行資料的查詢、篩選、小計、合併等運作。

採購張數

單位	幼童	學生	軍警票	成人	敬老票
主計處	45張	50張	8張	84張	60張
移民署	30張	22張	20張	52張	48張
警政署	27張	35張	72張	66張	65張
營建署	24張	51張	5張	35張	26張
消防署	19張	13張	8張	28張	11張
役政署	18張	26張	12張	42張	28張
衛生署	5張	45張	10張	36張	40張
環保署	16張	18張	14張	68張	78張
勞委會	24張	24張	16張	52張	45張
研考會	28張	31張	12張	46張	30張
民政司	29張	55張	8張	38張	57張
戶政司	29張	14張	5張	66張	48張
地政司	36張	36張	12張	48張	33張
社會司	8張	25張	16張	34張	23張
總務司	6張	12張	18張	28張	21張

單位	票券種類	數量
主計處	幼童	45
主計處	學生	50
主計處	軍警票	8
主計處	成人	84
主計處	敬老票	60
移民署	幼童	30
移民署	學生	32
移民署	軍警票	20
移民署	成人	52
移民署	敬老票	48
警政署	幼童	27
警政署	學生	35
警政署	軍警票	72
警政署	成人	66
警政署	敬老票	65
營建署	幼童	24
營建署	學生	51
營建署	軍警票	5
營建署	成人	35
營建署	敬老票	26
消防署	幼童	19
消防署	學生	13
消防署	軍警票	8
消防署	成人	28
消防署	敬老票	11
役政署	幼童	18
役政署	學生	26
役政署	軍警票	12
役政署	成人	42
役政署	敬老票	28
衛生署	幼童	5
衛生署	學生	45
衛生署	軍警票	10
衛生署	成人	36
衛生署	敬老票	40

單位	票券種類	數量
環保署	幼童	16
環保署	學生	18
環保署	軍警票	14
環保署	成人	68
環保署	敬老票	78
勞委會	幼童	24
勞委會	學生	24
勞委會	軍警票	16
勞委會	成人	52
勞委會	敬老票	45
研考會	幼童	28
研考會	學生	31
研考會	軍警票	12
研考會	成人	46
研考會	敬老票	30
民政司	幼童	29
民政司	學生	55
民政司	軍警票	8
民政司	成人	38
民政司	敬老票	57
戶政司	幼童	29
戶政司	學生	14
戶政司	軍警票	5
戶政司	成人	66
戶政司	敬老票	48
地政司	幼童	36
地政司	學生	36
地政司	軍警票	12
地政司	成人	48
地政司	敬老票	33
社會司	幼童	8
社會司	學生	25
社會司	軍警票	16
社會司	成人	34
社會司	敬老票	23
總務司	幼童	6
總務司	學生	12
總務司	軍警票	18
總務司	成人	28
總務司	敬老票	21

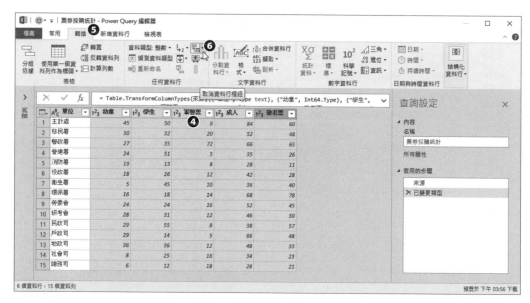

步驟01 切換到〔採購張數 (二維) 〕工作表後,點選資料表裡的任一儲存格,例如: A4。

步驟02 點按〔資料〕索引標籤。

步驟03 點按〔取得及轉換資料〕群組裡的〔從表格 / 範圍〕命令按鈕。

步驟04 進入 Power Query 查詢編輯器後,複選「幼童」、「學生」、「軍警票」、「成 人」及「敬老票」等連續的五個資料行。

步驟05 點按〔轉換〕索引標籤。

步驟06 點按〔任何資料行〕群組裡〔取消資料行樞紐〕命令按鈕右側倒三角形下拉 式選項按鈕。

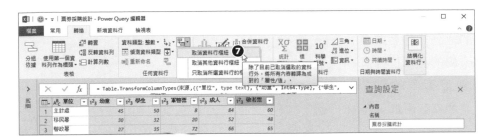

步驟07 從展開的下拉式選單中點選〔取消資料行樞紐〕功能選項。

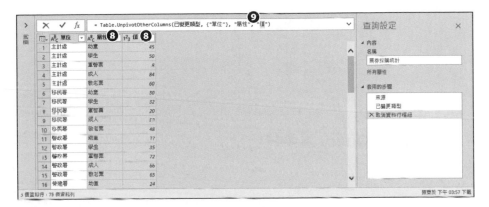

步驟08 原本複選的資料行轉換成「屬性」資料行，資料行裡的值變成「值」資料行。

步驟09 〔取消資料行樞紐〕的 M 語言程式碼為 Table.UnpivotOtherColumns，點選資料編輯列上的 M 語言程式碼，變更參數 " 屬性 " 與 " 值 "。

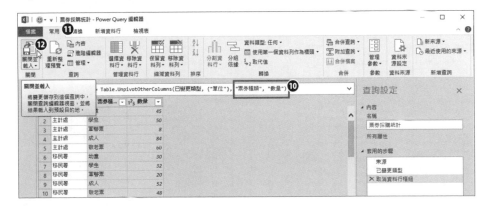

步驟10 改成參數 " 票券種類 " 與 " 數量 "。

步驟11 點按〔常用〕索引標籤。

步驟12 點按〔關閉〕群組裡的〔關閉並載入〕命令按鈕。

完成查詢的建立，原本二維的行列式報表立即變成一維的各單位各種票券數量列表的資料表，並建立在新的工作表上。

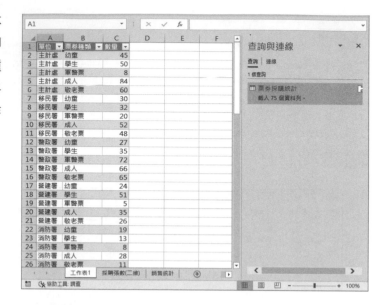

運用到的 Power Query 重要技巧

• 取消資料行樞紐

作業

將原始資料的 5 個容量欄位：「0.36L」、「0.48L」、「0.6L」、「0.8L」與「1.2L」轉換成「容量」欄位以及「數量」欄位。

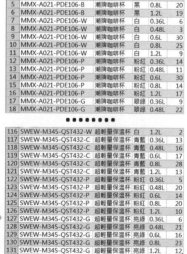

10.4 各城市年度業績報表

以一個城市一張工作表為單位，建立各個飲品在年度各月份的銷售資料，若要將每一個城市的資料都合併起來，形成一張大型的資料表，難道一定要剪剪貼貼的複製貼上嗎？即便是進行〔資料〕〔合併彙算〕的功能選項操作，一下子那麼多的工作表要彙整，也是挺繁複的作業，不過，Power Query 正是這方面的簡中高手喔！

1. 15 張工作表記錄著每一個地區 12 個月的飲品銷售數量

2. 將 15 張工作表彙整成一張工作表

步驟01 點按〔資料〕索引標籤。

步驟02 點按〔取得及轉換資料〕群組裡的〔取得資料〕命令按鈕。

步驟03 從展開的下拉式功能選單中點選〔從檔案〕功能選項。

步驟04 再從展開的副選單中點選〔從活頁簿〕功能選項。

步驟05 開啟〔匯入資料〕對話方塊,點按檔案〔各城市年度業績報表 .xlsx〕活頁簿檔案,然後點按〔匯入〕按鈕。

步驟06 開啟〔導覽器〕視窗，點選〔各城市年度業績報表 .xlsx[15]〕，中括號裡的 15 代表此活頁簿裡包含有 15 工作表。

步驟07 點按〔轉換資料〕按鈕。

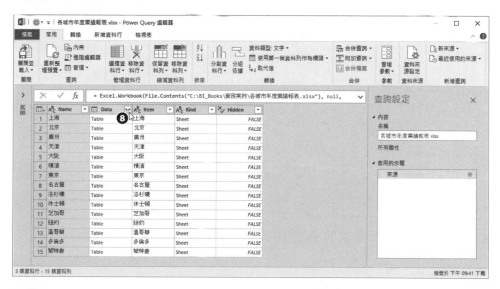

步驟08 開啟〔Power Query 查詢編輯器〕，一開始所匯入的每一筆資料記錄是每一張工作表的屬性資料，點按「Data」資料行（內容是 Table）右邊的展開按鈕。

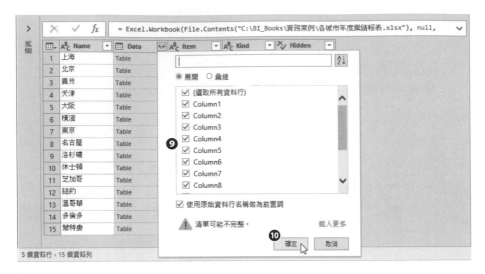

步驟09 此例需要展開 Table 裡的每一個欄位，因此維持勾選預設的每一個資料行。

步驟10 點按〔確定〕按鈕。

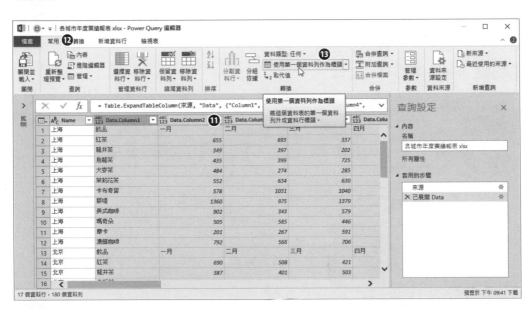

步驟11 展開每一張工作表其 Table 裡的每一個資料行，預設資料行名稱為「Data. Column1」…等等。

步驟12 點按〔常用〕索引標籤。

步驟13 點按〔轉換〕群組裡的〔使用第一個資料列作為標頭〕命令按鈕。

步驟14 點按「飲品」資料行的篩選按鈕。

步驟15 從展開的清單中取消「飲品」資料行的勾選,然後點按〔確定〕按鈕。將重複資料行名稱的各個資料列過濾、移除。

步驟16 點按兩下「上海」資料行名稱,直接在此變更資料行名稱。

步驟17 輸入新的資料行名稱為「地區」。

步驟18 選取目前查詢編輯器裡最右邊的三個資料行「上海.1」、「Sheet」、「false」並以滑鼠右鍵點按其中的資料行名稱。

步驟19 從展開的快顯功能表中點選〔移除資料行〕功能選項。

步驟20 點按〔常用〕索引標籤。

步驟21 點按〔關閉〕群組裡的〔關閉並載入〕命令按鈕。

完成彙整多張工作表的查詢，不用複製貼上，也不需要撰寫程式碼，活頁簿裡 15 張工作表的業績報表內容立即彙整在一起。

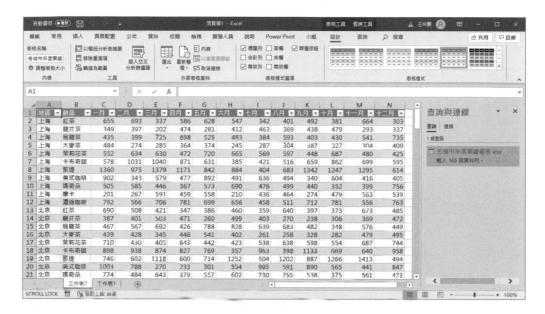

運用到的 Power Query 重要技巧

- 匯入取得活頁簿多張工作表
- 展開表格（Table）
- 使用第一個資料列作為標頭
- 篩選資料列
- 更改資料行名稱
- 移除不需要的資料行

10.5 管線編號合併

每一個施工單位負責若干的管線佈建工程，而每一個管線佈建工程都有獨一無二的編號，所取得的資料也已經根據施工單位與管線編號由小到大排好順序，此時透過 Power Query 的〔分組依據〕功能，便可以合併管線編號，建立各單位負責管線佈建的起訖編號區段之摘要報表。

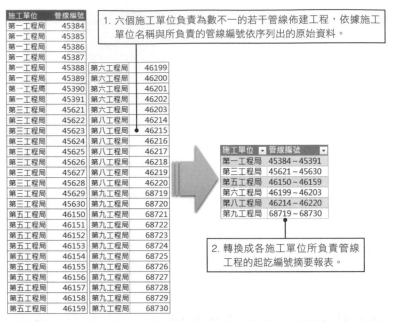

步驟01	切換到〔管線維護〕工作表後，點選資料表裡的任一儲存格，例如：A1。
步驟02	點按〔資料〕索引標籤。
步驟03	點按〔取得及轉換資料〕群組裡的〔從表格 / 範圍〕命令按鈕。
步驟04	進入 Power Query 查詢編輯器後，點選「管線編號」資料行。
步驟05	點按〔常用〕索引標籤。
步驟06	點按〔轉換〕群組裡的〔分組依據〕命令按鈕。

步驟07 開啟〔分組依據〕對話方塊，點選〔進階〕選項。

步驟08 分組依據為「施工單位」。

步驟09 點按〔加入彙總〕按鈕。

步驟10 第一個新資料行名稱輸入「最小值」、選擇〔作業〕為〔最小值〕、選擇〔欄〕為「管線編號」。

步驟11 第二個新資料行名稱輸入「最大值」、選擇〔作業〕為〔最大值〕、選擇〔欄〕為「管線編號」。

步驟12 點按〔確定〕按鈕。

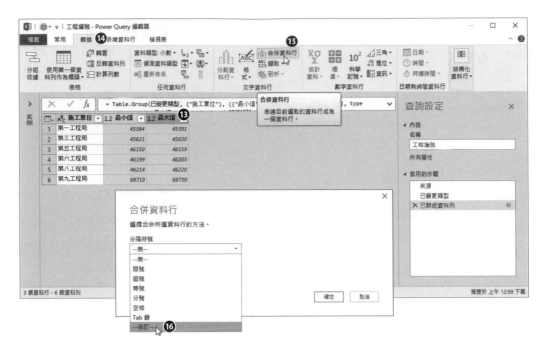

步驟13 複選剛剛產生的「最小值」與「最大值」兩資料行。

步驟14 點按〔轉換〕索引標籤。

步驟15 點按〔文字資料行〕群組裡的〔合併資料行〕命令按鈕。

步驟16 開啟〔合併資料行〕對話方塊,選擇分隔符號為〔自訂〕。

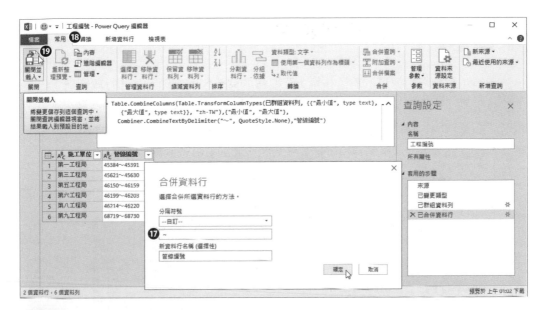

步驟17 輸入自訂的分隔符號為「~」,然後按下〔確定〕按鈕。

步驟18 點按〔常用〕索引標籤。

步驟19 點按〔關閉〕群組裡的〔關閉並載入〕命令按鈕。

完成同一施工單位進行管線編號的合併,將此查詢結果以資料表格的格式,呈現在新工作表上。

運用到的 Power Query 重要技巧

- 分組依據
- 合併資料行

10.6 施工門號拆分

各施工單位負責各行政區的施工作業，在取得的資料來源中顯示了〔行政區碼〕、〔施工單位〕與〔門牌號碼〕等三項資料，其中〔門牌號碼〕欄位記錄了門牌號碼的起訖編號，起訖號碼之間是以「-」為分隔符號，透過 Power Query 的拆分資料技巧，可以將原本起訖區間的門牌號碼欄位，變成單一門牌號碼資料列的欄位。

	A	B	C
1	行政區碼	施工單位	門牌號碼
2	N001	工一課	2587-2841
3	N001	工二課	2888-3110
4	N001	工三課	3189-3345
5	N001	工四課	3490-3615
6	N001	工五課	3791-3878
7	N001	工六課	4092-4118
8	W002	工一課	4393-4619
9	W002	工二課	4694-4834
10	W002	工三課	4995-5057

	A	B	C
101	S004	電四處	8908-9184
102	S004	電五處	9209-9363
103	S004	電六處	9510-9651
104	S004	機一組	8005-8267
105	S004	機二組	8306-8427
106	S004	機三組	8607-8875
107	S004	機四組	8908-9184
108	S004	機五組	9209-9363
109	S004	機六組	9510-9651
110	S004	水一處	8005-8267
111	S004	水二處	8306-8427
112	S004	水三處	8607-8875
113	S004	水四處	8908-9184
114	S004	水五處	9209-9363
115	S004	水六處	9510-9651
116	S004	網一課	8005-8267
117	S004	網二課	8306-8427
118	S004	網三課	8607-8875
119	S004	網四課	8908-9184
120	S004	網五課	9209-9363
121	S004	網六課	9510-9651
122			

工程編號

	A	B	C
1	行政區碼	施工單位	門牌號碼
2	N001	工一課	2587
3	N001	工一課	2588
4	N001	工一課	2589
5	N001	工一課	2590
6	N001	工一課	2591
7	N001	工一課	2592
8	N001	工一課	2593
9	N001	工一課	2594
10	N001	工一課	2595
11	N001	工一課	2596
12	N001	工一課	2597
13	N001	工一課	2598
14	N001	工一課	2599
15	N001	工一課	2600
16	N001	工一課	2601
17	N001	工一課	2602
18	N001	工一課	2603
19	N001	工一課	2604
20	N001	工一課	2605
21	N001	工一課	2606
22	N001	工一課	2607
23	N001	工一課	2608
24	N001	工一課	2609
25	N001	工一課	2610
26	N001	工一課	2611
27	N001	工一課	2612
28	N001	工一課	2613
29	N001	工一課	2614
30	N001	工一課	2615
31	N001	工一課	2616
32	N001	工一課	2617

20010 S004	網六課	9620
20011 S004	網六課	9621
20012 S004	網六課	9622
20013 S004	網六課	9623
20014 S004	網六課	9624
20015 S004	網六課	9625
20016 S004	網六課	9626
20017 S004	網六課	9627
20018 S004	網六課	9628
20019 S004	網六課	9629
20020 S004	網六課	9630
20021 S004	網六課	9631
20022 S004	網六課	9632
20023 S004	網六課	9633
20024 S004	網六課	9634
20025 S004	網六課	9635
20026 S004	網六課	9636
20027 S004	網六課	9637
20028 S004	網六課	9638
20029 S004	網六課	9639
20030 S004	網六課	9640
20031 S004	網六課	9641
20032 S004	網六課	9642
20033 S004	網六課	9643
20034 S004	網六課	9644
20035 S004	網六課	9645
20036 S004	網六課	9646
20037 S004	網六課	9647
20038 S004	網六課	9648
20039 S004	網六課	9649
20040 S004	網六課	9650
20041 S004	網六課	9651

1. 門牌號碼欄位的內容是一組由小到大的門牌號碼區間

2. 根據門牌號碼的起訖區間，轉換成逐一門牌號碼逐列資料記錄的資料表。

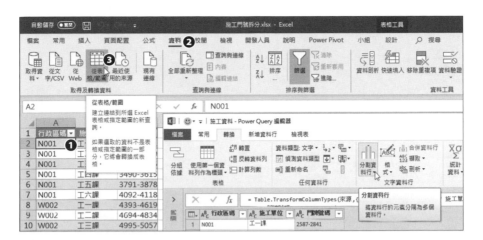

步驟01 切換到〔工程編號〕工作表後，點選資料表裡的任一儲存格，例如：A2。

步驟02 點按〔資料〕索引標籤。

步驟03 點按〔取得及轉換資料〕群組裡的〔從表格 / 範圍〕命令按鈕。

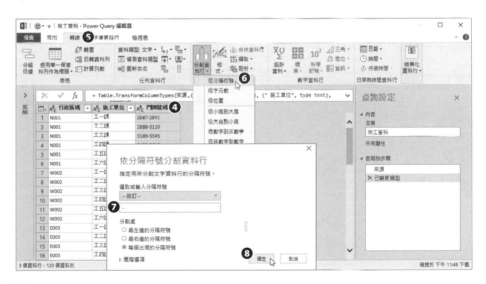

步驟04 進入 Power Query 查詢編輯器後，點選「門牌號碼」資料行。

步驟05 點按〔轉換〕索引標籤。

步驟06 點按〔文字資料行〕群組裡的〔分割資料行〕命令按鈕，並從展開的下拉式功能選單中點選〔依分隔符號〕功能選項。

步驟07 開啟〔依分隔符號分割資料行〕對話方塊，使用預設的分隔符號「-」。

步驟08 點按〔確定〕按鈕。

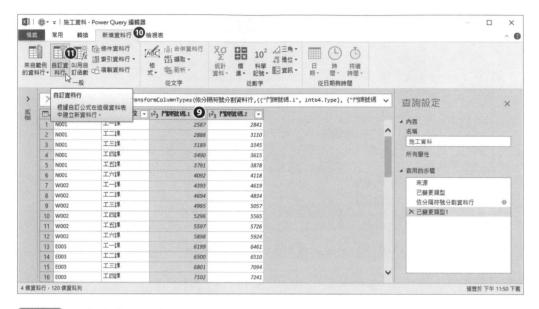

步驟09 原本的「門牌號碼」資料行順利拆分成「門牌號碼.1」與「門牌號碼.2」兩資料行。

步驟10 點按〔新增資料行〕索引標籤。

步驟11 點按〔一般〕群組裡的〔自訂資料行〕命令按鈕。

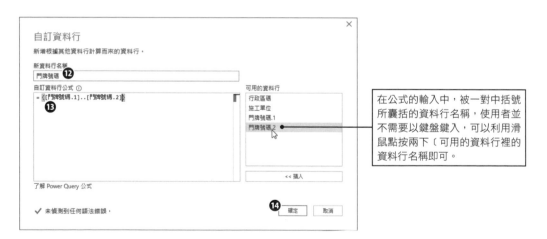

步驟12 開啟〔自訂資料行〕對話方塊，輸入新的資料行名稱為「門牌號碼」。

步驟13 輸入自訂資料行的公式為 ＝{[門牌號碼.1]..[門牌號碼.2]}。

步驟14 點按〔確定〕按鈕。

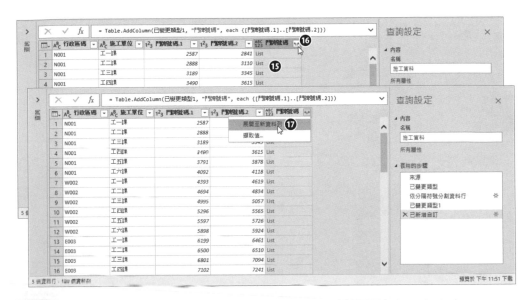

步驟15　自訂的「門牌號碼」資料行透過公式的建立，形成清單（List）內容。

步驟16　點按「門牌號碼」資料行的展開按鈕。

步驟17　從展開的下拉式選單中點選〔展開至新資料列〕功能選項。

步驟18　原本新增的「門牌號碼」資料行在展開清單（List）內容後，變成一筆筆的新資料列（資料記錄）。

步驟19　複選「門牌號碼.1」與「門牌號碼.2」兩資料行，並以滑鼠右鍵點按其中的資料行名稱。

步驟20　從展開的快顯功能表中點選〔移除資料行〕功能選項。

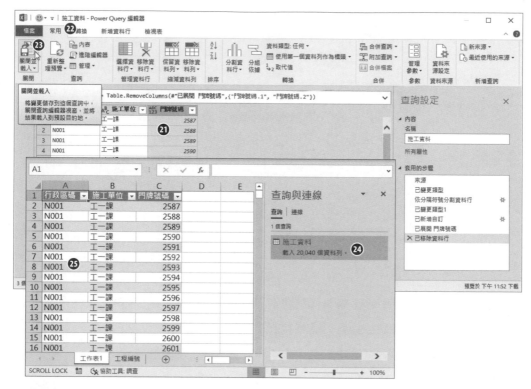

步驟**21** 最後查詢的結果是三個資料行的輸出。

步驟**22** 點按〔常用〕索引標籤。

步驟**23** 點按〔關閉〕群組裡的〔關閉並載入〕命令按鈕。

步驟**24** 各個施工單位所負責的每一個門牌號碼形成一筆筆的資料記錄,總共有 20040 個資料列的輸出。

步驟**25** 各行政區、施工單位所負責的門牌號碼,是以資料表格的格式呈現在新工作 表上。

運用到的 Power Query 重要技巧

- 依分隔符號分割資料行
- 建立公式新增資料行
- 展開清單至新資料列
- 移除資料行

10.7 離職與新進的查詢

目前有兩張工作表，分別記載著 2018 年在職員工資料，以及 2019 年在職員工資料，若要比對這兩份名單之間的差異，以了解員工離職與在職狀況，則 Power Query 也不失為經典的查詢解決方案。基本原則是，先將這兩份名單匯入至 Power Query 的環境建立兩個查詢，再針對這兩個查詢進行比較。

前置作業

為了要進行兩個年度的名冊比較，我們的前置作業就是先為這兩個名冊分別建立兩個連線查詢。

步驟01　點按〔資料〕索引標籤。

步驟02　點按〔取得及轉換資料〕群組裡的〔取得資料〕命令按鈕。

步驟03　從展開的下拉式功能選單中點選〔從檔案〕功能選項。

步驟04　再從展開的副選單中點選〔從活頁簿〕功能選項。

步驟05 開啟〔匯入資料〕對話方塊，點按檔案〔員工名冊.xlsx〕活頁簿檔案，然後點按〔匯入〕按鈕。

步驟06 開啟〔導覽器〕視窗，勾選〔員工名冊.xlsx[4]〕底下的〔名冊2018〕及〔名冊2019〕等兩個核取方塊，複選這兩個年度的員工名單工作表。

步驟07 點按〔載入〕右側倒三角形按鈕。

步驟08 從展開的功能選單中點選〔載入至…〕功能選項。

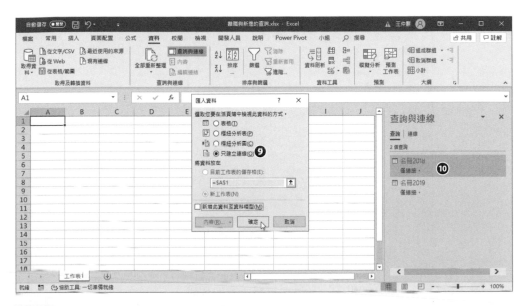

步驟09 開啟〔匯入資料〕對話方塊，點選〔只建立連線〕選項，然後點按〔確定〕
按鈕。

步驟10 隨即建立兩個查詢連線，分別名為〔名冊2018〕及〔名冊2019〕。

已離職員工的查詢

完成兩個資料來源的連線了，便可以著手進行這兩個查詢結果的比較查詢，因此，
我們就朝向此實作範例的第三個查詢邁進囉！例如：若要查詢2018年已經離職，而
2019年已經不再續任的離職員工名單，也就是員工資料有出現在2018年在職員工資
料中，卻沒有出現在2019年在職員工資料裡，則可進行以下的查詢操作：

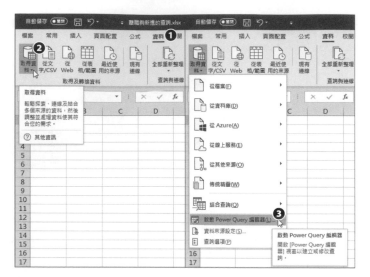

步驟01 回到 Excel 活頁簿畫面，點按〔資料〕索引標籤。

步驟02 點選〔取得及轉換資料〕群組裡的〔取得資料〕命令按鈕。

步驟03 從展開的功能選單中點選〔啟動 Power Query 編輯器〕功能選項。

點選查詢導覽器窗格裡點選所建立的查詢時，將立即執行並顯示該查詢結果於查詢結果窗格裡。

步驟04 開啟〔Power Query 查詢編輯器〕後，在展開的查詢導覽器窗格裡可以看到先前所建立的兩個查詢。以滑鼠右鍵點按〔名冊 2018〕查詢。

步驟05 從展開的快顯功能表中點選〔重複〕功能選項。

步驟06 再以滑鼠右鍵點選剛剛複製成功的查詢複本〔名冊2018(2)〕。

步驟07 從展開的快顯功能表中點選〔重新命名〕功能選項。

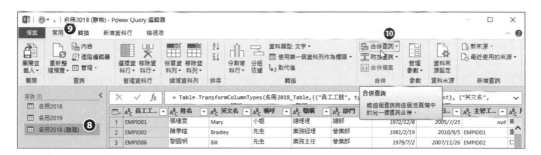

步驟08 將原本名為〔名冊2018(2)〕的查詢更名為〔名冊2018(離職)〕，然後點選此查詢以執行並顯示此查詢結果。

步驟09 點按〔常用〕索引標籤。

步驟10 點選〔合併〕群組裡的〔合併查詢〕命令按鈕。

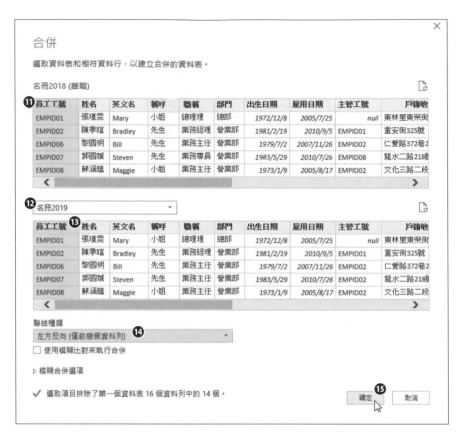

步驟11 開啟〔合併〕對話方塊，上方顯示的是〔名冊 2018(離職)〕的預覽結果，請點選「員工工號」資料行。

步驟12 點選下拉式選單，選擇要合併的另一個查詢是〔名冊 2019〕。

步驟13 對話方塊下方立即顯示〔名冊 2019〕的查詢預覽結果，也請點選「員工工號」資料行。

步驟14 對話方塊下方聯結種類的選項，請點選〔左方反向 (僅前幾個資料列)〕。

步驟15 點按〔確定〕按鈕。

2. 畫面左下角的狀態列上，也顯示著查詢結果是兩個資料列的輸出。

1. 此查詢的每一個步驟呈現在〔套用的步驟〕下方。

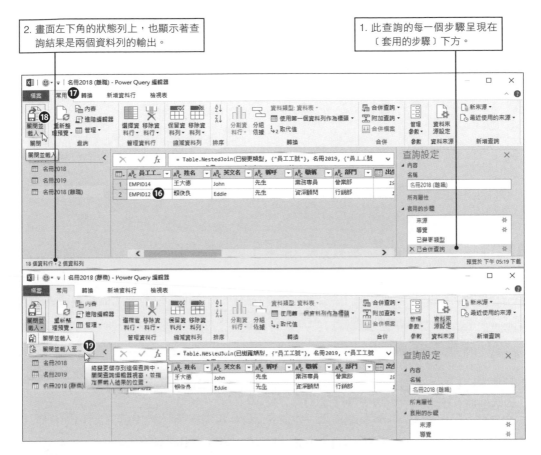

步驟16 立即執行合併查詢並顯示結果，呈現〔EMPID14〕與〔EMPID12〕這兩個工號是已經離職的員工。

步驟17 點按〔常用〕索引標籤。

步驟18 點按〔關閉〕群組裡〔關閉並載入〕命令按鈕的下半部按鈕。

步驟19 從展開的功能選單中點選〔關閉並載入至…〕功能選項。

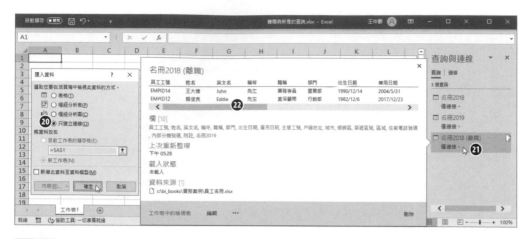

步驟20 開啟〔匯入資料〕對話方塊，點選〔只建立連線〕選項，按下〔確定〕按鈕。

步驟21 隨即在活頁簿裡完成了第三個查詢的建立，可以進行離職員工的資料查詢。

步驟22 當滑鼠游標停在活頁簿右側〔查詢與連線〕工作窗格裡的查詢名稱時，會立即彈跳出該查詢的預覽結果對話。

新進員工的查詢

若想查詢 2019 年才到職的新進員工，也就是 2018 年未就任，2019 年才出現的在職員工名單，透過相同的合併查詢作業就能輕易完成。讓我們繼續看下去！

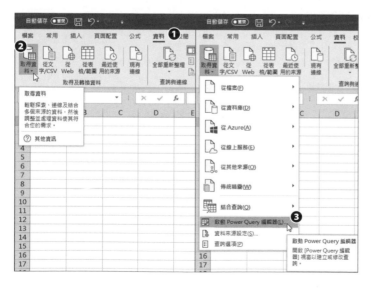

步驟01 在 Excel 活頁簿畫面，點按〔資料〕索引標籤。

步驟02 點選〔取得及轉換資料〕群組裡的〔取得資料〕命令按鈕。

步驟03 從展開的功能選單中點選〔啟動 Power Query 編輯器〕功能選項。

點選查詢導覽器窗格裡點選所建立的查詢時，將立即執行並顯示該查詢結果於查詢結果窗格裡。

步驟04 開啟〔Power Query 查詢編輯器〕後，在展開的查詢導覽器窗格裡可以看到先前所建立的三個查詢。以滑鼠右鍵點按〔名冊 2019〕查詢。

步驟05 從展開的快顯功能表中點選〔重複〕功能選項。

步驟06 以滑鼠右鍵點選剛剛複製成功的查詢複本〔名冊 2019(2)〕。

步驟07 從展開的快顯功能表中點選〔重新命名〕功能選項。

步驟08 將〔名冊2019(2)〕的查詢更名為〔名冊2019(新進)〕，點選此查詢執行並顯示查詢結果。

步驟09 點按〔常用〕索引標籤。

步驟10 點選〔合併〕群組裡的〔合併查詢〕命令按鈕。

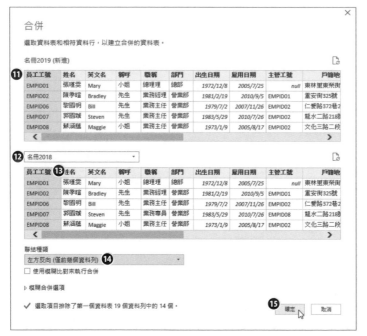

步驟11 開啟〔合併〕對話方塊，上方顯示的是〔名冊2019(新進)〕的預覽結果，請點選「員工工號」資料行。

步驟12 點選下拉式選單，選擇要合併的另一個查詢是〔名冊2018〕。

步驟13 對話方塊下方立即顯示〔名冊2018〕的查詢預覽結果，也請點選「員工工號」資料行。

步驟14 對話方塊下方聯結種類的選項，請點選〔左方反向(僅前幾個資料列)〕。

步驟15 點按〔確定〕按鈕。

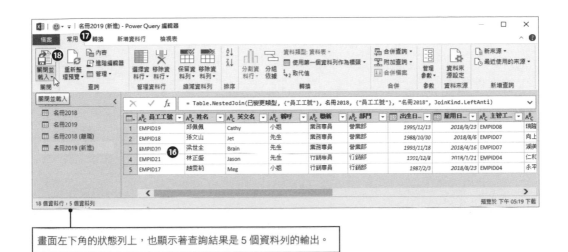

畫面左下角的狀態列上，也顯示著查詢結果是 5 個資料列的輸出。

步驟16 立即執行合併查詢並顯示結果，呈現〔EMPID19〕、〔EMPID18〕、〔EMPID20〕、〔EMPID21〕與〔EMPID17〕這 5 個工號皆是在 2019 年新進的員工。

步驟17 點按〔常用〕索引標籤。

步驟18 點按〔關閉〕群組裡〔關閉並載入〕命令按鈕的下半部按鈕。

步驟19 從展開的功能選單中點選〔關閉並載入至…〕功能選項。

步驟20 開啟〔匯入資料〕對話方塊，點選〔只建立連線〕選項，然後按下〔確定〕按鈕。

步驟21 隨即在活頁簿裡完成了第四個查詢的建立，可以進行新進員工的資料查詢。

步驟22 當滑鼠游標停在活頁簿右側〔查詢與連線〕工作窗格裡的查詢名稱時，會立即彈跳出該查詢的預覽結果對話。

運用到的 Power Query 重要技巧

- 取得外部活頁簿檔案建立查詢連線
- 重複（複製）既有的查詢
- 對既有的查詢重新命名
- 左方反向（僅前幾個資料列）的合併查詢

10.8 機台檢測次數統計

實驗中心有 100 台測試設備在運作，每一個機台負責各種檢驗工作，每一次的檢驗都會有為數不一的若干次檢驗結果值，而結果值皆是介於 0 到 9 的整數值。目前各機台的檢測記錄有 3448 筆，需要透過 Power Query 的協助，查詢每一次檢測所耗費的時間及測試結果值。

10.8.1 計算每一個機台每一回的測試時間與測試結果

每一個機台基於不同的需求，會進行好幾回的測試，每一回測試都會有一個測試代碼與起、訖時間，而測試結果是一個數字字串，每一個數字字元即代表著測試結果值。例如：測試值結果若為字串 "9007597787996755" 即代表有 16 個數字字元而這 16 個數字加總起來便是測試結果：

9+0+0+7+5+9+7+7+8+7+9+9+6+7+5+5＝100

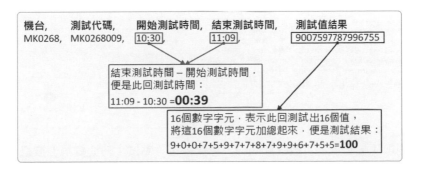

步驟01 建立一個新的空白活頁簿,然後點按〔資料〕索引標籤。

步驟02 點選〔取得及轉換資料〕群組裡的〔從文字/CSV〕命令按鈕。

步驟03 開啟〔匯入資料〕對話方塊,切換到範例檔案所在的路徑後,點選檔案〔機台檢測次數統計 .csv〕文字檔案,然後點按〔匯入〕按鈕。

步驟04 開啟〔機台檢測次數統計 .csv〕導覽視窗,點按〔轉換資料〕按鈕。

2. 透過 Table.TransformColumnTypes 的 M 語言函數，轉換各個資料行的資料型態。

1. 匯入文字檔案後會自動進行標頭升階與變更資料類型（資料型別）的步驟。

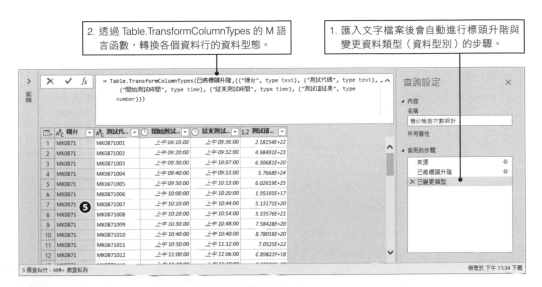

步驟05 開啟〔Power Query 查詢編輯器〕，順利匯入文字檔裡的每一筆資料記錄。

步驟06 點按〔新增資料行〕索引標籤。

步驟07 點按〔一般〕群組裡的〔自訂資料行〕命令按鈕。

步驟08 開啟〔自訂資料行〕對話方塊，在此輸入自訂公式。

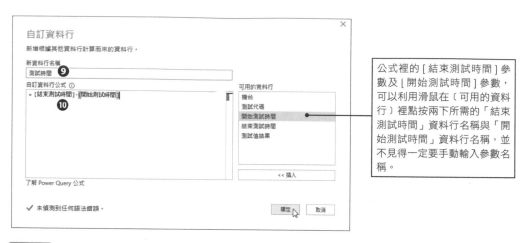

公式裡的 [結束測試時間] 參數及 [開始測試時間] 參數，可以利用滑鼠在〔可用的資料行〕裡點按兩下所需的「結束測試時間」資料行名稱與「開始測試時間」資料行名稱，並不見得一定要手動輸入參數名稱。

步驟09 輸入此新增資料行的名稱為「測試時間」。

步驟10 輸入公式：[結束測試時間]-[開始測試時間]，然後按下〔確定〕按鈕。

步驟11 新增了自訂的「測試時間」資料行，此資料行的預設格式為〔ABC123〕，請點按此資料型別按鈕。

步驟12 從展開的資料型別選單中點選〔持續時間〕選項。

步驟13　選取目前查詢編輯器裡的「開始測試時間」及「結束測試時間」等兩個資料行並以滑鼠右鍵點按其中的資料行名稱。

步驟14　從展開的快顯功能表中點選〔移除資料行〕功能選項。

步驟15　點按「測試值結果」資料行的預設資料型別〔1.2〕按鈕。

步驟16　從展開的資料型別選單中點選〔文字〕選項，將原本的數值資料型別，改成文字資料型別。

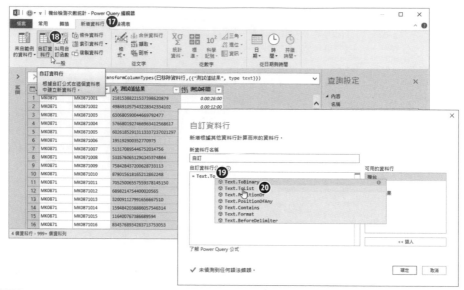

步驟17 再次點按〔新增資料行〕索引標籤。

步驟18 點按〔一般〕群組裡的〔自訂資料行〕命令按鈕。

步驟19 開啟〔自訂資料行〕對話方塊，在此輸入自訂公式，輸入公式的過程中，若輸入了合理且正確的 M 函數名稱，不待輸入完整的名稱與參數，Power Query 便會自動顯示後續的名稱或參數之輸入選項。例如：輸入「=Text.To」。

步驟20 點按兩下選單裡的函數「=Text.ToList」。

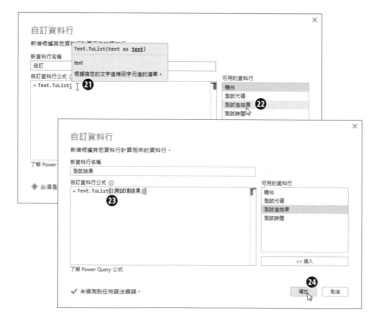

步驟21 此公式所要使用的函數是 Text.ToList，加上左小括號後便可以進行參數的輸入或選擇。

步驟22 點按兩下〔可用的資料行〕裡的「測試值結果」資料行名稱。

步驟23 完成 Text.ToList 函數的參數輸入，完整的公式為「＝Text.ToList([測試值結果])」。

步驟24 點按〔確定〕按鈕。

原本的字串內容，將成為一份清單，例如：若內容為 "12345678" 的字串（String)，將會立即轉換為 {"1","2","3","4","5","6","7","8"} 的清單（List)。

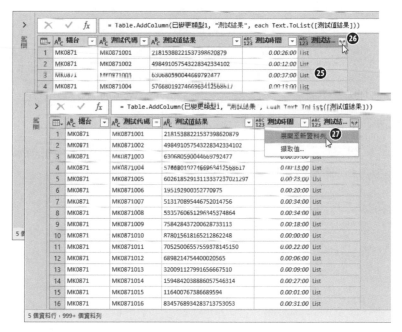

步驟25 原本資料型別為文字型態的自訂資料行「測試結果」，立即轉換為清單（List)結構。

步驟26 點按〔展開〕按鈕。

步驟27 從下拉式展開選單中點選〔展開至新資料列〕功能選項。

展開清單後的「測試值結果」資料行，清單裡原本的每一個元素，立即變成一列一列的資料記錄。不過，這個資料行仍屬於文字型別的資料行並不適於算術運算，因此，必須進行資料型別的變更。

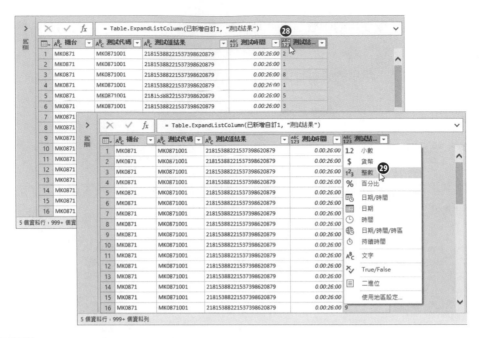

步驟28 點按「測試結果」資料行的預設資料型別〔ABC123〕按鈕。

步驟29 從展開的資料型別選單中點選〔整數〕選項,將原本的文數字資料型別,改成可以運算的整數資料型別。

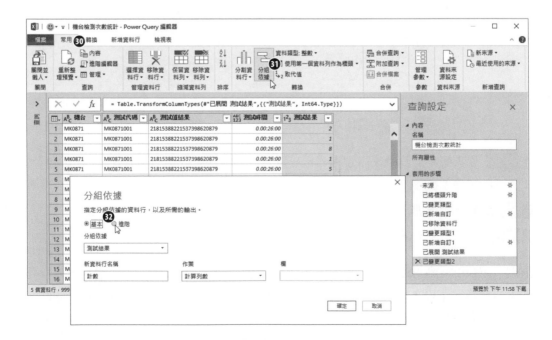

步驟30 點按〔常用〕索引標籤。

步驟31 點按〔轉換〕群組裡的〔分組依據〕命令按鈕。

步驟32 開啟〔分組依據〕對話方塊,點選〔進階〕選項。

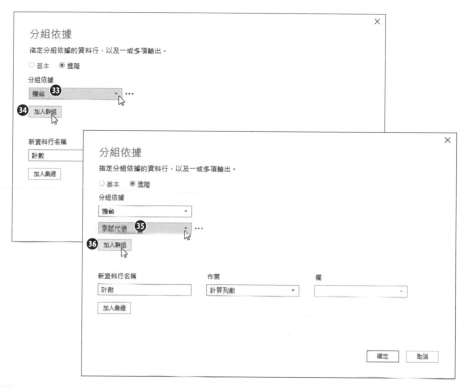

步驟33 第一個分組依據請選擇「機台」。

步驟34 點按〔加入群組〕按鈕。

步驟35 第二個分組依據請選擇為「測試代碼」。

步驟36 再次點按〔加入群組〕按鈕。

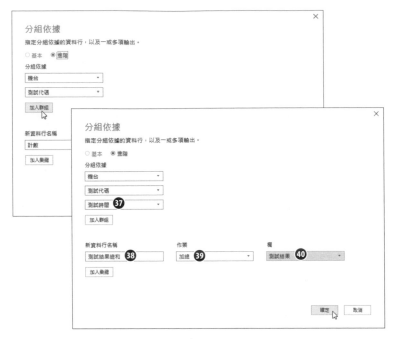

步驟37 第三個分組依據請選擇為「測試時間」。

步驟38 輸入新資料行名稱,例如:「測試結果總和」。

步驟39 選擇計算方式為:〔加總〕。

步驟40 點選計算的對象為「測試結果」資料行,最後點按〔確定〕按鈕。

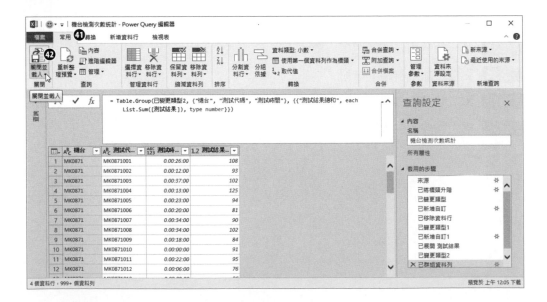

步驟41 點按〔常用〕索引標籤。

步驟42 點按〔關閉〕群組裡〔關閉並載入〕命令按鈕的下半部按鈕。

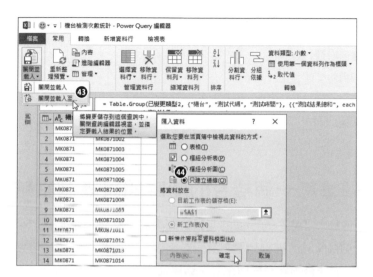

步驟43 從展開的功能選單中點選〔關閉並載入至…〕功能選項。

步驟44 開啟〔匯入資料〕對話方塊,點選〔只建立連線〕選項,然後按下〔確定〕按鈕。

完成查詢的建立,在新增的工作表上建立了所需的查詢結果表格。

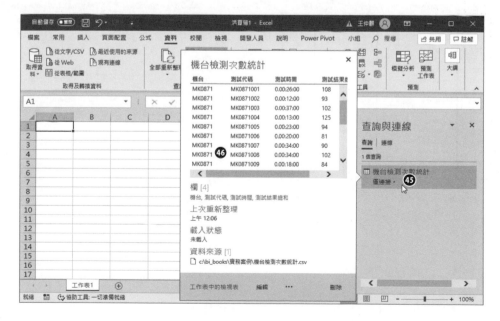

步驟45 在活頁簿畫面右側〔查詢與連線〕工作窗格裡可以看到所完成的連線查詢。

步驟46 當滑鼠游標停在查詢名稱時，會立即彈跳出該查詢的預覽結果對話。

運用到的 Power Query 重要技巧

- 建立公式新增自訂資料行
- 變更資料行的資料型態
- 移除資料行
- Text.ToList 函數的使用
- 分組依據

10.8.2 彙算每一個機台的總時間與總測試結果

如果我們想要將每一個機台每一回的測試時間與測試結果值都加總起來，並計算測試的筆數，則只要將前次的查詢結果視為資料來源，進行更進一步的分組依據操作，便可順利彙算每一個機台的總時間與總測試結果囉！

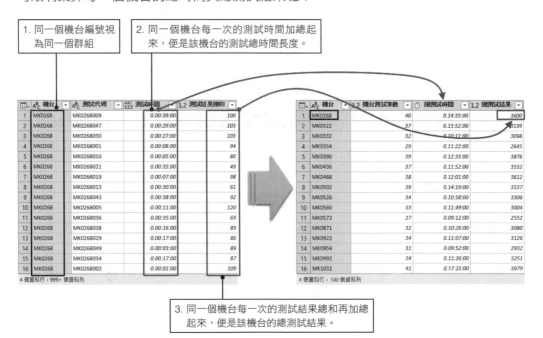

1. 同一個機台編號視為同一個群組

2. 同一個機台每一次的測試時間加總起來，便是該機台的測試總時間長度。

3. 同一個機台每一次的測試結果總和再加總起來，便是該機台的總測試結果。

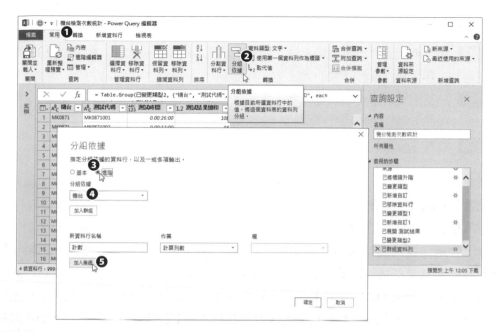

步驟01　延續前一小節所執行的查詢結果，進行後續的查詢操作。例如：點按〔常用〕索引標籤。

步驟02　點按〔轉換〕群組裡的〔分組依據〕命令按鈕。

步驟03　開啟〔分組依據〕對話方塊，點選〔進階〕選項。

步驟04　第一個分組依據仍是選擇「機台」。

步驟05　點按兩次〔加入彙總〕按鈕。

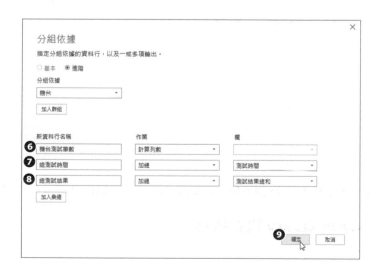

步驟06　第一個新資料行名稱輸入為「機台測試筆數」、選擇〔作業〕為〔計算數列〕。

步驟07　第二個新資料行名稱輸入為「總測試時間」、選擇〔作業〕為〔加總〕、選擇〔欄〕為「測試時間」。

步驟08　第三個新資料行名稱輸入為「總測試結果」、選擇〔作業〕為〔加總〕、選擇〔欄〕為「測試結果總和」。

步驟09　點按〔確定〕按鈕。

完成此次群組的設定，所使用的函數是 M 語言的 Table.Group 函數，而群組的依據是以函數裡的第一個參數 {" 機台 "} 資料行為主；第二個參數裡的 {" 機台測試筆數 "} 資料行所進行的是計算查詢列數的 Table.RowCount 函數，其資料型別為數值 (number)；其次，{" 總測試時間 "} 資料行所進行的計算是 [測試時間] 這個清單的 List.Sum 加總函數，其資料型別為時間長度 (duration)；至於 {" 總測試結果 "} 資料行所進行的計算也是清單加總的 List.Sum 函數，而加總對象是 [測試結果總和]，其資料型別是數值 (number)。只要展開資料編輯列的高度，便可以看到完整的 Table.Group 函數撰寫語句。

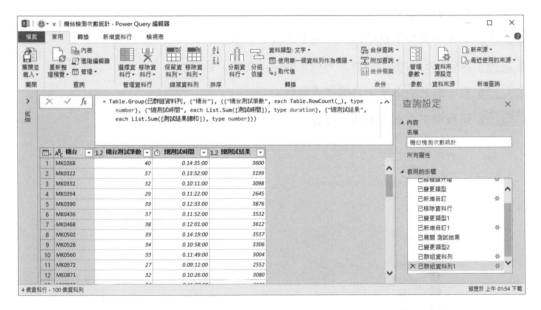

完成群組的設定，使用的是 M 語言的 Table.Group 函數，群組依據是參數機台。

運用到的 Power Query 重要技巧

• 分組依據

作業

將原始資料裡「檢測次數」欄位裡的各數值進行加總,並輸出「計數」與「合計」兩欄位。其中「合計」欄位為加總值、「計數」欄位為每一個機台的檢測次數,也就是「檢測次數」欄位有幾個數值。

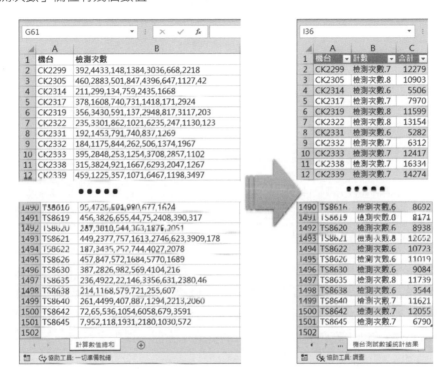

10.9 製作運動鞋品牌款式報表

在 ERP 系統下載的運動鞋商品資料中,共有三個字串型態的資料欄位:分別為「廠牌」、「類別」及「款式:男女, 顏色價格」等三個資料欄位,其中,「款式:男女, 顏色價格」欄位記載著運動鞋的「款式」、「男女」、「顏色」與「價格」等四項資訊,而且每一種「款式」的運動鞋皆提供了若干組男女鞋款、顏色與建議價格,並以長字串的形式串接。在這一小節的實作範例演練,我們準備將此運動鞋商品資料,拆分成「廠牌」、「類別」、「款式」、「男女」、「顏色」與「價格」等資料欄位,匯出成標準的 RAW DATA 格式,以利於後續的資料統計與分析之應用。

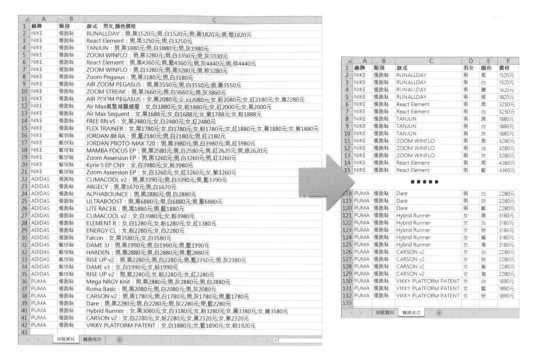

首先，最值得注意的正是最後一個資料欄位：「款式：男女，顏色價格」，我們想要將其拆分成「款式」、「男女」、「顏色」與「價格」等四個資料欄位，若是僅透過 Excel 字串函數，雖說難度不高，但撰寫起來既冗長也不容易維護，所以，我們就藉由 Power Query 的協助，輕鬆完成字串資料的拆分。因此，請先來解析一下「款式：男女，顏色價格」欄位的結構與邏輯：

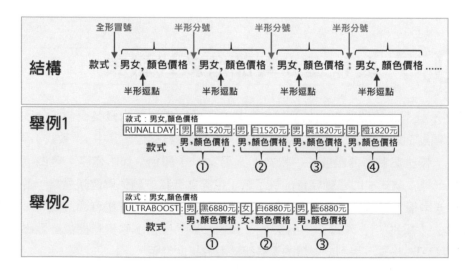

在「款式：男女,顏色價格」欄位裡，記載著運動鞋的「款式」，再透過全形的冒號「：」區隔了後續的「男女鞋」與「顏色價格」等資訊，而「男女鞋」與「顏色價格」這兩項資料彼此之間是以半形的逗點「,」作為分隔符號。此外，由於每一個運動鞋款式提供有若干不同的男女鞋及顏色價格，因此，每一種「男女鞋」及「顏色價格」等資訊，是以半形分號「;」為區隔而串接成長字串。如上圖舉例 1 所示，款式為「RUNALLDAY」的運動鞋，提供了四種不同的男女鞋及顏色價格，彼此之間以半形分號「;」區隔，而男女鞋與顏色價格之間，即以半形逗點「,」分隔；再以舉例 2 所示的「ULTRABOOST」運動鞋款式為例，提供了三種不同的男女鞋及顏色價格，彼此之間仍以半形分號「;」區隔，而男女鞋與顏色價格之間，亦以半形逗點「,」分隔。那麼，我們就開始這趟資料拆分之旅囉！

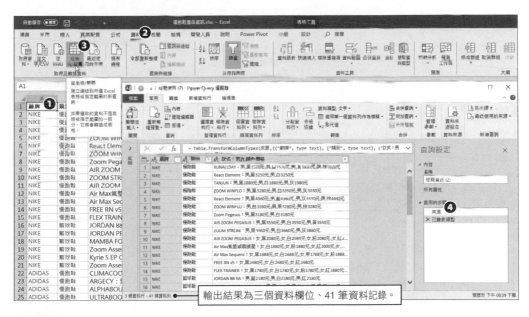

輸出結果為三個資料欄位、41 筆資料記錄。

步驟01 切換到〔球鞋資料〕工作表後，點選資料表裡的任一儲存格，例如：A1。

步驟02 點按〔資料〕索引標籤。

步驟03 點按〔取得及轉換資料〕群組裡的〔從表格/範圍〕命令按鈕。

步驟04 進入 Power Query 查詢編輯器後，已經進行了兩個查詢步驟：分別是〔來源〕以及〔已變更類型〕。

在 Power Query 查詢編輯器視窗的左下角狀態列上，可以看到〔3 個資料行，41 個資料列〕訊息，即代表此實作範例所匯入的資料包含有三個資料欄位、41 筆資料

記錄，意即 41 筆運動鞋品牌與款式的資料。再從〔來源〕查詢步驟的程式碼中可以看出，透過 M 語言的 Excel.CurrentWorkbook() 函數，匯入了〔球鞋資訊〕這個資料表格的內容。並從〔已變更類型〕查詢步驟的程式碼中也可以看出，以 Table.TransformColumnTypes 這個 M 語言函數，針對所匯入的來源資料，逐欄設定其資料行的資料型別。

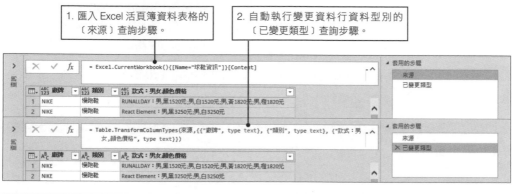

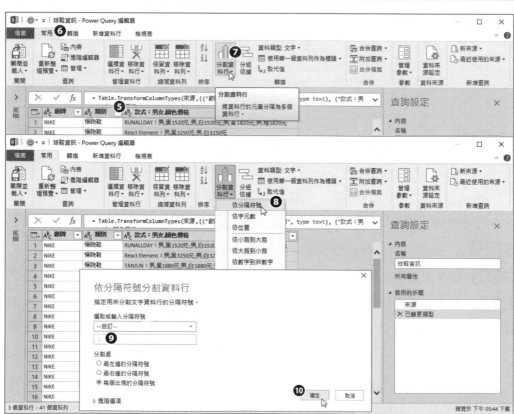

步驟05 點選「款式：男女,顏色價格」資料行。

步驟06 點按〔常用〕索引標籤。

步驟07 點按〔轉換〕群組裡的〔分割資料行〕命令按鈕。

步驟08 從展開的下拉式功能選單中點選〔依分隔符號〕功能選項。

步驟09 開啟〔依分隔符號分割資料行〕對話方塊,使用的分隔符號為〔自訂〕,輸入全形的冒號「：」。

步驟10 點按〔確定〕按鈕。

在視窗右側〔查詢設定〕工作窗格裡〔套用的步驟〕中,除了會有〔依分隔符號分割資料行〕的查詢步驟外,也會針對分割後所產生的新資料行自動進行資料型別的變更,因此,會有〔已變更類型1〕的查詢步驟。

輸出結果為4個資料欄位、41筆資料記錄。

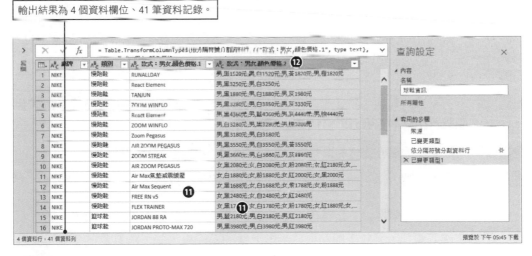

步驟11 順利拆分為「款式：男女,顏色價格.1」及「款式：男女,顏色價格.2」這兩個資料行。

步驟12 點選「款式：男女,顏色價格.2」資料行。

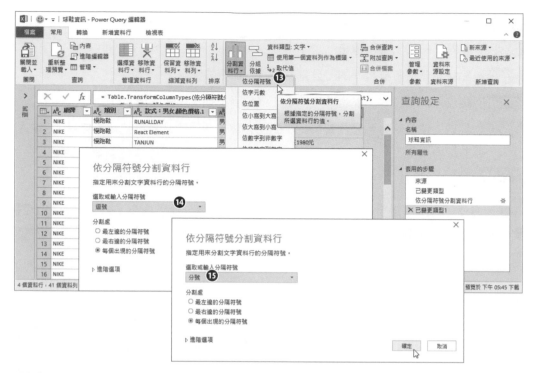

步驟13 再次點按〔轉換〕群組裡的〔分割資料行〕命令按鈕,並從展開的下拉式功能選單中點選〔依分隔符號〕功能選項。

步驟14 開啟〔依分隔符號分割資料行〕對話方塊,在此選取分隔符號。

步驟15 點選〔分號〕(即半形的分號)後,點按〔確定〕按鈕。

「款式:男女,顏色價格.2」資料行裡記載的是根據半形分號而區隔為數不一的男女鞋和顏色價格等資訊。因此,順利根據半形分號的區隔後,每一個鞋款的各種男女鞋和顏色價格獨立成為一個個的資料行,預設的資料行名稱即為「款式:男女,顏色價格.2.1」、「款式:男女,顏色價格.2.2」、「款式:男女,顏色價格.2.3」…。若是我們將查詢編輯器的查詢結果視窗往右捲動到最右側,可以看到此範例最右側的資料行是「款式:男女,顏色價格.2.6」,這也就代表著 41 種運動鞋的廠牌鞋款中,最多男女鞋顏色價格的組合是 6 種。

輸出結果為9個資料欄位、41筆記錄記錄。

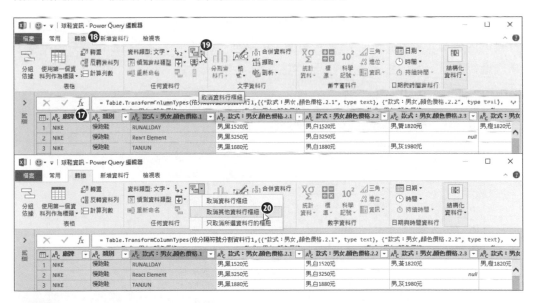

步驟16 原本的「款式：男女，顏色價格 .2」資料行分割成6個資料行，每一個資料行裡的內容結構為「男女鞋」「，」「顏色單價」。

接著就是反樞紐，也就是〔取消資料行樞紐〕功能大顯神通的時候了！我們將針對剛剛分割完成的6個資料行進行〔取消資料行樞紐〕的操作。

步驟17 選取「廠牌」、「類別」及「款式：男女，顏色價格 .1」等前三個資料行。

步驟18 點按〔轉換〕索引標籤。

步驟19 點按〔任何資料行〕群組裡的〔取消資料行樞紐〕命令按鈕右側的倒三角形按鈕。

步驟20 從展開的下拉式功能選單中點選〔取消其他資料行樞紐〕功能選項。

輸出結果為 5 個資料欄位、129 筆資料記錄。

步驟21 原本的 6 個資料行轉換成兩個資料行,預設的資料行名稱分別為「屬性」與「值」。

這時候便可以清楚地發現,「屬性」資料行是多餘的,可以放心的移除,而「值」資料行裡的內容是「男女鞋」「,」「顏色單價」的結構,因此,可以憑藉逗點為分隔符號,再次進行資料行的分割。

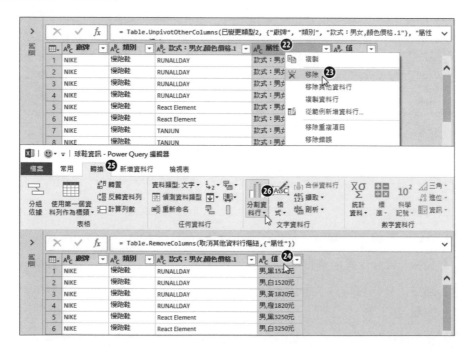

步驟22　以滑鼠右鍵點選「屬性」資料行名稱。

步驟23　從展開的快顯功能表中點選〔移除〕功能選項。

步驟24　點選「值」資料行名稱。

步驟25　點按〔轉換〕索引標籤。

步驟26　點按〔文字資料行〕群組裡的〔分割資料行〕命令按鈕。

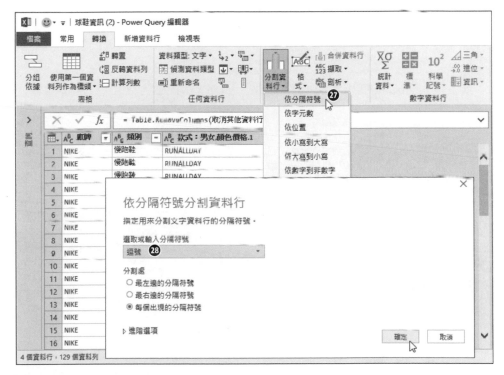

步驟27　從展開的下拉式功能選單中點選〔依分隔符號〕功能選項。

步驟28　開啟〔依分隔符號分割資料行〕對話方塊，選取分隔符號為〔逗號〕。然後，
　　　　點按〔確定〕按鈕。

原本的「值」資料行將會分割成兩個資料行,分別為「值.1」與「值.2」資料行,其中「值.1」資料行即代表著男生或女生的鞋款,而「值.2」資料行則是運動鞋的顏色與價格,這兩個資料是串接的,彼此之間並沒有任何分隔符號,因此,善用〔依非數字到數字〕的拆分技巧,將是此範例的資料拆分關鍵。

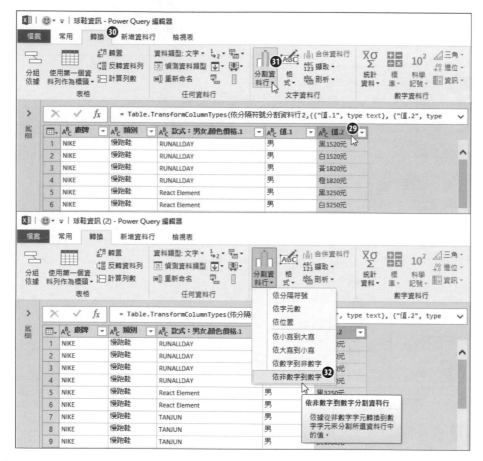

步驟29 點選「值.2」資料行名稱。

步驟30 點按〔轉換〕索引標籤。

步驟31 點按〔文字資料行〕群組裡的〔分割資料行〕命令按鈕。

步驟32 從展開的下拉式功能選單中點選〔依非數字到數字〕功能選項。

原本的「值 .2」資料行將會分割成「值 .2.1」與「值 .2.2」這兩個資料行，其中「值 .2.1」資料行便是運動鞋的顏色囉！而「值 .2.2」資料行即是運動鞋的價格，到此，好像是大功告成了，完成了所有資料行的拆分，但是，由於「值 .2.2」資料行裡的運動鞋價格其內容除了數字外，字尾也包含了「元」這個單字，因此，此「值 .2.2」資料行被預設為文字資料型別，也就無法在爾後的資料運算與統計分析上有所助益。所以，還須將此資料行的字尾「元」字移除，並變更資料型別為數值性資料喔！

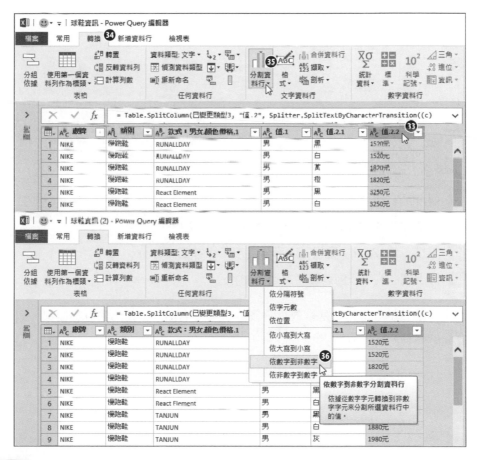

步驟33 點選「值 .2.2」資料行名稱。

步驟34 點按〔轉換〕索引標籤。

步驟35 點按〔文字資料行〕群組裡的〔分割資料行〕命令按鈕。

步驟36 從展開的下拉式功能選單中點選〔依數字到非數字〕功能選項。

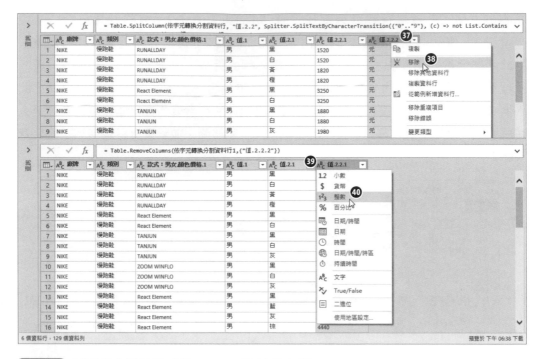

步驟37 以滑鼠右鍵點選「值 .2.2.2」資料行名稱。

步驟38 從展開的快顯功能表中點選〔移除〕功能選項。

步驟39 點按「值 .2.2.1」資料行名稱的〔ABC〕按鈕。

步驟40 從展開的資料型別選單中點選〔整數〕。

萬事俱備，最後的一哩路便是修改拆分後的資料行名稱，讓輸出的查詢結果，以更簡潔、好記的名稱來命名囉！

最後的輸出結果為 6 個資料欄位、129 筆資料記錄。

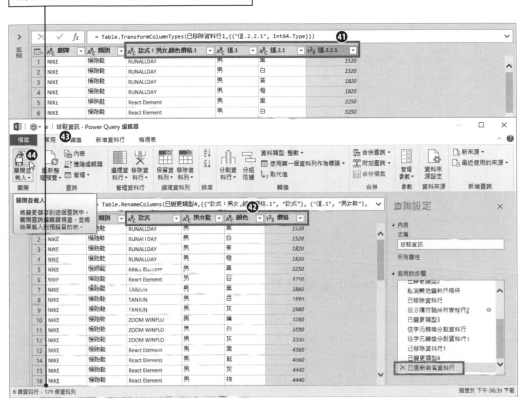

步驟41 分別點按兩下原本的「款式：男女,顏色價格.1」、「值.1」、「值.2.1」與「值.2.2.1」等資料行名稱，直接在上面修改。

步驟42 分別修改成「款式」、「男女鞋」、「顏色」與「價格」等更貼切的資料行名稱。

步驟43 點按〔常用〕索引標籤。

步驟44 點按〔關閉〕群組裡的〔關閉並載入〕命令按鈕。

完成並結束 Power Query 的操作後，將查詢結果載入至 Excel 活頁簿形成一份新的資料表格，爾後就可以視其為 RAW DATA，進行所需的資料處理與分析了！

運用到的 Power Query 重要技巧

- 依分隔符號分割資料行
- 取消資料行樞紐
- 依非數字到數字的分割資料行
- 依數字到非數字的分割資料行
- 重新命名資料行

10.10 小組分組名單

原本一份適用於排序、篩選、小計的行列式資料表格,例如:名冊、名單等資料表,若要以分群、分組的概念,製作出分組報表,而且同一分組的內容、明細或成員,再運用分隔符號串接在一起,這類型的摘要報表製作,也是 Power Query 的專長喔!以下的實作範例是一份數百人的名冊,記載著每一個成員所隸屬的小組名稱,以及每一個成員的職稱、姓、名、性別等資訊,而每一個小組都有也僅有一位主管 (Director),中文職稱為〔主任〕,有英文的資料欄位,也有中文的資料欄位。此範例的實作,在導入原始的名冊資料後,將建構出「小組」、「主任」與「小組成員」等三個資料行,其中,「小組成員」資料行的內容必須是每一位成員的中文姓名,以及由一對小括號所囊括的中文職稱。而每一位成員的資料再以全形的頓號「、」串接起來。

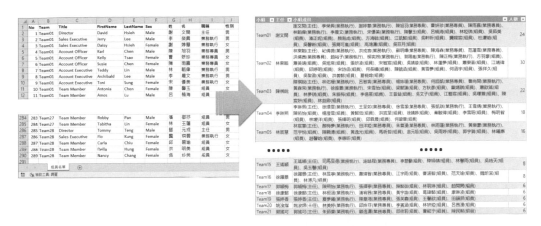

合併資料行

首先，移除不需要的資料行後，合併「中文姓」及「中文名」兩資料行，再建立可判斷職稱是否為「主任」的新資料行。

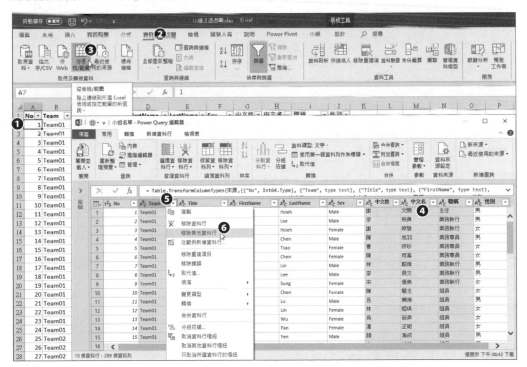

步驟01 切換到〔組員名單〕工作表後，點選資料表裡的任一儲存格，例如：A2。

步驟02 點按〔資料〕索引標籤。

步驟03 點按〔取得及轉換資料〕群組裡的〔從表格／範圍〕命令按鈕。

步驟04 進入 Power Query 查詢編輯器後，複選所需的「Team」、「中文姓」、「中文名」與「職稱」等四個資料行。

步驟05 以滑鼠右鍵點選所選取的資料行之資料行名稱。

步驟06 從展開的快顯功能表中點選〔移除其他資料行〕功能選項。

輸出結果為 4 個資料欄位、289 筆資料記錄
(也就是此名冊裡總共有 289 位成員)。

步驟07 複選「中文姓」及「中文名」這兩個資料行。

步驟08 點按〔轉換〕索引標籤。

步驟09 點按〔文字資料行〕群組裡的〔合併資料行〕命令按鈕。

步驟10 開啟〔合併資料行〕對話方塊，不須任何分隔符號，並輸入新的資料行名稱為「姓名」。

步驟11 點按〔確定〕按鈕。

加入條件的新資料行

新增名為「主任」的資料行，可以藉由〔加入條件資料行〕的操作來完成。

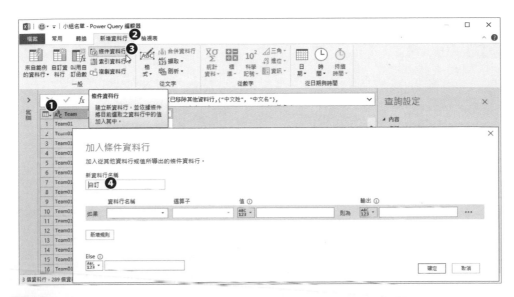

步驟01 點選任何一個資料行名稱。例如「Team」。

步驟02 點按〔新增資料行〕索引標籤。

步驟03 點按〔一般〕群組裡的〔條件資料行〕命令按鈕。

步驟04 開啟〔加入條件資料行〕對話方塊，點選〔新資料行名稱〕文字方塊。

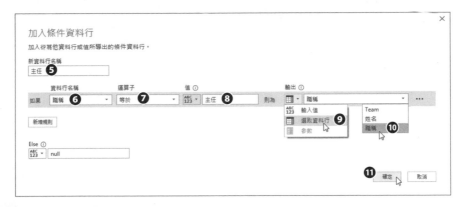

步驟05 輸入新的資料行名稱為「主任」。

步驟06 點選〔資料行名稱〕為「職稱」。

步驟07 點選〔運算子〕為〔等於〕。

步驟08 輸入〔值〕為「主任」。

步驟09 點選〔輸出〕選項為〔選取資料行〕。

步驟10 選擇〔輸出〕的資料行為「職稱」資料行。

步驟11 點按〔確定〕按鈕。

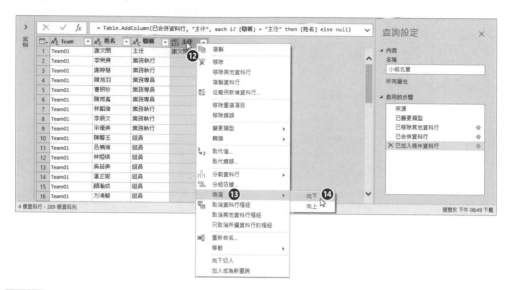

步驟12 以滑鼠右鍵點選「主任」資料行名稱。

步驟13 從展開的快顯功能表中點選〔填滿〕功能選項。

步驟14 再從展開的副功能選單中點選〔向下〕功能選項。

接著，再進行「姓名」欄位與「職稱」欄位的組合

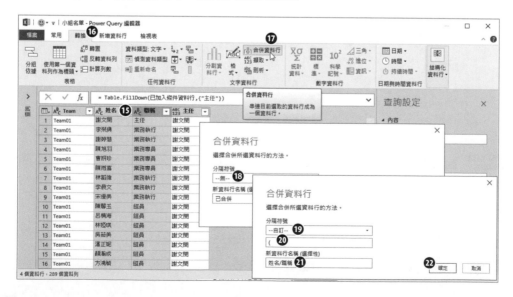

步驟15 複選「姓名」及「職稱」這兩個資料行。

步驟16 點按〔轉換〕索引標籤。

步驟17 點按〔文字資料行〕群組裡的〔合併資料行〕命令按鈕。

步驟18 開啟〔合併資料行〕對話方塊，點選分隔符號下拉式選項。

步驟19 選擇〔自訂〕。

步驟20 輸入分隔符號為小左括號「(」。

步驟21 輸入新的資料行名稱為「姓名 / 職稱」。

步驟22 點按〔確定〕按鈕。

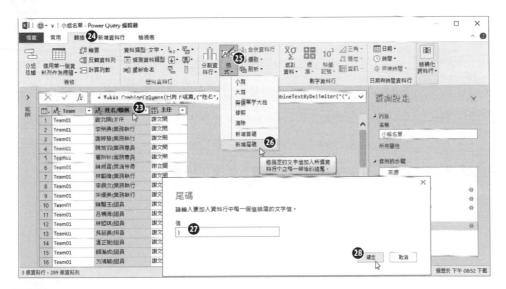

步驟23 點選「姓名 / 職稱」資料行。

步驟24 點按〔轉換〕索引標籤。

步驟25 點按〔文字資料行〕群組裡的〔格式〕命令按鈕。

步驟26 從展開的下拉式功能選單中點選〔新增尾碼〕功能選項。

步驟27 開啟〔尾碼〕對話方塊，輸入〔值〕為小右括號「)」。

步驟28 最後點按〔確定〕按鈕。

分組依據再進行彙整運算

接著就是針對同一小組的成員進行組合，這就由〔分組依據〕的對話操作來完成。

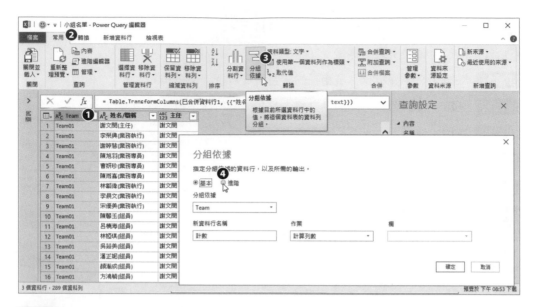

步驟01　點選「Team」資料行，準備將此資料行設定為第一個群組依據資料行。

步驟02　點按〔常用〕索引標籤。

步驟03　點按〔轉換〕群組裡的〔分組依據〕命令按鈕。

步驟04　開啟〔分組依據〕對話方塊，點選〔進階〕選項。

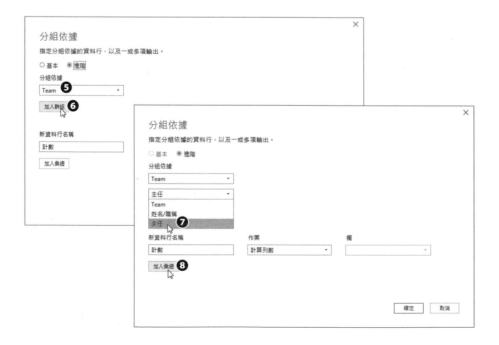

步驟05 第一個群組依據即為「Team」資料行。

步驟06 點按〔加入群組〕按鈕。

步驟07 選擇第二個群組依據是「主任」資料行。

步驟08 點按〔加入彙總〕按鈕。

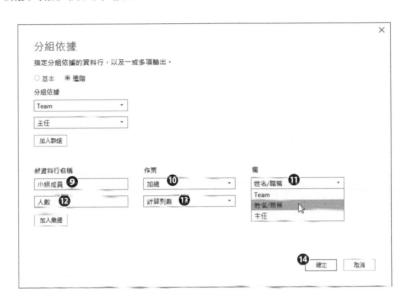

步驟09 第一個彙總資料行的〔新資料行名稱〕輸入為「小組成員」。

步驟10 彙總〔作業〕設定為〔加總〕。

步驟11 彙總〔欄〕選擇「姓名 / 職稱」。

步驟12 第二個彙總資料行的〔新資料行名稱〕輸入為「人數」。

步驟13 彙總〔作業〕設定為〔計算列數〕。

步驟14 點按〔確定〕按鈕。

在第一個彙總資料行「小組成員」的彙總〔作業〕上，我們刻意設定為〔加總〕，而加總的資料欄則選定「姓名 / 職稱」資料行，因此，在 M 語言的程式碼上，便是運用 List.Sum() 函數將同一小組的「姓名 / 職稱」加總起來，也就是：

each List.Sum([#" 姓名 / 職稱 "])

但是，「姓名 / 職稱」資料行的內容，基本上都是文字型態的資料，因此，群組加總的結果勢必無法運算，因而產生了 Error 的結果：

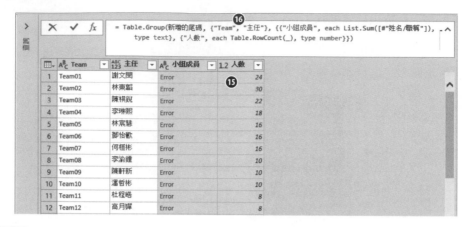

步驟15 完成群組的設定，並統計出「小組成員」與「人數」這兩個資料行。

步驟16 展開資料編輯列的高度，顯示此步驟的 M 語言程式碼。

但我們主要的目的是要修改加總函數，將其改成所需的文字合併函數。也就是只要將加總函數 List.Sum() 改寫成 Text.Combine() 函數，便可以如願的解決 Error 問題，例如：

將

each List.Sum([#" 姓名 / 職稱 "])

改寫成

each Text.Combine([#" 姓名 / 職稱 "],"、")

其中 Text.Combine() 函數的語法為：

Text.Combine([資料行名稱], " 分隔符號 ") 函數

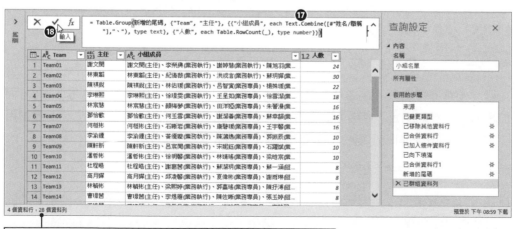

最後的輸出結果為 4 個資料欄位、28 筆資料記錄，代表共有 28 個小組。

步驟17 修改群組函數的程式碼。

步驟18 完成修改後點按〔輸入〕按鈕。

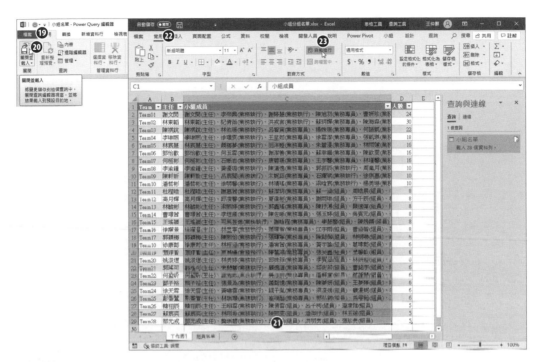

步驟19 點按〔常用〕索引標籤。

步驟20 點按〔關閉〕群組裡的〔關閉並載入〕命令按鈕。

步驟21 查詢結果立即呈現在 Excel 活頁簿裡的新工作表上，點選「小組成員」(C 欄)。

步驟22 點按〔常用〕索引標籤。

步驟23 點按〔對齊方式〕群組裡的〔自動換行〕命令按鈕。

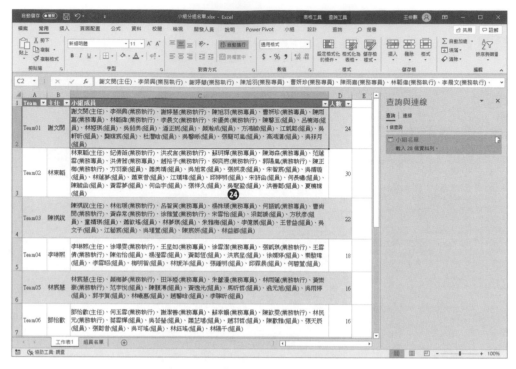

步驟24 原本單列顯示的儲存格內容，立即變成自動換行顯示，在調整列高的情況下，儲存格便呈現多列資料的完整內容。

運用到的 Power Query 重要技巧

- 移除其他資料行
- 合併資料行
- 新增條件資料行

- 資料行向下填滿
- 文字資料行的新增尾碼格式
- 分組依據

- List.Sum() 函數的應用
- Text.Combine() 函數的應用

10.11 服飾日銷售記錄摘要分析

從公司後台系統所下載的日銷售摘要資料中，每一筆資料記錄記載了「編號」、「日期」、「產品顏色尺寸」與「數量」等四個資料欄位。其中，「產品顏色尺寸」資料欄位實質上是由「產品」、「顏色」與「尺寸」等三個資料項目透過逗點「,」與減號「-」所串聯的長字串，因此，藉由資料拆分的操作，再加上資料轉換的功能，便可以將日銷售摘要資料，轉換並整理成可進行樞紐分析的原始資料，再藉由交叉分析篩選器的建立，就可以完成更符合實務需求的視覺化分析報表。

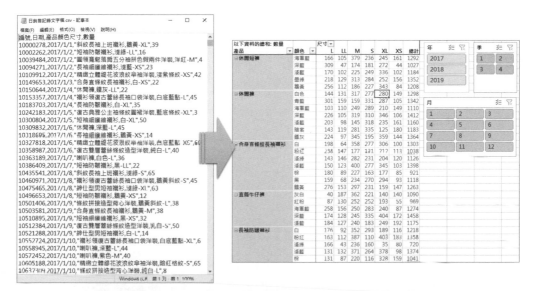

步驟01 建立一個新的空白活頁簿後，點按〔資料〕索引標籤。

步驟02 點選〔取得及轉換資料〕群組裡的〔從文字/CSV〕命令按鈕。

步驟03 開啟〔匯入資料〕對話方塊，切換到範例檔案所在的路徑後，點選檔案〔日銷售記錄文字檔 .csv〕，然後點按〔匯入〕按鈕。

步驟04 開啟〔日銷售記錄文字檔 .csv〕導覽視窗，點按〔轉換資料〕按鈕。

產品顏色與尺寸的資料行分割

透過多次的依分隔符號分割資料行，可以將原本長串的本文資料，適度的切割成所需的資料欄位。

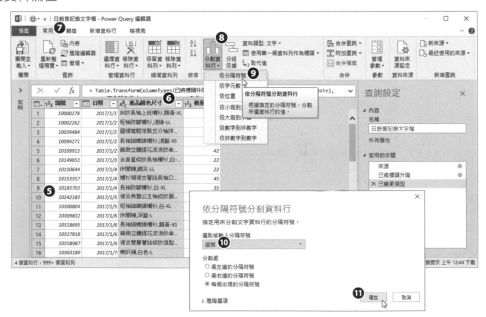

步驟05 開啟〔Power Query 查詢編輯器〕，順利匯入文字檔裡的每一筆資料記錄。

步驟06 點選「產品顏色尺寸」資料行。

步驟07 點按〔常用〕索引標籤。

步驟08 點按〔轉換〕群組裡的〔分割資料行〕命令按鈕。

步驟09 從展開的下拉式功能選單中點選〔依分隔符號〕功能選項。

步驟10 開啟〔依分隔符號分割資料行〕對話方塊，使用的分隔符號為〔逗號〕。

步驟11 點按〔確定〕按鈕。

原本的「產品顏色尺寸」資料行將分割成「產品顏色尺寸.1」與「產品顏色尺寸.2」等兩個資料行。「產品顏色尺寸.1」即為產品名稱，而「產品顏色尺寸.2」是由減號「-」所串接的產品的顏色與尺寸，因此，必須針對此資料行再次進行資料行的分割。

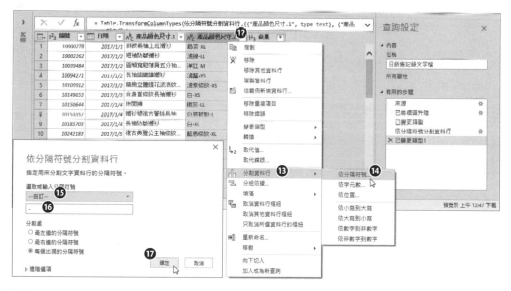

步驟12 以滑鼠右鍵點按「產品顏色尺寸.2」資料行名稱。

步驟13 從展開的快顯功能表中點選〔分割資料行〕功能選項。

步驟14 再從展開的副功能選單中點選〔依分隔符號〕功能選項。

步驟15 開啟〔依分隔符號分割資料行〕對話方塊，選擇使用的分隔符號為〔自訂〕。

步驟16 輸入分隔符號為減號「-」。

步驟17 點按〔確定〕按鈕。

日期單位的擷取

為了要進行日期的年度、季別與月份的分析，可以透過〔新增資料行〕裡的〔日期〕命令按鈕，進行各種日期單位的擷取以建立適當的新資料行。

步驟01 點選「日期」資料行。

步驟02 點按〔新增資料行〕索引標籤。

步驟03 點按〔從日期與時間〕群組裡的〔日期〕命令按鈕。

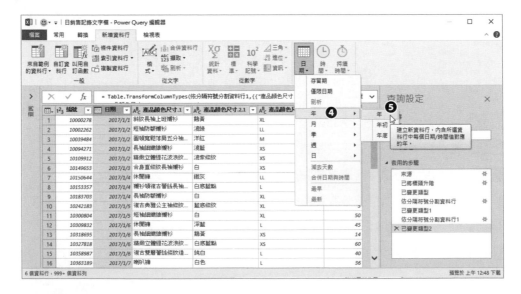

步驟04 從展開的下拉式功能選單中點選〔年〕功能選項。

步驟05 再從展開的副功能選單中點選〔年〕功能選項。

步驟06 立即新增了名為「年」的資料行，其內容是擷取自「日期」資料行的年度。

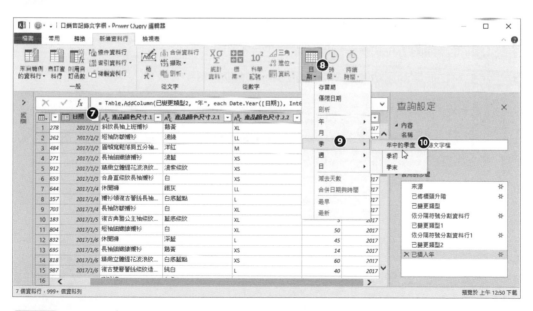

步驟07 再度點選「日期」資料行。

步驟08 再次點按〔從日期與時間〕群組裡的〔日期〕命令按鈕。

步驟09 從展開的下拉式功能選單中點選〔季〕功能選項。

步驟10 再從展開的副功能選單中點選〔年中的季度〕功能選項。

步驟11 再次點選「日期」資料行。

步驟12 再度點按〔從日期與時間〕群組裡的〔日期〕命令按鈕。

步驟13 從展開的下拉式功能選單中點選〔月〕功能選項。

步驟14 再從展開的副功能選單中點選〔月〕功能選項。

步驟15 以滑鼠右鍵點按「日期」資料行名稱。

步驟16 從展開的快顯功能表中點選〔移除〕功能選項。

步驟17 分別點按兩下原本的「產品顏色尺寸.1」、「產品顏色尺寸.2.1」與「產品顏色尺寸.2.2」等資料行名稱,直接在上面修改名稱。

步驟18 分別修改成「產品」、「顏色」與「尺寸」等更適當的資料行名稱。

進行樞紐分析

完成 Power Query 的資料處理後,即可直接將查詢結果交付樞紐分析表的操作環境,進行樞紐分析表的製作。

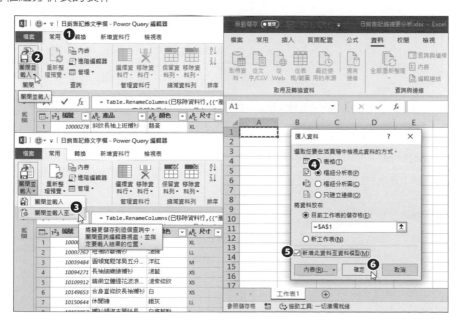

步驟01 點按〔常用〕索引標籤。

步驟02 點按〔關閉〕群組裡〔關閉並載入〕命令按鈕的下半部按鈕。

步驟03 從展開的功能選單中點選〔關閉並載入至…〕功能選項。

步驟04 開啟〔匯入資料〕對話方塊,點選〔樞紐分析表〕選項。

步驟05 勾選〔新增此資料至資料模型〕核取方塊。

步驟06 按下〔確定〕按鈕。

步驟07 立即在空白的工作表上建立樞紐分析表。

步驟08 樞紐分析表的資料來源是來自資料模型的各個資料欄位,也正是連結自 Power Query 所整理過查詢結果。

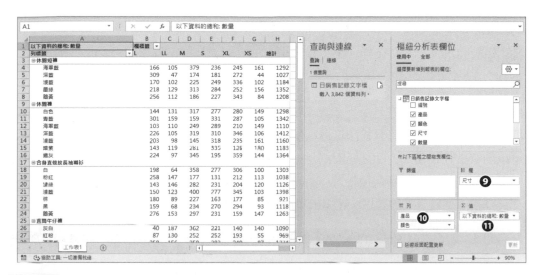

步驟09 將「尺寸」欄位拖曳至〔欄〕區域。

步驟10 先後將「產品」欄位與「顏色」欄位拖曳〔列〕區域。「顏色」欄位放置在「產品」欄位的下方。

步驟11 將「數量」欄位拖曳至〔值〕區域。

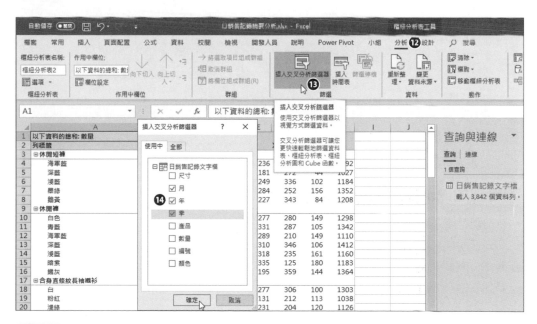

步驟12 點按〔樞紐分析表工具〕的〔分析〕索引標籤。

步驟13 點按〔篩選〕群組裡的〔插入交叉分析篩選器〕命令按鈕。

步驟14 開啟〔插入交叉分析篩選器〕對話方塊，勾選「年」、「季」、「月」等三個核取方塊並點按〔確定〕按鈕。

接著，在工作表上立即產生了三個浮動的篩選按鈕面板，這便是著名的交叉分析篩選器。分別點選這些交叉分析篩選器，便可以拖曳調整這些按鈕面板的位置與大小，也可以同時啟用視窗上方功能區裡的〔交叉分析篩選器工具〕之〔選項〕索引標籤裡的相關命令按鈕，進行篩選按鈕大小的調整、設定交叉分析篩選器的寬度、高度，以及交叉分析篩選器樣式的選擇，建構出極具視覺效果與篩選功能的操作介面。

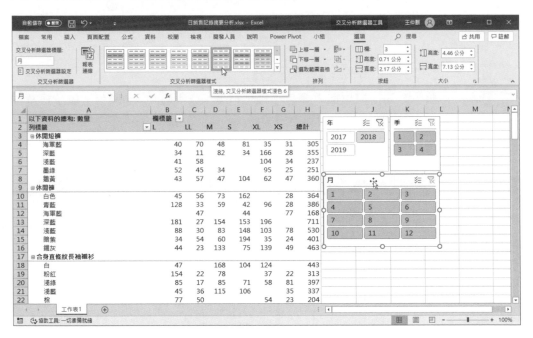

運用到的 Power Query 重要技巧

- 依分隔符號分割資料行
- 新增日期年度資料行
- 新增日期季別資料行
- 新增日期月份資料行

10.12　筆電商品規格清單

在許多待處理的資料檔案或是活頁簿工作表裡，常有單一資料儲存格內記錄多種規格的訊息。例如：各螢幕機種皆有多種螢幕尺寸規格，而這些規格若是記錄在單一儲存格裡，報表的呈現倒也是十分清楚、分類有序，但是，這是屬於非結構性 (非正規化資料表) 的報表，若想要針對各尺寸進行查詢分析，例如：想瞭解某種尺寸哪些廠商、哪些品牌才有提供等諸如此類的問題，這時候就必須將原本的資料進行適度的轉換，成為結構性的資料表格，這就由 Power Query 來效勞囉！

1. 尺寸欄位裡記載了各種螢幕尺寸，所以這是屬於非正規化的分類報表。

廠牌	型號	尺寸	經銷商
HQ	Sunny電玩	14吋、15吋	全盈科技
HQ	Aspire潮型	11吋、15.6吋、17.3吋	全泉科技
HQ	Twins翻轉系列	11吋、14吋	全泉科技
HQ	TravelArts商用系列	14吋、15吋	宏泉科技
HQ	Concept	15.6吋、27吋	全泉科技
HQ	Rock電競筆電	13吋、15.6吋、17.3吋	全泉科技
Spirit	AceBook系列	13吋、15.6吋、17吋	山婷資訊
Spirit	VizBook	13吋、14吋、15.6吋、17吋	山婷資訊
Spirit	BizBook商務	11吋、13吋、14吋	山婷資訊
Spirit	TinyFun	10吋、11吋、13吋	山婷資訊
Macro	YogaLtfe觸控系列	10吋、11吋、13吋、14吋、15吋	全泉科技
Macro	NewAge	13吋、14吋、15吋	全泉科技
Macro	Legend	11吋、13吋、14吋、15吋、17吋	影子電腦
Macro	Emperor電競	14吋、15吋、17吋	影子電腦
Macro	Energy	11吋、13吋、14吋	影子電腦
Shrine	Elite商務系列	11吋、13吋、14吋	全泉科技
Shrine	Ultra電競	15.6吋、17吋	全泉科技
Shrine	Ghost新世代系列	14吋、15.6吋	影子電腦
Shrine	Admiration	13吋、14吋、15.6吋、17吋	影子電腦

廠牌	型號	尺寸	經銷商
HQ	Sunny電玩	14吋	全泉科技
HQ	Sunny電玩	15吋	全泉科技
HQ	Aspire潮型	11吋	全泉科技
HQ	Aspire潮型	15.6吋	全泉科技
HQ	Aspire潮型	17.3吋	全泉科技
HQ	Twins翻轉系列	11吋	全泉科技
HQ	Twins翻轉系列	14吋	全泉科技
HQ	TravelArts商用系列	14吋	全泉科技
HQ	TravelArts商用系列	15吋	全泉科技
HQ	Concept	15.6吋	全泉科技
HQ	Concept	27吋	全泉科技
HQ	Rock電競筆電	13吋	全泉科技
HQ	Rock電競筆電	15.6吋	全泉科技
HQ	Rock電競筆電	17.3吋	全泉科技
Spirit	AceBook系列	13吋	山婷資訊
Spirit	AceBook系列	15.6吋	山婷資訊
Spirit	AceBook系列	17吋	山婷資訊
Spirit	VizBook	13吋	山婷資訊
Spirit	VizBook	14吋	山婷資訊
Spirit	VizBook	15.6吋	山婷資訊
Spirit	VizBook	17吋	山婷資訊
Spirit	BizBook商務	11吋	山婷資訊
Spirit	BizBook商務	13吋	山婷資訊
Spirit	BizBook商務	14吋	山婷資訊
Spirit	TinyFun	10吋	山婷資訊
Spirit	TinyFun	11吋	山婷資訊
Spirit	TinyFun	13吋	山婷資訊
Macro	YogaLtfe觸控系列	10吋	全泉科技
Macro	YogaLtfe觸控系列	11吋	全泉科技
Macro	YogaLtfe觸控系列	13吋	全泉科技
Macro	YogaLtfe觸控系列	14吋	全泉科技
Macro	YogaLtfe觸控系列	15吋	全泉科技
Macro	NewAge	13吋	全泉科技
Macro	NewAge	14吋	全泉科技
Macro	NewAge	15吋	全泉科技
Macro	Legend	11吋	影子電腦
Macro	Legend	13吋	影子電腦
Macro	Legend	14吋	影子電腦
Macro	Legend	15吋	影子電腦
Macro	Legend	17吋	影子電腦
Macro	Emperor電競	14吋	影子電腦
Macro	Emperor電競	15吋	影子電腦
Macro	Emperor電競	17吋	影子電腦
Macro	Energy	11吋	影子電腦
Macro	Energy	13吋	影子電腦
Macro	Energy	14吋	影子電腦
Shrine	Elite商務系列	11吋	全泉科技
Shrine	Elite商務系列	13吋	全泉科技
Shrine	Elite商務系列	14吋	全泉科技
Shrine	Ultra電競	15.6吋	全泉科技
Shrine	Ultra電競	17吋	全泉科技
Shrine	Ghost新世代系列	14吋	影子電腦
Shrine	Ghost新世代系列	15.6吋	影子電腦
Shrine	Admiration	13吋	影子電腦
Shrine	Admiration	14吋	影子電腦
Shrine	Admiration	15.6吋	影子電腦
Shrine	Admiration	17吋	影子電腦

2. 將尺寸欄位裡各種螢幕尺寸拆分至單一尺寸值單一儲存格內容的儲存架構，就是一種資料正規化的表現，也是可以進行資料處理與分析的結構化資料表。

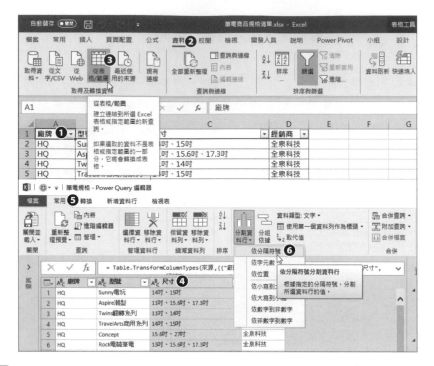

步驟01 切換到〔筆電產品〕工作表後，點選資料表裡的任一儲存格，例如：A1。

步驟02 點按〔資料〕索引標籤。

步驟03 點按〔取得及轉換資料〕群組裡的〔從表格 / 範圍〕命令按鈕。

步驟04 進入 Power Query 查詢編輯器後，點選「尺寸」資料行。

步驟05 點按〔常用〕索引標籤。

步驟06 點按〔文字資料行〕群組裡的〔分割資料行〕命令按鈕，並從展開的下拉式功能選單中點選〔依分隔符號〕功能選項。

步驟07　開啟〔依分隔符號分割資料行〕對話方塊，使用預設的分隔符號「、」。

步驟08　點按〔確定〕按鈕。

查詢的輸出結果為 8 個資料欄位、19 筆資料記錄。

步驟09　原本的「尺寸」資料行拆分成「尺寸.1」、「尺寸.2」、「尺寸.3」、「尺寸.4」、「尺寸.5」等 5 個資料行。

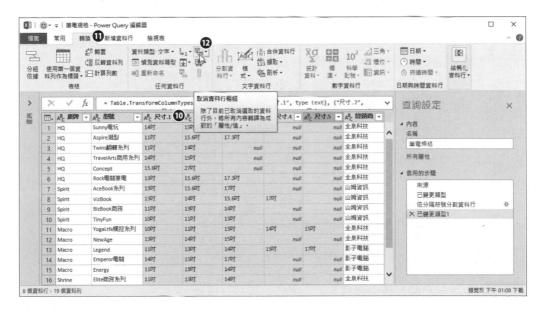

步驟10　複選「尺寸.1」、「尺寸.2」、「尺寸.3」、「尺寸.4」、「尺寸.5」等 5 個資料行。

步驟**11** 點按〔轉換〕索引標籤。

步驟**12** 點按〔任何資料行〕群組裡的〔取消資料行樞紐〕命令按鈕。

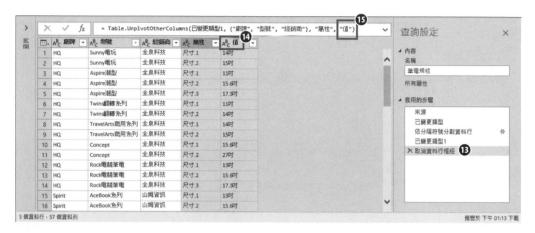

步驟**13** 完成〔取消資料行樞紐〕的查詢步驟。

步驟**14** 轉換的新資料行名稱為「屬性」與「值」。

步驟**15** 直接在資料編輯列上修改〔取消資料行樞紐〕步驟的程式碼 Table.
UnpivotOtherColumns 函數，修改其參數「值」，將其改為「尺寸」。

步驟**16** 以滑鼠右鍵點按不再需要的「屬性」資料行標題。

步驟**17** 從展開的快顯功能表中點選〔移除〕功能選項。

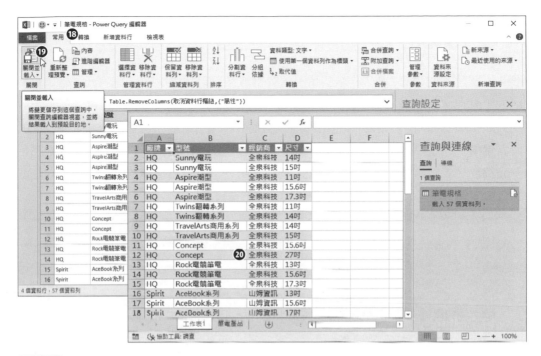

步驟18　點按〔常用〕索引標籤。

步驟19　點按〔關閉〕群組裡〔關閉並載入〕命令按鈕的上半部按鈕。

步驟20　結束 Power Query，完成查詢的操作，匯入的資料已經轉變成可以進行資料分析的標準資料表格，並建立在新的工作表上。

運用到的 Power Query 重要技巧

- 依分隔符號分割資料行
- 取消資料行樞紐
- 移除資料行

10.13 產品與產地銷售記錄

很多人雖然不知道 Excel 工作表的單一儲存格最多可以輸入 32767 個字元，但是會使用 ALT+Enter 鍵作為換行操控，在單一儲存格裡輸入多行資料。例如：在「訂單編號（金額）」資料欄裡，一個儲存格內即輸入多張訂單編號以及該訂單的金額，這類型的報表建構，也是屬於非正規化的資料表格，必須將儲存格裡的各訂單號碼及其金額拆分成獨立「訂單編號」欄位與「金額」欄位，每一個儲存格僅儲存一項資訊，這類型的資料架構才是可以進行後續資料分析的正規化資料表格。

2. 將訂單編號（金額）欄位拆分成訂單編號欄位與金額欄位，轉換成資料正規化的結構化資料表。

1. 訂單編號（金額）欄位裡記載了多筆訂單編號與該筆訂單的金額，每一張訂單編號及金額之間是換行符號。

步驟01 切換到〔產品銷售記錄〕工作表後，點選資料表裡的任一儲存格，例如：A1。

步驟02 點按〔資料〕索引標籤。

步驟03 點按〔取得及轉換資料〕群組裡的〔從表格/範圍〕命令按鈕。

步驟04 進入 Power Query 查詢編輯器後，除了匯入資料外，也自動進行資料行的資料類型變更。其中，「年份」資料行採用了日期資料型態的格式。

步驟05 在〔套用的步驟〕裡顯示了已經自動進行的〔來源〕與〔已變更類型〕等兩個查詢步驟，此範例我們要自行設定資料行的資料型別，因此，點按〔已變更類型〕查詢步驟前的刪除按鈕，先移除第 2 個〔已變更類型〕查詢步驟。

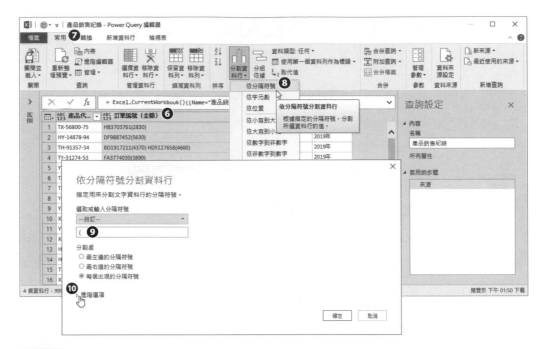

步驟06 點選「訂單編號（金額）」資料行。

步驟07 點按〔常用〕索引標籤。

步驟08 點按〔轉換〕群組裡的〔分割資料行〕命令按鈕，並從展開的下拉式功能選單中點選〔依分隔符號〕功能選項。

步驟09 開啟〔依分隔符號分割資料行〕對話方塊，使用的分隔符號為〔自訂〕，並自動識別為「(」符號。

步驟10 點按〔進階選項〕。

〔要分割成的資料行數目〕文字方塊裡所顯示的數字，代表的是目前分隔符號「(」被自動識別出最多出現的次數是「6」。

步驟11 勾選〔使用特殊字元來分割〕核取方塊。

步驟12 點按〔插入特殊字元〕按鈕。

步驟13 從展開的下拉式功能選單中點選〔換行字元〕。

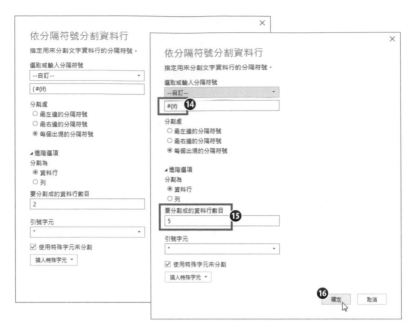

步驟14 〔換行字元〕的代碼是「#(lf)」,不過,千萬記得,原本出現在最前面的分隔符號「(」要記得移除。

步驟15 〔要分割成的資料行數目〕文字方塊裡自動顯示換行字元被自動識別出最多出現的次數是「5」。

步驟16 點按〔確定〕按鈕。

原本含有〔換行字元〕內容的「訂單編號(金額)」資料行,順利拆分為「訂單編號(金額).1」、「訂單編號(金額).2」、「訂單編號(金額).3」、「訂單編號(金額).4」、「訂單編號(金額).5」等5個資料行。

產品代碼	訂單編號(金額).1	訂單編號(金額).2	訂單編號(金額).3	訂單編號(金額).4	訂單編號(金額).5	產地	年份
TX-56800-75	HB3703761(2830)	null	null	null	null	菲律賓	2019年
HY-14878-94	DF9887452(5630)	null	null	null	null	越南	2019年
TH-91357-34	BD1917211(4370)	HD5127658(4600)	null	null	null	中國	2019年
TY-31274-53	FA3774030(3890)	null	null	null	null	中國	2019年
YY-71496-43	DC8903038(5940)	CF9853207(5940)	CA9753543(5640)	null	null	越南	2017年
TH-31382-43	HE2950784(6300)	null	null	null	null	中國	2019年
TH-41929-82	HA1309560(1150)	HB4566328(1220)	null	null	null	中國	2017年
YH-86008-77	HC1082764(2520)	CF2431708(2520)	null	null	null	越南	2017年
YX-65028-26	BI4038119(3240)	null	null	null	null	中國	2019年
XX-34800-58	DG2824206(4460)	null	null	null	null	越南	2018年
YT-38625-64	FC5471254(3760)	null	null	null	null	中國	2017年
XH-12174-66	DE8966070(8630)	null	null	null	null	中國	2018年
HY-14681-58	GF6872238(5840)	EB3924753(5840)	FF7265281(5840)	null	null	中國	2019年
HH-14787-44	IG8846331(3260)	GA5069594(3440)	null	null	null	中國	2017年
TT-32310-99	IB4825006(8140)	null	null	null	null	中國	2019年

8 個資料行,999+ 個資料列　　　　預覽於 下午 02:02 下載

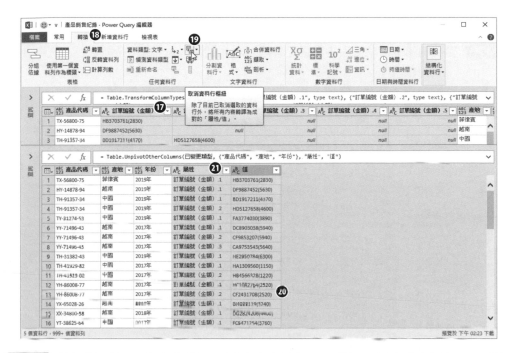

步驟17　複選剛剛拆分成功的「訂單編號（金額）.1」、「訂單編號（金額）.2」、「訂單編號（金額）.3」、「訂單編號（金額）.4」、「訂單編號（金額）.5」等 5 個資料行。

步驟18　點按〔轉換〕索引標籤。

步驟19　點按〔任何資料行〕群組裡的〔取消資料行樞紐〕命令按鈕。

步驟20　完成〔取消資料行樞紐〕的查詢步驟。

步驟21　轉換的新資料行名稱為「屬性」與「值」。

步驟22 以滑鼠右鍵點選「屬性」資料行名稱。

步驟23 從展開的快顯功能表中點選〔移除〕功能選項。

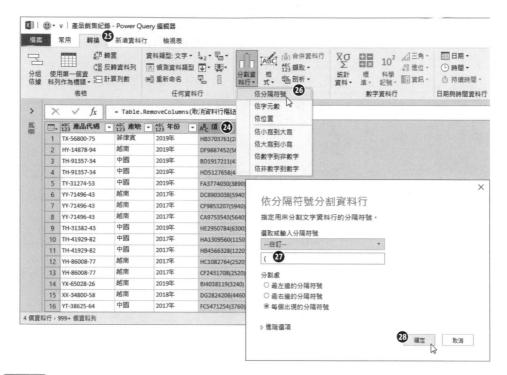

步驟24 點選「值」資料行。

步驟25 點按〔轉換〕索引標籤。

步驟26 點按〔文字資料行〕群組裡的〔分割資料行〕命令按鈕，並從展開的下拉式功能選單中點選〔依分隔符號〕功能選項。

步驟27 開啟〔依分隔符號分割資料行〕對話方塊，使用自訂的分隔符號「(」。

步驟28 點按〔確定〕按鈕。

步驟29 原本的「值」資料行，順利拆分為「值.1」及「值.2」等兩個資料行。

步驟30 以滑鼠右鍵點按「值.2」資料行名稱。

步驟31 從展開的快顯功能表中點選〔取代值〕功能選項。

步驟32 開啟〔取代值〕對話方塊，在〔要尋找的值〕文字方塊裡輸入「)」。

步驟33 維持〔取代為〕為空值，然後點按〔確定〕按鈕。

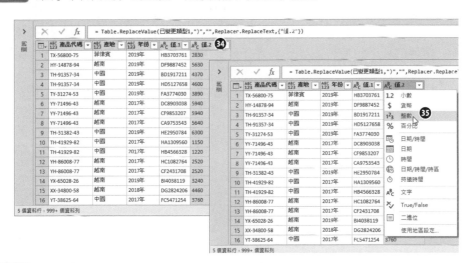

步驟34 點按「值.2」資料行的預設資料型別〔ABC〕按鈕。

步驟35 從展開的資料型別選單中點選〔整數〕選項，將原本的文字資料型別，改成可以運算的整數資料型別。

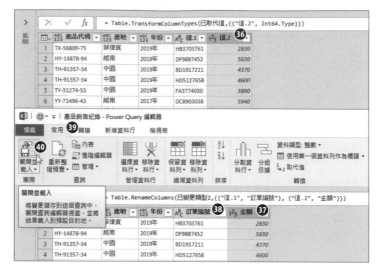

步驟36 點按兩下「值.2」資料行名稱進行名稱的修改。

步驟37 將「值.2」改成「金額」。

步驟38 原本的「值.1」也改成「訂單編號」。

步驟39 點按〔常用〕索引標籤。

步驟40 點按〔關閉〕群組裡〔關閉並載入〕命令按鈕的上半部按鈕,結束 Power Query,完成查詢的操作。

匯入的資料已經轉變成可以進行資料分析的標準資料表格,並建立在新的工作表上,含括了「產品代碼」、「產地」、「年份」、「訂單編號」及「金額」等五個資料欄位。

運用到的 Power Query 重要技巧

- 依分隔符號分割資料行
- 使用特殊字元分割資料行
- 取消資料行樞紐
- 移除資料行
- 尋找與取代值

10.14 專案小組名單查詢

在一份二維報表中顯示著每一個任務分組的成員名單與擔任職位，其中，縱向各欄位為「系統分析」、「介面設計」、「程式設計」、「資料庫」、「美術視覺」以及「大數據分析」等 6 個分組。水平橫向各資料列則為職位名稱，交錯之處便是各成員的姓名。想要建立一個具備查找名單的功能，可以藉由成員姓名的輸入，而查找出該成員是隸屬於哪一個組別？以及其職稱為何？目前的二維報表並不容易達成我們的需求，可是，若能透過 Power Query 將這份二維報表轉換成具備「職稱」、「分組」與「姓名」等三個資料行的資料表架構，載入到 Excel 工作表中，再透過 INDEX 函數與 MATCH 函數的組合，建立具備查找名單的功能就不是件難事了！

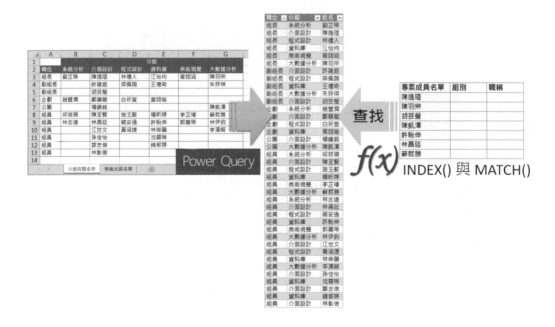

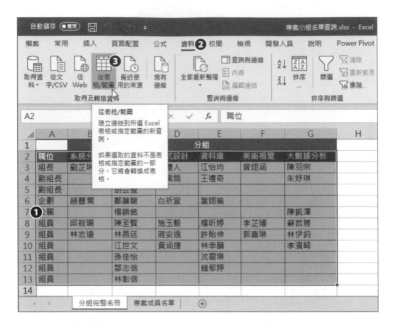

步驟01 切換到〔分組完整名冊〕工作表後,選取儲存格範圍 A2:G13。

步驟02 點按〔資料〕索引標籤。

步驟03 點按〔取得及轉換資料〕群組裡的〔從表格 / 範圍〕命令按鈕。

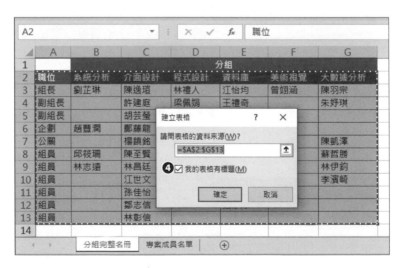

步驟04 開啟〔建立表格〕對話方塊,勾選〔我的表格有標題〕核取方塊,然後點按
〔確定〕按鈕。

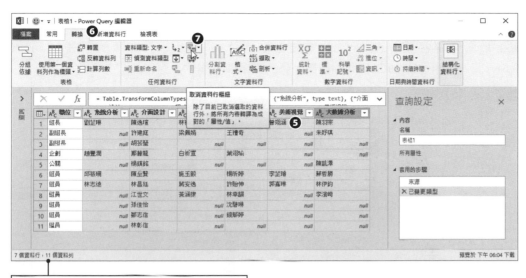

查詢的輸出結果為 7 個資料欄位，11 筆資料記錄。

步驟05 進入 Power Query 查詢編輯器後，複選「系統分析」、「介面設計」、「程式設計」、「資料庫」、「美術視覺」與「大數據分析」等 6 個資料行。

步驟06 點按〔轉換〕索引標籤。

步驟07 點按〔任何資料行〕群組裡的〔取消資料行樞紐〕命令按鈕。

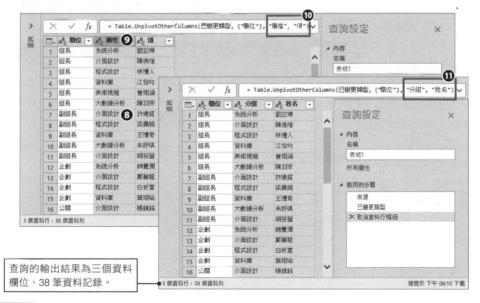

查詢的輸出結果為三個資料欄位、38 筆資料記錄。

步驟08 完成〔取消資料行樞紐〕的查詢步驟。

步驟09 轉換的新資料行名稱為「屬性」與「值」。

步驟10 直接在資料編輯列上修改〔取消資料行樞紐〕步驟的程式碼 Table. UnpivotOtherColumns 函數，修改其參數「屬性」與「值」。

步驟11 分別改成「分組」與「姓名」。

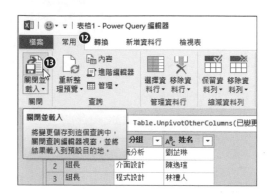

步驟12 點按〔常用〕索引標籤。

步驟13 點按〔關閉〕群組裡〔關閉並載入〕命令按鈕的上半部按鈕。

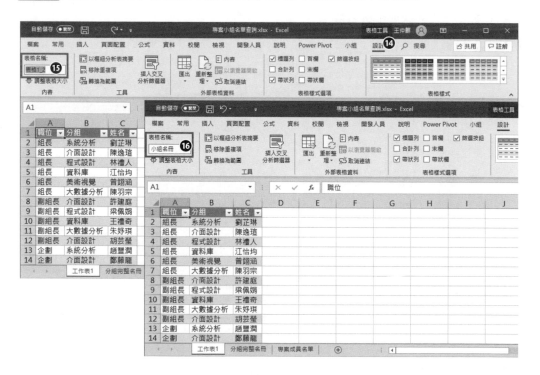

步驟14 結束 Power Query 並完成查詢的操作，匯入的資料已經轉變成可以進行資料分析的標準資料表格，點按〔表格工具〕底下的〔設計〕索引標籤。

步驟15 點選〔內容〕群組裡的預設表格名稱「表格 1_2」。

步驟16 輸入較好記也較具可讀性的表格名稱，例如：「小組名冊」。

1. 輸入資料表格名稱時，會彈跳出既有的表格名稱選單。

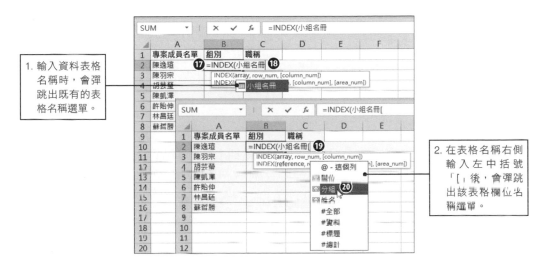

2. 在表格名稱右側輸入左中括號「[」後，會彈跳出該表格欄位名稱選單。

步驟17 切換到〔專案成員名單〕工作表後，點選儲存格 B2。

步驟18 輸入公式「=INDEX(小組名冊」。

步驟19 再鍵入左中括號「[」準備進行資料欄位名稱的輸入。

步驟20 點按兩下表格欄位名稱裡的「分組」並繼續後續的公式輸入。

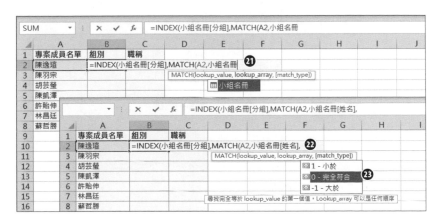

步驟21 繼續完成公式「=INDEX(小組名冊 [分組],MATCH(A2, 小組名冊」。

步驟22 輸入「=INDEX(小組名冊 [分組],MATCH(A2, 小組名冊 [姓名],」。

步驟23 選擇 MATCH 函數的查找型態為「0- 完全符合」。

步驟24 最後完成的公式為「=INDEX(小組名冊 [分組],MATCH(A2, 小組名冊 [姓名],0))」。

步驟25 順利查詢到「陳逸瑄」所隸屬的組別為「介面設計」。

步驟26 同理，點選儲存格 C2，輸入完整的公式為「=INDEX(小組名冊 [職位], MATCH(A2, 小組名冊 [姓名],0)) 」。

步驟27 順利查詢到「陳逸瑄」的職稱組別為「組長」。

步驟28 將儲存格範圍 B2:C2 的公式填滿複製至下方的儲存格範圍，順利查詢出專案成員名單裡每一位成員的組別與職稱。

運用到的 Power Query 重要技巧

- 取消資料行樞紐
- INDEX 函數
- MATCH 函數

10.15 員工 KPI 評量查詢

〔員工 KPI 成績〕資料表記錄了 130 位員工的考績分數，而〔考績評等表〕則描述著不同考績級距的評等與說明，我們想要依據每位員工的考績分數，查詢其評等與說明。在 Excel 操作環境裡，這是很基本的查詢問題，資料的查找比對往往會讓人聯想到 VLOOKUP 函數、MATCH 與 INDEX 等函數的組合應用。在資料庫系統的查詢裡，則可以透過相關的查詢指令等執行資料的比對與查詢。但是，往往最簡單的功能操作，也能夠做出讓人意想不到的效果喔！例如：只要運用排序、篩選等基本的資料處理功能，也能完成這個員工 KPI 評量查詢的實務範例。很多問題的解決方式都只是一念間，此範例的解決觀念是將查找比對的〔考績評等表〕查詢內容，拆分成具備高標與低標的資料欄位，然後，在〔員工 KPI 成績〕查詢中建立一個新的資料行，並定義此資料行的資料型態為資料表 (Table) 結構，內容則是來自具有高、低標資料欄位的〔考績評等表〕查詢，如此，只要將此資料行裡的資料表展開，再透過篩選出符合高標與低標之間的評等與說明等資訊就達到查找員工 KPI 評量之評等與說明的目的了。

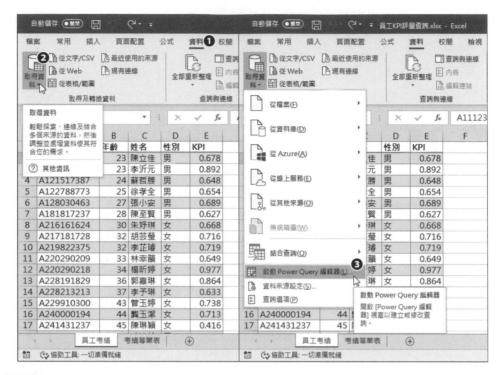

步驟01　換到〔員工考績〕工作表，點按〔資料〕索引標籤。

步驟02　點選〔取得及轉換資料〕群組裡的〔取得資料〕命令按鈕。

步驟03　從展開的功能選單中點選〔啟動 Power Query 編輯器〕功能選項。

步驟04　開啟〔Power Query 查詢編輯器〕後，點按〔常用〕索引標籤。

步驟05　點按〔新增查詢〕群組裡的〔新來源〕命令按鈕。

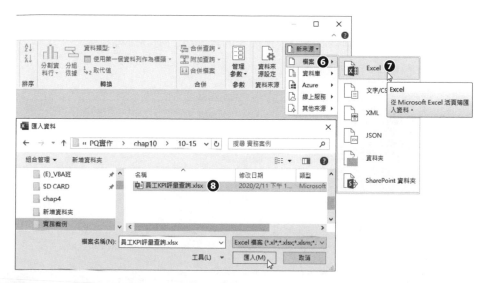

步驟06 從展開的功能選單中點選〔檔案〕。

步驟07 再從展開的副選單中點選〔Excel〕選項。

步驟08 開啟〔匯入資料〕對話方塊,點按檔案〔員工 KPI 評量查詢 .xlsx〕活頁簿檔案,然後點按〔匯入〕按鈕。

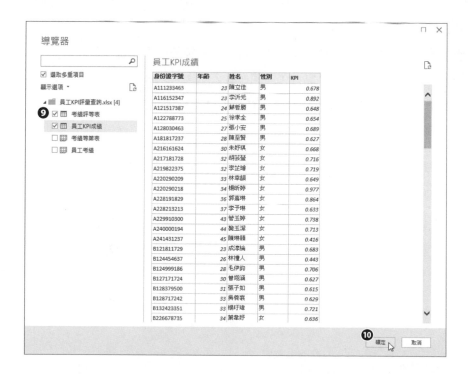

步驟09 開啟〔導覽器〕視窗，在左側顯示選項底下僅勾選〔考績評等表〕與〔員工 KPI 成績〕這兩個核取方塊，這代表的是同名的兩個資料表格。

步驟10 點按〔確定〕按鈕。

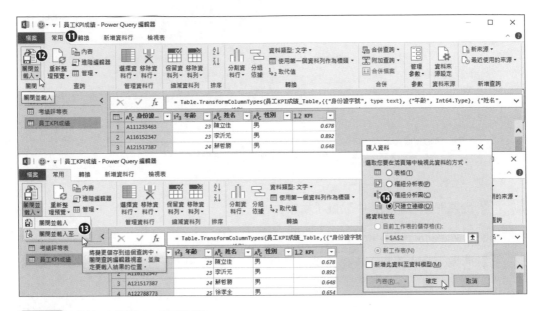

步驟11 點按〔常用〕索引標籤。

步驟12 點按〔關閉〕群組裡〔關閉並載入〕命令按鈕的下半部按鈕。

步驟13 從展開的功能選單中點選〔關閉並載入至…〕功能選項。

步驟14 開啟〔匯入資料〕對話方塊，點選〔只建立連線〕選項，然後按下〔確定〕按鈕。

隨即在活頁簿裡完成了〔考績評等表〕與〔員工 KPI 成績〕這兩個資料表格的連線查詢，顯示在活頁簿右側〔查詢與連線〕工作窗格裡。

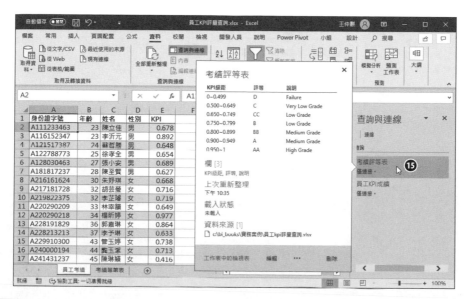

步驟15 點按兩下〔考績評等表〕查詢，準備再度進入 Power Query 查詢編輯器。

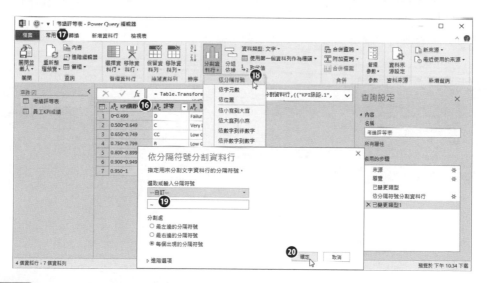

步驟16 點選「KPI 級距」資料行。

步驟17 點按〔常用〕索引標籤。

步驟18 點按〔轉換〕群組裡的〔分割資料行〕命令按鈕，並從展開的下拉式功能選單中點選〔依分隔符號〕功能選項。

步驟19 開啟〔依分隔符號分割資料行〕對話方塊，使用此例的預設分隔符號「～」。

步驟20 點按〔確定〕按鈕。

步驟21 原本的「KPI 級距」資料行順利拆分成「KPI 級距 .1」與「KPI 級距 .2」兩資料行。

步驟22 將資料行名稱分別改成「低標」與「高標」。

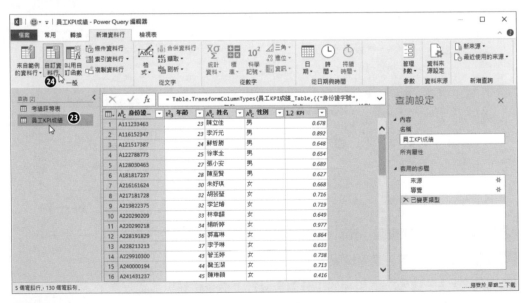

步驟23 點選此範例的另一個連線查詢〔員工 KPI 成績〕。

步驟24 點按〔新增資料行〕索引標籤裡的〔自訂資料行〕命令按鈕。

步驟25 開啟〔自訂資料行〕對話方塊，輸入新資料行名稱為「評比」。

步驟26 在此輸入自訂公式，公式為「= 考績評等表」。輸入時，由於「考績評等表」是一個既有查詢名稱，因此會彈跳出查詢名稱選項。

步驟27 按下〔確定〕。

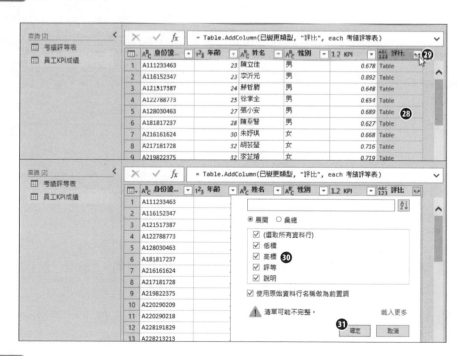

步驟28 新增的「評比」資料行，其內容是 Table 結構，記錄著考績評等表的內容。

步驟29 點按「評比」資料行名稱右側的展開按鈕。

步驟30 展開 Table 裡的欄位選單後，勾選所有資料行。

步驟31 點按〔確定〕按鈕。

此範例共有 130 位員工的姓名、年齡、KPI 值以及性別等資料，而考績評等表的內容分成 7 種級距，因此有 7 筆資料列，將每一個考績評等表裡的 7 筆資料列隨著 130 筆員工資料展開，就變成了 910 筆資料記錄的輸出。此外，在展開「評比」資料行的內容後，轉換並新增了來自考績評等表且名為「評比.低標」、「評比.高標」、「評比.評等」與「評比.說明」等 4 個資料行。此時便可以進行更新資料行名稱的操作。這時候想想，先前學習過的小技巧：在展開資料表的結構時，取消〔使用原始資料行名稱做為前置詞〕的功能是不是很好用呢！

查詢的輸出結果為 9 個資料欄位、910 筆資料記錄。

步驟32 直接在資料編輯列上修改 M 語言的程式編碼，例如：「評比.低標」、「評比.高標」、「評比.評等」與「評比.說明」等參數。

步驟33 修改成比較簡潔、實際的資料行名稱「低標」、「高標」、「評等」與「說明」。

步驟34　點按「KPI」資料行名稱右側的排序篩選按鈕。

步驟35　從展開的功能選單中點選〔數字篩選〕功能選項。

步驟36　再從展開的副選單中點選〔介於〕功能選項。

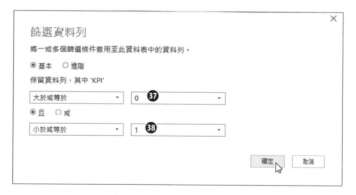

步驟37　開啟〔篩選資料列〕對話方塊，暫時先將〔大於或等於〕的值輸入為「0」。

步驟38　再輸入〔小於或等於〕的值為「1」，然後，按下〔確定〕按鈕。

由於剛剛針對「KPI」資料行的值，篩選準則設定為大於或等於「0」且小於或等於的「1」，因此，原本 KPI 值就介於 0 到 1 之間的每一筆資料記錄，似乎文風不動，並未進行任何的篩選，仍然是查詢出 910 筆資料列的結果。這是一個 Table.SelectRows() 的函數運作，其實只要我們在此函數的參數設定上做一個小小調整，也就是將參數「0」改成「低標」；將參數「1」改成「高標」，那不就可以順利進行查詢的作業了嗎！

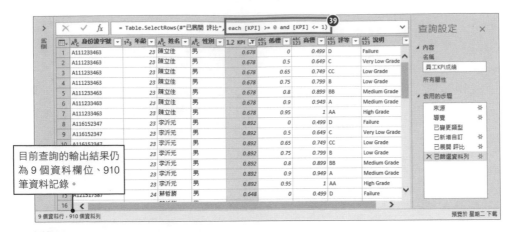

目前查詢的輸出結果仍為 9 個資料欄位、910 筆資料記錄。

步驟39 直接在資料編輯列上修改 >=0 與 <=1 的參數。

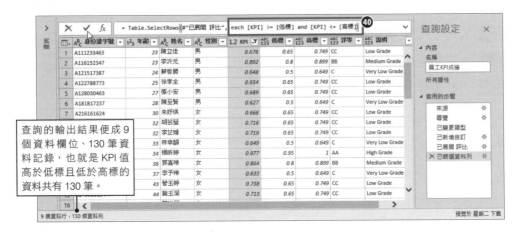

查詢的輸出結果便成 9 個資料欄位、130 筆資料記錄,也就是 KPI 值高於低標且低於高標的資料共有 130 筆。

步驟40 將函數裡的關係條件改成 >=[低標] 以及 <=[高標]。

這個實作範例是建立了資料型態為 Table 的新資料行,並設定此資料行的每一個儲存格內容皆來自含有高標與低標資料欄位的〔考績評等表〕,只要一展開此資料行即可透過 KPI 分數與高、低標區間的比對,查詢出每位員工的評等與説明。您也可以嘗試看看,若是建立資料型為 List 的新資料行來解決相同的查找比對問題,要怎麼做呢?

運用到的 Power Query 重要技巧

- 匯入外部資料建立查詢連線
- 依分隔符號分割資料行
- 輸入公式建立自訂資料行

- 展開資料表
- 數字篩選資料列
- 修改篩選比對的條件式

10.16　MOS 證照成績統計

這裡有一份公司內部員工參加 MOS 認證考試的成績資料，一共有工務部、企劃室、行銷部、財務部、業務部、資訊室、管理部等七個部門，合計 60 位員工，每一位員工皆參與 Word、Excel、PowerPoint、Access 等四個 MOS 認證考試科目的測驗。因此，這份成績原始資料共計有 60 筆資料記錄，記載了每位員工的「部門」、「員工」這兩項基本資料以及「Word」、「Excel、「PowerPoint」和「Access」等四項科目的成績，總共 6 個資料欄位。而 MOS 考試成績是千分制，滿分是 1000 分，及格分數是 700 分。只要上述四科皆及格，則可取得大師級的證照頭銜。不過，要透過這份 6 個資料欄位、60 筆資料記錄的二維報表，進行各種不同需求、目的與視角的分析實屬不易，所以，透過 Power Query 的取消資料行樞紐的功能，先轉換成一個維度的標準資料表架構，將有助於後續的資料分析作業。

	A	B	C	D	E	F
1	部門	員工	Word	Excel	PowerPoint	Access
2	工務部	吳襄陽	505	525	950	890
3	工務部	呂宣肪	755	665	775	695
4	工務部	李昕欽	915	665	845	660
5	工務部	徐孝全	760	880	795	720
6	工務部	徐貴顙	650	950	800	625
7	工務部	翁義蓁	885	770	885	820
8	工務部	張子汕	850	895	760	575
9	工務部	張小安	845	880	915	785
10	工務部	陳思事	985	695	930	815
11	工務部	游敏安	720	605	635	730
12	工務部	蔡璽淳	940	805	860	820
13	工務部	鄭士良	935	965	965	660
14	工務部	鄭藤龍	840	880	695	765
15	企劃室	葉紘峨	695	925	905	855
16	企劃室	蔡文秋	550	880	735	830
17	行銷部	陳明倢	910	680	875	645
18	行銷部	陳皓豪	800	865	760	800

•••••

47	業務部	魏琦翰	625	820	550	675
48	業務部	羅珮筠	665	635	665	635
49	業務部	龔玉潔	825	660	950	705
50	資訊室	何玉芸	895	915	855	850
51	資訊室	歐陽志程	990	1000	1000	990
52	資訊室	孫翊瑋	925	930	855	805
53	管理部	施玉毅	745	645	720	815
54	管理部	柯需翔	715	935	930	785
55	管理部	洪意晴	650	885	830	825
56	管理部	胡芸瑩	845	730	970	695
57	管理部	郭昭鈞	885	930	745	675
58	管理部	郭嘉琳	840	860	730	645
59	管理部	陳力愷	575	910	730	680
60	管理部	葉翎瑜	695	895	725	695
61	管理部	曾玉婷	885	880	835	785
62						

MOS Score

取消資料行樞紐

	A	B	C	D
1	部門	員工	科目	分數
2	工務部	吳襄陽	Word	505
3	工務部	吳襄陽	Excel	525
4	工務部	吳襄陽	PowerPoint	950
5	工務部	吳襄陽	Access	890
6	工務部	呂宣肪	Word	755
7	工務部	呂宣肪	Excel	665
8	工務部	呂宣肪	PowerPoint	775
9	工務部	呂宣肪	Access	695
10	工務部	李昕欽	Word	915
11	工務部	李昕欽	Excel	665
12	工務部	李昕欽	PowerPoint	845
13	工務部	李昕欽	Access	660
14	工務部	徐孝全	Word	760
15	工務部	徐孝全	Excel	880

•••••

224	管理部	郭昭鈞	PowerPoint	745
225	管理部	郭昭鈞	Access	675
226	管理部	郭嘉琳	Word	840
227	管理部	郭嘉琳	Excel	860
228	管理部	郭嘉琳	PowerPoint	730
229	管理部	郭嘉琳	Access	645
230	管理部	陳力愷	Word	575
231	管理部	陳力愷	Excel	910
232	管理部	陳力愷	PowerPoint	730
233	管理部	陳力愷	Access	680
234	管理部	葉翎瑜	Word	695
235	管理部	葉翎瑜	Excel	895
236	管理部	葉翎瑜	PowerPoint	725
237	管理部	葉翎瑜	Access	695
238	管理部	曾玉婷	Word	885
239	管理部	曾玉婷	Excel	880
240	管理部	曾玉婷	PowerPoint	835
241	管理部	曾玉婷	Access	785
242				

MOS成績

資料來源的準備

首先，必須將屬於二維摘要報表形式的來源資料，轉換成可以進行統計分析的資料表格，也就是透過 Power Query 的〔取消資料行樞紐〕來完成這項前期準備工作。

步驟01 切換到〔MOS Score〕工作表後，點選資料表裡的任一儲存格，例如：B3。

步驟02 點按〔資料〕索引標籤。

步驟03 點按〔取得及轉換資料〕群組裡的〔從表格 / 範圍〕命令按鈕。

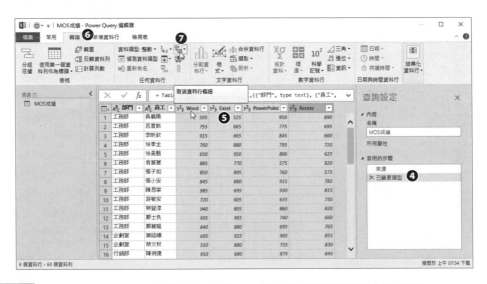

步驟04 進入 Power Query 查詢編輯器後，目前已經執行了兩個查詢步驟。

步驟05 複選「Word」、「Excel」、「PowerPoint」與「Access」等四個資料行。

步驟06 點按〔轉換〕索引標籤。

步驟07 點按〔任何資料行〕群組裡的〔取消資料行樞紐〕命令按鈕。

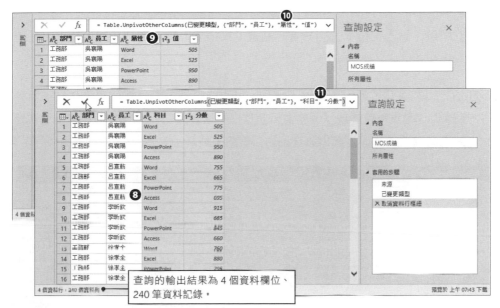

查詢的輸出結果為 4 個資料欄位、240 筆資料記錄。

步驟08 完成〔取消資料行樞紐〕的查詢步驟。

步驟09 轉換的新資料行名稱為「屬性」與「值」。

步驟10 直接在資料編輯列上修改〔取消資料行樞紐〕步驟的程式碼 Table. UnpivotOtherColumns 函數,修改其參數「屬性」與「值」。

步驟11 分別改成「科目」與「分數」。

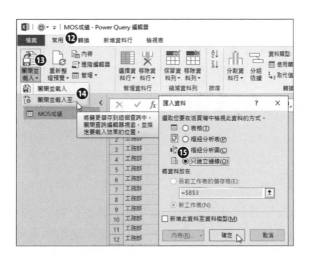

步驟12 點按〔常用〕索引標籤。

步驟13 點按〔關閉〕群組裡〔關閉並載入〕命令按鈕的下半部按鈕。

步驟14 從展開的功能選單中點選〔關閉並載入至…〕功能選項。

步驟15 開啟〔匯入資料〕對話方塊，點選〔只建立連線〕選項，然後按下〔確定〕按鈕。

隨即在活頁簿裡完成了第一個查詢的建立，可以連線查詢每個部門每一位員工所參與的每一個 MOS 考試科目的成績。當滑鼠游標停在活頁簿右側〔查詢與連線〕工作窗格裡的查詢名稱時，會立即彈跳出該查詢的預覽結果對話。

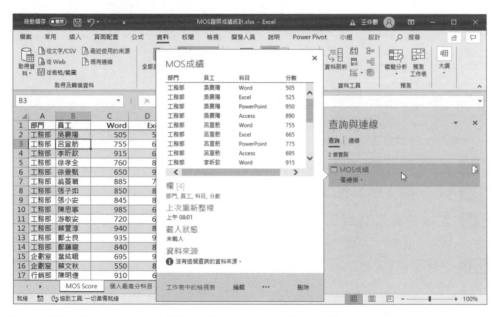

根據剛剛所完成的〔MOS 成績〕查詢，非常適合做為其他查詢目的之資料來源，而製作出更多更具彈性且多元的查詢報表。

運用到的 Power Query 重要技巧

• 取消資料行樞紐

個人及格的科目

製作一份查詢，可以呈現每位員工所參與的考試中有多少項測驗是及格的，而通過的這些測驗分別是哪些考科？分數分別是多少分？而查詢輸出的資料行與格式如下：顯

示「部門」、「員工」、「及格科目數量」與「及格科目與分數」等四個資料行,其中,「及格科目與分數」資料行裡,考試分數以一對小括號囊括,顯示在科目名稱的右側,若包含超過 2 項以上的考科,則以全形的頓號作為分隔符號。

部門	員工	及格科目數量	及格科目與分數
工務部	吳襄陽	2	PowerPoint(950)、Access(890)
工務部	呂宣舫	2	Word(755)、PowerPoint(775)
工務部	李昕欽	2	Word(915)、PowerPoint(845)
工務部	徐孝全	4	Word(760)、Excel(880)、PowerPoint(795)、Access(720)
工務部	徐曼甄	2	Excel(950)、PowerPoint(800)
工務部	翁蔓菁	4	Word(885)、Excel(770)、PowerPoint(885)、Access(820)
工務部	張子如	3	Word(850)、Excel(895)、PowerPoint(760)

首先,我們透過 Power Query 的〔參考〕功能,將選定查詢的結果複製成新查詢的資料來源,進行下一個查詢:〔個人及格的科目〕的建立。

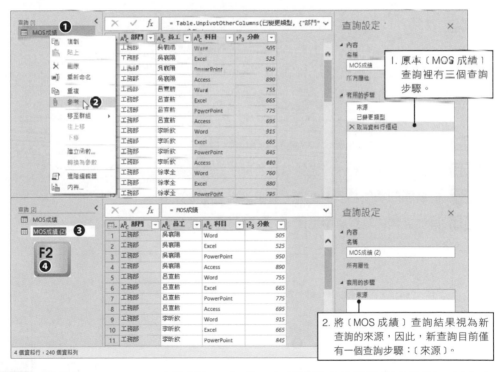

步驟01　開啟〔Power Query 查詢編輯器〕後,在展開的查詢導覽器窗格裡,以滑鼠右鍵點按〔MOS 成績〕查詢。

步驟02　從展開的快顯功能表中點選〔參考〕功能選項。

步驟03　點選預設的新查詢名稱。

步驟04　按下鍵盤上的 F2 功能鍵,便可以進行新查詢名稱的編輯。

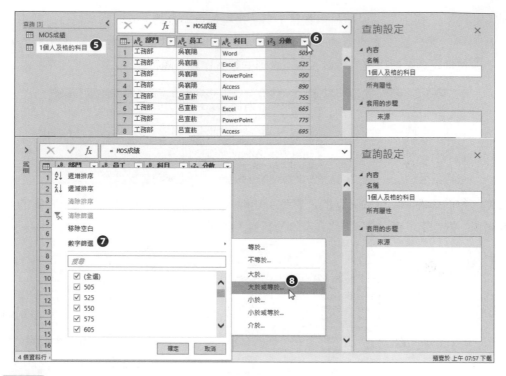

步驟05 輸入新查詢名稱為：〔1 個人及格的科目〕。

步驟06 點按「分數」資料行名稱右側的排序篩選按鈕。

步驟07 從展開的功能選單中點選〔數字篩選〕功能選項。

步驟08 再從展開的副選單中點選〔大於或等於〕功能選項。

步驟09 開啟〔篩選資料列〕對話方塊，輸入大於或等於的值為「700」，然後，按下〔確定〕按鈕。

步驟**10** 複選「科目」與「分數」這兩個資料行。

步驟**11** 點按〔轉換〕索引標籤。

步驟**12** 點按〔文字資料行〕群組裡的〔合併資料行〕命令按鈕。

步驟**13** 開啟〔合併資料行〕對話方塊，點按分隔符號選單，選擇〔自訂〕。

步驟**14** 輸入自訂的分隔符號為「(」。

步驟**15** 輸入此轉換後的資料行名稱為「科目與分數」，然後按下〔確定〕按鈕。

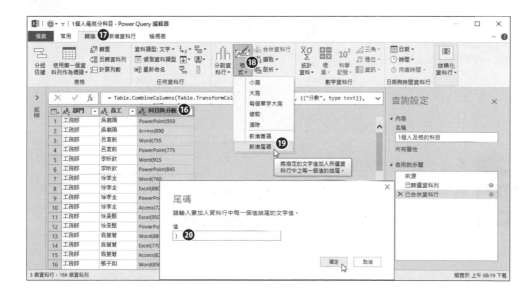

步驟16 點選「科目與分數」資料行。

步驟17 點按〔轉換〕索引標籤。

步驟18 點按〔文字資料行〕群組裡的〔格式〕命令按鈕。

步驟19 從展開的下拉式功能選單中點選〔新增尾碼〕功能選項。

步驟20 開啟〔尾碼〕對話方塊，輸入〔值〕為小右括號「)」。最後點按〔確定〕按鈕。

接著便是群組設定的操作了，此例將進行兩個群組依據以及兩個彙總運算。第一個群組依據是「部門」、第二個群組依據是「員工」。

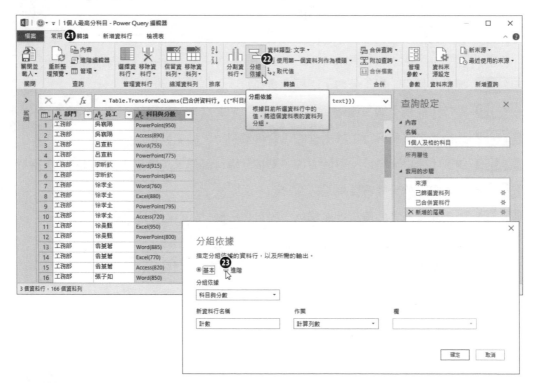

步驟21 點按〔常用〕索引標籤。

步驟22 點按〔轉換〕群組裡的〔分組依據〕命令按鈕。

步驟23 開啟〔分組依據〕對話方塊，點選〔進階〕選項。

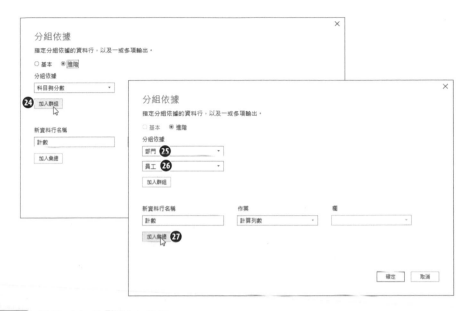

步驟24 點按〔加入群組〕按鈕。

步驟25 選擇第一個群組依據是「部門」。

步驟26 選擇第二個群組依據是「員工」。

步驟27 點按〔加入彙總〕按鈕。

在彙總資料行的設定上,第一個彙總資料行要計算的是查詢結果列數(也就是有多少資料筆數);第二個彙總資料行則是要串接員工及格的科目與分數,因此,可以先運用清單加總函數完成對話方塊的操作,稍後再將 List.Sum() 函數改成 Text.Combine 函數即可。

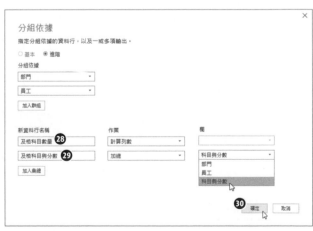

步驟28 第一個新資料行名稱輸入為「及格科目數量」、選擇〔作業〕為〔計算列數〕。

步驟29 第二個新資料行名稱輸入為「及格科目與分數」、選擇〔作業〕為〔加總〕、選擇〔欄〕為「科目與分數」。

步驟30 點按〔確定〕按鈕。

查詢輸出結果中,「及格科目與分數」資料行顯示出 error,這是因為群組對話的操作裡,彙總作業的功能選項,僅供資料的算術運算,並沒有字串合併的功能,因此,在群組後當然顯示了錯誤的結果,但只要改變一下此函數程式碼,便可以順利解決這個問題喔!只要將程式碼中:

each List.Sum([科目與分數])

改成

each Text.Combine([科目與分數],"、")

其中 Text.Combine() 函數的語法為:

Text.Combine([資料行名稱]," 分隔符號 ") 函數

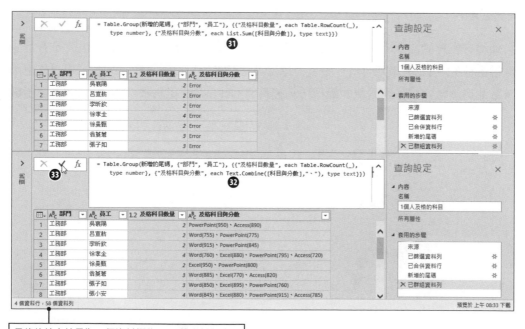

最後的輸出結果為 4 個資料欄位、58 筆資料記錄。

步驟31 展開資料編輯列的高度，顯示此步驟的 M 語言程式碼。修改 each List.Sum(["
科目與分數 "])。

步驟32 修改成 each Text.Combine([" 科目與分數 "],"、")。

步驟33 完成修改後點按〔輸入〕按鈕。

運用到的 Power Query 重要技巧

- 複製既有的查詢結果建立新的查詢（參照）
- 為文字資料行新增尾碼
- 資料行的排序與篩選
- 進階分組依據
- 合併資料行
- Text.Combine() 函數

個人最高分科目

由於每個人測驗的科目可能不只一科，成績當然也就不只是一個分數而已，人事單位若需要列出每位參與測驗的員工其最高分數的考科與分數，則這份列表由 Power Query 來完成也不是件難事。我們就複製先前的查詢結果〔MOS 成績〕，重新命名為〔2 個人最高分科目〕查詢後，進行此報表需求的查詢作業。

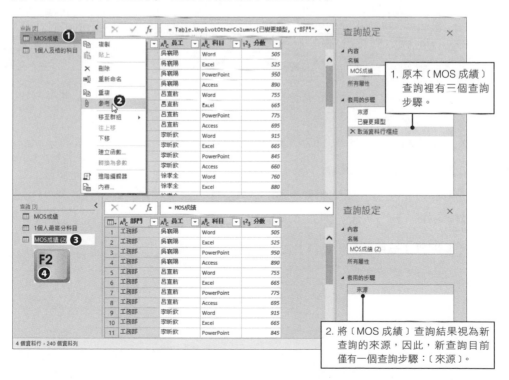

10-133

步驟01 開啟〔Power Query 查詢編輯器〕後，在展開的查詢導覽器窗格裡，以滑鼠右鍵點按〔MOS 成績〕查詢。

步驟02 從展開的快顯功能表中點選〔參考〕功能選項。

步驟03 點選預設的新查詢名稱。

步驟04 按下鍵盤上的 F2 功能鍵，便可以進行新查詢名稱的編輯。

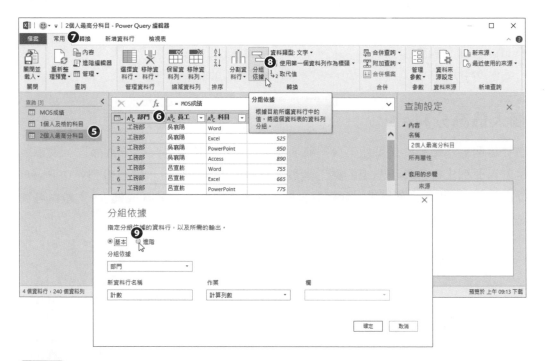

步驟05 輸入新查詢名稱為：〔2 個人最高分科目〕。

步驟06 點選「部門」資料行。

步驟07 點按〔常用〕索引標籤。

步驟08 點按〔轉換〕群組裡的〔分組依據〕命令按鈕。

步驟09 開啟〔分組依據〕對話方塊，點選〔進階〕選項。

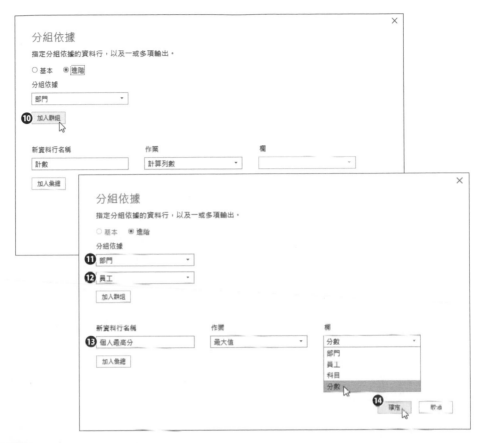

步驟10 點按〔加入群組〕按鈕。

步驟11 選擇第一個群組依據是「部門」。

步驟12 選擇第二個群組依據是「員工」。

步驟13 輸入新資料行名稱為「個人最高分」、選擇〔作業〕為〔最大值〕、選擇〔欄〕為「分數」。

步驟14 點按〔確定〕按鈕。

此例是要查詢出每個人最高分數的考試科目與分數,但是由於員工們參加了不只一項的考試科目,因此,個人最高分數的考試科目裡也可能會有同分的情形,例如:若個人有兩個或兩個以上的最高分科目,就應該都要查詢出來,所以,我們可以將剛剛的查詢結果,與原始的 MOS 成績查詢,再次進行合併查詢的操作。

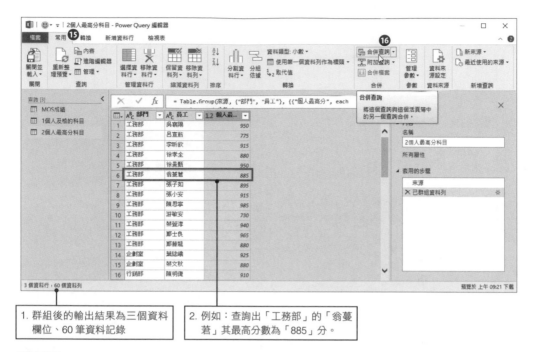

1. 群組後的輸出結果為三個資料欄位、60 筆資料記錄

2. 例如：查詢出「工務部」的「翁蔓若」其最高分數為「885」分。

步驟15 點按〔常用〕索引標籤。

步驟16 點選〔合併〕群組裡的〔合併查詢〕命令按鈕。

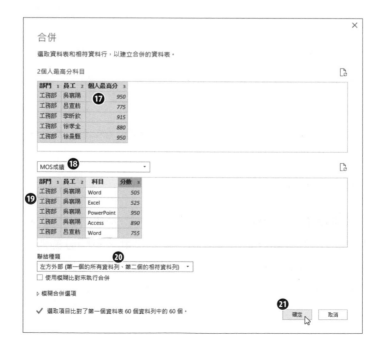

步驟17 開啟〔合併〕對話方塊，上方顯示的是〔2 個人最高分科目〕的預覽結果，請分別依序複選「部門」、「員工」與「個人最高分」等三個資料行。

步驟18 點選下拉式選單，選擇要合併的另一個查詢是〔MOS 成績〕，這是包含了每個部門每位員工每一個科目的成績資料查詢結果。

步驟19 對話方塊下方立即顯示〔MOS 成績〕的查詢預覽結果，也請依序複選「部門」、「員工」與「分數」等三個資料行。

步驟20 對話方塊下方聯結種類的選項，請點選〔左方外部（第一個的所有資料列、第二個的相符資料列）〕。

步驟21 點按〔確定〕按鈕。

步驟22 合併後的結果添增了名為「MOS 成績」的資料行，其內容是 Table 結構，記錄著同一位員工的多筆考試成績。

步驟23 點按資料行名稱右側的展開按鈕。

步驟24 展開 Table 裡的欄位選單後，僅勾選「科目」資料行。

步驟25 點按〔確定〕按鈕。

展開後的查詢結果將再添增一個名為「MOS 成績.科目」的資料行，其內容是員工參與考試的考科名稱。因此，若是同一位員工有兩個或兩個以上同樣都是最高分的科目，便會在此資料行同時顯示這些考試科目的名稱。

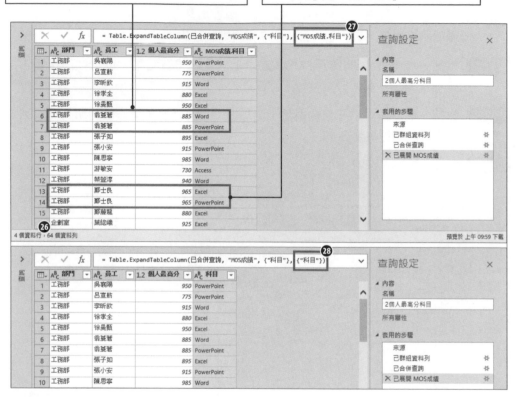

1. 例如：查詢出「工務部」的「翁蔓若」其最高分數為「885」分的科目有兩項，分別是「Word」與「PowerPoint」。

2. 例如：查詢出「工務部」的「鄭士良」其最高分數為「965」分的科目有兩項，分別是「Excel」與「PowerPoint」。

步驟26 合併查詢後的結果，從原本的 3 個資料欄位、60 筆資料記錄，擴增為 4 個資料欄位、64 筆資料記錄。

步驟27 合併查詢後的新增資料行名稱為「MOS 成績 . 科目」，可以直接在公式裡修訂。

步驟28 改成更貼切又直白的「科目」。

運用到的 Power Query 重要技巧

- 複製既有的查詢結果建立新的查詢（參照）
- 進階分組依據
- 合併查詢
- 資料行的排序與篩選

各部門各科目及格人數

在〔個人及格的科目〕一節中所介紹的查詢，一共執行了 5 個查詢步驟，可以導覽出每一位員工總共通過了幾個考科，以及每一個通過的考科及分數為何？針對此查詢前兩個步驟的查詢結果（也就是超過 700 以上的及格名單），便可以依據部門和科目進行群組設定，統計出各部門各科目的合格人數。

> 原本〔1 個人及格的科目〕查詢裡有 5 個查詢步驟。

> **步驟01** 開啟〔Power Query 查詢編輯器〕後，在展開的查詢導覽器窗格裡，以滑鼠右鍵點按〔1 個人及格的科目〕查詢。

> **步驟02** 從展開的快顯功能表中點選〔重複〕功能選項。

> **步驟03** 點選預設的新查詢名稱。

> **步驟04** 按下鍵盤上的 F2 功能鍵，便可以進行新查詢名稱的編輯。

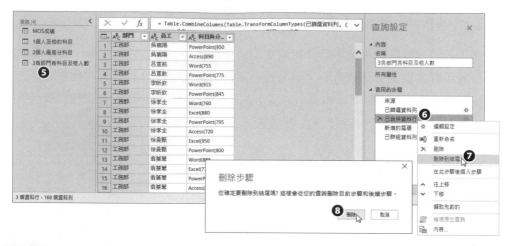

步驟05　輸入此新查詢名稱為「3 各部門各科目及格人數」。

步驟06　以滑鼠右鍵點按視窗右側〔查詢設定〕工作窗格裡〔套用的步驟〕中的第 3 查詢步驟〔已合併資料行〕。

步驟07　從展開的快顯功能中點按〔刪除到結尾〕功能選項。

步驟08　開啟〔刪除步驟〕對話方塊點按〔刪除〕按鈕，確認僅保留前兩個查詢步驟。

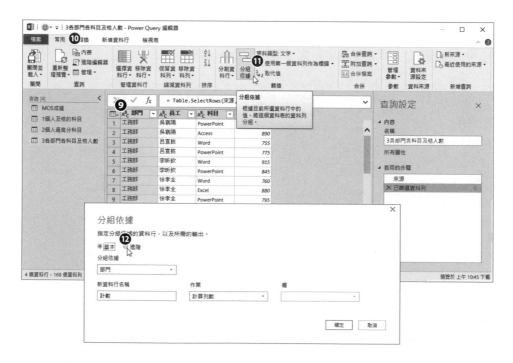

步驟09 點選「部門」資料行。

步驟10 點按〔常用〕索引標籤。

步驟11 點按〔轉換〕群組裡的〔分組依據〕命令按鈕。

步驟12 開啟〔分組依據〕對話方塊，點選〔進階〕選項。

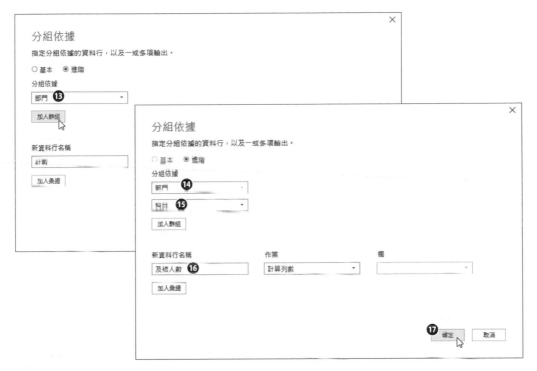

步驟13 點按〔加入群組〕按鈕。

步驟14 選擇第一個群組依據是「部門」。

步驟15 選擇第二個群組依據是「科目」。

步驟16 輸入新資料行名稱為「及格人數」、選擇〔作業〕為〔計算列數〕。

步驟17 點按〔確定〕按鈕。

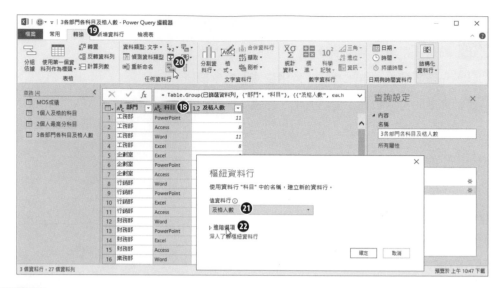

步驟18 選取「科目」資料行。

步驟19 點按〔轉換〕索引標籤。

步驟20 點按〔任何資料行〕群組裡的〔樞紐資料行〕命令按鈕。

步驟21 開啟〔樞紐資料行〕對話方塊，選擇〔值資料行〕為「及格人數」資料行。

步驟22 點按〔進階選項〕。

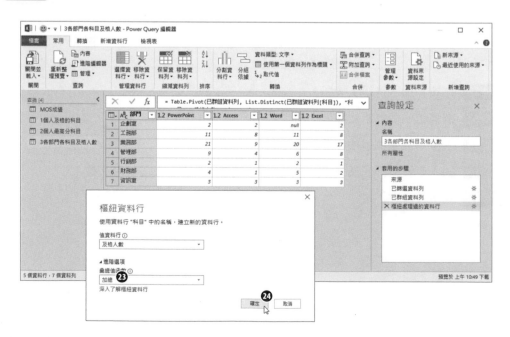

步驟23 選擇〔彙總值函數〕為〔加總〕，然後點按〔確定〕按鈕。

步驟24 立即完成各部門每一個科目的及格人數之統計查詢。

運用到的 Power Query 重要技巧

- 複製既有的查詢結果建立新的查詢（重複）
- 查詢步驟的刪除
- 進階分組依據
- 樞紐資料行

各部門各科目狀元

每一個部門每一個考試科目的狀元，也就是最高分者是誰？且其分數為何？但請注意，同部門同一考試科目的最高分者也可能不只一人喔！這份查詢輸出的參考結果下：

部門	Access	Excel	PowerPoint	Word
企劃室	葉紘峨(855)	葉紘峨(925)	葉紘峨(905)	葉紘峨(695)
工務部	吳裵陽(890)	鄭士良(965)	鄭士良(965)	陳思寧(985)
薔格部	屠捷虹(850)	簡承維(945)	郭昀櫻(950)、謝凱丞(950)、龔玉潔(950)	謝凱丞(955)
管理部	洪昱晴(825)	柯霖翔(935)	胡芸瑩(570)	郭姵靚(885)、管玉婷(885)
行銷部	陳皓豪(800)	陳皓豪(865)	陳明倢(875)	陳明倢(910)
財務部	陳元倫(800)	陳至賢(950)、朱好琪(950)	陳元倫(855)	陳至賢(970)
資訊室	歐陽志程(990)	歐陽志程(1000)	歐陽志程(1000)	歐陽志程(990)

猶記我們在〔個人及格的科目〕一節中，運用了資料篩選、合併資料行、新增尾碼，以及分組依據的功能，建立了各部門每位員工及格科目與分數的查詢報表。藉由該查詢的前兩個查詢步驟，便可以發展出上述各部門各科目狀元報表的查詢需求。

步驟01 開啟〔Power Query 查詢編輯器〕後，在展開的查詢導覽器窗格裡，以滑鼠右鍵點按〔2 個人最高分科目〕查詢。

步驟02 從展開的快顯功能表中點選〔重複〕功能選項。

步驟03 點選預設的新查詢名稱。

步驟04 按下鍵盤上的 F2 功能鍵,便可以進行新查詢名稱的編輯。

步驟05 輸入此新查詢名稱為「4 各部門各科目狀元」。

步驟06 以滑鼠右鍵點按視窗右側〔查詢設定〕工作窗格裡〔套用的步驟〕中的第 3 查詢步驟〔已合併查詢〕。

步驟07 從展開的快顯功能中點按〔刪除到結尾〕功能選項。

步驟08 開啟〔刪除步驟〕對話方塊點按〔刪除〕按鈕,確認僅保留前兩個查詢步驟。

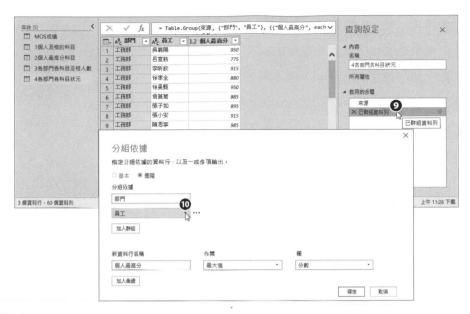

步驟09 點按兩下查詢步驟〔已群組資料列〕，修改此查詢步驟。

步驟10 開啟〔分組依據〕對話方塊，點按原本的第二個分組依據「員工」之下拉式選單按鈕。

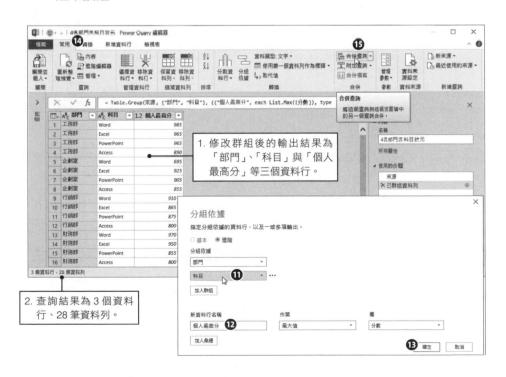

步驟11 將第二個分組依據改為「科目」。

步驟12 變更新資料行稱為「個人最高分」、作業為〔最大值〕、〔欄〕為「分數」。

步驟13 點按〔確定〕按鈕。

步驟14 回到 Power Query 查詢編輯器畫面，點按〔常用〕索引標籤。

步驟15 點選〔合併〕群組裡的〔合併查詢〕命令按鈕。

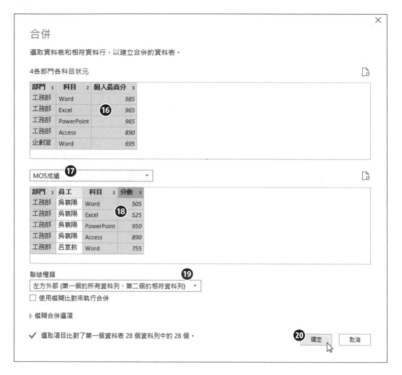

步驟16 開啟〔合併〕對話方塊，上方顯示的是〔4各部門各科目狀元〕的預覽結果，請分別依序複選「部門」、「科目」與「個人最高分」等三個資料行。

步驟17 點選下拉式選單，選擇要合併的另一個查詢是〔MOS 成績〕，這是包含了每個部門每位員工每一個科目的成績資料查詢結果。

步驟18 對話方塊下方立即顯示〔MOS 成績〕的查詢預覽結果，也請依序複選「部門」、「科目」與「分數」等三個資料行。

步驟19 對話方塊下方聯結種類的選項，請點選〔左方外部（第一個的所有資料列、第二個的相符資料列)〕。

步驟20 點按〔確定〕按鈕。

步驟21 合併後的結果添增了名為「MOS 成績」的資料行，其內容是 Table 結構，記錄著同一位員工的多筆考試成績。

步驟22 點按資料行名稱右側的展開按鈕。

步驟23 展開 Table 裡的欄位選單後，僅勾選「員工」資料行。

步驟24 點按〔確定〕按鈕。

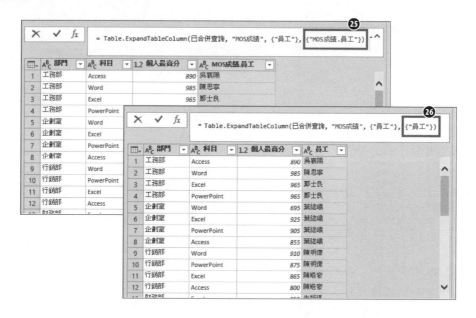

步驟25 原本的資料行名稱頗為冗長「MOS 成績．員工」，可以在資料編輯列上直接編輯程式碼。

步驟26 將資料行名稱修改為「員工」。

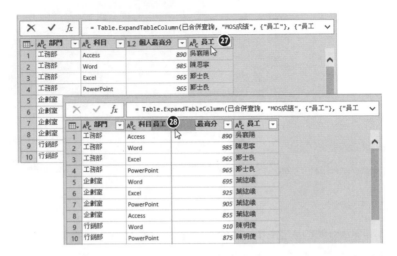

步驟27 點選「員工」資料行名稱，並往左拖曳。

步驟28 將「員工」資料行名稱拖曳至「科目」資料行與「個人最高分」資料行之間」。

步驟29 點按「部門」資料行右側的篩選按鈕，並從展開的功能選單中點選〔遞增排序〕功能選項。

步驟30　點按「科目」資料行右側的篩選按鈕，並從展開的功能選單中點選〔遞增排序〕功能選項。

步驟31　點按「個人最高分」資料行右側的篩選按鈕，並從展開的功能選單中點選〔遞減排序〕功能選項。

步驟32　依序完成三個資料行的排序設定，資料行名稱的右側會有阿拉伯數字，便代表著主要排序關鍵、次要排序關鍵等順序。

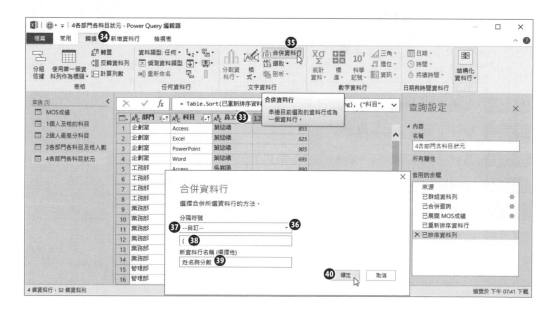

步驟33 複選「員工」及「個人最高分」這兩個資料行。

步驟34 點按〔轉換〕索引標籤。

步驟35 點按〔文字資料行〕群組裡的〔合併資料行〕命令按鈕。

步驟36 開啟〔合併資料行〕對話方塊,點選分隔符號下拉式選項。

步驟37 選擇〔自訂〕。

步驟38 輸入分隔符號為小左括號「(」。

步驟39 輸入新的資料行名稱為「姓名與分數」。

步驟40 點按〔確定〕按鈕。

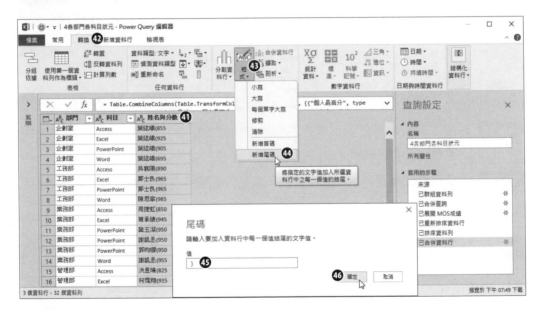

步驟41 點選「姓名與分數」資料行。

步驟42 點按〔轉換〕索引標籤。

步驟43 點按〔文字資料行〕群組裡的〔格式〕命令按鈕。

步驟44 從展開的下拉式功能選單中點選〔新增尾碼〕功能選項。

步驟45 開啟〔尾碼〕對話方塊,輸入〔值〕為小右括號「)」。

步驟46 最後點按〔確定〕按鈕。

步驟47 點選「部門」資料行,準備將此資料行設定為第一個群組依據資料行。

步驟48 點按〔常用〕索引標籤。

步驟49 點按〔轉換〕群組裡的〔分組依據〕命令按鈕。

步驟50 開啟〔分組依據〕對話方塊,點選〔進階〕選項。

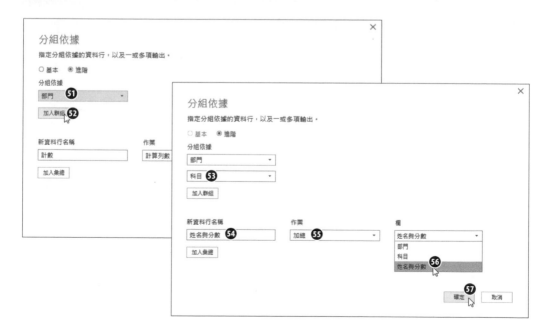

步驟51 第一個群組依據即為「部門」資料行。

步驟52 點按〔加入群組〕按鈕。

步驟53 選擇第二個群組依據是「科目」資料行。

步驟54 新資料行的〔新資料行名稱〕輸入為「姓名與分數」。

步驟55 〔作業〕設定為〔加總〕。

步驟56 〔欄〕選擇「姓名與分數」。

步驟57 點按〔確定〕按鈕。

在彙總資料行「姓名與分數」的彙總〔作業〕上，我們刻意設定為〔加總〕，而加總的資料欄是屬於文字資料型態的「姓名與分數」資料行，因此，在 M 語言的程式碼上，便是運用 List.Sum() 函數將同一部門與科目的「姓名與分數」加總起來，也就是：

each List.Sum([姓名與分數])

而文字型態的資料若是以群組加總起來勢必無法運算，因而產生了 Error 的結果，但是只要略為修改，將此運算改為：

each Text.Combine([姓名與分數],"、")

就可以達到我們的需求，而其中 Text.Combine() 函數的語法為：

Text.Combine([資料行名稱], " 分隔符號 ") 函數

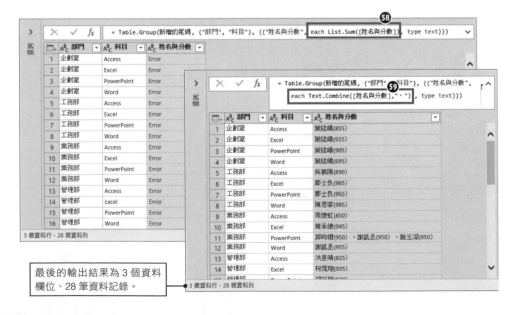

最後的輸出結果為 3 個資料欄位、28 筆資料記錄。

步驟58 修改群組函數的程式碼 each List.Sum([姓名與分數])。

步驟59 修改成 each Text.Combine([姓名與分數],"、") 後按下〔Enter〕鍵。

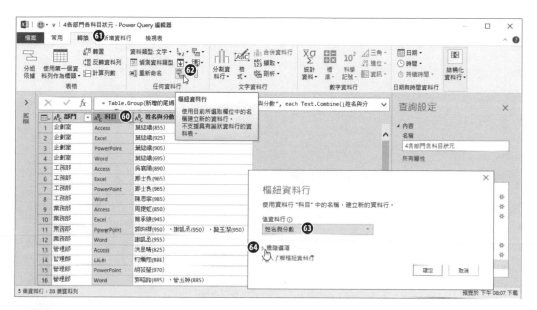

步驟60 返回 Power Query 查詢編輯器畫面，點選「科目」資料行。

步驟61 點按〔轉換〕索引標籤。

步驟62 點按〔任何資料行〕群組裡的〔樞紐資料行〕命令按鈕。

步驟63 開啟〔樞紐資料行〕對話方塊，點選〔值資料行〕為「姓名與分數」。

步驟64 點按〔進階選項〕。

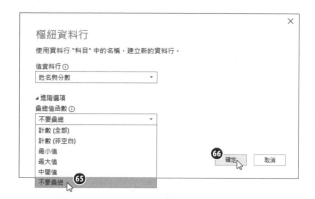

步驟65 在〔彙總值函數〕選項點選〔不要彙總〕。

步驟66 最後按下〔確定〕按鈕。

運用到的 Power Query 重要技巧

- 複製既有的查詢結果建立新的查詢（重複）
- 查詢步驟的刪除
- 進階分組依據
- 合併查詢
- 展開資料表
- 資料行的排序
- 自訂分隔符號的合併資料行
- 文字資料行的新增尾碼
- List.Sum() 函數
- Text.Combine() 函數
- 樞紐資料行

各部門 Office 大師

在 Office 系列應用程式的認證考試上，四個考科都及格後就可以取得 Office 大師級的資格 (Office Master)，在此小節的實作範例，是想要查詢目前各部門符合 Office 大師級資格的人數與各個成員，那麼，我們曾經建立過的〔1 個人及格的科目〕查詢，其查詢結果是個人及格的科目與分數，剛好非常適合作為此次查詢的資料來源，輕鬆建構出此新查詢的需求。

步驟01 開啟〔Power Query 查詢編輯器〕後，在展開的查詢導覽器窗格裡，以滑鼠右鍵點按〔1 個人及格的科目〕查詢。

步驟02 從展開的快顯功能表中點選〔參考〕功能選項。

> 新建立的查詢將視〔1 個人及格的科目〕查詢結果為新查詢的來源，因此，目前僅有一個查詢步驟：〔來源〕。

步驟03 點選預設的新查詢名稱。

步驟04 按下鍵盤上的 F2 功能鍵，便可以進行新查詢名稱的編輯。

步驟05 輸入新查詢名稱為：〔5 各部門 Office 大師〕。

步驟06 點按「及格科目數量」資料行名稱右側的排序篩選按鈕。

步驟07 從展開的功能選單中僅勾選〔4〕選項。

步驟08 按下〔確定〕按鈕。

步驟09 複選「及格科目數量」與「及格科目與分數」這兩個資料行。

步驟10 以滑鼠右鍵點按選取的資料行名稱。

步驟11 從展開的快顯功能表中點選〔移除資料行〕功能選項。

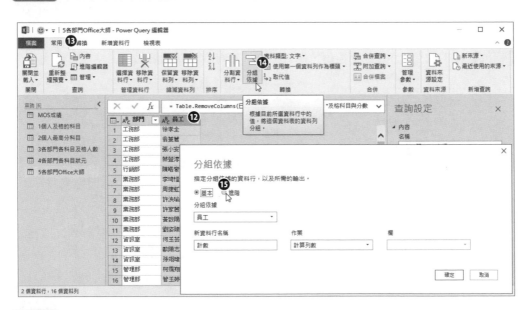

步驟12 點按〔員工〕資料行。

步驟13 點按〔常用〕索引標籤。

步驟14 點按〔轉換〕群組裡的〔分組依據〕命令按鈕。

步驟15 開啟〔分組依據〕對話方塊，點選〔進階〕選項。

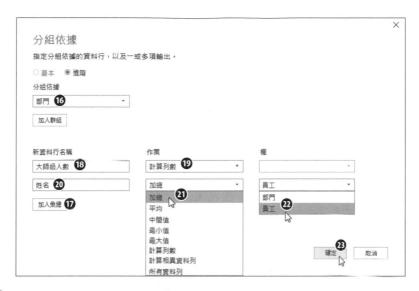

步驟16 選擇群組依據為「部門」資料行。

步驟17 點按〔加入彙總〕按鈕。

步驟18 第一個彙總資料行的〔新資料行名稱〕輸入為「大師級人數」。

步驟19 彙總〔作業〕設定為〔計算列數〕。

步驟20 第二個彙總資料行的〔新資料行名稱〕輸入為「姓名」。

步驟21 彙總〔作業〕設定為〔加總〕。

步驟22 彙總〔欄〕選擇「員工」。

步驟23 點按〔確定〕按鈕。

在彙總資料行「姓名」的〔作業〕上，由於設定為〔加總〕運算，在 M 語言的程式碼上，便是運用 List.Sum() 函數將同一部門的「姓名」加總起來，也就是：

each List.Sum([姓名])

但由於「姓名」資料行是隸屬於文字資料型態的內容，因而產生了 Error 的結果，此時只要略為修改，將此運算改為：

each Text.Combine([姓名],"，")

就可以達到我們的需求，而其中 Text.Combine() 函數的語法為：

Text.Combine([資料行名稱], " 分隔符號 ") 函數

雖然這份資料含有 7 個部門的名單與考試資料，但是查詢結果符合大師級資格的部門只有 5 個部門。

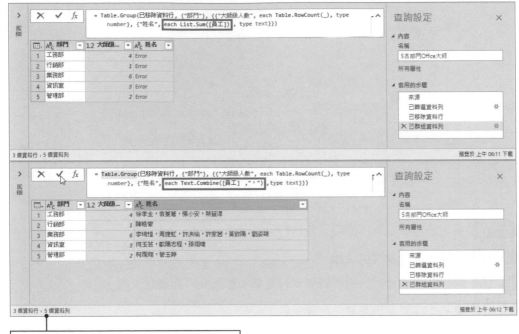

最後的輸出結果為 3 個資料欄位、5 筆資料記錄。

運用到的 Power Query 重要技巧

- 複製既有的查詢結果建立新的查詢（參照）
- 資料行的排序與篩選
- 進階分組依據
- List.Sum() 函數
- Text.Combine() 函數

10.17 年度專案費用累計

年度裡進行了十項專案，各專案的起訖月份不一，每個月的個別費用以及累計月費用也都依表填入，到了年終需要製作彙整報表，想要呈現各專案結案月份以及各專案的累計總費用，以下就透過 Power Query 的操作，實作這份摘要報表的查詢輸出。

活頁簿裡名為〔年度專案〕的資料表格，記載了 10 個專案在年度裡的起訖月份，以及每個月的費用與逐月的累計費用。

查詢結果要呈現每一專案的結束月份以及累計費用。

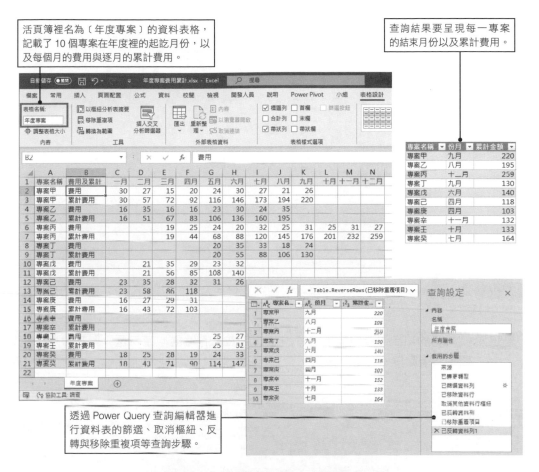

透過 Power Query 查詢編輯器進行資料表的篩選、取消樞紐、反轉與移除重複項等查詢步驟。

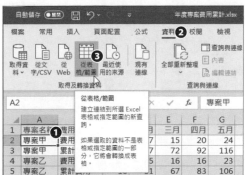

步驟01 開啟活頁簿後點選〔年度專案〕資料表格裡的任一儲存格。

步驟02 點按〔資料〕索引標籤。

步驟03 點選〔取得及轉換資料〕群組裡的〔從表格 / 範圍〕命令按鈕。

步驟04 進入 Power Query 查詢編輯器，點選「費用及累計」資料行名稱旁的篩選按鈕。

步驟05 從展開的功能選單中取消「費用」核取方塊的勾選，僅勾選「累計費用」選項，然後點按〔確定〕按鈕。

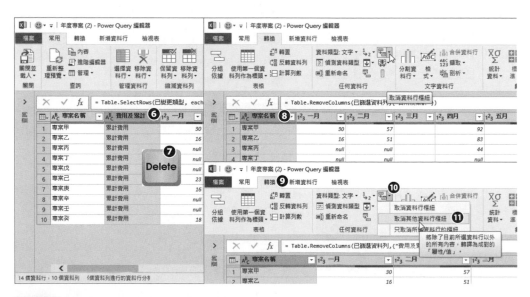

步驟06 點選「費用及累計」資料行。

步驟07 按下鍵盤上的 Delete 鍵，刪除選取的資料行。

步驟08 點選「專案名稱」資料行。

步驟09 點按〔轉換〕索引標籤。

步驟10 點選〔任何資料行〕群組裡的〔取消資料行樞紐〕命令按鈕右側的倒三角形按鈕。

步驟11 從展開的功能選單中點選〔取消其他資料行樞紐〕功能選項。

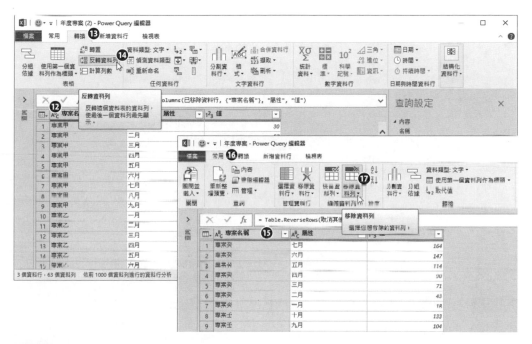

步驟12 點選「專案名稱」資料行。

步驟13 點按〔轉換〕索引標籤。

步驟14 點選〔表格〕群組裡的〔反轉資料列〕命令按鈕。

步驟15 仍是選取「專案名稱」資料行。

步驟16 點按〔常用〕索引標籤。

步驟17 點選〔縮減資料列〕群組裡的〔移除資料列〕命令按鈕。

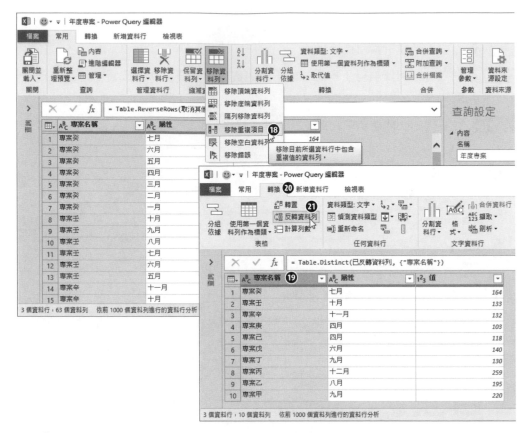

步驟18 從展開的功能選單中點選〔移除重複項目〕功能選項。

步驟19 仍是點選「專案名稱」資料行。

步驟20 點按〔轉換〕索引標籤。

步驟21 點選〔表格〕群組裡的〔反轉資料列〕命令按鈕。

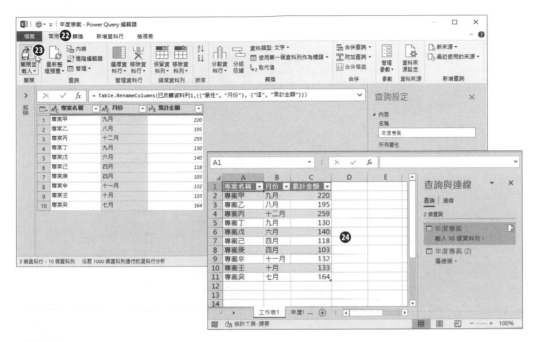

步驟22 點按〔常用〕索引標籤。

步驟23 點按〔關閉〕群組裡的〔關閉並載入〕命令按鈕。

步驟24 完成查詢的建立，顯示每一個專案的結束 (完成) 月份，以及當時的累計金額。

運用到的 Power Query 重要技巧

- 取消資料行樞紐
- 反轉資料列
- 移除重複項目

10.18 ERP 報表拆解與分析

這是一個 ERP 報表檔案的輸出，是屬於純文字輸出的列印檔，每一頁頂端就像是頁首，都有公司全銜抬頭與頁碼，報表頁尾也有「續下頁」的文字，這些都必須剔除，而報表內容也有群組表頭設計、縮排設計，也都要一併處理，目的是要轉換成可以進行資料分析、樞紐分析的行、列式資料表格。

全泉科技有限公司

(100)台北市中正區重慶南路一段61號8樓

聯絡人：林小姐；電話：(02)2375-8086；傳真：(02)2331-9649

客戶交易歷史資料表

列印報表日期：2019/10/12

頁　碼：　　　1

客戶編號名稱：　　[NR1011] 智感企業

產品/客戶產品編號	單位	描　　述		套件			
A03080740-027	PC	低解析度面板		櫃械組件包			
	日　期	單據號碼	分類	幣別	單　價	數量 單位	
	2018/12/12	KS-Q393372-01	出口品項	US$	167.5	100 PCs	
A03038151-098	PC	面板側蓋, 左		輔助組合系統			
	日　期	單據號碼	分類	幣別	單　價	數量 單位	
	2018/12/19	KS-Q393542-01	出口品項	US$	110	800 PCs	
	2018/08/14	KS-Q392914-03	出口品項	US$	110	1000 PCs	
A03053346-091	PC	面板側蓋, 右		櫃械組件包			
	日　期	單據號碼	分類	幣別	單　價	數量 單位	
	2018/12/19	KS-Q393542-01	出口品項	US$	110	1000 PCs	
	2018/08/14	KS-Q392914-03	出口品項	US$	110	894 PCs	
	2018/08/07	KS-Q392914-01	出口品項	US$	110	106 PCs	
A03080921-020	PC	底座左側防潮蓋		櫃械組件包			
	日　期	單據號碼	分類	幣別	單　價	數量 單位	
	2018/12/19	KS-Q393542-01	出口品項	US$	71.125	700 PCs	
	2018/07/18	KS-Q392798-02	出口品項	US$	71.125	800 PCs	
	2018/06/28	KS-Q392798-01	出口品項	US$	71.125	400 PCs	
	2018/06/12	KS-Q392798	出口品項	US$	71.125	200 PCs	
A03064981-083	PC	底座右側防潮蓋		櫃械組件包			
	日　期	單據號碼	分類	幣別	單　價	數量 單位	
	2018/12/19	KS-Q393542-01	出口品項	US$	71.125	700 PCs	
	2018/07/18	KS-Q392798-02	出口品項	US$	71.125	800 PCs	
	2018/06/28	KS-Q392798-01	出口品項	US$	71.125	400 PCs	
	2018/06/12	KS-Q392798	出口品項	US$	71.125	200 PCs	
A03071234-075	PC	短式陶瓷材質保線蓋板		輔助組合系統			
	日　期	單據號碼	分類	幣別	單　價	數量 單位	
	2018/09/05	KS-Q393222	出口品項	US$	201.375	480 PCs	
	2018/05/09	KS-Q392673	出口品項	US$	201.375	332 PCs	
	2018/05/08	KS-Q392673-01	出口品項	US$	201.375	20 PCs	
	2018/04/02	KS-Q392273-01	出口品項	US$	201.375	128 PCs	
	2018/01/17	KS-Q383746	出口品項	US$	201.375	274 PCs	
	2018/01/12	KS-Q383518	出口品項	US$	201.375	206 PCs	
A03024403-037	PC	長型陶瓷材質保線蓋板		輔助組合系統			
	日　期	單據號碼	分類	幣別	單　價	數量 單位	
	2018/12/12	KS-Q393372-01	出口品項	US$	215.375	480 PCs	
	2018/07/20	KS-Q392798-03	出口品項	US$	215.375	72 PCs	
	2018/07/18	KS-Q392798-01	出口品項	US$	215.375	408 PCs	
	2018/05/09	KS-Q392673	出口品項	US$	215.375	72 PCs	
	2018/02/07	KS-Q383571-01	出口品項	US$	215.375	400 PCs	
	2018/02/02	KS-Q383571-02	出口品項	US$	215.375	80 PCs	
A03044361-020	PC	混合防火警示晶片		輔助組合系統			
	日　期	單據號碼	分類	幣別	單　價	數量 單位	
	2018/11/14	KS-Q393507-01	出口品項	US$	18.125	200 PCs	
A03089044-099	PC	木質防震阻尼		輔助組合系統			
	日　期	單據號碼	分類	幣別	單　價	數量 單位	
	2018/08/07	KS-Q392914-02	出口品項	US$	209.5	840 PCs	
	2018/08/07	KS-Q392914-01	出口品項	US$	209.5	112 PCs	
	2018/06/12	KS-Q392798	出口品項	US$	209.5	48 PCs	
A03056311-050	PC	木質防震阻尼		零組件			
	日　期	單據號碼	分類	幣別	單　價	數量 單位	
	2018/11/14	KS-Q393507-01	出口品項	US$	209.5	1000 PCs	

…續下頁…

10.18.1 分析報表的架構與邏輯

在透過 Power Query 進行拆解與分析前，要先研究一下報表的內容與架構，通常這些都是有邏輯、有跡可循的。以此例而言，首先就是要解析原本的報表輸出有哪些部位、哪些資料是不必保留的，例如：報表的頁首、頁尾應該都可以移除。

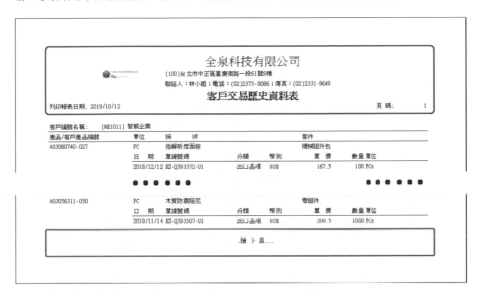

至於需要擷取哪些欄位以組合成結構化資料，也是分析與轉換此報表架構的重點。例如：在此報表範例中，左上角的「客戶編號名稱」應該成為查詢輸出的首欄，群組標題裡的「產品/客戶產品編號」、「單位」、「描述」與「套件」等欄位則可以轉換成查詢輸出的第 2、3、4、5 欄，其餘報表裡的各明細欄位，便是查詢輸出的各個後續欄位。

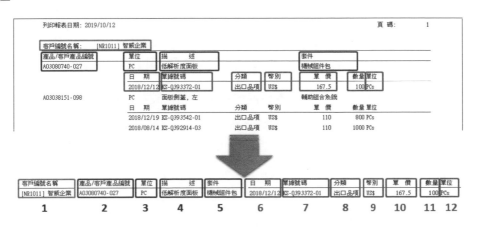

10.18.2　匯入查詢編輯器進行報表轉換

由於報表檔案的內容是文字，在工作表上也是傳統的範圍，因此，就讓 Power Query
自動轉換成資料表格式後，在 Power Query 查詢編輯器裡進行拆分、整理與轉換。

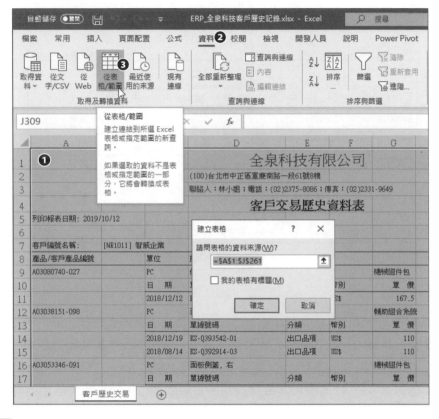

步驟01　開啟活頁簿後點選〔客戶歷史交易〕工作表，然後選取儲存格範圍 A1:J261。

步驟02　點按〔資料〕索引標籤。

步驟03　點選〔取得及轉換資料〕群組裡的〔從表格 / 範圍〕命令按鈕。

初次匯入資料至 Power Query 查詢編輯器後，您會發覺最右邊呈現頁碼的資料行是多
餘的，可逐行刪除。

步驟04　點選「欄 10」資料行。此範例這是不需要保留的資料行。

步驟05　按下鍵盤上的 Delete 鍵，刪除選取的資料行。

接著，根據首欄進行篩選，移除表頭與頁尾不需要的橫向資料列。

步驟06　點按「欄 1」資料行的篩選按鈕。

步驟07　從展開的欄位選單中，取消「列印報表日期 :2019/10/12」以及「產品 / 客戶
　　　　產品編號」這兩個核取方塊的勾選。然後，點按〔確定〕按鈕。

由於這份報表文件有群組設計，而群組底下以內縮排版的方式顯示每一筆明細資料，因此，在內縮排版的位置，匯入至 Excel 時是屬於沒有資料的空格，而在 Power Query 查詢編輯器裡則顯示 null 值。因此，我們可以根據最左邊的欄位內容 (也就是此例的「欄 1」) 是否為 null 值來研判並解析資料。如下圖所示，若首欄是 null，則橫向的各列應該是各筆明細資料，或是表頭、標題。若首欄不是 null，則除了標題或表頭外，應該都是群組內容。

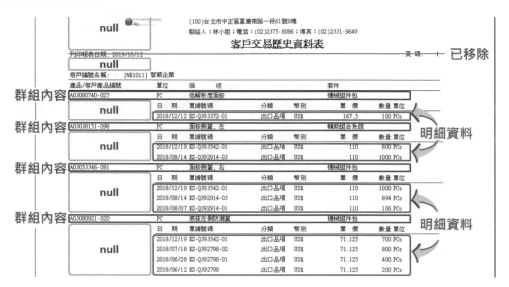

因此，在 Power Query 查詢編輯器裡的首欄也就是「欄 1」資料行為 null 值時，表示該列訊息是明細標題、明細資料，若不是 null，便是「產品 / 客戶產品編號」、「單位」、「描述」與「套件」等報表群組資料。所以，我們可以藉由〔加入條件資料行〕的操作，建立判斷「欄 1」是否非 null 的處理方針。理論上，若「欄 1」不是 null，就應該組合「欄 3」、「欄 4」、「欄 7」等三個資料行的報表群組內容，否則就不進行任何處置。

	欄1	欄2	欄3	欄4	欄5	欄6	欄7	欄8	欄9
1	null	null	null	null	全泉科技有限公司	null	null	null	null
2	null	null	null	(100)台北市中正區重慶南路一段61號8樓	null	null	null	null	null
3	null	null	null	聯絡人：林小姐；電話：(02)2375-8086；	null	null	null	null	null
4	null	null	null	null	客戶交易歷史資料表	null	null	null	null
5	null	null	null	null	null	null	null	null	null
6	客戶編號名稱	[NR1011] 智威企業	null	null	null	null	null	null	null
7	A03080740-027	null	PC	低解析度面板		null	標械組件包	null	null
8	null	null	日期	單據號碼	分類	幣別	單價	數量	單位
9	null	null	2018/12/12	KS-Q393372-01	出口品項	US$	167.5	100	PCs
10	A03038151-098	null	PC	面板側蓋, 左		null	輔助組合系統	null	null
11	null	null	日期	單據號碼	分類	幣別	單價	數量	單位
12	null	null	2018/12/19	KS-Q393542-01	出口品項	US$	110	800	PCs
13	null	null	2018/08/14	KS-Q392914-03	出口品項	US$	110	1000	PCs
14	A03053346-091	null	PC	面板側蓋, 右		null	標械組件包	null	null
15	null	null	日期	單據號碼	分類	幣別	單價	數量	單位

其中，要判斷「欄1」是否非 null，若是 null，則組合「欄3」、「欄4」、「欄7」等三個資料行。

但是在〔加入條件資料行〕對話方塊裡並無法撰寫程式碼或操作功能選項來組合「欄3」、「欄4」、「欄7」等三個資料行的內容，因此，我們在〔加入條件資料行〕的對話方塊裡，先暫定當「欄1」不是 null 時為任意值，譬如「1」。然後，結束〔加入條件資料行〕對話方塊，再至進階編輯器裡去修改此查詢步驟的程式碼即可。

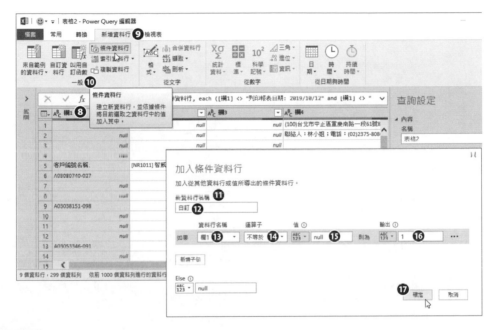

步驟08　點選任何一個資料行名稱。例如：「欄1」。

步驟09　點按〔新增資料行〕索引標籤。

步驟10　點按〔一般〕群組裡的〔條件資料行〕命令按鈕。

步驟11　開啟〔加入條件資料行〕對話方塊，點選〔新資料行名稱〕文字方塊。

步驟12　預設的新資料行名稱為「自訂」。

步驟13　點選〔資料行名稱〕為「欄1」。

步驟14　點選〔運算子〕為〔不等於〕。

步驟15　輸入〔值〕為「null」。

步驟16　輸入〔輸出〕的內容為「1」。

步驟17　點按〔確定〕按鈕。

查詢結果的最右側將產生一個名為「自訂」的資料行，內容為 Null 或 1。

接著就來修改程式碼囉！

步驟18 點按〔常用〕索引標籤。

步驟19 點選〔查詢〕群組裡的〔進階編輯器〕命令按鈕。

步驟20 開啟〔進階編輯器〕對話，刪除〔已加入條件資料行〕程式碼裡 then 與 else 之間的「1」。

在程式碼裡的〔已加入條件資料行〕查詢步驟，使用的是 Table.AddColumn 函數，其內有 if…then…else 陳述式，可刪除 then 與 else 之間的「1」，並以下列的 Text.Combine() 函數取而代之：

Text.Combine({[欄 3], [欄 4], [欄 7]}, ",")

整個〔已加入條件資料行〕查詢步驟的程式碼為：

= Table.AddColumn(已篩選資料列 , " 自訂 ", each if [欄 1] <> null then Text.Combine({[欄 3], [欄 4], [欄 7]}, ",") else null)

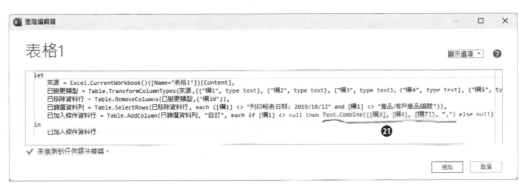

步驟21 添增 Text.Combine() 函數至 then 與 else 之間。

完成的「自訂」資料行內容便是報表群組內容，接著，可以調整此資料行的位置，從原本的最後一欄 (查詢結果的最右邊)，移至第 2 欄的位置。

	ABC 123 欄7	ABC 123 欄8	A B C 欄9	ABC 123 自訂
1	null	null	null	null
2	null	null	null	null
3	null	null	null	null
4	null	null	null	null
5	null	null	null	null
6	null	null	null	null
7	null 機械組件包		null	null PC,低解析度面板,機械組件包
8	單 價	數量	單位	null
9		167.5	100 PCs	null
10	null 輔助組合系統		null	null PC,面板側蓋,左,輔助組合系...
11	單 價	數量	單位	null
12		110	800 PCs	null
13		110	1000 PCs	null
14	null 機械組件包		null	null PC,面板側蓋,右,機械組件包
15				

上方公式列：= Table.AddColumn(已篩選資料列, "自訂", each if [欄1] <> null then Text.Combine({[欄3], [欄4]

步驟22 拖曳「自訂」資料行至此查詢結果的第 2 欄位置。

接著便可以透過向下填滿的功能操作,將查詢結果的前 3 個資料行之 null 內容填滿資料,再進行「欄 1」的篩選,將不必要的 null 資料列移除。

步驟23 選取「欄 1」、「自訂」與「欄 2」等資料行。

步驟24 點按〔轉換〕索引標籤。

步驟25 點按〔任何資料行〕群組裡的〔填滿〕命令按鈕。

步驟26 再從展開下拉式功能選單中點選〔向下〕功能選項。

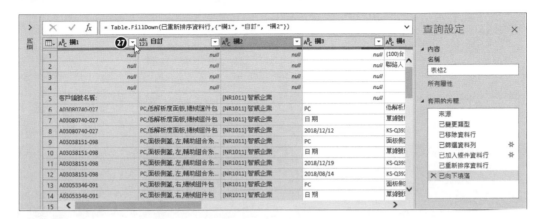

步驟27 點按「欄 1」資料行的篩選按鈕。

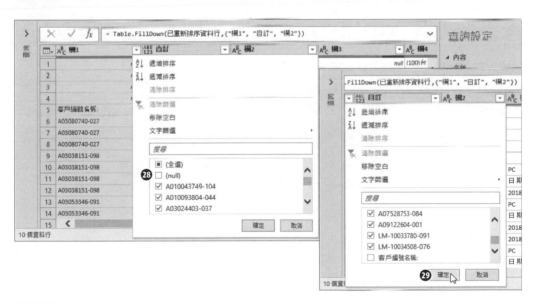

步驟28 從展開的欄位選單中，取消〔null〕核取方塊的勾選。

步驟29 也取消〔客戶編號名稱:〕核取方塊的勾選，然後，點按〔確定〕按鈕。

適度的將首列內容升階為查詢結果的資料行名稱，再透過資料行篩選的操作，移除不必要的標題列。

步驟30 點按〔轉換〕索引標籤。

步驟31 點按 2 次〔表格〕群組裡的〔使用第一個資料列作為標頭〕命令按鈕。

步驟32 點按「日期」資料行的篩選按鈕。

步驟33　從展開的欄位選單中，取消〔null〕核取方塊的勾選。

步驟34　取消選單底部的〔PC〕、〔Set〕與〔日期〕等核取方塊的勾選，也就是留下所有的日期資料，然後點按〔確定〕按鈕。

還記得先前新增的〔自訂〕資料行內容是報表群組內容吧！在執行過〔使用第一個資料列作為標頭〕命令按鈕後，此〔自訂〕資料行已經更名為〔PC, 低解析度面板, 機械組件包〕資料行了，現在也正是拆分它的時候了。

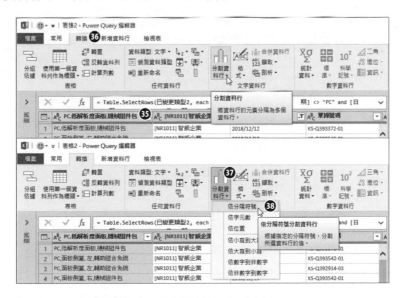

步驟35　點選〔PC, 低解析度面板, 機械組件包〕資料行。

步驟36　點按〔轉換〕索引標籤。

步驟37 點按〔文字資料行〕群組裡的〔分割資料行〕命令按鈕。

步驟38 從展開的下拉式功能選單中點選〔依分隔符號〕功能選項。

步驟39 開啟〔依分隔符號分割資料行〕對話方塊,使用預設的分隔符號「逗點」。

步驟40 點選〔最左邊的分隔符號〕選項。

步驟41 點按〔確定〕按鈕。

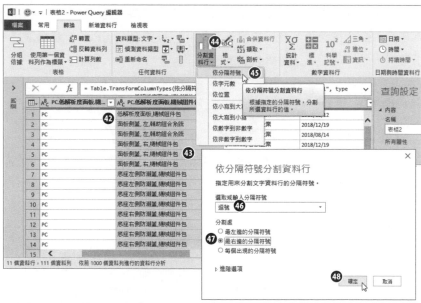

步驟42 分離出的資料行是〔產品單位〕。

步驟43 再點選要繼續拆分的資料行。

步驟44 點按〔文字資料行〕群組裡的〔分割資料行〕命令按鈕。

步驟45 從展開的下拉式功能選單中點選〔依分隔符號〕功能選項。

步驟46 再度開啟〔依分隔符號分割資料行〕對話方塊，使用預設的分隔符號「逗號」。

步驟47 點選〔最右邊的分隔符號〕選項。

步驟48 點按〔確定〕按鈕。

步驟49 順利分離出的資料行是屬於〔描述〕與〔套件〕的內容。

最後再修改查詢結果的各個資料行名稱，也調整由左至右的順序。例如：調整為：「客戶編號名稱」、「客戶/產品編號」、「產品單位」、「描述」、「套件」、「日期」、「單據號碼」、「分類」、「幣別」、「單價」、「數量」及「單位」等 12 個資料行。再關閉並載入至 Excel 工作表後就大功告成了。

步驟50 修改並調整資料行名稱與由左至右的順序。

步驟51 點按〔常用〕索引標籤。

步驟52 點按〔關閉〕群組裡的〔關閉並載入〕命令按鈕的上半部按鈕,逐行將查詢 結果以資料表的形式載入至新工作表裡。

完成查詢的建立,這份拆解、轉換自報表檔案的內容,已經變成可以進行摘要、統計 與分析的二維資料表了。

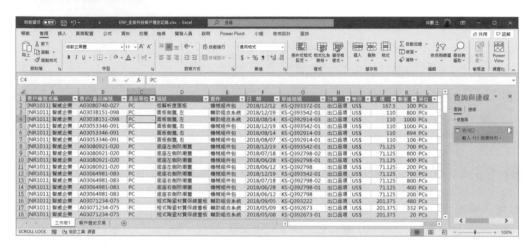

運用到的 Power Query 重要技巧

- 篩選資料行
- 加入條件資料行
- Text.Combine() 函數
- 調整資料行的輸出順序
- 資料行內容向下填滿
- 使用第一個資料列作為標頭
- 修改資料行名稱
- 依分隔符號拆分資料行

參數查詢面面觀

在這個章節要跟大家分享的是一個非常重要也非常實用的資料查詢技巧，也就是 Power Query 的參數查詢功能，這項功能與技巧將讓您的查詢作業更加彈性也更有效率。

11.1 參數查詢的使用時機 （Power Query Parameter）

在 Power Query 的查詢環境中，使用者可以透過參數的建立，進行更有效率與彈性的資料查詢。而所謂的參數查詢就是在執行查詢之前，透過參數的輸入或選擇，將參數值帶入查詢步驟的程式碼中，改變查詢的依據與準則，讓查詢的條件更具彈性，而不是一成不變的設定。

譬如：我們想要建立一個查詢，可以摘要統計出某一家分店在某一季的銷售資料。至於每一次的查詢是哪一家分店？哪一個季別？並非一成不變的，此時便可以藉由參數查詢的建立，設計兩個猶如變數功能般的參數，帶入查詢過程中的程式碼裡，如此，每次進行參數查詢時，便可以在選擇或輸入分店名稱與季別後，才執行查詢的程式碼以傳回適切的查詢結果。

基本上，常見的參數查詢之使用時機與情境如下：

- 選擇資料列的篩選條件（Filter Rows）
- 多準則的篩選（Multi-Filters）
- 資料來源的變動（Data Source）

11.2 選擇資料列的篩選條件

這個章節我們就以實際的範例，為大家介紹並演練各種參數查詢的情境與妙用。首先要介紹的是如何在選擇資料列的篩選條件（Filter Rows）進行參數的套用。當然，這一切都還是要從 Power Query 建立查詢開始。

11.2.1 建立查詢

從範例中學習查詢技巧是最貼切也最有效率的，以下的範例資料是從民國 107 年到 111 年之間，七家分店的咖啡豆商品交易資料記錄，這份資料詳細儲存著每一筆交易明細的交易序號、日期、年度、季別、分店、產品代碼、咖啡豆名稱、消費者類型、數量、單價、經手人、付款方式與單位成本等詳細資料。

當然，我們不可能將這份 RAW DATA 原汁原味的直接輸出成報表，而是將其視為我們在製作各種不同目的與需求、摘要統計與分析報表時的重要依據。在此，我們藉由 Power Query 的操作，運用此資料來源去蕪存菁的製作出每年每季、每個分店各種咖啡豆的總銷售量，並以消費者的型態進行分類，以逐欄呈現的方式區分為〔非會員〕、〔白金會員〕、〔尊榮會員〕等三個資料行來進行摘要統計。如以下畫面，將查詢結果以資料表的形式呈現在空白的工作表上。依據上述的需求，也請思考一下，這份輸出結果會涉獵到 RAW DATA 的哪些資料行呢？是不是〔年度〕、〔季別〕、〔分店〕、〔咖啡豆〕、〔消費者〕、〔數量〕等六個資料行呢？

年度	季別	分店	咖啡豆	非會員	白金會員	尊榮會員	銷售量
2018	第1季	南屏分店	伊索匹亞耶加雪菲	22	6	14	42
2018	第1季	南屏分店	哥倫比亞	96	7	85	188
2018	第1季	南屏分店	夏威夷可納	41	9	45	95
2018	第1季	南屏分店	巴拿馬瑰夏	131	18	100	249
2018	第1季	南屏分店	牙買加藍山	54	1	29	84
2018	第1季	南屏分店	瓜地馬拉	7		2	9
2018	第1季	南屏分店	聖海倫娜咖啡	114	9	95	218
2018	第1季	南屏分店	肯亞	12		2	14
2018	第1季	南屏分店	蘇門達臘曼特寧	17	4	12	33
2018	第1季	南屏分店	阿里山			3	3
2018	第1季	南屏分店	麝香貓咖啡	59	10	36	105
2018	第1季	浦倉分店	伊索匹亞耶加雪菲	15		3	18
2018	第1季	浦倉分店	哥倫比亞	34	3	28	65
2018	第1季	浦倉分店	夏威夷可納	23		15	38
2018	第1季	浦倉分店	巴拿馬瑰夏	49	2	51	102
2018	第1季	浦倉分店	牙買加藍山	9		16	25
2018	第1季	浦倉分店	瓜地馬拉	3			3
2018	第1季	浦倉分店	聖海倫娜咖啡	37	12	46	95
2018	第1季	浦倉分店	肯亞	8		2	10
2018	第1季	浦倉分店	蘇門達臘曼特寧	9		14	23
2018	第1季	浦倉分店	麝香貓咖啡	25		22	47
2018	第1季	澤牧分店	伊索匹亞耶加雪菲	3			3
2018	第1季	澤牧分店	哥倫比亞	13	4	8	25

▲ 每年每季各分店每一種咖啡豆透過不同會員別的銷售量彙算

首先，匯入原始資料建立一個可以提供生成各個不同目的與需求之彙整報表的 RAW DATA。例如：原始資料是來自系統下載或複製的原生資料：〔參數查詢實作資料檔 .csv〕，讓我們透過 Power Query 編輯器的操作，整理出一份適用各種情節與需求的資料分析報表與視覺化彙整報表。因此，先在空白活頁簿上進行匯入資料來源的操作：

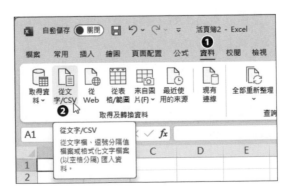

步驟01 點按〔資料〕索引標籤。

步驟02 點按〔取得及轉換資料〕群組裡的〔從文字 /CSV〕命令按鈕。

步驟03 開啟〔匯入資料〕對話方塊後，點選所要匯入的資料來源檔案並按下〔匯入〕按鈕。

參數查詢實作資料檔.csv

檔案源點			分隔符號			資料類型偵測		
1200: Unicode			逗號			依據前 200 個列		

交易序號	日期	年度	季別	分店	產品代碼	咖啡豆	消費者	數量	單價	經手人	付款方式	單
P1233481	(民)107/01/01	2018	第1季	礁石分店	CB006	巴拿馬瑰夏	非會員	2	1280	郭傑凱	行動支付	
P1233482	(民)107/01/01	2018	第1季	礁石分店	CB001	牙買加藍山	非會員	1	1550	郭傑凱	行動支付	
P1233501	(民)107/01/01	2018	第1季	立川分店	CB002	聖海倫娜咖啡	白金會員	1	1020	陳嘉寶	現金	
P1233531	(民)107/01/01	2018	第1季	礁石分店	CB009	哥倫比亞	非會員	1	760	曹千如	信用卡	
P1233532	(民)107/01/01	2018	第1季	礁石分店	CB002	聖海倫娜咖啡	非會員	1	1020	曹里如	信用卡	
P1233611	(民)107/01/01	2018	第1季	礁石分店	CB003	麝香貓咖啡	尊榮會員	2	1680	曹玉如	信用卡	
P1233621	(民)107/01/01	2018	第1季	南屏分店	CB006	巴拿馬瑰夏	非會員	5	1280	孫玉樹	行動支付	
P1233622	(民)107/01/01	2018	第1季	南屏分店	CB002	聖海倫娜咖啡	非會員	6	1020	孫玉樹	行動支付	
P1233631	(民)107/01/01	2018	第1季	礁石分店	CB006	巴拿馬瑰夏	非會員	2	1280	王思齊	現金	
P1233632	(民)107/01/01	2018	第1季	礁石分店	CB010	伊索匹亞耶加雪菲	非會員	2	580	王思齊	現金	
P1233633	(民)107/01/01	2018	第1季	礁石分店	CB009	哥倫比亞	非會員	5	760	王思齊	現金	
P1233634	(民)107/01/01	2018	第1季	礁石分店	CB007	聖海倫咖啡	非會員	5	1020	王思齊	現金	
P1233681	(民)107/01/01	2018	第1季	關渡分店	CB006	巴拿馬瑰夏	尊榮會員	3	1280	沈宜家	現金	
P1233682	(民)107/01/01	2018	第1季	關渡分店	CB004	夏威夷可納	尊榮會員	3	840	沈宜家	現金	
P1233701	(民)107/01/01	2018	第1季	礁石分店	CB001	牙買加藍山	尊榮會員	1	1550	郭傑凱	現金	
P1233702	(民)107/01/01	2018	第1季	礁石分店	CB009	哥倫比亞	尊榮會員	2	760	郭傑凱	現金	
P1233703	(民)107/01/01	2018	第1季	礁石分店	CB002	聖海倫娜咖啡	尊榮會員	2	1020	郭傑凱	現金	
P1233731	(民)107/01/01	2018	第1季	礁石分店	CB002	聖海倫咖啡	非會員	1	1020	郭傑凱	行動支付	
P1233751	(民)107/01/01	2018	第1季	南屏分店	CB006	巴拿馬瑰夏	非會員	3	1280	王怡婷	現金	
P1233752	(民)107/01/01	2018	第1季	南屏分店	CB001	牙買加藍山	非會員	2	1550	王怡婷	現金	

載入   轉換資料   取消

步驟04 立即進入資料來源檔案的導覽畫面，檢視無誤後點按〔轉換資料〕按鈕。

關於中文編碼

Power Query 在匯入文字檔案時，會自動識別該文字檔案的編碼，而在導覽畫面的左上角便可以看到所隸屬的字元編碼。譬如：950 是指繁體中文的 Big 5 碼；65001 則是 UTF-8 碼；1200 則代碼 Uni Code(UTF-16) 編碼。若爾後資料來源有所異動而造成文字檔案的編碼不同時，亦可在 M 語言程式碼的來源步驟上，嘗試改變字元編碼以解決查詢結果是亂碼的現象。

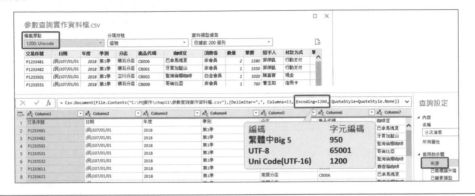

選擇資料行

進入 Power Query 查詢編輯器的作業視窗後，就可以開始進行資料的選取與轉換了。首先，透過對話方塊的操作來選取要處理的資料行。

步驟05　點按〔常用〕索引標籤。

步驟06　點按〔管理資料行〕群組裡的〔選擇資料行〕命令按鈕。

步驟07　開啟〔選擇資料行〕對話方塊，在此勾選這次我們要使用的〔年度〕、〔季別〕、〔分店〕、〔咖啡豆〕、〔消費者〕、〔數量〕等六個資料行，然後底下按〔確定〕按鈕。

樞紐資料行

根據某個資料行的內容之唯一值，輕鬆建構出各個新資料行，這正是〔樞紐資料行〕（Pivot Column）的強大功用，也是資料轉換的常見重要技巧。以下我們就利用這個功能，將〔消費者〕資料行裡的內容，也就是各種消費者類別，獨立成一個個的新資料行。

步驟08　僅點選〔消費者〕資料行。

步驟09　點按〔轉換〕索引標籤。

步驟10　點按〔任何資料行〕群組裡的〔樞紐資料行〕命令按鈕。

步驟11　開啟〔樞紐資料行〕對話方塊，此操作將會以〔消費者〕資料行裡的內容，做為新建立之資料行的資料行名稱。

步驟12　點選〔數量〕資料行做為〔值〕資料行，也就是針對〔數量〕資料行的內容進行摘要統計。

步驟13 點按〔進階選項〕。

步驟14 從展開的〔彙總值函數〕功能選項中，選擇摘要統計的方式為〔加總〕運算。最後點按〔確定〕按鈕，完成此對話方塊的操作。

新增自訂資料行

這個查詢結果也正如我們所預期的，橫向逐列顯示每年每季每一種咖啡豆的名稱，並縱向逐欄呈現〔非會員〕、〔白金會員〕與〔尊榮會員〕等三個新增的資料行。然後，我們可以透過新增自訂資料行的操作，建立一個名為〔總銷售量〕的新資料行，加總這三個資料行的內容。

步驟01 點按〔新增資料行〕索引標籤。

步驟02 點按〔一般〕群組裡的〔自訂資料行〕命令按鈕。

先前透過〔樞紐資料行〕操作所建立的三個新資料行。

步驟03 開啟〔自訂資料行〕對話方塊，將此新的資料行名稱，命名為「銷售量」。

步驟04 自訂總銷量的公式為：「=[非會員] + [白金會員] + [尊榮會員]」，然後按下〔確定〕按鈕。

乍看之下，新增的〔銷售量〕資料行產生了，也順利的計算出三個資料行的加總值，可是，細看這些結果又好像有點怪怪的。例如：同一個資料列裡的三個資料行若都是 null 值，那麼該資料列的總銷售量結果是 null 就會是理所當然，可是，同列中若只有一個 null 或兩個 null 時，與非 null 值的數值進行加法運算，總不能視而不見吧！例如：此例中的第 6 列資料，僅有〔白金會員〕資料行的值是 null，但〔非會員〕與〔尊榮會員〕資料行的內容都是數值，為什麼進行這三個資料行的加法運算後，結果還是 null 呢？

這就歸咎於 Power Query 在資料行的運算上，是非常講究與嚴謹的，當資料行的資料類型不相符，就無法直接進行運算。對此例而言，原本〔非會員〕、〔白金會員〕、〔尊榮會員〕等三個資料行的數值內容要加總起來，使用加法運算子「＋」的單純加法運算公式 = [非會員] +[白金會員] +[尊榮會員] 即可。但是，若這三個資料行裡的內容，並非全部都是數值，譬如：若有些資料列儲存格是空的（null 值），則 Power Query 進行加法運算時，會發生資料類型不符的錯誤。譬如：在這個實作範例中，〔非會員〕、〔白金會員〕、〔尊榮會員〕等三個資料行的內容裡，有些資料列的儲存格內容的確是 null，因此，我們不能單純地寫成：

= [非會員] +[白金會員] +[尊榮會員]

此時我們就必須透過資料判別的小技巧來解決這個問題。傳統上：我們要辨別〔非會員〕資料行的內容為 null 值時，即視為數值 0，透過常見的 if 敘述可以撰寫為：

if [非會員] = null then 0 else [非會員]

這次要考量的資料行有〔非會員〕、〔白金會員〕、〔尊榮會員〕等三個資料行之多，每一個資料行裡的儲存格也都有 Null 的可能性，因此，上述的 if then else 要撰寫三次：

(if [非會員] = null then 0 else [非會員]) +
(if [白金會員] = null then 0 else [白金會員]) +
(if [尊榮會員] = null then 0 else [尊榮會員])

我們可以在查詢編輯器上展開公式列，直接修改 M 語言程式碼。

或者，也可以點按右側〔查詢設定〕工作窗格裡查詢步驟右側的齒輪按鈕，開啟〔自訂資料行〕對話方塊，在此修改公式。

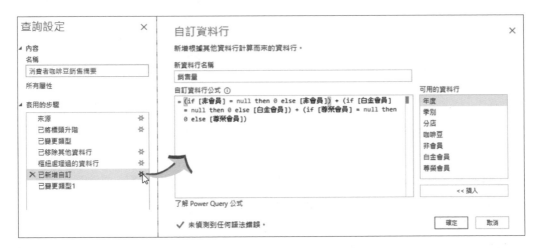

11.2.2 迷人的 ?? 運算子

不過，試想這三個 if then else 的串聯公式也未免太冗長了吧！有沒有更簡潔又有效率的做法呢？這時候可以透過 Power Query 特有的「??」運算子來解決這個問題。熟悉資料庫系統的朋友們可能都知道，SQL 裡有提供一個 coalesce 函數，可以僅傳回在一系列運算式參數中，第一個非 null 值的運算式結果，而忽略 null 值的運算，如此便可以處理萬一傳回的資料列裡含有 null 值時要如何因應。雖然 Power Query 的 M 語言裡並沒有這個函數可以運用，但是在 Power Query 的環境裡，除了有提供傳統的「＋」、

「-」、「*」、「/」等四則運算符號的運算子外,也有提供「??」運算子,微軟官方翻譯為「聯合運算子」,可做為 coalesce 函數的替代品。例如:我們可以將傳統判別資料行是否為 null 值的 if then else 寫法:

if [非會員] = null then 0 else [非會員]

改寫成:

[非會員] ?? 0

意即若〔非會員〕資料行的儲存格內容為 null 時,視為 0。如此,〔非會員〕、〔白金會員〕、〔尊榮會員〕等三個資料行加總,就不需要撰寫三次冗長的 if then else,理想的運算式可改寫成:

([非會員] ?? 0) + ([白金會員] ?? 0) + ([尊榮會員] ?? 0)

所以,此例中我們要改寫銷售量計算公式,來處理萬一資料行裡有 null 值時的狀況,彙總出這二種消費者類型的咖啡豆總銷售量,這樣效能的提升自是不言而喻囉!

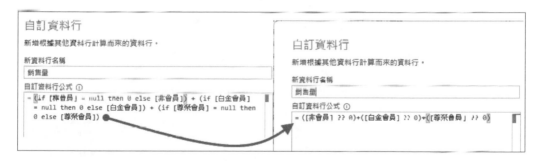

關於 null 值的運算

除了 SQL 提供有 coalesce 函數,處理非 null 值的運算式結果外,某些程式設計語言與資料庫系統中,亦提供有 ISNULL 函數,可以運用自訂的指定值來取代 NULL。其語法為:

ISNULL (check_expression , replacement_value)

例如:

ISNULL([非會員],0)

如此便可以達到當 [非會員] 的內容是 null 時,以 0 取而代之。但是 Power Query 並沒有提供 ISNULL 函數,這時候您也會感受到「??」運算子的使用更顯得優異了!

11.2.3 調整資料類型並建立篩選準則

當然，還要檢查一下該資料行的資料類型是否符合我們的需求，例如：目前〔銷售量〕資料行的資料類型為〔ABC123〕（Any Type），所以，我們可以將其調整為最貼切的整數資料類型〔123〕。

步驟01 點按〔銷售量〕資料行名稱左側的資料類型按鈕。

步驟02 從展開的資料類型選單中點選〔整數〕資料類型，將原本的〔ABC123〕（Any Type）轉換成〔123〕（整數）型態。

有時我們也會針對查詢的結果，進行資料列的篩選，例如：這次的查詢輸出，我們僅要篩選出銷售量超過 50 以上的資料，此刻在查詢編輯器的操作環境下，藉由〔銷售量〕資料行的篩選操作便可輕易達標。

步驟03 點按〔銷售量〕資料行的篩選按鈕。

步驟04 從展開的功能選單中點選〔數字篩選〕功能選項。

步驟05 再從展開的副選單中點選〔大於或等於〕功能選項。

步驟06 開啟〔篩選資料列〕對話方塊後，在〔大於或等於〕右側的文字方塊裡輸入「50」，最後按下〔確定〕按鈕。

符合總銷售量超過 50 的交易明細總共有 525 筆資料記錄，此訊息會顯示在視窗的左下方狀態列上。而在視窗右側〔查詢設定〕窗格裡的查詢步驟中，也增添了一個〔已篩選資料列〕的查詢步驟。篩選資料列的查詢步驟之相對應的 M 語言程式碼，亦顯示在視窗上方的公式列裡，您應該可以很容易地解讀此程式碼的意義吧！最終，再將此查詢自訂一個較易解讀也較有意義的查詢名稱，譬如：〔消費者咖啡豆銷售摘要〕，如此這個查詢製作就大功告成了。

在查詢的過程中，Power Query 都會鉅細靡遺的記錄每一個查詢步驟。

步驟08 將此例預設的查詢名稱〔參數查詢實作資料檔〕，改為較有意義的〔消費者咖啡豆銷售摘要〕。

完成查詢的建立後，將此查詢結果以資料表的型態載入至目前的工作表上。

步驟09 點按〔常用〕索引標籤底下〔關閉〕群組裡〔關閉並載入〕命令按鈕的下半部按鈕。

步驟10 從展開的功能選單中點選〔關閉並載入至…〕功能選項。

步驟11 開啟〔匯入資料〕對話方塊後，點選〔表格〕選項。

步驟12 點選〔目前工作表的儲存格〕選項。

步驟13 輸入或點選儲存格位址後，點按〔確定〕按鈕。

完成這個查詢的建立，將每年每季各分店每一種咖啡豆不同會員別的銷售量彙算，以資料表的形式呈現在工作表上。

檢視查詢過程的 M 語言程式碼

在資料的篩選上當然並非一成不變，經常會根據不同的條件及需求而有不同的準則與邏輯。例如：若要將前述的範例改成符合總銷售量超過 100 的資料查詢，除了回到 Power Query 查詢編輯器重新修改查詢步驟，或者開啟進階編輯器直接修改 M 語言程式碼外，〔參數查詢〕的建立與應用也是不錯的選擇喔～

> 2. 點選查詢步驟後，在公式編輯列上也可編輯該步驟之 M 語言程式碼，修改需要調整的數據與編碼。

> 1. 點按查詢步驟旁的齒輪按鈕，可以再度開啟該步驟的查詢對話方塊，進行查詢準則的調整。

> 3. 若是點按〔常用〕索引標籤裡的〔進階編輯器〕命令按鈕，亦可開啟〔進階編輯器〕視窗，顯示 M 語言程式碼，整個查詢各步驟的完整原始程式一覽無遺，亦可在此進行需要調整與修改的資料。

觀念上就是在一個運算式裡，我們可以將關鍵的數值或文字，視為變數一般，而參數就如同變數，當我們修改了運算式裡的參數值，整個運算式的運算結果也就立即風雲變色了。

11.3 建立參數查詢

在 Power Query 環境裡，建立參數查詢的方式不只一種，也有多種不同的情境與需求，筆者就由簡入深逐一為您介紹與解析。

11.3.1 建立簡單的參數

延續前述的範例，以下的實作演練我們要建立一個名為 X 的變數，然後將原本查詢裡的程式碼「[銷售量] >= 50」改為「[銷售量] >= X」。而建立變數 X 的概念，便是在 Power Query 建立一個參數查詢。

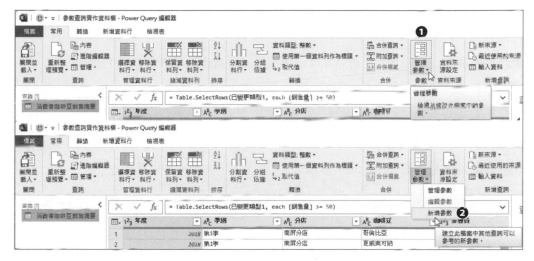

步驟01 點按〔常用〕索引標籤底下〔參數〕群組內的〔管理參數〕命令按鈕的下半部按鈕。

步驟02 從展開的下拉式選單中點選〔新增參數〕功能選項。

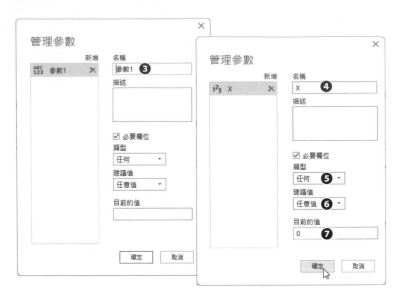

步驟03 開啟〔管理參數〕對話方塊,將預設的新增參數名稱「參數1」刪除。

步驟04 輸入新的參數名稱為「X」。

步驟05 設定參數「X」的類型為〔任何〕。

步驟06 設定參數「X」的建議值為任意值。

步驟07 輸入目前的值為「0」(預設值)。最後按下〔確定〕按鈕。

從視窗畫面左側的〔查詢〕導覽窗格裡也可以看出剛剛建立的〔X〕參數查詢,其圖示與一般的資料表查詢之圖示是不一樣的。

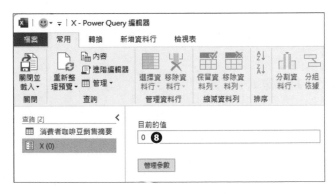

步驟08 完成名為〔X〕參數查詢的建立,而目前的預設值為「0」。

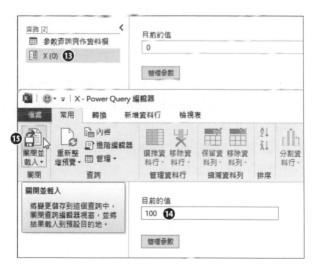

步驟09 點選先前建立的〔消費者咖啡豆銷售摘要〕查詢。

步驟10 點選最後一個查詢步驟。

步驟11 點按公式列裡的 M 語言程式碼,原本的資料列查詢準則為「[銷售量] >= 50」。

步驟12 改為「[銷售量] >= X」。

步驟13 點選〔X〕參數查詢。

步驟14 輸入目前的值,將原本的預設值「0」,改成「100」。

步驟15 點按〔常用〕索引標籤底下〔關閉〕群組裡的〔關閉並載入〕命令按鈕,亦結束 Power Query 查詢編輯器的操作。

回到 Excel 操作環境，先前建立的〔消費者咖啡豆銷售摘要〕查詢結果，已經成為符合總銷售量超過 100 的資料查詢，總計有 320 筆資料列。

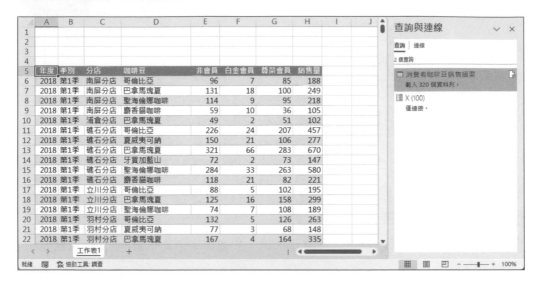

關於參數建議值

在設計參數查詢時的參數〔建議值〕共有三種，分別是「任意值」、「值清單」與「查詢」。其中：

- 「任意值」，參數的值可以在執行參數查詢時，以文字方塊的方式來輸入。

- 「值清單」，參數的值可以在執行參數查詢時，以下拉式選單的方式來挑選，而下拉式選單的內容是事先定義好的固定項目。

- 「查詢」，參數的值可以在執行參數查詢時，以下拉式選單的方式來挑選，而下拉式選單的內容則是來自指定的查詢，並且此查詢結果必須是屬於清單（List）容器類型的查詢值。

這一小節我們所討論與演練的〔建議值〕是「任意值」，接續的各小節將會分別為您介紹另外兩種〔建議值〕：「值清單」及「查詢」的使用時機與範例。

11.3.2 變更參數值

爾後若要再嘗試新的總銷售量查詢準則，例如：想查詢銷售量超過 250 的資料查詢，則只要再次修改「X」參數查詢的值即可。例如：在〔查詢與連線〕工作窗格裡，點按

兩下剛剛建立的參數查詢〔X〕，即可開啟此查詢，在〔目前的值〕文字方塊裡即可鍵入最新的參數值。

步驟01 點按兩下〔查詢與連線〕窗格裡的〔X〕參數查詢。

步驟02 開啟查詢編輯器後，選取參數 X 目前的值（100）。

步驟03 輸入〔X〕參數查詢的值為「250」。

步驟04 點按〔常用〕索引標籤底下〔關閉〕群組裡的〔關閉並載入〕命令按鈕。

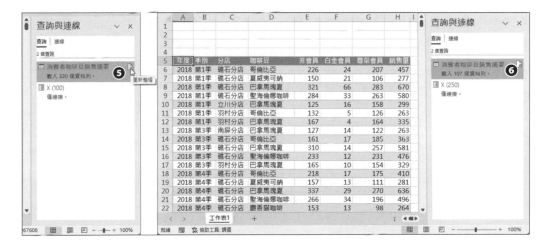

步驟05 回到 Excel 操作環境，在〔查詢與連線〕工作窗格裡可以看到〔消費者咖啡豆銷售摘要〕的查詢結果仍未即時更新，點按〔重新整理〕按鈕。

步驟06 符合總銷售量超過 250 的資料查詢，總共有 107 筆資料列。

當然，筆者是為了要讓大家理解參數的概念，所以，上述建立的參數命名為如同數學公式變數般的命名為「X」，然而在實際的應用上，應該是要取個較有意義或容易識別的名稱，例如：「最低銷售量」。

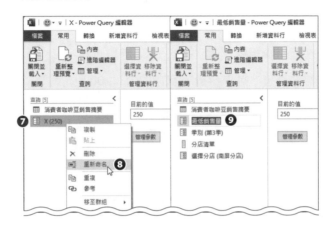

步驟07 以滑鼠右鍵點按查詢編輯器左側導覽窗格裡的「X」查詢名稱。

步驟08 從展開的快顯功能表中點選〔重新命名〕功能選項。

步驟09 輸入新的查詢名稱「最低銷售量」並按下 Enter 按鍵。

不過要注意的是，既然參數查詢的名稱已經變更了，在查詢步驟裡凡是有涉獵到該參數查詢的程式碼，也要一併逐一修改喔！

步驟10 點選並切換到相關的查詢。

步驟11 點選到相關的查詢步驟後，修改公式列裡涉及到參數查詢的名稱。

步驟12 例如：將原本「[銷售量]＞＝X」改成「[銷售量]＞＝ 最低銷售量」。

關於參數查詢的命名

參數名稱最好可以取得有意義一點的名詞，先前我們所建立的參數查詢會取名為「X」，只是為了要解釋與體會參數的運用如同數學公式裡的變數一般。因此，根據參數的用途與意義，還是建議您在設定參數名稱時，可以輸入一個比較合理、貼切的名稱。

11.3.3 建立固定項目的下拉式選單參數

在 Power Query 查詢編輯器的環境裡，透過〔管理參數〕對話方塊的操作，除了可以修改既有的參數值外，也可以建立其他新的參數查詢。而參數查詢的內容，除了可以自行輸入參數值外，也可以是以下拉式選單形式呈現的操控介面。譬如：「季別」的內容不外乎是「第 1 季」、「第 2 季」、「第 3 季」與「第 4 季」等四個選項；「血型」的內容也固定是「A」、「B」、「AB」、「O」等四種選擇，因此，這方面的內容，非常適合建立固定項目下拉式清單選項的參數查詢。以下的實作演練，我們就來建立一個名為「季別」的參數查詢，而其內容為固定項目的下拉式選單。

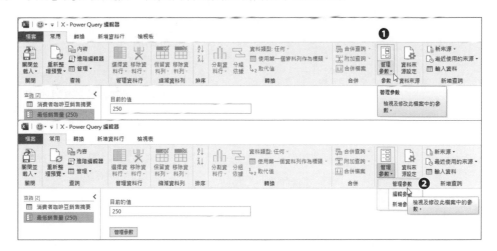

步驟01 點按〔常用〕索引標籤底下〔參數〕群組裡的〔管理參數〕命令按鈕的下半部按鈕。

步驟02 從展開的功能選單中點選〔管理參數〕功能選項。

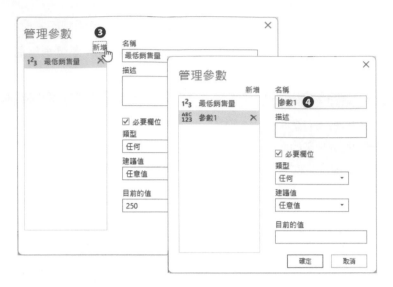

步驟03 開啟〔管理參數〕對話方塊後,點按〔新增〕。

步驟04 增添新的參數查詢其預設名稱為「參數 1」。

步驟05 將預設的新增參數名稱輸入為「季別」。

步驟06 點選參數「季別」的類型為〔文字〕。

步驟07 點選建議值選項,從原本的「任意值」改選為「值清單」。

步驟08 點選第 1 個選項內容文字方塊。

步驟09 輸入「第 1 季」。

步驟10 依序輸入第 2 到第 4 個選項內容,分別為「第 2 季」、「第 3 季」與「第 4 季」。

步驟11 〔預設值〕與〔目前的值〕皆輸入「第 1 季」,然後按下〔確定〕按鈕。

步驟12 點選先前建立的〔消費者咖啡豆銷售摘要〕查詢。

步驟13 點選最後一個查詢步驟。

步驟14 點按「季別」資料行名稱右側的篩選按鈕。

步驟15 從展開的「季別」篩選作業中，僅勾選「第2季」並按下〔確定〕按鈕。

符合總銷售量超過250而且符合第2季的交易明細總共有3筆資料記錄，此訊息顯示在視窗的左下方狀態列上。而在視窗右側〔查詢設定〕窗格裡的查詢步驟中，也增添了一個〔已篩選資料列1〕的查詢步驟。篩選資料列的查詢步驟之相對應的M語言程式碼，亦正顯示在視窗上方的公式列裡，您應該也可以很容易地解讀出此程式碼的意義吧！

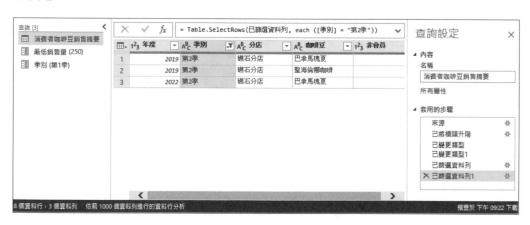

接著，就是修改這一個查詢步驟的程式碼囉！

將

[季別]="第2季"

改寫成

[季別]=季別

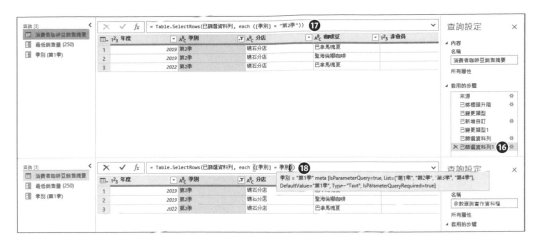

步驟16 點選最後一個查詢步驟。

步驟17 點選公式列上的程式碼,刪除字串「"第2季"」。

步驟18 改成「季別」。

由於已經套用了 [季別]=季別的篩選條件,因此,查詢結果將大不相同,變成了顯示總銷售量超過 250 而且符合第 1 季(季別參數查詢目前的內容)的交易明細,總共有 37 筆資料記錄,此訊息亦顯示在視窗的左下方狀態列上。

步驟19 點按〔常用〕索引標籤底下〔關閉〕群組裡的〔關閉並載入〕命令按鈕,亦結束 Power Query 查詢編輯器的操作。

回到 Excel 操作環境，亦可在視窗右側的〔查詢與連線〕工作窗格裡，看到目前已經
建立的兩個參數查詢了，一個名為〔最低銷售量〕；一個名為〔季別〕。根據這兩個參
數查詢的值，將影響〔消費者咖啡豆銷售摘要〕查詢的結果。譬如：第 1 季且最低銷
售量在 250 以上的資料記錄共計有 37 筆。

11.3.4　建立清單式的下拉式選單參數

下拉式選單的選項內容，除了可以是固定式的選項，諸如：季別、血型外，也常常會
是彈性內容的選單項目，例如：分店的名稱、產品的種類。因為，分店有可能裁撤，
也有可能擴展新店面；產品的型號有可能移除，也有可能增加新品項。因此，分店的
名稱與商品的型號或名稱，若需要設計成下拉式選單，則不採用固定項目的選項，而
是設計成彈性內容的清單選項，將是不錯的設計喔！

從既有的資料行建立清單查詢

以下我們將建立一個名為〔選擇分店〕的參數查詢，並規劃此參數查詢的結果是一個
具備彈性內容的下拉式選單。也就是此下拉式選單的內容是來自目前交易資料 RAW
DATA 裡現有的分店名稱清單。因此，在建立〔選擇分店〕參數查詢之前，我們應該先
以交易資料 RAW DATA 為資料來源，建立一個僅包含「分店」資料行，並且移除此資
料行之重複項目後，保留分店的唯一值，再將此查詢轉換成清單（List）資料結構，以
做為〔選擇分店〕參數查詢之下拉式選單的內容來源。

步驟01 以滑鼠右鍵點按查詢編輯器左側導覽窗格裡先前所建立的「消費者咖啡豆銷售摘要」查詢名稱。

步驟02 從展開的快顯功能表中點選〔重複〕功能選項。

步驟03 立即自動複製了同名的「消費者咖啡豆銷售摘要 (2)」查詢，點選此查詢。

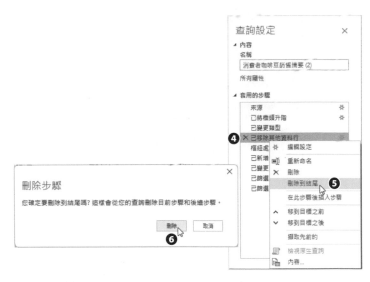

步驟04 在查詢編輯器視窗右側〔查詢設定〕窗格裡的查詢步驟中，以滑鼠右鍵點選〔已移除其他資料行〕查詢步驟。

步驟05 從展開的快顯功能表中點選〔刪除到結尾〕功能選項。

步驟06 在〔刪除步驟〕對話方塊中，點按〔刪除〕按鈕。

步驟07 先前的〔已移除其他資料行〕查詢步驟及其後的所有步驟都順利刪除了。

步驟08 以滑鼠右鍵點選〔分店〕資料行。

步驟09 從展開的快顯功能表中點選〔移除其他資料行〕功能選項。

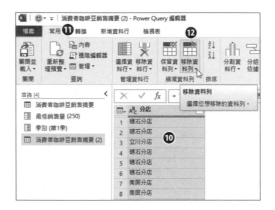

步驟10 點選僅保留下來的〔分店〕資料行。

步驟11 點按〔常用〕索引標籤。

步驟12 點按〔縮減資料列〕群組裡的〔移除資料列〕命令按鈕。

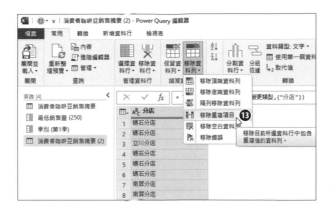

步驟13 從展開的功能選單中點選〔移除重複項目〕功能選項。

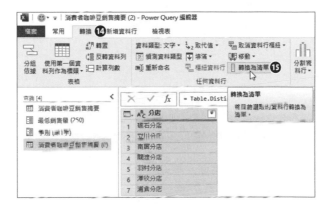

步驟14 點按〔轉換〕索引標籤。

步驟15 點按〔任何資料行〕群組裡的〔轉換為清單〕命令按鈕。

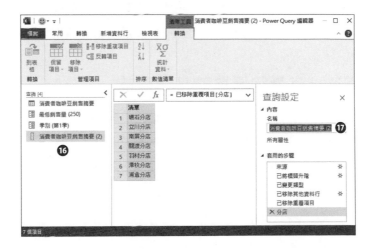

步驟16 此查詢結果瞬間變成清單（List）的資料結構，且圖示也不一樣了。

步驟17 選取右側〔查詢設定〕窗格裡原本的查詢名稱「消費者咖啡豆銷售摘要 (2)」並將其刪除。

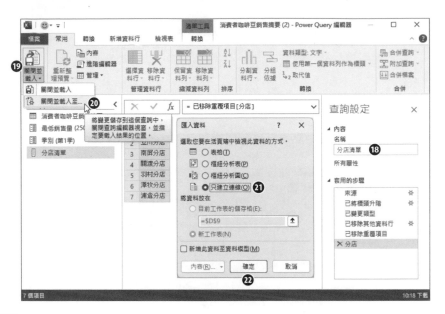

步驟18 輸入更為貼切的命名：「分店清單」。

步驟19 點按〔常用〕索引標籤底下〔關閉〕群組裡〔關閉並載入〕命令按鈕的下半部按鈕。

步驟20 從展開的功能選單中點選〔關閉並載入至…〕。

步驟21 開啟〔匯入資料〕對話方塊後，點選〔只建立連線〕選項。

步驟22 點按〔確定〕按鈕，結束 Power Query 查詢編輯器的操作。

建立建議值為既有查詢清單的參數查詢

您也可以從視窗畫面左側的〔查詢〕導覽窗格裡，看到剛剛建立且資料結構為清單（List）的〔分店清單〕查詢，其圖示與一般的資料表查詢或參數查詢之圖示，有很大的差異吧！我們現在就來建立另一個新的參數查詢，以套用這個熱騰騰的〔分店清單〕查詢囉！

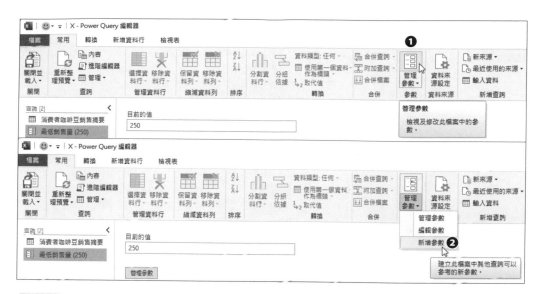

步驟01 點按〔常用〕索引標籤底下〔參數〕群組裡的〔管理參數〕命令按鈕的下半部按鈕。

步驟02 從展開的下拉式選單中點選〔新增參數〕功能選項。

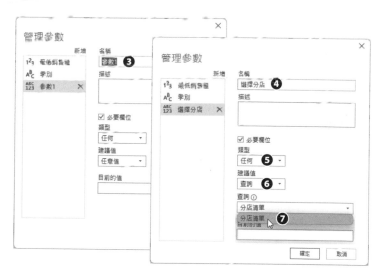

步驟03 開啟〔管理參數〕對話方塊，將預設的新增參數名稱「參數 1」刪除。

步驟04 輸入新的參數名稱為「選擇分店」。

步驟05 選擇分店的〔類型〕可維持為〔任何〕。

步驟06 點選〔建議值〕選項，從原本的「任意值」改選為「查詢」。

步驟07 在〔查詢〕選項裡選擇剛剛建立的〔分店清單〕查詢。

步驟08 輸入目前的值為「立川分店」（這是輸入此下拉式選項的預設值）。

步驟09 按下〔確定〕按鈕。

完成〔選擇分店〕參數查詢的建立，目前的預設值是〔立川分店〕。接著就可以準備將此參數查詢設定在〔消費者咖啡豆銷售摘要〕查詢的查詢步驟裡了。

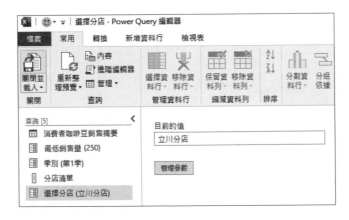

步驟10 點選〔消費者咖啡豆銷售摘要〕查詢。

步驟11 點按〔分店〕資料行名稱右側的篩選按鈕。

步驟12 從展開的功能選單中心選任何一家分店,譬如:〔南屏分店〕選項。

步驟13 點按〔確定〕按鈕。

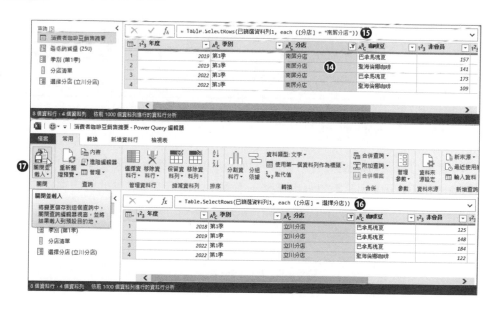

步驟14 立即顯示查詢結果僅為〔南屏分店〕的交易統計。

步驟15 在公式列上也可以看出篩選依據的 M 語言程式編碼包含了 [分店] = " 南屏分店 "。

步驟16 在公式列上將 [分店] = " 南屏分店 " 改成 [分店] = 選擇分店。

步驟17 點按〔常用〕索引標籤底下〔關閉〕群組裡的〔關閉並載入〕命令按鈕,亦結束 Power Query 查詢編輯器的操作。

雖然先前在〔分店〕資料行的篩選操作上,僅選了〔南屏分店〕選項,也的確篩選出 4 筆資料列的結果,但是在修改了 M 語言程式編碼,將篩選準則從字串 " 南屏分店 " 改成預設值為〔立川分店〕的〔選擇分店〕參數查詢後,連同先前其他參數查詢的設定,符合最低銷售量 250 以上、季別為第 1 季、隸屬於立川分店的銷售量統計結果共有 4 筆資料明細。

修改參數查詢的參數值

爾後使用者便可以隨時調整所有的參數查詢,套用新的參數值來查詢新的結果。譬如:修改一下選擇分店的參數值,也調整一下季別,便可以查詢其他分店在指定季別的銷售資料明細。

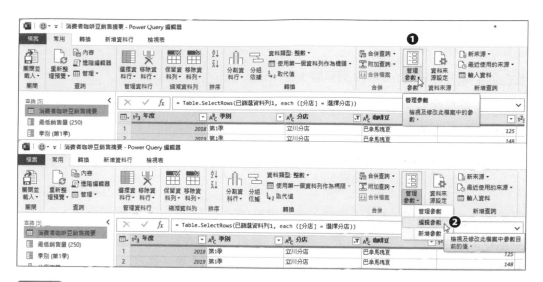

步驟01 點按〔常用〕索引標籤底下〔參數〕群組內的〔管理參數〕命令按鈕的下半部按鈕。

步驟02 從展開的下拉式選單中點選〔編輯參數〕功能選項。

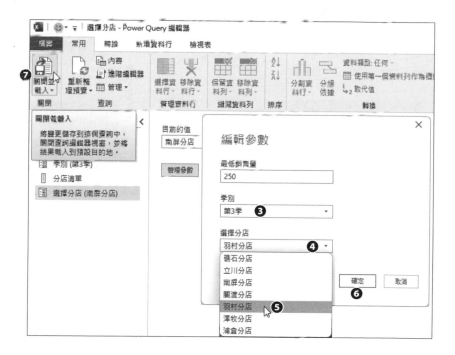

步驟03 開啟〔編輯參數〕對話方塊，點選先前建立的第 2 個參數〔季別〕，改選擇「第 3 季」。

步驟04 點選先前建立的第 3 個參數〔選擇分店〕。

步驟05 從展開的下拉式選單中點選〔羽村分店〕。

步驟06 點按〔確定〕按鈕。

步驟07 回到 Power Query 編輯器，點按〔常用〕索引標籤底下〔關閉〕群組裡的〔關閉並載入〕命令按鈕。

回到 Excel 操作環境，點按〔資料〕索引標籤底下〔查詢與連線〕群組裡的〔全部重新整理〕命令按鈕，即可看到更新查詢後的最新結果，符合最低銷售量 250 以上、季別為第 3 季、隸屬於〔羽村分店〕的資料查詢，輸出結果為 7 筆資料記錄。

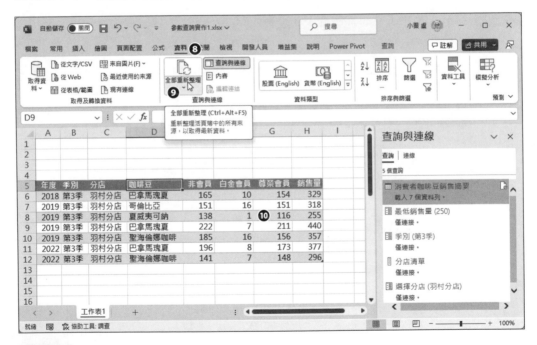

步驟08 點按〔資料〕索引標籤。

步驟09 點按〔查詢與連線〕群組裡〔全部重新整理〕命令按鈕。

步驟10 工作表上立即呈現最新的查詢結果。

11.4 以儲存格的內容作為查詢比對的依據

雖然在參數查詢的操作上，可以設定下拉式選單，讓參數值的選擇較為便利，但是總是要進入 Power Query 查詢編輯器的操作，開啟〔編輯參數〕對話方塊後，才能執行參數值的調整與編輯，這的確不是很合乎直覺的操作習性。既然是在 Excel 的操作環境下，是否可以就地取材，直接利用工作表上的儲存格，建立如同參數般的查詢參數值？也就是說，直接在工作表的儲存格裡輸入查詢值，甚至在儲存格裡建立下拉式選單，讓儲存格裡的內容可以視為變數般地傳遞到 Power Query 裡，進行查詢篩選的條件參照呢？

11.4.1 Excel 工作表儲存格作為 Power Query 查詢參數的觀念

如下圖所示，在 Power Query 查詢編輯器的查詢步驟中，原本查詢條件是固定 2018 年度的查詢條件，M 語言的篩選條件寫法是：

[年度]=2018

那麼，如果我們在 Excel 的儲存格 A2 裡，輸入「2018」的數值後，在 Power Query 編輯器裡的查詢步驟裡，可否將篩選條件改寫成：

[年度]=A2

理想上，當儲存格 A2 的內容改成「2019」或「2020」後，就可以動態式的查詢到 2019 年度或 2020 年度的篩選結果了。

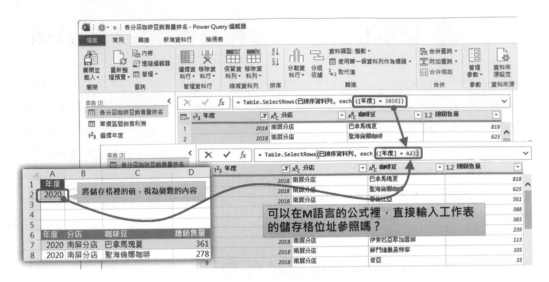

理想總歸是理想，這樣的思考邏輯沒有錯，但困擾的是「A2」是工作表的儲存格位址，在 Excel 裡建立公式、函數時，要參照到儲存格位址，自是理所當然；但是 Power Query 已經是另一個獨立的應用程式了，在其核心的 M 語言裡，目前並沒有任何方案可以直接參照 Excel 工作表的儲存格位址。因此，兩個應用程式之間的資料傳遞，的確有些困難，但是別忘了先前我們曾經學習過的技能，那就是在 Power Query 建立新的查詢時，查詢的資料來源可以來自工作表上的資料表，因此，我們可以遵循以下的操作程序（如下圖所示）：

1. 先在 Excel 工作表上，建立一個資料表格，準備以此資料表格作為新查詢的資料來源。

2. 然後，在 Power Query 環境下，建立並轉換資料來源的內容為文字或數值的查詢結果，也就是進行向下切入（Drill Down），並對此新查詢適切的重新命名。

3. 到另一個需要設定篩選條件的查詢，在查詢步驟的 M 語言程式碼裡，套入新查詢的名稱，意即在此套用新查詢的結果值，以產生新的篩選結果。

將連動到 Excel 資料表內容的新查詢結果，帶入 Power Query 其他查詢的篩選條件裡，這棘手的問題就迎刃而解了！

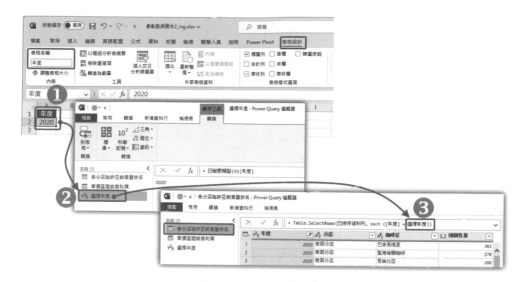

坐而言,不如起而行!以下我們就開啟這一小節的實作範例,讓筆者引領您對此單元實際演練,手把手的徹底學習囉!首先來介紹一下此範例〔參數查詢實作 2.xlsx〕的內容。在此活頁簿裡已事先建立了兩個包含篩選條件的查詢,一個是名為〔各分店咖啡豆銷售量排名〕的查詢,可以查詢出指定年度各分店各咖啡豆總銷售量。查詢結果分別是〔年度〕、〔分店〕、〔咖啡豆〕與〔總銷售量〕等四個資料行,而查詢結果顯示在〔分店商品銷售〕工作表以 A6 儲存格為首的位置。

此查詢結果可以從該查詢的最後一個查詢步驟看出,是篩選自年度為「2019」年的資料。因此,最後一個步驟的程式碼在篩選條件上,撰寫著:

[年度]=2019

我們就開始為這個〔各分店咖啡豆銷售量排名〕查詢，建立一個更容易操控的動態查詢介面吧！

11.4.2 建立資料表作為篩選操作介面

在〔分店商品銷售〕工作表的儲存格 A1 與 A2，分別事先輸入「年度」與「2020」開始這一單元的一連串實作歷程。

(1) 在工作表上建立查詢準則資料表

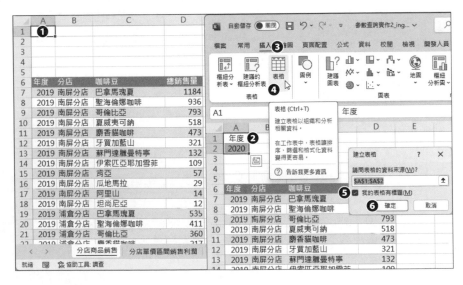

步驟01 切換到〔分店商品銷售〕工作表，點選儲存格 A1。

步驟02 在儲存格 A1 輸入「年度」、儲存格 A2 輸入「2020」，然後選取這兩個儲存格。

步驟03 點按〔插入〕索引標籤。

步驟04 點按〔表格〕群組裡的〔表格〕命令按鈕。

步驟05 開啟〔建立表格〕對話方塊，確認勾選〔我的表格有標題〕核取方塊。

步驟06 點按〔確定〕按鈕。

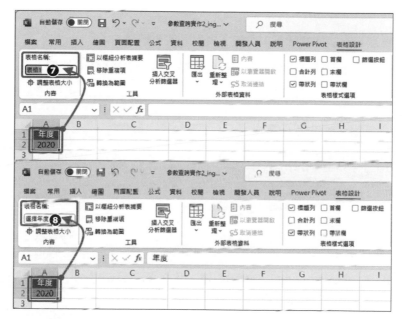

步驟07 點按〔表格設計〕索引標籤裡的表格名稱文字方塊，並刪除裡面的預設表格名稱「表格 1」。

步驟08 將此表格名稱重新命名為「選擇年度」，意義上我們可以稱它為查詢準則資料表。

(2) 將資料表導入 Power Query 建立新查詢並成為參數值

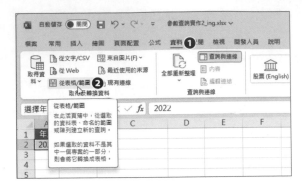

步驟01 在選取資料表的狀態下，點按〔資料〕索引標籤。

步驟02 點按〔取得及轉換資料〕群組裡的〔從表格 / 範圍〕命令按鈕。

步驟03 隨即進入 Power Query 查詢編輯器，建立了一個新查詢，而此新查詢的資料來源正是剛剛工作表上所選取的〔選擇年度〕資料表。

步驟04 此新查詢的名稱預設與來源資料表名稱相同，亦稱之為〔選擇年度〕。

步驟05 此新查詢建立了兩個查詢步驟，分別是〔來源〕及〔已變更類型〕。

這個查詢結果是屬於資料表結構，〔年度〕為資料行名稱並只包含一列資料，內容為數值「200」。

步驟06 以滑鼠右鍵點按查詢結果值。

步驟07 從展開的快顯功能表中點選〔向下切入〕功能選項。

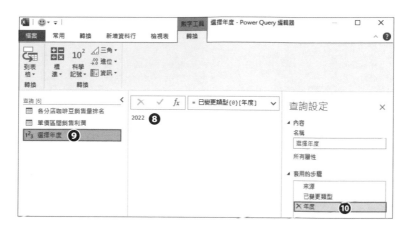

步驟08 原本屬於資料表結構的查詢結果，瞬間轉換成單一數值的資料結構。

步驟09 這個查詢名稱為〔選擇年度〕的圖示也不一樣了。

步驟10 這個轉換資料查詢結果的資料結構，正是第 3 個查詢步驟〔年度〕的執行成果。

(3) 將參數值帶入查詢步驟的準則條件式裡並更新查詢結果

步驟01 點選〔各分店咖啡豆銷售量排名〕查詢。

步驟02 點選此查詢的最後一個查詢步驟。

步驟03 在公式列上修改此查詢步驟的 M 語言程式碼，這是一個篩選年度的條件式「[年度]=2019」。請選取並移除「2019」。

由於〔選擇年度〕是我們剛剛建立的新查詢,且查詢結果是來自儲存格 A2 的內容值「2020」,因此,帶入〔各分店咖啡豆銷售量排名〕查詢最後一個查詢步驟的條件式後,便可顯示出最新的查詢結果是 2020 年度各分店各種咖啡豆總銷售量的資料。

步驟04 改輸入成「[年度] = 選擇年度」。

完成查詢的修改後,便可結束 Power Query 的操作,不過要特別注意的是,剛剛建立的新查詢尚未儲存,且此新查詢僅作為與工作表上的資料表(儲存格 A1 與 A2)連動並轉換成單一資料值的結構,意即此查詢結果僅是做為在其他查詢設定篩選條件時猶如參數般的參照,因此,並不需要實質的顯示與載入至工作表上。所以,在結束 Power Query 的關閉並載入的操作上,可設定僅連線就好。

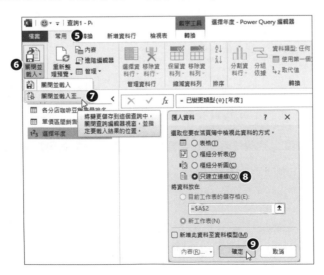

步驟05 點按〔常用〕索引標籤。

步驟06 點按〔關閉並載入〕命令按鈕的下半部按鈕。

步驟07 從展開的功能選單中點選〔關閉並載入至…〕功能選項。

步驟08 開啟〔匯入資料〕對話方塊，點選〔只建立連線〕選項。

步驟09 按下〔確定〕按鈕。

回到 Excel 操作環境，可以看到合乎 2020 年的資料共有 77 筆資料列。剛剛建立的
〔選擇年度〕查詢也的確是一個僅建立連線的查詢（僅連接）。

如果我們在工作表的儲存格 A2 裡輸入另一個新的值，譬如：「2022」，那麼，只要點
按一下〔全部重新整理〕命令按鈕，這個儲存格裡的新內容便會立即帶入到〔選擇年
度〕查詢，也影響了〔各分店咖啡豆銷售量排名〕查詢的最後篩選結果，顯示出 2022
年度各分店各種咖啡豆總銷售量的資料總共有 79 筆資料列。

步驟**10** 在儲存格 A2 裡輸入「2022」。

步驟**11** 點按〔資料〕索引標籤。

步驟**12** 點按〔查詢與連線〕群組裡〔全部重新整理〕命令按鈕的上半部按鈕。

步驟**13** 工作表上立即呈現最新的查詢結果。

透過直接在儲存格裡輸入想要查詢的值，只要點按一下重新整理按鈕，就可以立即執行最新的查詢結果，這樣的操作介面是不是更為便利呢！

11.4.3 多準則的篩選

當然，查詢依據也並非只能是單一準則，如果我們要進行的查詢是必須符合多準則的篩選（Multi-Filters），也可以如法泡製的建立多個查詢準則資料表。譬如，我們在此範例活頁簿裡事先建立好的第二個包含多個篩選條件的查詢：名為〔單價區間銷售利潤〕的查詢，可以顯示指定〔分店〕每個銷售〔日期〕各種〔咖啡豆〕銷售〔數量〕、〔單價〕、〔金額〕與〔利潤〕等七個資料行，而查詢結果正顯示在〔分店單價區間銷售利潤〕工作表以 A6 儲存格為首的位置上。這時候我們可以在此工作表上，建構查詢某家分店在咖啡豆低單價與高單價區間的輸入介面。而根據前一小節的範例學習心得，筆者已經事先在工作表上建立了三張資料表，分別位於儲存格 A1:A2，作為分店查詢值的輸入；儲存格 D1:D2，作為單價區間之低單價的輸入；儲存格 E1:E2，作為單價區間之高單價的輸入，也就是事先建立這三個查詢準則資料表。

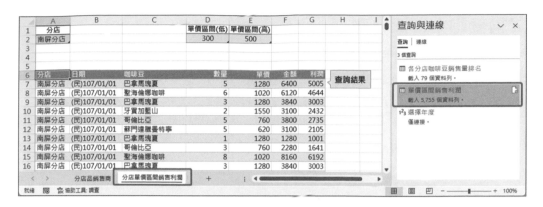

為了稍後在〔單價區間銷售利潤〕查詢裡，進行篩選條件的公式編輯可以更加通順，筆者也已經將上述的三張查詢準則資料表，分別命名為：〔選擇分店〕、〔低單價〕與〔高單價〕。而目前在儲存格 A2 裡也預先輸入了「南屏分店」；在儲存格 D2 裡預先輸入了「300」；在儲存格 E2 裡則預先輸入了「500」。所以，我們可以解讀為此查詢將準備篩選出「南屏分店」在咖啡豆單價介於「300」到「500」之間逐日的交易資料。

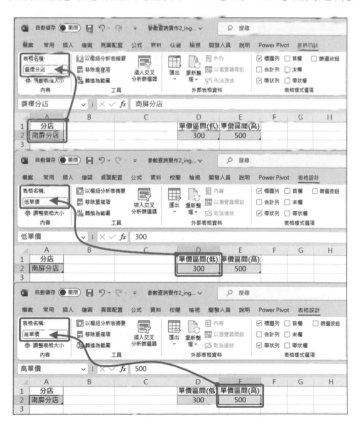

建構查詢準則資料表

我們要開始將工作表上的這三張資料表，直接匯入 Power Query 進行資料的轉換囉！
請記得，藉由這三個查詢準則資料表所建立的查詢，都是只建立連線就好，並不需要
將其查詢結果實質的載入到工作表上。

選擇分店的準則

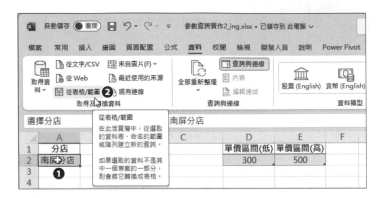

步驟01　點選第一張資料表裡的任一儲存格，譬如：儲存格 A2。

步驟02　點按〔資料〕索引標籤底下〔取得及轉換資料〕群組裡的〔從表格 / 範圍〕
　　　　命令按鈕。

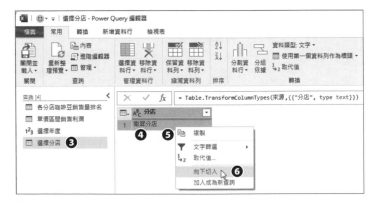

步驟03　進入 Power Query 查詢編輯器，所建立的這個新查詢與來源資料表同名：〔選
　　　　擇分店〕。

步驟04　這個查詢結果是屬於資料表結構，〔分店〕為資料行名稱，只有一列資料，內
　　　　容為來自儲存格 A2 的文字「南屏分店」。

步驟05　以滑鼠右鍵點按查詢結果值。

步驟06　從展開的快顯功能表中點選〔向下切入〕功能選項。

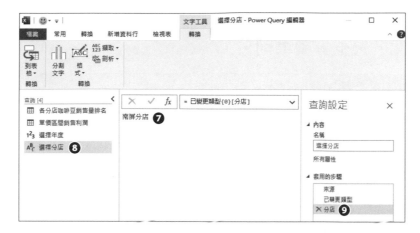

步驟07　原本屬於資料表結構的查詢結果，瞬間轉換成文字資料。

步驟08　這個查詢名稱為〔選擇分店〕的圖示也不一樣了。

步驟09　這個轉換資料查詢結果的資料結構，正是由第3個查詢步驟〔分店〕所執行的。

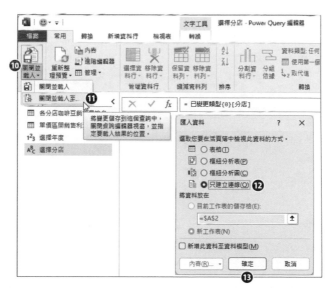

步驟10　點按〔常用〕索引標籤底下〔關閉〕群組裡〔關閉並載入〕命令按鈕的下半部按鈕。

步驟**11** 從展開的功能選單中點選〔關閉並載入至…〕。

步驟**12** 開啟〔匯入資料〕對話方塊後，點選〔只建立連線〕選項。

步驟**13** 點按〔確定〕按鈕，結束 Power Query 查詢編輯器的操作。

單價區間的最低單價準則

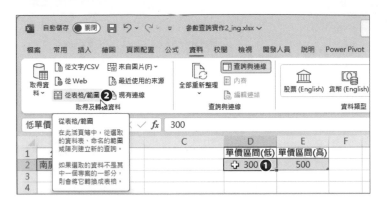

步驟**01** 點選第二張資料表裡的任一儲存格，譬如：儲存格 D2。

步驟**02** 點按〔資料〕索引標籤底下〔取得及轉換資料〕群組裡的〔從表格 / 範圍〕
命令按鈕。

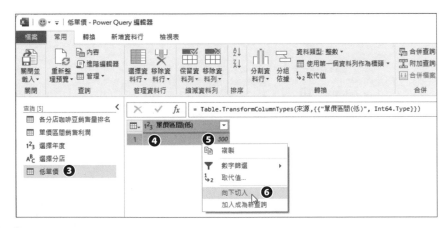

步驟**03** 進入 Power Query 查詢編輯器，所建立的這個新查詢與來源資料表同名：「低
單價」。

步驟**04** 這個查詢結果是屬於資料表結構，〔單價區間 (低)〕為資料行名稱，只有一
列資料，內容為來自儲存格 D2 的文字「300」。

步驟05 以滑鼠右鍵點按查詢結果值。

步驟06 從展開的快顯功能表中點選〔向下切入〕功能選項。

步驟07 原本屬於資料表結構的查詢結果，瞬間轉換成數值資料。

步驟08 這個查詢名稱為〔低單價〕的圖示也不一樣了。

步驟09 這個轉換資料查詢結果的資料結構，正是由第 3 個查詢步驟〔單價區間 (低)〕所執行的。

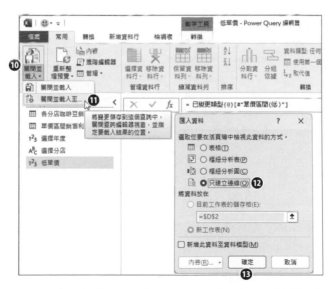

步驟10 點按〔常用〕索引標籤底下〔關閉〕群組裡〔關閉並載入〕命令按鈕的下半部按鈕。

步驟11 從展開的功能選單中點選〔關閉並載入至…〕。

步驟12 開啟〔匯入資料〕對話方塊後，點選〔只建立連線〕選項。

步驟13 點按〔確定〕按鈕，結束 Power Query 查詢編輯器的操作。

單價區間的最高單價準則

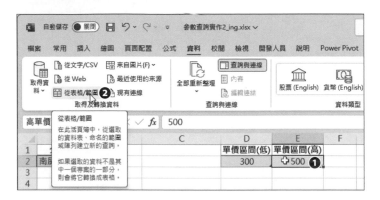

步驟01 點選第二張資料表裡的任一儲存格，譬如：儲存格 E2。

步驟02 點按〔資料〕索引標籤底下〔取得及轉換資料〕群組裡的〔從表格 / 範圍〕命令按鈕。

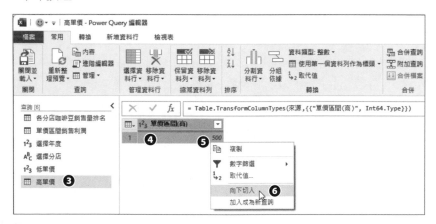

步驟03 進入 Power Query 查詢編輯器，所建立的這個新查詢與來源資料表同名：「高單價」。

步驟04 這個查詢結果是屬於資料表結構，〔單價區間 (高)〕為資料行名稱，只有一列資料，內容為來自儲存格 E2 的文字「500」。

步驟05 以滑鼠右鍵點按查詢結果值。

步驟06 從展開的快顯功能表中點選〔向下切入〕功能選項。

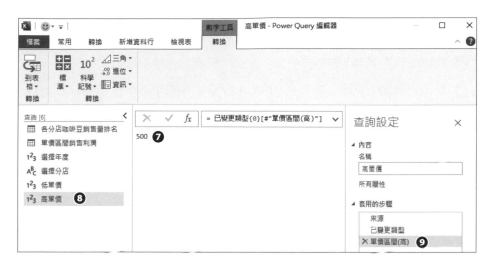

步驟07 原本屬於資料表結構的查詢結果，瞬間轉換成數值資料。

步驟08 這個查詢名稱為〔高單價〕的圖示也不一樣了。

步驟09 這個轉換資料查詢結果的資料結構，正是由第3個查詢步驟〔單價區間(高)〕所執行的。

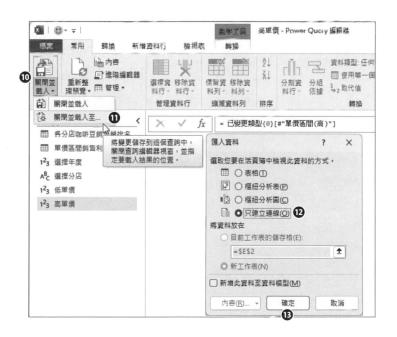

步驟10 點按〔常用〕索引標籤底下〔關閉〕群組裡〔關閉並載入〕命令按鈕的下半部按鈕。

步驟11 從展開的功能選單中點選〔關閉並載入至…〕。

步驟12 開啟〔匯入資料〕對話方塊後，點選〔只建立連線〕選項。

步驟13 點按〔確定〕按鈕，結束 Power Query 查詢編輯器的操作。

在查詢裡編輯篩選準則

接著就可以開啟定義了篩選條件的查詢（此例為〔單價區間銷售利潤〕），透過 Power Query 編輯器的操作，將剛剛的所建立的三個查詢結果〔選擇分店〕、〔低單價〕與〔高單價〕分別嵌入查詢篩選步驟的程式碼中。

步驟01 在畫面右側〔查詢與連線〕工作窗格裡點按兩下〔單價區間銷售利潤〕查詢。

進入 Power Query 查詢編輯器，點選〔單價區間銷售利潤〕的最後一個查詢步驟，我們就可以在公式列裡的程式碼中看到此查詢步驟的篩選條件是：

[分店]= " 南屏分店 "

因此，我們就可以將其變更為

[分店]= 選擇分店

步驟02 點選最後一個查詢步驟。

步驟03 選取程式碼尾端的 " 南屏分店 " 並將其刪除。

步驟04 取而代之的是輸入查詢名稱:「選擇分店」。

建立新的篩選邏輯並嵌入篩選參數

接著我們要透過針對〔單價〕資料行的篩選操作,建立一個可以篩選特定價格區間的查詢步驟,然後再將前述所建立的〔低單價〕與〔高單價〕這兩個篩選參數般的查詢嵌入至程式碼中。

步驟05 點按〔單價〕資料行名稱旁的篩選按鈕。

步驟06 從展開的功能選單中點選〔數字篩選〕功能選項。

步驟07 再從展開的副選單中點選〔介於…〕功能選項。

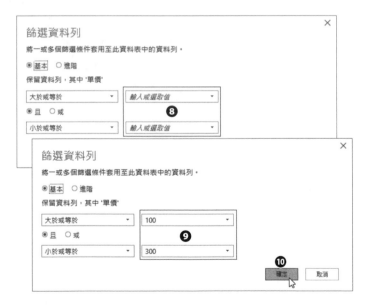

步驟08 開啟〔篩選資料列〕對話方塊，在此無法選擇想要參照的查詢名稱。

步驟09 所以，我們暫時先輸入大於或等於「100」、小於或等於「300」的篩選準則。

步驟10 按下〔確定〕按鈕。

確認點選了剛剛建立的最後一個查詢步驟。

在此步驟的程式碼尾端是 [單價] >=100 and [單價]<=300。

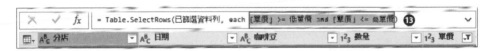

將程式碼尾端改成 [單價] >= 低單價 and [單價]<= 高單價。

點按〔常用〕索引標籤底下〔關閉〕群組裡〔關閉並載入〕命令按鈕的上半部按鈕。

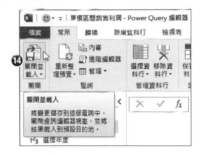

結束了 Power Query 編輯器的操作，回到 Excel 環境，可以看到隸屬於南屏分店的交易中，單價介於 300 到 500 之間的交易記錄共有 54 筆資料列。

輸入新的查詢值重新整理以傳回最新查詢結果

我們可以直接在 Excel 工作表上輸入新的查詢值，譬如：儲存格 A2 輸入「礁石分店」、儲存格 D2 輸入「1400」、儲存格 E2 輸入「1600」，然後，點按〔資料〕索引標籤底下〔查詢與連線〕群組裡的〔全部重新整理〕命令按鈕，即可看到更新查詢後的最新結果，符合介於 1400 到 1600 的高單價商品且隸屬於〔礁石分店〕的交易記錄則多達 3592 筆資料列。

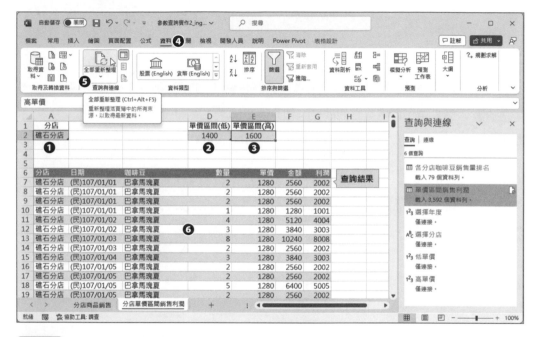

步驟01 在儲存格 A2 裡輸入「礁石分店」。

步驟02 在儲存格 D2 裡輸入「1400」。

步驟03 在儲存格 E2 裡輸入「1600」。

步驟04 點按〔資料〕索引標籤。

步驟05 點按〔查詢與連線〕群組裡〔全部重新整理〕命令按鈕的上半部按鈕。

步驟06 工作表上立即呈現最新的查詢結果。

透過直接在儲存格裡輸入想要查詢的值，只要點按一下重新整理按鈕，就可以立即執行最新的查詢結果，這樣的操作介面是不是更為便利呢！

Power Query 實戰技巧精粹與 M 語言--第二版｜新世代 Excel BI 大數據處理

作　　者：王仲麒
企劃編輯：江佳慧
文字編輯：江雅鈴
設計裝幀：張寶莉
發 行 人：廖文良

發 行 所：碁峰資訊股份有限公司
地　　址：台北市南港區三重路 66 號 7 樓之 6
電　　話：(02)2788-2408
傳　　真：(02)8192-4433
網　　站：www.gotop.com.tw
書　　號：ACI037300
版　　次：2024 年 05 月二版
建議售價：NT$680

國家圖書館出版品預行編目資料

Power Query 實戰技巧精粹與 M 語言：新世代 Excel BI 大數據
　　處理 / 王仲麒著. -- 二版. -- 臺北市：碁峰資訊, 2024.05
　　　面；　公分
　　ISBN 978-626-324-781-9(平裝)
　　1.CST：資料探勘　2.CST：商業資料處理
312.74　　　　　　　　　　　　　　　　　113003040